Geotechnik-Praxis

Band 1: Bodenmechanik

BBB   Bauwerk-Basis-Bibliothek

Prof. Dr.-Ing. Gerd Möller

Geotechnik-Praxis
Bodenmechanik

Bauwerk

Bibliografische Information Der Deutschen Bibliothek
Die Deutsche Bibliothek verzeichnet diese Publikation in der Deutschen Nationalbibliografie; detaillierte bibliografische Daten sind im Internet über http://dnb.ddb.de abrufbar.

Möller:
Geotechnik-Praxis
Band 1: Bodenmechanik

1. Aufl. Berlin: Bauwerk, 2004

ISBN 3-89932-049-2

© Bauwerk Verlag GmbH, Berlin 2004
www.bauwerk-verlag.de
info@bauwerk-verlag.de

Alle Rechte, auch das der Übersetzung, vorbehalten.

Ohne ausdrückliche Genehmigung des Verlags ist es auch nicht gestattet, dieses Buch oder Teile daraus auf fotomechanischem Wege (Fotokopie, Mikrokopie) zu vervielfältigen sowie die Einspeicherung und Verarbeitung in elektronischen Systemen vorzunehmen.

Zahlenangaben ohne Gewähr

Druck und Bindung:
Krips bv, Niederlande

Vorwort

Mit dem vorliegenden Buch soll Studierenden an Fachhochschulen und Universitäten eine Unterlage für ihr Studium im Fachgebiet Geotechnik zur Verfügung gestellt werden, deren normatives Sicherheitskonzept das der Teilsicherheiten ist. Gedacht ist es aber auch für all diejenigen, die im Berufsalltag nicht tagtäglich mit Problemstellungen aus dem Grundbau und der Bodenmechanik umgehen und deshalb dieses und jenes noch einmal „nachschlagen" müssen sowie für die Leser, die ihr Wissen vor allem bezüglich der neuen Normen aktualisieren wollen.

Das Buch stellt eine zweite Auflage des 1998 beim Werner Verlag, Düsseldorf unter dem Titel „Geotechnik" erschienenen Teil 1 „Bodenmechanik" dar. Wegen der in der Zwischenzeit angefallenen erheblichen Änderungen in der geotechnischen Normung, die sich insbesondere in der DIN 1054:2003-01 zeigen, mussten große Teile neu geschrieben bzw. umgeschrieben werden. Darüber hinaus erfolgte die übliche Fehlerkorrektur.

Wie bei allen bisher von mir geschriebenen Büchern waren auch dieses Mal wieder Einschränkungen bezüglich der Auswahl und der Behandlung der einzelnen Themengebiete erforderlich, um so den von den Käufern zu zahlenden Preis in Grenzen zu halten. Dies bedeutet den teilweisen Verzicht auf Vollständigkeit bzw. Ausführlichkeit und nicht zuletzt auch auf Anwendungsbeispiele. Letzteres fällt besonders schwer, da insbesondere Studierende den Beispielen in der Regel eine große Bedeutung beimessen; zu meiner diesbezüglichen Entlastung weise ich aber darauf hin, dass die zu den ausgewählten Themengebieten angegebenen Regelwerke eine größere Zahl von Beispielen enthalten.

Besonderen Dank sage ich Herrn Dr. V. Eitner für die Hilfestellungen bei der Aktualisierung des Kapitels 15 („Europäische Normung in der Geotechnik") und Herrn Dr.-Ing. H. Wahrmund für die fruchtbaren Diskussionen zu den Entwürfen für die „neuen Berechnungsnormen". Diesen Dank verbinde ich mit der Hoffnung auf weitere Anregungen meiner Leser, denn erst durch das Infragestellen und neues Überdenken eröffnen sich Wege zur Verbesserung des Erreichten.

Neubrandenburg im März 2004

Gerd Möller

Für meine Frau Susanne

Inhaltsverzeichnis

1 Einteilung und Benennung von Böden 1
    1.1 Bezeichnungen 1
        1.1.1 Bezeichnungen nach DIN 4022-1 1
        1.1.2 Bezeichnungen für Boden oder Fels nach DIN 4020 1
    1.2 Kriterien zur Einteilung 2
    1.3 Einteilung nach Korngrößen und organischen Bestandteilen 3
        1.3.1 Kornstrukturen grob- und feinkörniger Böden 3
        1.3.2 Einteilung reiner Bodenarten 4
        1.3.3 Einteilung zusammengesetzter Böden 5
        1.3.4 Einteilung organischer Böden 8
    1.4 Einstufung in Boden- und Felsklassen 9
    1.5 Kennzeichnungen nach DIN 4023 10
    1.6 Erkennung von Bodenarten mittels einfacher Versuche 13
        1.6.1 Reibeversuch 13
        1.6.2 Schneideversuch 13
        1.6.3 Trockenfestigkeitsversuch 14
        1.6.4 Konsistenzbestimmung bindiger Böden 14
        1.6.5 Ausquetschversuch 14

2 Wasser im Baugrund 15
    2.1 Begriffe aus DIN 4021 16
    2.2 Kapillarwasser 17
    2.3 Porenwinkelwasser 18
    2.4 Hygroskopisches Wasser 19
    2.5 Grundwassermessstellen 19
    2.6 Betonangreifendes Grundwasser 24

3 Geotechnische Untersuchungen 27
    3.1 Untersuchungsziel 27
    3.2 DIN-Normen 27
    3.3 Untersuchungsverfahren 28
    3.4 Vor- und Hauptuntersuchungen 29
        3.4.1 Untersuchungen des Baugrunds 29

| | | 3.4.2 | Untersuchungen für Zwecke der Baustoffgewinnung und -verarbeitung | 30 |

	3.5	**Baubegleitende Untersuchungen**		30
		3.5.1	Untersuchungen des Baugrunds	30
		3.5.2	Untersuchungen für Zwecke der Baustoffgewinnung und -verarbeitung	30
	3.6	**Geotechnische Kategorien (GK)**		31
		3.6.1	Geotechnische Kategorie 1 (GK 1)	31
		3.6.2	Geotechnische Kategorie 2 (GK 2)	32
		3.6.3	Geotechnische Kategorie 3 (GK 3)	32
	3.7	**Erforderliche Maßnahmen**		33
		3.7.1	Geotechnische Kategorie 1	33
		3.7.2	Geotechnische Kategorie 2	33
		3.7.3	Geotechnische Kategorie 3	34
	3.8	**Geotechnischer Bericht**		34
		3.8.1	Darstellung der geotechnischen Untersuchungsergebnisse	34
		3.8.2	Bewertung der geotechnischen Untersuchungsergebnisse	34
		3.8.3	Folgerungen, Empfehlungen und Hinweise	35
	3.9	**Geotechnischer Entwurfsbericht**		35
4	**Bodenuntersuchungen im Feld**			**37**
	4.1	**Direkte Aufschlüsse**		37
		4.1.1	Untersuchungszweck	37
		4.1.2	Untersuchungsverfahren	39
		4.1.3	DIN-Normen	39
		4.1.4	Richtwerte für Aufschlussabstände	39
		4.1.5	Richtwerte für Aufschlusstiefen	40
		4.1.6	Schurf	42
		4.1.7	Untersuchungsschacht	43
		4.1.8	Untersuchungsstollen	43
		4.1.9	Bohrung (Geräte und Verfahren)	43
		4.1.10	Güteklassen für Bodenproben	47
		4.1.11	Entnahme von Sonderproben aus Schürfen und Bohrlöchern	48
		4.1.12	Darstellung von Aufschlussergebnissen	50
	4.2	**Sondierungen (indirekte Aufschlussverfahren)**		52
		4.2.1	DIN-Normen	53
		4.2.2	Rammsondierungen nach DIN 4094-3	53
		4.2.3	Drucksondierungen nach DIN 4094-1	55
		4.2.4	Bohrlochrammsondierung	57
		4.2.5	Zusammenhänge zwischen Sondierergebnissen und Bodenkenngrößen	58
		4.2.6	Wahl des Sondiergeräts	62
		4.2.7	Flügelsondierung (Felduntersuchung)	63
	4.3	**Plattendruckversuch**		65
		4.3.1	Untersuchungszweck	65

		4.3.2	DIN-Norm	66
		4.3.3	Begriffe	66
		4.3.4	Geräte für den Plattendruckversuch	66
		4.3.5	Verformungsmodul E_v	67
		4.3.6	Bettungsmodul k_s	69
	4.4	**Aussagekraft von Bodenuntersuchungen**		69
	4.5	**Beobachtungsmethode**		69

5 Laborversuche ... 71

	5.1	**Mehrphasensysteme des Bodens**		71
	5.2	**Korngrößenverteilung**		74
		5.2.1	DIN-Norm	75
		5.2.2	Siebanalyse	75
		5.2.3	Schlämmanalyse (Sedimentationsanalyse)	77
		5.2.4	Siebung und Sedimentation	80
		5.2.5	Charakteristische Größen der Körnungslinie	80
		5.2.6	Filterregel von TERZAGHI	81
		5.2.7	Bodenklassifikation nach DIN 18196	82
	5.3	**Wassergehalt**		87
		5.3.1	DIN-Normen	87
		5.3.2	Definition des Wassergehalts	87
		5.3.3	Mit w in Beziehung stehende Kenngrößen feuchter Böden	87
		5.3.4	Mit w in Beziehung stehende Kenngrößen gesättigter Böden	88
		5.3.5	Bestimmung des Wassergehalts durch Ofentrocknung	89
	5.4	**Dichte**		90
		5.4.1	DIN-Normen	90
		5.4.2	Definitionen	90
		5.4.3	Mit ρ und ρ_d in Beziehung stehende Kenngrößen	90
		5.4.4	Feldversuche nach DIN 18125-2	91
	5.5	**Korndichte**		95
		5.5.1	DIN-Normen	95
		5.5.2	Definition der Korndichte	95
		5.5.3	Bestimmung mit dem Kapillarpyknometer	95
	5.6	**Organische Bestandteile**		97
		5.6.1	DIN-Norm	97
		5.6.2	Definition des Glühverlustes	97
		5.6.3	Versuchsdurchführung und -auswertung	97
		5.6.4	Bodenklassifikation nach DIN 18196	98
	5.7	**Kalkgehalt**		99
		5.7.1	DIN-Normen	100
		5.7.2	Qualitative Bestimmung des Kalkgehalts	100
		5.7.3	Bestimmung des Kalkgehalts nach DIN 18129	100

5.8	**Zustandsgrenzen (Konsistenzgrenzen)**	101
	5.8.1 DIN-Normen	101
	5.8.2 Qualitative Bestimmung der Konsistenzgrenzen	102
	5.8.3 Definitionen	102
	5.8.4 Bestimmung der Fließgrenze	102
	5.8.5 Bestimmung der Ausrollgrenze	105
	5.8.6 Bestimmung der Schrumpfgrenze	105
	5.8.7 Bodenklassifikation nach DIN 18196	106
	5.8.8 Plastische Bereiche und zulässige Bodenpressungen nach DIN 1054	107
5.9	**Proctordichte (Proctorversuch)**	109
	5.9.1 DIN-Norm	109
	5.9.2 Definitionen	109
	5.9.3 Geräte für den Proctorversuch	110
	5.9.4 Anforderungen aus Regelwerken an den Verdichtungsgrad D_{Pr}	114
5.10	**Dichte bei lockerster und dichtester Lagerung**	116
	5.10.1 DIN-Normen	116
	5.10.2 Definitionen	116
	5.10.3 Dichte bei dichtester Lagerung (Rütteltischversuch)	118
	5.10.4 Dichte bei lockerster Lagerung (Einfüllung mit Trichter)	119
5.11	**Wasserdurchlässigkeit**	120
	5.11.1 Allgemeines	120
	5.11.2 DIN-Norm	120
	5.11.3 Definitionen	121
	5.11.4 Beziehungen der Filtergeschwindigkeit zum hydraulischen Gefälle	122
	5.11.5 Temperatureinfluss	123
	5.11.6 Versuch mit veränderlichem hydraulischem Gefälle	123
	5.11.7 Versuch bei konstantem hydraulischem Gefälle	124
5.12	**Einaxiale Zusammendrückbarkeit**	126
	5.12.1 Allgemeines	126
	5.12.2 Normen	127
	5.12.3 Kompressionsversuch	127
	5.12.4 Steifemodul	131
	5.12.5 Modellgesetz für Setzungszeiten	133
5.13	**Scherfestigkeit**	133
	5.13.1 Allgemeines	133
	5.13.2 DIN-Normen	134
	5.13.3 Begriffe aus DIN 18137-1	135
	5.13.4 Rahmenscherversuch	138
	5.13.5 Triaxialversuch nach DIN 18137-2	142
	5.13.6 Auswertung des Triaxialversuchs	144
5.14	**Einaxiale Druckfestigkeit**	147
	5.14.1 DIN-Norm	147
	5.14.2 Definitionen	147
	5.14.3 Druck-Stauchungsdiagramm	148

	5.15	Charakteristische Werte von Bodenkenngrößen	149
		5.15.1 Forderungen der DIN 1054	149
		5.15.2 Werte gemäß E DIN 1055-2	150

6 Spannungen und Verzerrungen 153

	6.1	Darstellungen	153
		6.1.1 Koordinatensysteme	153
		6.1.2 Spannungs- und Verzerrungszustände	155
		6.1.3 Spannungstransformation in kartesischen Koordinatensystemen	155
	6.2	Sonderfälle	157
		6.2.1 Hauptspannungen	157
		6.2.2 Ebene Spannungs- und Deformationszustände	158
		6.2.3 Symmetrie- und Antimetrieebenen	158
	6.3	Spannungs-Verzerrungs-Beziehungen	159
		6.3.1 Stoffgesetze bei HOOKEschem Material	159
		6.3.2 Steifemodul, Elastizitätsmodul und Schubmodul	161
	6.4	Rechnerische Druckspannungen im Baugrund	162
		6.4.1 Eigenlast aus trockenem oder erdfeuchtem Boden	162
		6.4.2 Totale und effektive Druckspannungen	162
	6.5	Vereinfachungen zur Lastausbreitung	164
	6.6	Halbraum unter Punktlast P	165
		6.6.1 Spannungen und Deformationen nach BOUSSINESQ	166
		6.6.2 Spannungen nach FRÖHLICH	167
	6.7	Halbraumspannungen infolge einer Linienlast p	169
		6.7.1 Spannungen nach BOUSSINESQ	169
		6.7.2 Spannungen nach FRÖHLICH	169
	6.8	Halbraumspannungen infolge einer Streifenlast q	170
	6.9	Halbraumspannungen unter schlaffen Rechtecklasten	171
	6.10	Spannungen σ_z unter Eckpunkten schlaffer Rechtecklasten	172
	6.11	Einflusswerte für σ_z-Spannungen des Halbraums	175
	6.12	Spannungen σ_z unter beliebigen Lasten	176

7 Berechnungsgrundlagen der DIN 1054 178

	7.1	Allgemeines	178
	7.2	Einwirkungen, Beanspruchungen und Widerstände	178
		7.2.1 Einwirkungen und Einwirkungskombinationen	178
		7.2.2 Widerstände und Sicherheitsklassen	179
	7.3	Charakteristische Werte und Bemessungswerte	179

| 7.4 | Grenzzustände | 179 |
| 7.5 | Teilsicherheitsbeiwerte und Lastfälle | 180 |

8 Sohldruckverteilung ... 184

8.1	Allgemeines	184
8.2	Kennzeichnende Punkte und Linien	185
8.3	Bodenpressungsverteilungen in der Sohlfuge nach DIN-Normen	186
	8.3.1 DIN-Normen	186
	8.3.2 Gleichmäßige Verteilung nach DIN 1054	186
	8.3.3 Geradlinige Verteilung	187
8.4	Sohldruckverteilung unter Flächengründungen nach DIN 4018	191

9 Setzungen ... 193

9.1	DIN-Normen	193
9.2	Begriffe	194
9.3	Kennzeichnende Punkte und Linien	195
9.4	Elastisch-isotroper Halbraum mit Einzellast	196
9.5	Elastisch-isotroper Halbraum mit konstanter Rechtecklast σ_0	197
9.6	Grenztiefe für Setzungsberechnungen	197
9.7	Halbraum mit konstanter Kreislast σ_0	199
9.8	Grundlagen für Setzungsberechnungen nach DIN 4019-1	199
	9.8.1 Erforderliche Berechnungsunterlagen	199
	9.8.2 Sohl- und Baugrundspannungen	200
9.9	Geschlossene Formeln bei mittiger Last nach DIN 4019-1	200
	9.9.1 Setzung der Eckpunkte schlaffer, konstanter Rechtecklasten	201
	9.9.2 Setzung starrer Rechteckfundamente	202
	9.9.3 Setzung von Kreisfundamenten	204
9.10	Indirekte Setzungsberechnung nach DIN 4019-1	204
	9.10.1 Ablauf der Setzungsermittlung	204
	9.10.2 Anwendungsbeispiel aus DIN 4019-1	206
9.11	Setzungen infolge von Grundwasserabsenkung	207
9.12	Schräge und außermittige Belastungen nach DIN 4019-2	208
	9.12.1 Ansatz waagerechter Lasten und Sohlspannungen	209
	9.12.2 Setzungen und Verkantungen bei Verwendung geschlossener Formeln	209
	9.12.3 Setzungen und Verkantungen infolge lotrechter Baugrundspannungen	212
9.13	Setzungsproblematik bei Hochbauten	213
	9.13.1 Gegenseitige Beeinflussung	213

	9.13.2 Setzungen bei inhomogenem Baugrund	215
9.14	Zulässige Setzungsgrößen	215

10 Erddruck 220

- 10.1 Allgemeines 220
- 10.2 DIN-Normen 220
- 10.3 Angaben der E DIN 4085 220
  - 10.3.1 Begriffe 220
  - 10.3.2 Erforderliche Unterlagen 223
  - 10.3.3 Allgemeines zur Erddruckermittlung 223
- 10.4 Erdruhedruck 224
  - 10.4.1 Unbelastetes horizontales Gelände 224
  - 10.4.2 Unbelastetes geneigtes Gelände 226
  - 10.4.3 Erdruhedruck nach E DIN 4085 226
- 10.5 Wirkungen der Stützwandbewegung 229
  - 10.5.1 Erddruckkräfte 229
  - 10.5.2 Bruchfiguren 230
- 10.6 Zonenbruch nach RANKINE 231
- 10.7 Linienbruch nach COULOMB 236
  - 10.7.1 Aktiver Erddruck 236
  - 10.7.2 Passiver Erddruck 237
- 10.8 Verallgemeinerung der Erddrucktheorie von COULOMB ... 238
  - 10.8.1 Aktiver Erddruck nach MÜLLER-BRESLAU 238
  - 10.8.2 Passiver Erddruck nach MÜLLER-BRESLAU 239
  - 10.8.3 Aktiver Erddruck bei Böden mit Kohäsion 240
  - 10.8.4 Passiver Erddruck bei Böden mit Kohäsion 241
- 10.9 Aktiver Erddruck gemäß E DIN 4085 241
  - 10.9.1 Voraussetzungen der Berechnungsformeln 245
  - 10.9.2 Formeln für Erddrücke und Erddruckkräfte aus Bodeneigenlast ... 246
  - 10.9.3 Verteilung des Erddrucks aus Bodeneigenlast 249
  - 10.9.4 Vertikale Flächen- und Linienlasten auf ebener Geländeoberfläche ... 251
  - 10.9.5 Erddruckanteil aus Kohäsion 257
- 10.10 Passiver Erddruck gemäß E DIN 4085 261
  - 10.10.1 Formeln für Erddrücke und Erddruckkräfte infolge Bodeneigenlast ... 262
  - 10.10.2 Vertikale Flächenlasten auf ebener Geländeoberfläche ... 266
  - 10.10.3 Erddruckanteil aus Kohäsion 267
- 10.11 Grafische Bestimmung des Erddrucks nach CULMANN 268
- 10.12 Verdichtungserddruck und Silodruck 270
  - 10.12.1 Aktiver Verdichtungserddruck gemäß E DIN 4085 ... 270
  - 10.12.2 Verdichtungserdruhedruck gemäß DIN V 4085-100 ... 270

10.12.3 Silodruck gemäß E DIN 4085 ... 271

10.13 Zwischenwerte des Erddrucks ... 272
10.13.1 Erddruck zwischen aktivem Erddruck und Erdruhedruck ... 272
10.13.2 Erddruck zwischen Erdruhedruck und passivem Erddruck ... 272

11 Grundbruch ... 274

11.1 Allgemeines ... 274

11.2 DIN-Normen ... 274

11.3 Begriffe ... 274

11.4 Einflussgrößen und Modelle des Versagenszustands ... 275

11.5 Theorie von PRANDTL ... 275
11.5.1 Voraussetzungen ... 275
11.5.2 Spannungs- und Winkelbeziehungen in den RANKINE-Bereichen ... 276
11.5.3 Bedingungen im Übergangsbereich (PRANDTL-Bereich) ... 277
11.5.4 Grundbruchformel nach PRANDTL (Lösung für den Übergangsbereich) 277

11.6 Verfahren von BUISMAN ... 278

11.7 Grundbruchsicherheit nach DIN 1054 und E DIN 4017 ... 280
11.7.1 Anwendungserfordernisse ... 281
11.7.2 Einwirkungen ... 281
11.7.3 Grundbruchwiderstände ... 282
11.7.4 Tragfähigkeits- und Formbeiwerte ... 284
11.7.5 Lastneigungsbeiwerte ... 285
11.7.6 Geländeneigungsbeiwerte ... 286
11.7.7 Sohlneigungsbeiwerte ... 287
11.7.8 Berücksichtigung von Bermenbreiten ... 288
11.7.9 Durchstanzen ... 288
11.7.10 Nachweis der Grundbruchsicherheit ... 289
11.7.11 Abmessungen von Gleitkörpern unter Streifenfundamenten ... 291

12 Gleiten und Kippen ... 293

12.1 Gleiten ... 293
12.1.1 DIN-Norm ... 293
12.1.2 Gleitsicherheit von Flach- und Flächengründungen nach DIN 1054 ... 293
12.1.3 Gebrauchstauglichkeit nach DIN 1054 ... 296
12.1.4 Maßnahmen bei nicht erfüllter Gleitsicherheit ... 297

12.2 Kippen ... 297
12.2.1 DIN-Normen ... 298
12.2.2 Kippsicherheit von Flach- und Flächengründungen nach DIN 1054 ... 298
12.2.3 Gebrauchstauglichkeit nach DIN 1054 ... 299
12.2.4 Ungleichmäßige Setzungen bei hohen Bauwerken ... 300

13 Gelände- und Böschungsbruch 301
13.1 Allgemeines 301
13.2 DIN-Normen 301
13.3 Begriffe 303
13.4 Erforderliche Unterlagen für Berechnungen nach E DIN 4084 304
13.5 Sonderfall der ebenen Gleitfläche 304
13.6 Lamellenverfahren (schwedische Methode) 306
13.7 Berechnungen nach E DIN 4084 309
13.7.1 Grenzzustand, Einwirkungen und Widerstände 309
13.7.2 Arten der Bruchmechanismen und besondere Bedingungen 310
13.7.3 Bruchmechanismen mit einem Gleitkörper oder zusammengesetzt 312
13.7.4 Grenzzustandsbedingung 312
13.7.5 Lamellenverfahren mit kreisförmig gekrümmten Gleitlinien 313
13.7.6 Lamellenfreie Verfahren mit kreisförmigen und geraden Gleitlinien 315
13.7.7 Zusammengesetzte Bruchmechanismen mit geraden Gleitlinien 316

14 Aufschwimmen 319
14.1 Maßnahmen bei nicht erfüllter Sicherheit gegen Aufschwimmen 319
14.2 Regelwerke 320
14.3 Grenzzustand des Verlustes der Lagesicherheit nach DIN 1054 320
14.3.1 Nichtverankerte Konstruktionen 320
14.3.2 Verankerte Konstruktionen 321
14.3.3 Nachweis der Sicherheit gegen Auftrieb nach EAB – 100 322

15 Europäische Normung in der Geotechnik 324
15.1 Allgemeines 324
15.2 Eurocode 7 325
15.2.1 Nationaler Anhang (NA) 325
15.2.2 Deutsche Normen 326
15.3 Ausführungsnormen 326
15.4 Bauaufsichtliche Einführung 327
15.4.1 Übergang vom Global- zum Teilsicherheitskonzept 327
15.4.2 Übergang von deutscher auf europäische Normung 329

Literaturverzeichnis 330

Firmenverzeichnis 341

Stichwortverzeichnis 342

1 Einteilung und Benennung von Böden

1.1 Bezeichnungen

1.1.1 Bezeichnungen nach DIN 4022-1

Gestein
Ein natürlich entstandenes, fest zusammenhängendes Gemenge einer oder mehrerer Mineralarten. Zu unterscheiden sind als Gesteinsarten
- ▶ magmatische Gesteine (Tiefen- und Ergussgesteine) wie Basalt, Diabas, Granit, vulkanisches Glas usw.
- ▶ Sedimentgesteine (Trümmergesteine, Ausscheidungssedimente, organische oder organogene Ablagerungen) wie Braunkohle, Dolomitstein, Kalkstein, Kreidestein, Mergelstein, Salzgestein, Sandstein, Steinkohle usw.
- ▶ metamorphe Gesteine (mechanisch und thermisch umgewandelte Gesteine) wie Glimmerschiefer, Gneis, Granulit, Marmor usw.

Boden (Lockergestein)
Das aus mineralischen und ggf. organischen Substanzen sowie aus Hohlräumen (Poren) bestehende Lockergestein im oberen Bereich der Erdkruste (z. B. Sand, Kies, Ton usw.).

Fels (Festgestein)
Ein Verband von gleichartigen oder ungleichartigen Gesteinen (kein monolithischer Körper, sondern durch Trennflächen mehr oder weniger zerlegt).

1.1.2 Bezeichnungen für Boden oder Fels nach DIN 4020

Baugrund
Boden oder Fels, in dem Bauwerke gegründet oder eingebettet werden sollen oder der durch Baumaßnahmen beeinflusst wird (vgl. Abb. 1-1).

Baustoff
Boden oder Fels, der bei der Errichtung von Bauwerken oder Bauteilen Verwendung findet (vgl. Abb. 1-1).

Hinweis: Zur Unterscheidung zwischen Boden (Lockergestein) und Fels (Festgestein) vgl. auch Tabelle 5-29.

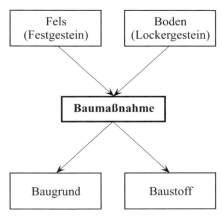

Abb. 1-1 Bezeichnungsveränderungen infolge von Baumaßnahmen

1.2 Kriterien zur Einteilung

Die Klassifikation und Benennung von Böden erfolgt nach sehr unterschiedlichen Gesichtspunkten. Dies lässt sich schon daran erkennen, dass zu diesem Thema entsprechende Ausführungen in so verschiedenen DIN-Normen wie

- DIN 1054 [L 19]
- DIN 4022-1 [L 41]
- DIN 4022-2 [L 42]
- DIN 4022-3 [L 43]
- DIN 4023 [L 44]
- DIN 18196 [L 86]
- DIN 18300 [L 87]

zu finden sind. Als Einteilungskriterien für die Böden dienen dabei z. B.

- ihre Entstehung
  - Verwitterung (Zerstörung der Gesteine durch physikalische, chemische und biologische Vorgänge)
  - Erosion (Abtragung)
  - Frachtung (Transport) durch Wind (äolische Böden), Eis (glaziale Böden) oder Wasser (Geröll- und Schwebfrachtung)
  - Sedimentation
- die Menge und der Zustand ihrer organischen Bestandteile (brennbar, schwelbar)
- die Größe und der Anteil ihrer Körner
  - Siebkorn   (Korngröße > 0,06 mm)
  - Schlämmkorn (Korngröße ≤ 0,06 mm)
  - Korngrößenverteilung
- ihre bodenmechanischen Eigenschaften (Kohäsion, Wasserdurchlässigkeit, Zusammendrückbarkeit)
- ihre Bearbeitbarkeit
  - Lösen und Laden
  - Fördern
  - Einbauen und Verdichten
- ihr unterschiedliches Verhalten bei Belastung
  - Fels
  - gewachsener Boden (Lockergestein)
  - geschütteter (aufgeschütteter oder aufgespülter) Boden
- ihre Verwendbarkeit für bautechnische Zwecke (Aufteilung in Gruppen mit annähernd gleichem stofflichem Aufbau und ähnlichen bautechnischen Eigenschaften wie z. B. Scherfestigkeit, Verdichtungsfähigkeit, Frostempfindlichkeit)
- ihre Erkennbarkeit bei Feldversuchen (auf der Baustelle) wie z. B.
  - Bodenfarbe   (Vergleichskarte zur Farbkennzeichnung)
  - Plastizität (Trockenfestigkeitsversuch, Knetversuch)
  - Kalkgehalt   (Auftropfen von verdünnter Salzsäure)
  - Konsistenz   (Verformbarkeit des Bodens mit der Hand).

1.3 Einteilung nach Korngrößen und organischen Bestandteilen

1.3.1 Kornstrukturen grob- und feinkörniger Böden

Die mineralischen Partikel von Böden, und insbesondere von natürlich entstandenen (gewachsenen) Böden, sind „Körner" mit unterschiedlichen Größen, Formen und Materialbeschaffenheiten.

Böden, deren einzelne Körner mit bloßem Auge erkennbar sind (Sande, Kiese, Schotter usw.), werden „grobkörnig" und vereinfachend „nichtbindig" oder „rollig" genannt (vgl. Abb. 1-2). Neben unterschiedlichen Formen (mit Bezeichnungen wie z. B. „kugelig", „bohnenförmig", „stengelig", „münzenförmig") weisen diese Körner auch sehr verschiedene Oberflächenstrukturen auf (vgl. Abb. 1-3).

Böden, die dadurch gekennzeichnet sind, dass sich ihre einzelnen Körner nicht mehr mit bloßem Auge erkennen lassen (Tone, Schluffe usw.), werden als „feinkörnig" und, bei Korngrößen der Böden von unter ca. 0,02 mm, vereinfachend als „bindig" oder „kohäsiv" bezeichnet.

Im Gegensatz zu den grobkörnigen (nichtbindigen) Böden weisen Tone, Schluffe (Fein- und Mittelschluffe) und bindige Mischböden (z. B. Mergel, Lehm) plastische Eigenschaften auf.

Nach VON SOOS ([L 120], Kapitel 1.5) neigen insbesondere in Wasser aufgeschlämmte Tone beim Absinken dazu, sich mit ihren Einzelelementen im Süßwasser auch in kartenhausartigen (wabenförmigen) und im Salzwasser auch in bandartigen (flockenförmigen) Strukturen abzulagern (vgl. Abb. 1-4). Das durch weitere Materialauflagerungen entstehende Sediment weist im Bereich solcher Aggregationsformen sehr viel Hohlraum auf. Insgesamt entstehen bei der Sedimentation mehr oder weniger dichte Gefügestrukturen, wie sie in Abb. 1-5

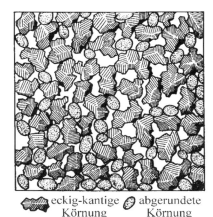

eckig-kantige Körnung / abgerundete Körnung

Abb. 1-2 Einzelkornstruktur eines grobkörnigen Bodens (aus [L 170])

scharfkantig / kantig / rundkantig / gerundet / glatt

Abb. 1-3 Bezeichnungen der Kornrauigkeiten von Bodenkörnern (nach [L 120], Kapitel 1.5)

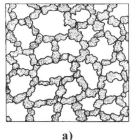 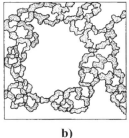

a)   b)

Abb. 1-4 Waben- (a)) und Flockenstruktur (b)) von Tonen nach TERZAGHI [L 184] (aus [L 170])

anhand einiger Beispiele gezeigt sind. Hinsichtlich der Vorgänge, die die chemische Zusammensetzung des Wassers beeinflussen sowie der an den Teilchenoberflächen auftretenden elektrischen Ladungskräfte und der auf die Teilchen wirkenden elektrostatischen und molekularen Anziehungskräfte sei z. B. auf [L 14] und besonders auf [L 134] verwiesen.

a) Kaolin

b) Halloysit

c) Tafeliger Gibbsit bedeckt mit Hämatit

Abb. 1-5 Rasterelektronische Aufnahmen von Tonmineralien (Bilder a) und b) aus [L 120], Kapitel 1.5 und Bild c) aus [L 134])

1.3.2 Einteilung reiner Bodenarten

Die nachstehende Tabelle 1-1 zeigt die Einteilung und Benennung von Böden mit Korngrößen bis zu 200 mm und mehr, wie sie in DIN 4022-1 zu finden ist. Die Einteilung definiert „reine" Bodenarten (z. B. Kies, Grobsand, Feinschluff, Ton), die aus nur einem der aufgeführten Korngrößenbereiche bestehen.

Tabelle 1-1 Einteilung und Benennung von Böden nach Korngrößen (nach DIN 4022-1)

Bereich	Benennung (Kurzzeichen)	Korngröße (in mm)	Bemerkungen
Grobkornbereich (Siebkorn)	Blöcke (Y)	> 200	> Kopfgröße
	Steine (X)	> 63 bis 200	< Kopfgröße > Hühnereier
	Kies (G)	> 2 bis 63	< Hühnereier > Streichholzköpfe
	Grobkies (gG)	> 20 bis 63	< Hühnereier > Haselnüsse
	Mittelkies (mG)	> 6,3 bis 20	< Haselnüsse > Erbsen
	Feinkies (fG)	> 2 bis 6,3	< Erbsen > Streichholzköpfe
	Sand (S)	> 0,06 bis 2	< Streichholzköpfe, aber Einzelkorn noch erkennbar
	Grobsand (gS)	> 0,6 bis 2	< Streichholzköpfe > Grieß
	Mittelsand (mS)	> 0,2 bis 0,6	etwa Grieß
	Feinsand (fS) *	> 0,06 bis 0,2	< Grieß, aber Einzelkorn noch erkennbar
Feinkornbereich (Schlämmkorn)	Schluff (U)	> 0,002 bis 0,06	Einzelkörner mit bloßem Auge nicht mehr erkennbar
	Grobschluff (gU) *	> 0,02 bis 0,06	
	Mittelschluff (mU)	> 0,006 bis 0,02	
	Feinschluff (fU)	> 0,002 bis 0,006	
	Ton oder Feinstes (T)	< 0,002	

*) Sand mit Korngrößen ≤ 0,1 mm und Grobschluff werden auch als „Mehlsand" bezeichnet.

1.3.3 Einteilung zusammengesetzter Böden

Zusammengesetzte Böden sind Gemische aus reinen Bodenarten. Da die zum jeweiligen Gemisch gehörenden Bodenarten unterschiedlich große Anteile an der Mischung aufweisen können, wird in DIN 4022-1 unterschieden zwischen

- Hauptanteilen und
- Nebenanteilen.

Eine Bodenart stellt den Hauptanteil des zusammengesetzten Bodens dar, wenn sie nach den Massenanteilen am stärksten vertreten ist bzw. die bestimmenden Eigenschaften des Bodens prägt. Die entsprechende Festlegung erfolgt bei grobkörnigen Böden nach dem Massenanteil und bei feinkörnigen Böden nach den bestimmenden Bodeneigenschaften. Zur Unterscheidung in „grobkörnig" und „feinkörnig" können die Definitionen der Tabelle 1-2 verwendet werden.

Eine Bodenart repräsentiert einen Nebenanteil, wenn sie
- ▶ als Feinkornanteil die bestimmenden Eigenschaften des Bodens nicht prägt
- ▶ als Grobkorn nicht den stärksten Massenanteil repräsentiert und weniger als 40 % des Massenanteils ausmacht.

Eine Prägung des Bodenverhaltens durch den Feinkornanteil liegt dann nicht vor, wenn der Boden keine oder eine nur niedrige Trockenfestigkeit aufweist (vgl. Abschnitt 1.6.3) bzw. der Knetversuch gemäß DIN 4022-1 keine Knetfähigkeit zeigt.

Tabelle 1-2 Einteilung zusammengesetzter Böden

Gemischtkörnige Böden			
Grobkörnige Böden		**feinkörnige Böden**	
Sande und Kiese mit Beimengungen aus Ton und Schluff	Gemische aus Grob- und Feinkorn (Kies + Sand + Schluff + Ton)		Tone und Schluffe mit Beimengungen aus Sand und Kies
Massenanteil des Feinkorns (Schluff und/oder Ton) < 5 %	Massenanteil des das Bodenverhalten nicht bestimmenden Feinkorns ≥ 5 % bis ≤ 40 %	Massenanteil des das Bodenverhalten bestimmenden Feinkorns ≥ 5 % bis ≤ 40 %	Massenanteil des Feinkorns (Schluff und/oder Ton) > 40 %

Zur Bezeichnung zusammengesetzter Böden und insbesondere zur Verdeutlichung der in ihnen enthaltenen Anteile reiner Bodenarten sind nach DIN 4022-1 und DIN 4023 folgende Kennzeichnungen zu verwenden:
- ▶ Bezeichnung von Hauptanteilen mit
  - ▷ Substantiven (z. B. Kies, Sand, Grobsand, Feinsand, Schluff, Ton) bzw.
  - ▷ Großbuchstaben (z. B. G, S, gS, fS, U, T)
- ▶ Bezeichnung von Nebenanteilen mit
  - ▷ Adjektiven (z. B. kiesig, sandig, grobsandig, feinsandig, schluffig, tonig) bzw.
  - ▷ Kleinbuchstaben (z. B. g, s, gs, fs, u, t)
  - ▷ den Adjektiven vorgesetztem „schwach", wenn z. B. grobkörnige Nebenanteile mit weniger als 15 % Massenanteil in dem Gemisch vertreten sind oder feinkörnige Nebenanteile in grobkörnigem Boden gemäß Tabelle 1-2 das Verhalten des Bodens in besonders geringem Maße beeinflussen (z. B.: schwach kiesig, schwach sandig, schwach grobsandig, schwach feinsandig, schwach schluffig, schwach tonig)
  - ▷ den Kleinbuchstaben folgendem Apostroph bei schwachen Nebenanteilen (z. B. g', s', gs', fs', u', t')
  - ▷ den Adjektiven vorgesetztem „stark", wenn z. B. grobkörnige Nebenanteile mit mehr als 30 % Massenanteil in dem Gemisch vertreten sind oder feinkörnige Nebenanteile in grobkörnigem Boden gemäß Tabelle 1-2 das Verhalten des Bodens in besonders

1 Einteilung und Benennung von Böden

starkem Maße beeinflussen (z. B.: stark kiesig, stark feinkiesig, stark sandig, stark schluffig, stark tonig)
▷ einem Strich über dem Kleinbuchstaben bei starken Nebenanteilen (z. B. $\overline{g}$, $\overline{s}$, $\overline{gs}$, $\overline{fs}$, $\overline{u}$, $\overline{t}$).

Mit den genannten Kennzeichen ergeben sich Bodenbezeichnungen wie z. B.

Grobsand, mittelsandig, feinkiesig	bzw.	gS, ms, fg
Grobsand, mittelsandig, schwach kiesig	bzw.	gS, ms, g'
Grobsand, stark kiesig, mittelsandig	bzw.	gS, $\overline{g}$, ms
Sand, stark kiesig, schwach schluffig	bzw.	S, $\overline{g}$, u'

Enthält ein grobkörniger Boden zwei reine Bodenarten (z. B. Mittelsand und Kies) mit Massenanteilen, die zwischen > 40 % und < 60 % liegen, ist er mit

    Mittelsand und Kies   bzw.   mS + G

zu bezeichnen.

Etwas andere Bezeichnungen als die bisherigen ergeben sich wenn das in Abb. 1-6 gezeigte Dreiecknetz auf zusammengesetzte Böden ohne Kiesanteile angewendet wird. Dies ist u. a. auf die Verwendung des Begriffs „Lehm" zurückzuführen.

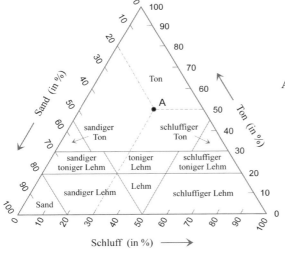

Abb. 1-6 Dreiecknetz zur Bodenklassifizierung der Public Roads Administration (nach TERZAGHI [L 184])

Anwendungsbeispiel

Mit Hilfe des Dreiecknetzes aus Abb. 1-6 ist ein Boden zu klassieren, dessen Kornmasse zu 20 % aus Sand, zu 30 % aus Schluff und zu 50 % aus Ton besteht.

Lösung

Die Benutzung des Dreiecknetzes zeigt, dass es sich um Ton handelt (Punkt A der Abb. 1-6).

Neben den bisher angegebenen Begriffen zur Benennung von Böden sind in der Literatur und im Sprachgebrauch der Praxis noch eine große Anzahl weiterer Bezeichnungen zu finden. Zu diesen gehören z. B.:

Geschiebemergel (Mg)
   In Eiszeiten durch Ablagerung entstandener kalkhaltiger bindiger Boden, aus Geröll, Kies, Sand, Schluff und Ton bestehende Mischung mit regelloser Struktur.

Geschiebelehm (Lg)
   Entspricht Geschiebemergel, bei dem der Kalk durch Sicker- und Grundwasser ausgewaschen wurde.

Lehm (L)
   Bindiger Boden als Mischung aus Kies, Sand, Schluff und Ton (z. B *Hanglehm*).

Löss (Lö)
   Vom Wind angewehtes, gleichkörniges, zumeist hellbraunes Sediment mit hohem Anteil der Teilchengrößen von 0,01 bis 0,05 mm und mit $\approx$ 10 bis 20 % Kalkanteil.

1.3.4 Einteilung organischer Böden

Organische Böden können vollkommen aus organischen Substanzen bestehen oder organische Stoffe als Beimengungen besitzen. Organische Substanzen sind Überreste pflanzlichen und tierischen Lebens, die im Boden verblieben sind und im Laufe der Zeit physikalischen und chemischen Umwandlungsprozessen unterworfen wurden. Humus, Torf und Faulschlamm sind Beispiele für das Ergebnis dieser Prozesse.

Wie schon bei den zusammengesetzten Bodenarten findet sich im Sprachgebrauch der Praxis auch für organische Böden eine Vielzahl weiterer Bodenartnamen. In diese Gruppe gehören Begriffe wie:

Mutterboden oder auch *Oberboden* (Mu)
   Aus Kies-, Sand-, Schluff- und Tongemischen bestehende oberste Bodenschicht, die auch Humus und Lebewesen enthält.

Mudde oder auch *Faulschlamm* (F)
   In Verlandungsgebieten von Gewässern vorkommender organischer Boden mit mineralischen Beimengungen.

Schlick (Kl)
   Am küstennahen Meeresboden abgelagerter Tonschlamm (gemischt mit organischen Stoffen, Schluff und Feinsand).

Klei (Kl)
   Ältere, verfestigte Schlickablagerung.

1.4 Einstufung in Boden- und Felsklassen

Ihrem Zustand beim Lösen gemäß (gilt für die Klassen 2 bis 7, Klasse 1 wird als eigene Klasse geführt), werden in DIN 18300 Boden und Fels in die nachstehenden Klassen eingeteilt. Zusätzlich angegebene Gruppenbezeichnungen (z. B. OH) sind der DIN 18196 entnommen.

Klasse 1: *Oberboden*
Oberste Bodenschicht, die nicht nur Kies-, Sand-, Schluff- und Tongemische, sondern auch auch Humus und Bodenlebewesen enthält (OH).

Klasse 2: *Fließende Bodenarten*
Bodenarten von flüssiger bis breiiger Beschaffenheit (Konsistenzahl I_C < 0,5, nach DIN 18122-1 [L 69]), die das Wasser schwer abgeben.
Nach den ZTVE-StB 94 [L 188] gehören hierzu
▶ organische Böden der Gruppen HN, HZ und F
sowie beim Lösen ausfließende
▶ feinkörnige Böden der Gruppen UL, UM, UA, TL, TM, TA sowie organogene Böden und Böden mit organischen Beimengungen der Gruppen OU, OT, OH und OK
▶ gemischtkörnige Böden der Gruppen SU*, ST*, GU* und GT*.

Klasse 3: *Leicht lösbare Bodenarten*
Nicht- bis schwachbindige Sande, Kiese und Sand-Kies-Gemische mit maximal 15 % Beimengungen an Schluff und Ton (Korngrößen < 0,06 mm) und mit maximal 30 % Steinen der Korngröße > 63 mm und dem Rauminhalt ≤ 0,01 m³.
Organische Bodenarten mit geringem Wassergehalt (z. B. feste Torfe).
Gemäß den ZTVE-StB 94 [L 188] gehören in diese Klasse
▶ grobkörnige Böden der Gruppen SW, SI, SE, GW, GI, und GE
▶ gemischtkörnige Böden der Gruppen SU, ST, GU und GT
▶ beim Ausheben standfest bleibende Torfe, der Gruppe HN mit geringem Wassergehalt.

Klasse 4: *Mittelschwer lösbare Bodenarten*
Gemische aus Sand, Kies, Schluff und Ton mit einem über 15 % liegendem Anteil an Korn mit Korngrößen < 0,06 mm.
Weiche bis halbfeste bindige Bodenarten mit leichter bis mittlerer Plastizität, die höchstens 30 % Steine mit der Korngröße > 63 mm und einem Rauminhalt von 0,01 bis 0,1 m³ enthalten.
Die ZTVE-StB 94 [L 188] zählen hierzu
▶ feinkörnige Böden der Gruppen UL, UM, UA, TL, und TM
▶ gemischtkörnige Böden der Gruppen SU*, ST*, GU* und GT*
▶ organogene Böden und Böden mit organischen Beimengungen der Gruppen OU, OH und OK.

Klasse 5: *Schwer lösbare Bodenarten*
Bodenarten gemäß der Klassen 3 und 4, die jedoch mehr als 30 % Steine mit einer Korngröße > 63 mm und einem Rauminhalt von ≤ 0,01 m^3 enthalten.

Nichtbindige und bindige Bodenarten mit maximal 30 % Steinen, deren Rauminhalt mehr als 0,01 m^3 und höchstens 0,1 m^3 beträgt.

Nach den ZTVE-StB 94 [L 188] gehören in diese Klasse weiche bis halbfeste feinkörnige Böden der Gruppen TA und OT.

Klasse 6: *Leicht lösbarer Fels und vergleichbare Bodenarten*
Felsarten mit einem inneren, mineralisch gebundenem Zusammenhalt, die stark klüftig, brüchig, bröckelig, schiefrig, weich oder verwittert sind, sowie vergleichbare feste oder verfestigte bindige oder nichtbindige Bodenarten, deren Zustand z. B. auf Austrocknung, Gefrieren oder chemische Bindungen zurückzuführen ist.

Nichtbindige und bindige Bodenarten mit mehr als 30 % Steinen, deren Volumen mehr als 0,01 bis 0,1 m^3 beträgt.

In diese Klasse gehören nach den ZTVE-StB 94 [L 188]
- Fels der nicht in Klasse 7 gehört
- Bodenarten der Klassen 4 und 5 mit fester Konsistenz.

Klasse 7: *Schwer lösbarer Fels*
Felsarten mit einem inneren, mineralisch gebundenem Zusammenhalt und hoher Gefügefestigkeit, die nur wenig klüftig oder verwittert sind, sowie vergleichbare feste oder verfestigte bindige oder nichtbindige Bodenarten, deren Zustand z. B. auf Austrocknung, Gefrieren oder chemische Bindungen zurückzuführen ist.

Steine, die einen Rauminhalt von mehr als 0,1 m^3 besitzen.

Hierzu gehören nach den ZTVE-StB 94 [L 188]
- angewitterter und unverwitterter Fels mit Gesteinskörpern, die durch Trennflächen begrenzt sind und die einen Rauminhalt von mehr als 0,1 m^3 besitzen
- Halden mit verfestigter Schlacke.

1.5 Kennzeichnungen nach DIN 4023

Die nachstehenden Tabellen sind DIN 4023 [L 44] entnommen. Als zwei von insgesamt vier Tabellen zeigen sie Vereinbarungen für die einheitliche Kennzeichnung wichtiger Boden- und Felsarten (auch gemischtkörnige, Tabelle 1-4), wie sie in zeichnerischen Darstellungen (z. B. von Bohrergebnissen) und im Schrifttum verwendet werden können.

Tabelle 1-3 Beispiele für Kurzzeichen, Zeichen und Farbkennzeichnungen für Bodenarten und Fels nach DIN 4022-1 [L 41] (nach Tabelle 1 aus DIN 4023 [L 44])

1	2	3	4	5	6	7
Benennung		Kurzzeichen		Zeichen	Farbkennzeichnung 1)	
Bodenart	Beimengung	Bodenart	Beimengung		Farbnahme	Farbzeichen nach DIN 6164 Teil 1
Kies	kiesig	G	g		gelb	2 : 6 : 1
Grobkies	grobkiesig	gG	gg			
Mittelkies	mittelkiesig	mG	mg			
Feinkies	feinkiesig	fG	fg			
Sand	sandig	S	s		orange	6 : 6 : 2
Grobsand	grobsandig	gS	gs			
Mittelsand	mittelsandig	mS	ms			
Feinsand	feinsandig	fS	fs			
Schluff	schluffig	U	u		oliv	1 : 4 : 5
Ton	tonig	T	t		violett	14 : 5 : 4
Torf, Humus	torfig, humos	H	h		dunkelbraun	5 : 2 : 6
Mudde (Faulschlamm)		F	–		lila	11 : 4 : 4
	organische Beimengung	–	o		–	–
Auffüllung		A	–	A	–	–
Steine	steinig	X	x		gelb	2 : 6 : 1
Blöcke	mit Blöcken	Y	y		gelb	2 : 6 : 1
Fels, allgemein		Z	–		grün	21 : 6 : 5
Fels, verwittert		Zv	–			

1) Handelsbezeichnungen nach Anhang A

Tabelle 1-4 Beispiele von Kurzzeichen, Zeichen und Farbkennzeichnungen für gemischtkörnige Boden- und Felsarten (nach Tabelle 4 aus DIN 4023 [L 44])

1	2	3	4	5
Benennung	Kurz-zeichen	Zeichen	Farbkennzeichnung [1] Farbnahme	Farbzeichen nach DIN 6164 Teil 1
Grobkies, steinig	gG, x		gelb	2 : 6 : 1
Feinkies und Sand	fG + S		orange	6 : 6 : 2
Grobsand, mittelkiesig	gS, mg		orange	6 : 6 : 2
Mittelsand, schluffig, humos	mS, u, h		orange	6 : 6 : 2
Schluff, stark feinsandig	U, $\overline{fs}$		oliv	1 : 4 : 5
Torf, feinsandig, schwach schluffig	H, fs, u'		dunkelbraun	5 : 2 : 6
Seekreide mit organischen Beimengungen	Wk, o		hellblau	17 : 5 : 2
Klei, feinsandig	Kl, fs		lila	11 : 4 : 4
Sandstein, schluffig	Sst, u		orange	6 : 6 : 2
Salzgestein, tonig	Sast, t		gelbgrün	23 : 6 : 3
Kalkstein, schwach sandig	Kst, s'		dunkelblau	17 : 5 : 4

[1] Handelsbezeichnungen nach Anhang A

Ein Anwendungsbeispiel für die Vereinbarungen aus Tabelle 1-3 und Tabelle 1-4 ist in Abb. 1-7 gezeigt.

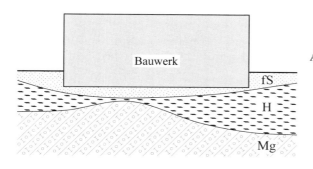

Abb. 1-7 Baugrund unter einem geplanten Bauwerk
fS   Feinsand
H   Torf
Mg Geschiebemergel

1.6 Erkennung von Bodenarten mittels einfacher Versuche

In DIN 4022-1 [L 41] werden einige Versuche angegeben, die auch im Feld durchführbar sind und mit denen in einfacher Form sowie geringem Zeit- und Kostenaufwand Erkenntnisse zur Bestimmung der jeweils untersuchten Bodenart gewonnen werden können. Zu diesen Versuchen gehören u. a. der Reibe-, der Schneide-, der Trockenfestigkeits- und der Ausquetschversuch sowie die Ermittlung der Konsistenz bindiger Böden. Weitere Versuche sind z. B. der Schüttelversuch (charakteristische Reaktionen schluffiger Böden), der Knetversuch (Unterscheidung der Plastizitätsbereiche bindiger Böden) und der Riechversuch (anorganische oder organische Natur eines Bodens).

1.6.1 Reibeversuch

Zur Abschätzung der Sand-, Schluff- und Tonanteile eines Bodens wird eine kleine Probenmenge zwischen den Fingern zerrieben (evtl. unter Wasser). Um dabei die interessierenden Bodenanteile erkennen zu können, ist von den nachstehenden Kriterien auszugehen.

Toniger Boden   fühlt sich seifig an, bleibt an den Fingern kleben und lässt sich auch im trockenen Zustand nicht ohne Abwaschen entfernen.

Schluffiger Boden   fühlt sich weich und mehlig an. An den Fingern haftende Bodenteile sind in trockenem Zustand durch Fortblasen oder in die Hände klatschen problemlos entfernbar.

Sandkornanteil   ist erkennbar am Rauigkeitsgefühl bzw. am Knirschen und Kratzen (im Zweifelsfall: Versuchsdurchführung zwischen den Zähnen).

1.6.2 Schneideversuch

Der Schneideversuch dient zur schnellen und einfachen Erkennung eines Bodens als Schluff oder Ton. Dazu wird eine erdfeuchte Probe des Bodens mit einem Messer durchgeschnitten und anhand des Aussehens der frischen Schnittfläche seine Einordnung vorgenommen. Eine
- ▶ glänzende Schnittfläche ist charakteristisch für Ton
- ▶ stumpfe Schnittfläche entsteht bei Schluff bzw. tonig, sandigem Schluff mit geringer Plastizität.

1.6.3 Trockenfestigkeitsversuch

Mit diesem Versuch lässt sich die Zusammensetzung des Bodens nach Art und Menge des Feinkornanteils am Widerstand erkennen, den eine getrocknete Bodenprobe gegen ihre Zerstörung entwickelt. Dabei lassen sich relativ problemlos die in der folgenden Tabelle 1-5 aufgeführten Fälle unterscheiden.

Tabelle 1-5 Ergebnisse von Trockenfestigkeitsversuchen

Verhalten der Bodenprobe beim Versuch	untersuchte Böden (Beispiele)
zerfällt ohne oder bei geringster Berührung (keine Trockenfestigkeit)	G, S, Gs
zerfällt bei leichtem bis mäßigem Fingerdruck (niedrige Trockenfestigkeit)	U, Ufs, fS$\bar{u}$, G$\bar{u}$
zerbricht unter erheblichem Fingerdruck (mittlere Trockenfestigkeit)	G$\bar{t}$, S$\bar{t}$, Ut
ist durch Fingerdruck nicht zerstörbar (hohe Trockenfestigkeit)	T, Tu, Ts, G$\bar{t}$s

1.6.4 Konsistenzbestimmung bindiger Böden

Als „bindige Böden" werden nach DIN 4022-1 [L 41] Böden bezeichnet, die plastische Eigenschaften aufweisen. Da solche Böden in sehr unterschiedlichen Zustandsformen vorzufinden sind, ist eine entsprechende Unterscheidung erforderlich. Der diesbezügliche Versuch sieht die Bearbeitung einer Probe bindigen Bodens mit der Hand vor. Das jeweilige Versuchsergebnis ermöglicht die Unterscheidung der Zustandsformen

breiig	beim Pressen des Bodens in der Faust quillt dieser durch die Finger
weich	lässt sich kneten
steif	schwer knetbar, aber in 3 mm dicke, rissfreie Walzen ausrollbar
halbfest	bröckelt und reißt beim Ausrollen in 3 mm dicke Walzen, lässt sich aber erneut zum Klumpen formen
fest (hart)	nicht mehr knetbar, nur zerbrechbar.

1.6.5 Ausquetschversuch

Zur Feststellung des Zersetzungsgrades von Torf wird ein nasses Torfstück in der Faust kräftig gequetscht. Unterschieden wird der Torf in

nicht bis *mäßig zersetzt*	beim Quetschen geht nur klares bis trübes Wasser zwischen den Fingern hindurch
stark bis *völlig zersetzt*	beim Quetschen geht ein großer Teil oder nahezu die ganze Torfmasse zwischen den Fingern hindurch.

2 Wasser im Baugrund

Das während des Jahres in unterschiedlicher Menge anfallende Niederschlagswasser dringt nur zum Teil in den Boden ein. Der Rest verdunstet bzw. fließt als Oberflächenwasser ab.

Das den Boden infiltrierende Wasser sickert entweder nach unten, oder es verbleibt in den Bodenporen der über dem Grundwasser liegenden Zone (vgl. Abb. 2-1).

Generell kann zwischen zwei Zonen unterschieden werden. In der unteren Zone sind alle Bodenporen vollständig gefüllt durch Grundwasser, das einem hydrostatischen Druck unterliegt. In der darüber liegenden Zone (Kapillarzone) sind die Poren vollständig (geschlossene Kapillarzone) oder teilweise (offene Kapillarzone) mit Kapillarwasser gefüllt (vgl. Abb. 2-1). Während oberhalb der geschlossenen Kapillarzone einzelne Bodenteilchen von Haftwasser (gegen die Schwerkraft adhäsiv gehaltenes Wasser) umgeben sind, werden die Bodenteilchen im gesamten Bodenbereich von hygroskopischem Wasser umhüllt, sofern ihre Oberflächen elektrisch geladen sind (vgl. Abschnitt 2.4).

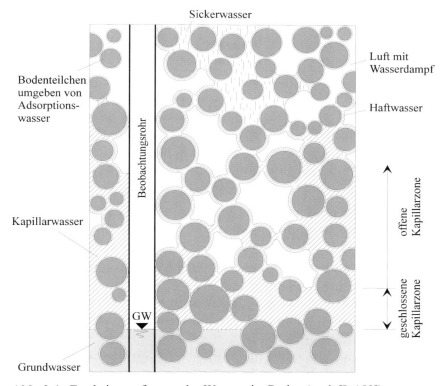

Abb. 2-1 Erscheinungsformen des Wassers im Boden (nach [L 159])

2.1 Begriffe aus DIN 4021

In der für Aufschlüsse des Baugrunds durch Schürfe und Bohrungen sowie die Entnahme von Proben geltenden DIN 4021 [L 40] sind die folgenden Begriffe zu finden:

Sickerwasser
  Wasser, das sich durch Überwiegen der Schwerkraft abwärts bewegt, soweit es kein Grundwasser ist.

Grundwasser
  Unterirdisches Wasser, das die Hohlräume des Baugrunds zusammenhängend ausfüllt.

Grundwasserspiegel
  Ausgeglichene Grenzfläche des Grundwassers gegen die Atmosphäre (z. B. in Brunnen, Grundwassermessstellen, Höhlen oder Gewässern).

Grundwasserleiter
  Boden- oder Felskörper, der geeignet ist, Grundwasser weiterzuleiten.

Grundwasserhemmer
  Boden- oder Felskörper, der im Vergleich zu den benachbarten Gesteinskörpern gering wasserdurchlässig ist.

Grundwassernichtleiter
  Boden- oder Felskörper, der praktisch wasserundurchlässig ist.

Grundwassersohle
  Untere Grenzfläche eines Grundwasserleiters.

Grundwasserkörper
  Grundwasservorkommen oder Teil eines solchen, das eindeutig abgegrenzt oder abgrenzbar ist.

Grundwasseroberfläche
  Obere Grenzfläche eines Grundwasserkörpers.

Grundwasserdruckfläche
  Geometrischer Ort der Endpunkte aller Standrohrspiegelhöhen an einer Grundwasseroberfläche.

Freie Grundwasseroberfläche (freies Grundwasser)
  Grundwasserdruckfläche, die mit der Grundwasseroberfläche identisch ist (siehe Abb. 2-2).

Gespanntes Grundwasser
  Bei diesem Grundwassertyp liegt die Grundwasserdruckfläche über der Grundwasseroberfläche (siehe Abb. 2-2).

Artesisch gespanntes Grundwasser
  Bei ihm liegt die Grundwasserdruckfläche über der Grundwasseroberfläche und über der Erdoberfläche (siehe Abb. 2-2).

Grundwasserstockwerk
  Grundwasserleiter einschließlich seiner oberen und unteren Begrenzung als Betrachtungseinheit innerhalb der senkrechten Gliederung der Erdrinde. Die Grundwasserstockwerke werden von oben nach unten gezählt (siehe Abb. 2-3).

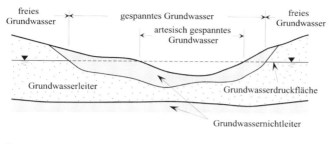

Abb. 2-2 Freies und gespanntes Grundwasser

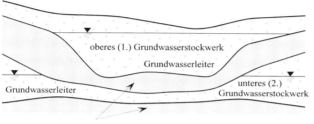

Abb. 2-3 Grundwasserstockwerke

2.2 Kapillarwasser

In Bodenporen, die nicht vollständig mit Grundwasser gefüllt sind, treten Oberflächenspannungen zwischen dem Boden und dem Wasser auf. Sie bewirken Kapillarkräfte, die mit abnehmender Porengröße zunehmen. Die Kapillarkräfte heben das Grundwasser in Form von Kapillarwasser um die Größe

$$h_k = \frac{4 \cdot \sigma_0 \cdot \cos\alpha}{d \cdot \gamma_w}$$ Gl. 2-1

über den Grundwasserspiegel (vgl. Abb. 2-4). Mit der Wasserwichte $\gamma_w \approx 0{,}01$ N/cm³, der für feuchte und 10 °C warme Luft geltenden Oberflächenspannung $\sigma_0 \approx 0{,}00074$ N/cm² (vgl. [L 14]) und dem für Böden verwendbaren Benetzungswinkel $\alpha \approx 0°$ (vgl. [L 120], Kapitel 1.5) ergibt sich für die kapillare Steighöhe die nicht dimensionsreine Beziehung

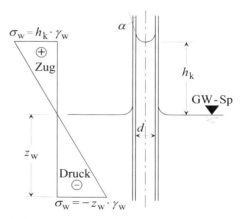

Abb. 2-4 Zug- und Druckspannungsverlauf in einem Kapillarrohr

$$h_k \text{ (in cm)} \approx \frac{0{,}3}{d \text{ (in cm)}}$$ Gl. 2-2

(z. B. bei der Kapillarbrechung in Dränschichten unter Bodenplatten zu berücksichtigen).

In Abhängigkeit von dem Bodenmaterial und seiner Lagerungsdichte D (bei nichtbindigen Böden) differieren die kapillaren Steighöhen in den Porenkanälen erheblich. Während sie

z. B. bei Kies Werte von < 1 cm bis 5 cm annehmen, können sie in Feinschluff bis ≈ 50 m erreichen (vgl. hierzu [L 120], Kapitel 1.5 und [L 127]).

Da die Porenkanäle veränderliche Dicken aufweisen, entsprechen sie eher einem JAMIN-Rohr als einem Kapillarrohr mit konstantem Durchmesser. Wird ein JAMIN-Rohr in Grundwasser getaucht, steigt dieses bis zur „aktiven" kapillaren Steighöhe h_{ka}. Eine größere und als „passiv" bezeichnete kapillare Steighöhe h_{kp} stellt sich ein, wenn der Grundwasserspiegel nach Einstellung der aktiven kapillaren Steighöhe sinkt (vgl. Abb. 2-5).

Die unregelmäßigen Querschnittsformen der im Bodengefüge vorhandenen Porenkanäle sowie die Schwankungen des Grundwasserspiegels, die z. B. durch Niederschläge und durch Wasserabfluss bewirkt werden, führen zu einer sich unterschiedlich einstellenden kapillaren Steighöhe im Bodenmaterial. Das kapillar angehobene Grundwasser im Baugrund ist deshalb in

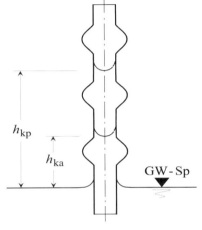

Abb. 2-5 JAMIN-Rohr mit aktiver und passiver kapillarer Steighöhe h_{ka} und h_{kp}

▶ der geschlossenen Kapillarzone (alle Poren dieses Bereiches sind mit Kapillarwasser gefüllt) und
▶ der offenen Kapillarzone (nur ein Teil der Poren dieses Bereiches ist mit Kapillarwasser gefüllt)

zu finden.

2.3 Porenwinkelwasser

Als Porenwinkelwasser wird das Wasser im Bereich der Kontaktflächen (Porenwinkel) von Körnern feuchter nichtbindiger Böden bezeichnet (siehe Abb. 2-6).

Durch die Kapillarkräfte des Porenwinkelwassers werden die Bodenkörner aneinandergezogen. Dies führt zu einem „Aneinanderhaften" der Körner, das als „Kapillarkohäsion" (oder auch „scheinbare Kohäsion") bezeichnet wird und sich insbesondere bei feinkörnigeren nichtbindigen Böden auswirkt. Wird von dem Wassergehalt eines nichtbindigen Bodens ausgegangen, zu dem die maximale Wirkung der Ka-

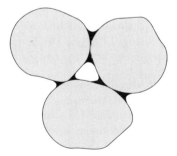

Abb. 2-6 Bodenkörner mit Porenwinkelwasser

pillarkohäsion gehört, verringert sich diese mit zunehmender Veränderung dieses Wassergehalts. So reduzieren sich die Kapillarkräfte mit zunehmender Austrocknung des Bodens bis hin zu ihrem endgültigen Wegfall bei vollständig trockenem Boden. Analog dazu verringert sich die Kapillarkohäsion bei Wasserzugabe, da dadurch die Bodenporen mit Wasser aufgefüllt werden; endgültig verschwunden ist sie, wenn alle Bodenporen mit Wasser gefüllt sind.

2.4 Hygroskopisches Wasser

Hygroskopisches Wasser (Adsorptionswasser) wird wegen der Dipoleigenschaften von Wassermolekülen (auf den sich gegenüberliegenden Molekülseiten liegen die Schwerpunkte der positiven und der negativen Ladung) von elektrisch negativ geladenen mineralischen Oberflächen der Bodenteilchen angezogen und an den Teilchenoberflächen angelagert (adsorbiert). Die Größe und der Verlauf (vgl. Abb. 2-7) der Anziehungskraft ergeben sich nach BUSCH/LUCKNER [L 14] aus der Kombination von elektrostatischen und molekularen (VAN DER WAALSsche Kräfte) Wirkungen.

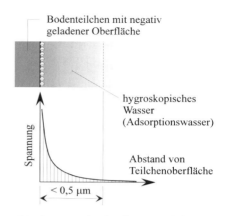

Abb. 2-7 Verlauf der Anziehungsspannungen in der diffusen Hülle

Hygroskopisches Wasser umgibt die Bodenteilchen mit einer Schicht verdichteten Wassers, die als „diffuse Hülle" oder auch „diffuse Schicht" bezeichnet wird. In Abhängigkeit vom Elektrolytgehalt des Wassers nimmt ihre Dicke sehr unterschiedliche Größen an, womit entsprechende Reichweitenunterschiede der elektrostatischen Kraftwirkung verbunden sind (vgl. hierzu [L 134]). Das angelagerte Wasser hat die Konsistenz einer hochviskosen Flüssigkeit, wird zur Teilchenoberfläche hin zäh wie Eis und unmittelbar an der Oberfläche praktisch zum Bestandteil des Bodenteilchens.

2.5 Grundwassermessstellen

Bei der Festlegung der Abmessungen und der konstruktiven Ausgestaltung von Bauwerken, die im Grundwasser stehen oder durch Grundwasserbereiche führen, ist es, sowohl in technischer Hinsicht als auch im Hinblick auf die Baukosten, von großer Bedeutung, die Höhenlage des Grundwasserspiegels bzw. der Grundwasserdruckfläche zu kennen. Da diese Höhenlage durch Niederschläge, Wasserentnahmen usw. beeinflusst wird, stellen neben ihrer zeitlichen Entwicklung auch ihre Höchst-, Mittel- und Tiefstwerte wichtige Informationen dar. Insbesondere bei der Wasserentnahme zwecks Trockenlegung von Baugruben gilt dies nicht nur für die zu errichtenden Bauwerke selbst, sondern auch für Gebäude und Vegetation (z. B. Bäume in Parkanlagen), die durch die Entnahme betroffen sind (siehe z. B. [L 10]).

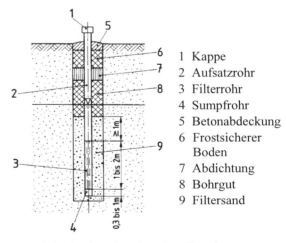

1 Kappe
2 Aufsatzrohr
3 Filterrohr
4 Sumpfrohr
5 Betonabdeckung
6 Frostsicherer Boden
7 Abdichtung
8 Bohrgut
9 Filtersand

Abb. 2-8 Ausbauplan für eine Grundwassermessstelle bei freiem Grundwasser im obersten Grundwasserstockwerk (aus DIN 4021 [L 40])

Die Ermittlung der zeitveränderlichen Grundwasserstände erfolgt durch Messungen, für die in der Regel spezielle Messstellen eingerichtet werden. Gegebenenfalls können auch Bohrungen, die im Rahmen von Baugrundaufschlüssen niedergebracht wurden, zu Grundwassermessstellen ausgebaut werden. In Abb. 2-8 ist eine Möglichkeit für den Ausbau einer Grundwassermessstelle gezeigt.

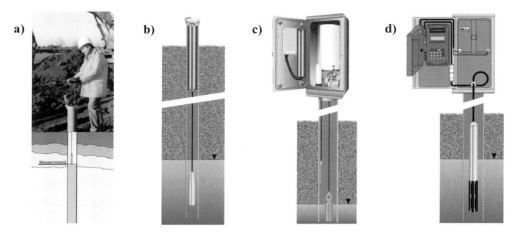

Abb. 2-9 Geräte und Einrichtungen zur diskreten (a)) und kontinuierlichen (b), c) und d)) Messung von Wasserständen (aus Prospekt der Fa. *SEBA* [F 6])
a) Kabellichtlot zur Einzelmessung von Wasserständen
b) Drucksonde, kombiniert mit auslesbarem digitalem Datensammler
c) Schwimmer und Gegengewicht mit Potentiometer und Vertikal-Registrierpegel
d) Station zur Messung von Wasserstand und Wasserqualität (Temperatur, pH-Wert, Redoxpotential, Leitfähigkeit, gelöster Sauerstoff)

Zur Messung der Wasserstände stehen für den Fall von Einzelmessungen Kabellichtlote (siehe Abb. 2-9) zur Verfügung, bei denen ein an einem Messkabel hängendes Lot in die Messstelle abgesenkt wird. Sobald eine in das Lot eingebaute Elektrode mit dem Wasser in Berührung kommt, wird ein optisches und ggf. akustisches Signal ausgelöst; die Messtiefe kann dann an der Skala des Messkabels abgelesen werden. Sind Wasserstände kontinuierlich und über längere Zeit zu ermitteln, lassen sich die entsprechenden Messungen unter Verwendung von dauerhaft installierbaren
▶ Schwimmern und
▶ Drucksonden

durchführen (siehe Abb. 2-9). Der einfachere und billigere Schwimmer ist bei nicht gespanntem Wasserspiegel, die mit größerer Genauigkeit arbeitende Drucksonde auch bei artesisch gespanntem Wasser bzw. in Messstellen mit besonders starken Schwankungen des Wasserpegels einsetzbar. Die Sonde wird hierzu unter den zu erwartenden minimalen Wasserstand in die Messstelle eingehängt, um so sicherzustellen, dass die Wasserstandsänderungen ausschließlich Änderungen des Wasserdrucks hervorrufen, der von der Sonde gemessen und durch die Messeinrichtung auf den jeweiligen Wasserstand zurückgerechnet wird. Temperatur- und Luftdruckschwankungen werden dabei über die Messeinrichtung kompensiert.

Die Messwerte können z. B. kontinuierlich auf Papiertrommeln aufgezeichnet werden (preisgünstige Version bei Langzeitbeobachtungen in weiter abgelegenen Messstellen, bei denen keine Grenzwertüberwachung erfolgt) oder in beliebigen Zeitabständen als digitalisierte Werte von unterbrechungslos anfallenden analogen Messsignalen festgehalten werden. Digitalgrößen lassen sich vor Ort speichern, mittels entsprechender Handgeräte „auslesen" und so einer Auswertestelle zur Verfügung stellen; sie können aber auch per geeigneter Datenfernübertragung, wie Telefonleitung, Standleitung oder über Satellit direkt an einen Auswerterechner übergeben werden (vgl. z. B. [L 136]).

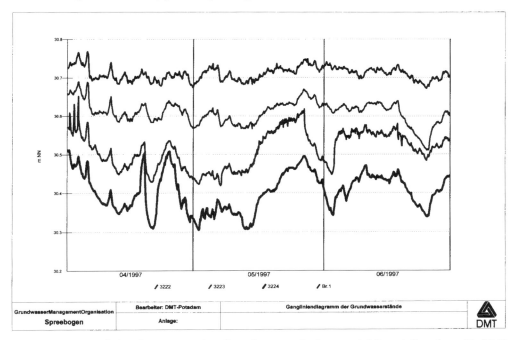

Abb. 2-10 Ganglinendiagramme der Grundwasserstände von 4 Messstellen (aus [L 124], zur Verfügung gestellt von [F 1])

Über den Auswerterechner können die digitalisierten Messergebnisse sowohl in Form von Zahlenwerten als auch grafisch aufbereitet zur Verfügung gestellt werden. Der Vorteil der Ergebnisgrafik liegt in der schnellen Erkennbarkeit der Messergebnisse und davon abgeleiteter Beziehungen, wie sich das an der Abb. 2-10 und der Abb. 2-11 erkennen lässt. Die von der Firma DMT [F 1] zur Verfügung gestellten Bilder zeigen vier Ganglinendiagramme eines Messnetzes mit bis zu 60 Messstellen und den aus der Gesamtheit der Ganglinien ermittelten Grundwassergleichenplan (Isohypsen verbinden die Punkte mit gleichen Grundwasserspiegelhöhen). Sie wurden dem Beweissicherungsbericht [L 124] für die Baumaßnahmen zu den Verkehrsanlagen im zentralen Bereich Berlin (VZB) und den Neubauten im Parlaments- und Regierungsviertel entnommen, der bei der „Senatsverwaltung für Stadtentwicklung, Umweltschutz und Technologie" von Berlin öffentlich zugänglich bereitgehalten wird. Auswertungen dieser Art sind unverzichtbar, wenn es z. B. um die Kontrolle, Beweissicherung und Beeinflussung (z. B. durch Reinfiltrierung) von stark zeitveränderlichen Grundwasserverhältnissen geht (siehe hierzu [L 147] und [L 156]).

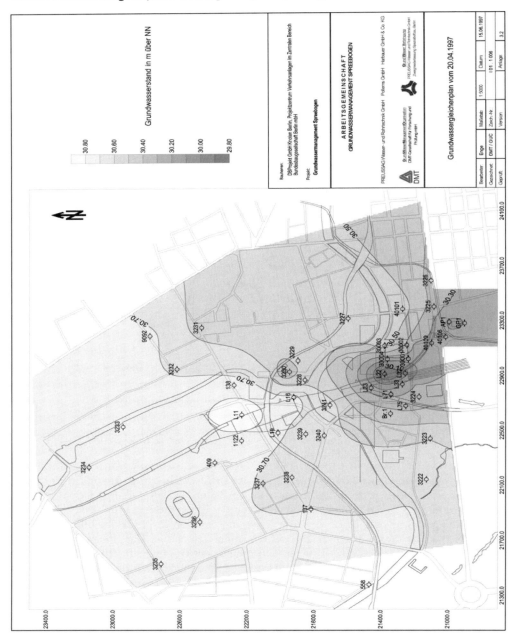

Abb. 2-11 Grundwassergleichenplan (aus [L 124], zur Verfügung gestellt von [F 1])

Bei den Messungen ist für alle interessierenden Grundwasserstockwerke eine voneinander unabhängige Erfassung ihrer Grundwasserstände sicherzustellen. Das bedeutet, dass einzelne Grundwasserstockwerke nicht über Bohrlöcher miteinander verbunden werden dürfen. So ist z. B. bei zwei Grundwasserstockwerken die erste Rohrtour durch das obere Stockwerk zu führen und dicht in den Grundwasserhemmer einzubringen, um danach eine zweite Rohrtour mit kleinerem Durchmesser in das untere Stockwerk niederzubringen (siehe Abb. 2-12 a)). Weitere Ausführungen hierzu sind z. B. in DIN 4021 [L 40] zu finden.

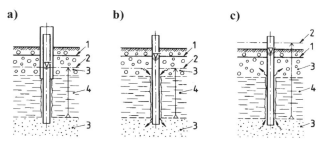

Bei Langzeitmessungen können Alterungsvorgänge der Beobachtungsbrunnen infolge

- Versandung
- Korrosion
- Inkrustation (Ausscheidung von im Wasser gelösten Stoffen am Filterrohr oder im Filterkies) in Form von
  - Verockerung (vor allem Ausfällung von Eisen)
  - Versinterung (Ausfällung von Kalk)

auftreten, was zur Beeinträchtigung der Messungen führen kann (siehe hierzu auch [L 141]).

1 Grundwasseroberfläche
2 Grundwasserdruckfläche des unteren Grundwasserstockwerks
3 Grundwasserleiter
4 Grundwasserhemmer, gemessener Wasserstand, Fließrichtung

Abb. 2-12 Mögliche Beeinflussung der Wasserstandsmessung im Bohrloch beim Durchfahren eines Grundwasserhemmers (nach DIN 4021 [L 40])
a) richtige Messung der Grundwasserdruckfläche des unteren Grundwasserstockwerks
b) und c) fehlerhafte Messung der Grundwasserdruckflächen des unteren Grundwasserstockwerks

Werden Grundwassermessstellen abgebaut, sind alle die durchfahrenen Grundwasserhemmer und Grundwassernichtleiter, die Grundwasserstockwerke trennen, wiederherzustellen. Hierzu kann z. B. Ton oder Bentonit-Granulat verwendet werden (siehe DIN 4021 [L 40]).

2.6 Betonangreifendes Grundwasser

Hinsichtlich der Beurteilung des Angriffsvermögens von Wässern auf erhärteten Beton können die DIN 4030-1 [L 46] und die DIN 4030-2 [L 47] herangezogen werden. Danach

- soll junger Beton im Allgemeinen mit betonangreifendem Wasser nicht in Berührung kommen (Ausnahmebeispiel: Ortbetonpfähle)
- können Wässer betonangreifend sein, wenn sie z. B.
  - freie Säuren (pH-Werte < 7; betonangreifend ab pH-Werten < 6,5)
  - Sulfate (Umsetzung mit Zementsteinverbindungen zu Calciumaluminatsulfathydrate oder Gips, wirkt ggf. treibend)
  - Magnesiumsalze (lösen Calciumhydroxid aus dem Zementstein)
  - Ammoniumsalze (lösen vorwiegend Calciumhydroxid aus dem Zementstein)

▷ pflanzliche und tierische Fette und Öle (bilden mit dem Calciumhydroxid des Zementsteins fettsaure Calciumsalze (Kalkseifen))
▷ enthalten
▶ können besonders weiche Wässer (mit Härten < 30 mg Calciumoxid (CaO) je Liter) betonangreifend sein
▶ enthält Grundwasser oft kalklösende Kohlensäure, Sulfate und Magnesiumverbindungen (Abwässer oder entsprechende Ablagerungen können höhere Konzentrationen von Schwefelwasserstoffen, Ammonium und betonangreifenden organischen Verbindungen bewirken).

Allgemeine Merkmale, die Hinweise auf betonangreifende Bestandteile des Grundwassers geben können, sind z. B. dunkle Färbung des Wassers, Salzausscheidungen, fauliger Geruch oder saure Reaktionen. Eine sichere Feststellung vorhandener betonangreifender Bestandteile im Grundwasser verlangt allerdings eine chemische Analyse gemäß DIN 4030-2 [L 47].

Zur Beurteilung des Angriffsgrades von Wässern vorwiegend natürlicher Zusammensetzung kann die Tabelle 2-1 herangezogen werde. Die darin angegebenen Grenzwerte gelten für stehendes oder schwach fließendes, in großen Mengen vorhandenes Wasser, das unmittelbar auf den Beton einwirkt und bei dem die angreifende Reaktion mit dem Boden nicht vermindert wird. Temperatur- und Druckerhöhungen führen zur Verstärkung des Angriffsgrades. Der Angriffsgrad reduziert sich bei Temperaturabnahme bzw. bei nur in geringen Mengen anstehendem Wasser. Dies gilt auch für sich praktisch nicht bewegendes Wasser, das nur eine langsame Erneuerung der betonangreifenden Bestandteile zulässt (z. B. wenig durchlässige Böden mit Durchlässigkeitsbeiwerten von $k < 10^{-5}$ m/s).

Tabelle 2-1 Grenzwerte zur Beurteilung des Angriffsgrades von Wässern vorwiegend natürlicher Zusammensetzung (nach DIN 4030-1, Tabelle 4 [L 46])

	1	2	3	4
	Untersuchung	Angriffsgrad		
		schwach angreifend	stark angreifend	sehr stark angreifend
1	pH-Wert	6,5 bis 5,5	< 5,5 bis 4,5	< 4,5
2	kalklösende Kohlensäure (CO_2) mg/Liter (Marmorlöseversuch nach HEYER)	15 bis 40	> 40 bis 100	> 100
3	Ammonium (NH_4^+) mg/Liter	15 bis 30	> 30 bis 60	> 60
4	Magnesium (Mg^{2+}) mg/Liter	300 bis 1000	> 1 000 bis 3 000	> 3 000
5	Sulfat [1]) (SO_4^{2-}) mg/Liter	200 bis 600	> 600 bis 3 000	> 3 000

[1]) Bei Sulfatgehalten über 600 mg SO_4^{2-} je Liter Wasser, ausgenommen Meerwasser, ist ein Zement mit hohem Sulfatwiderstand (HS) zu verwenden (siehe DIN 1164-1/ 03.90, Abschnitt 4.6 und DIN 1045/07.88, Abschnitt 6.5.7.5).

3 Geotechnische Untersuchungen

3.1 Untersuchungsziel

Geotechnische Untersuchungen werden eingesetzt, wenn im Zuge einer Baumaßnahme der räumliche Aufbau und die Eigenschaften des Bodens sowie die Grundwasserverhältnisse ermittelt werden müssen. Unter Verwendung der dabei anfallenden Informationen wird ein Modell des Bodens erstellt, mit dem die Nutzung des Bodens als Baugrund bzw. Baustoff zu beurteilen ist. Das Modell muss so genau sein, dass die technisch und wirtschaftlich einwandfreie Planung und Ausführung des Bauwerks sichergestellt werden können. Unpräzise oder fehlende Angaben können zur unwirtschaftlichen Wahl der Gründungskonstruktion und ggf. sogar zum teilweisen oder vollständigen Verlust der Gebrauchstauglichkeit bzw. der Standsicherheit der Gesamtkonstruktion führen.

Der letztgenannte Gesichtspunkt sei verdeutlicht am Beispiel der Bauschadensquellen bei geböschten bzw. verbauten Baugruben und Gräben. Nach [L 166] sind 31 % der vom Institut für Bauschadensforschung e. V., Hannover untersuchten Bauschadensfälle auf unzureichende geotechnische Untersuchungen zurückzuführen (vgl. Abb. 3-1). Dabei wurde die Bauschadensquelle „geotechnische Untersuchungen" (in [L 166] „Voruntersuchungen" genannt) in die nachstehenden Arbeitsschritte gegliedert:

- ▶ Art der geotechnischen Untersuchung
  - ▷ Erkundung der geologischen und hydrologischen Verhältnisse
  - ▷ Wahl der Verfahren zum Bodenaufschluss und zur Baugrunduntersuchung
  - ▷ Erkundung vorhandener Bauwerke
  - ▷ Erkundung vorhandener Leitungen und Kabel
  - ▷ nicht in Grundwasser einschneidende Gräben für Leitungen oder Rohre bis 2 m Tiefe
- ▶ Umfang der geotechnischen Untersuchung
  - ▷ Anzahl und Anordnung von Bodenaufschlüssen
  - ▷ Ermittlung von Bodenkennwerten.

Abb. 3-1 Häufig auftretende Fehler bei geböschten bzw. verbauten Baugruben und Gräben (nach [L 166])

3.2 DIN-Normen

Bestimmungen zu geotechnischen Untersuchungen finden sich in
- ▶ DIN 1054 [L 19]

und vor allem in
- ▶ DIN 4020 [L 37], Beiblatt 1 zu DIN 4020 [L 38] und E DIN 4020 [L 39].

3.3 Untersuchungsverfahren

Zum Erreichen des in Abschnitt 3.1 beschriebenen Untersuchungszieles stehen Verfahren wie die im Weiteren beschriebenen zur Verfügung. Über ihren Einsatz, ob einzeln oder in geeigneten Kombinationen, entscheidet ein Sachverständiger für Geotechnik. Nach DIN 4020 und E DIN 4020 muss dieser auf dem Gebiet der Geotechnik fachkundig sein und Erfahrungen auf dem jeweils angesprochenen Teilgebiet besitzen; seiner Bestellung durch eine Körperschaft öffentlichen Rechts bedarf es allerdings nicht (für die Prüfung geotechnischer Nachweise und deren bodenmechanischen Grundlagen in Baugenehmigungsverfahren sowie zur Überwachung der Grundbaumaßnahmen ist allerdings ein nach dem Bauordnungsrecht „staatlich anerkannter Sachverständiger für Erd- und Grundbau nach Bauordnungsrecht" einzuschalten).

Bei der Festlegung der Reihenfolge in der Anwendung der Verfahren sind u. a. auch die mit ihnen verbunden Kosten zu beachten (z. B. mit der kostengünstigen Einsichtnahme in vorhandene Unterlagen beginnen).

Ermittlung der geologischen und bautechnischen Vorgeschichte
  Bei Bauämtern, Geologischen Landesämtern, Wasserwirtschaftsverwaltungen usw. vorhandene Unterlagen zu Bohrprofilen, Grundwassermessungen, Setzungsbeobachtungen usf. einsehen (vgl. hierzu auch Beiblatt 1 zu DIN 4020, Tabelle 3).

Ortsbegehung
  Unmittelbare Anschauung des Baugeländes bezüglich Bodenbeschaffenheit, Geländeform, Vegetation, Wasserläufen, Feuchtgebieten, Nachbarbebauungen, Leitungen usw. (vgl. hierzu auch Beiblatt 1 zu DIN 4020, Tabelle 4).

Luftaufnahmen
  Liefern Informationen zur Oberflächenbeschaffenheit großräumiger Untersuchungsbereiche und schlecht zugänglicher Gebiete.

Direkte Aufschlüsse (vgl. hierzu auch Beiblatt 1 zu DIN 4020, Tabelle 5)
  ▶ vorgegebene und einsehbare Aufschlüsse (Steilufer von Bächen und Flüssen, Kiesgruben usw.)
  ▶ Schürfe, Untersuchungsschächte und -stollen
  ▶ Bohrungen.

Sondierungen
  In Form von z. B. Ramm- und Drucksondierungen können sie zur Ermittlung von Größen wie Lagerungsdichten, Festigkeitseigenschaften und Schichtgrenzentiefen des Baugrunds verwendet werden. Da Sondierungen indirekte Aufschlussverfahren sind, dürfen sie grundsätzlich nur in Verbindung mit ergänzenden direkten Aufschlüssen (Schlüsselbohrungen) ausgeführt werden.

Geophysikalische Verfahren
  Hierzu zählen geophysikalische Oberflächen- und Bohrlochverfahren wie Seismik, Radar, Radiometrie usw. (vgl. hierzu auch Beiblatt 1 zu DIN 4020, Tabellen 6 und 7).

Laborversuche
  Versuche an Boden-, Gesteins- und Wasserproben zur Ermittlung von Kenngrößen wie z. B. Körnungslinien, Plastizitätsgrenzen, Wassergehalt usw. (vgl. hierzu auch Beiblatt 1 zu

DIN 4020, Tabellen 8 und 9).

Feldversuche
Versuche wie z. B. Plattendruck-, Versickerungs- und Wasserabpressversuch in Böden und im Fels, die durch die Erfassung von größeren Messvolumina meist praxisrelevante Daten liefern (vgl. hierzu auch Beiblatt 1 zu DIN 4020, Tabellen 10 und 11).

Messtechnische Verfahren
Maßnahmen zur Messung von Verschiebungen, Kräften, Grundwasserverhältnissen, Erschütterungen usw. (vgl. hierzu auch Beiblatt 1 zu DIN 4020, Tabelle 12).

Probebelastungen
Geotechnische Untersuchungen an Gründungselementen im natürlichen Maßstab zur Erfassung des Last-Verformungsverhaltens, der äußeren und inneren Tragfähigkeit sowie des Einflusses der Herstellung auf die Tragfähigkeit des Gründungselements (Beispiel: Untersuchungs-, Eignungs-, Abnahmeprüfungen an Ankern gemäß DIN EN 1537 [L 89].

Probeschüttungen
Verdichtungsmöglichkeiten, Setzungsverhalten usw.

Modellversuche
Bruchmechanismen, Wechselwirkungsverhalten Boden–Bauwerk usw.

Vor der Aufnahme von Aufschlussarbeiten müssen die Ansatzpunkte der Aufschlüsse auf Kampfmittel- und Leitungsfreiheit überprüft werden.

3.4 Vor- und Hauptuntersuchungen

Steht Boden bzw. Fels im Rahmen einer Baumaßnahme als Baugrund bzw. als Baustoff an, muss er geotechnischen Untersuchungen in Form von Vor- bzw. Hauptuntersuchungen unterzogen werden. Zum Einsatz kommen dabei Untersuchungsverfahren gemäß Abschnitt 3.3.

Der Unterschied der beiden Untersuchungsformen zeigt sich sowohl in den Zielen als auch in der Art und dem Umfang der Untersuchungen (siehe hierzu auch DIN 4020 und E DIN 4020).

3.4.1 Untersuchungen des Baugrunds

Voruntersuchungen des Baugrunds sind hinsichtlich der Standortwahl und der Vorplanung des zu errichtenden Bauobjekts erforderlich. Mit ihrer Hilfe ist zu klären, ob das geplante Bauwerk aufgrund der vorgefundenen Baugrundverhältnisse im vorgesehenen Bereich überhaupt oder ggf. in modifizierter Form errichtet werden kann. Anhand der Untersuchungsergebnisse muss geprüft werden, ob spezielle Forderungen (technisch und wirtschaftlich) an die Gestaltung und Ausführung des Bauwerks und insbesondere der Gründungskonstruktion zu stellen sind.

Hauptuntersuchungen des Baugrunds sind durchzuführen, wenn es sich um die Ausführbarkeit von Entwürfen und die damit verbundenen Ausschreibungen und Durchführungen von geplanten Baumaßnahmen handelt. Darüber hinaus können sie auch im Rahmen der Klärung von Schadensfällen notwendig werden.

3.4.2 Untersuchungen für Zwecke der Baustoffgewinnung und -verarbeitung

Voruntersuchungen dienen zur Auffindung geeigneter Lagerstätten und zur Ermittlung von deren Umfang. Dabei ist durch Stichproben eine grobe Einschätzung der boden- bzw. felsmechanischen Beschaffenheit des Lagerstättenmaterials zu gewinnen.

Mit Hilfe von Hauptuntersuchungen sind die Begrenzungen der gefundenen Vorkommen zu ermitteln und das abzubauende Material hinsichtlich seiner mechanischen Eigenschaften und der damit verbundenen Gewinnungsform zu beurteilen.

3.5 Baubegleitende Untersuchungen

Neben den Vor- und Hauptuntersuchungen fordern die DIN 4020 auch die Durchführung baubegleitender Untersuchungen. Die Prüfungen, Messungen, Versuche und ingenieurgeologischen Dokumentationen fallen während der Bauzeit an und dienen zur

- ▶ Überprüfung der vorausgesetzten Verhältnisse
- ▶ Beobachtung des Verhaltens von Baugrund, Grundwasser und Bauwerk
- ▶ Überprüfung der Tragfähigkeit von Gründungselementen.

3.5.1 Untersuchungen des Baugrunds

Baubegleitende Untersuchungen des Baugrunds dienen immer dazu, die Übereinstimmung der vorhergesagten Baugrundverhältnisse mit den vor Ort angetroffenen Verhältnissen zu prüfen. In Abhängigkeit von den Gegebenheiten des jeweiligen Bauvorhabens können außerdem Maßnahmen erforderlich werden wie

- ▶ Setzungsmessungen, die von Beginn der Gründungsarbeiten an durchzuführen sind (z. B. bei gegen Setzungen empfindlichen Bauwerken)
- ▶ Spannungs-, Verschiebungs- und Verformungsmessungen (z. B. bei Verformungen, die durch die Baumaßnahmen in der Umgebung hervorgerufen werden können)
- ▶ Messungen ggf. auftretender Grundwasserveränderungen (z. B. Grundwasserspiegelschwankungen, die durch Wasserentnahme oder wasserstauende Baumaßnahmen bewirkt werden können)
- ▶ Erfolgskontrollen bei Bodenverbesserungen.

3.5.2 Untersuchungen für Zwecke der Baustoffgewinnung und -verarbeitung

Mit Hilfe zu wiederholender Feldbeurteilungen und geeigneter Laboruntersuchungen ist die boden- bzw. felsmechanische Beschaffenheit des abgebauten Lagerstättenmaterials zu prüfen.

Durch ebenfalls zu wiederholende Feld- und Laboruntersuchungen ist zu prüfen, ob die im Rahmen der Baumaßnahme geforderten Eigenschaften des eingebauten Lagerstättenmaterials am Einbauort erreicht worden sind.

3.6 Geotechnische Kategorien (GK)

Das Niveau der geotechnischen Untersuchungen orientiert sich nach DIN 4020, E DIN 4020 und DIN 1054, 4.2 an drei „Geotechnischen Kategorien". Mit wachsendem Schwierigkeitsgrad der Konstruktion, der Baugrundverhältnisse und der Wechselwirkungen zwischen Bauwerk und Umgebung geht die Forderung nach umfangreicheren Untersuchungen und dem Einsatz höher qualifizierten Personals einher.

Im Folgenden werden insbesondere Angaben zu den Geotechnischen Kategorien 1 und 3 gemacht. Das bedeutet, dass alle nicht zu diesen beiden Kategorien gehörenden Fälle automatisch durch die Geotechnische Kategorie 2 erfasst werden.

3.6.1 Geotechnische Kategorie 1 (GK 1)

Diese Kategorie umfasst kleine, einfache Bauobjekte. Ihre Standsicherheit und Gebrauchstauglichkeit weisen geringen Schwierigkeitsgrad auf und lassen sich mit vereinfachten Verfahren auf der Basis von Erfahrungen nachweisen. Solche Bauwerke dürfen ihre Umgebung (Nachbargebäude, Verkehrswege, Leitungen usw.) nicht beeinträchtigen oder gefährden, auch nicht durch die zu ihrer Herstellung erforderlichen Arbeiten. Die Beurteilung ihrer Standsicherheit muss aufgrund gesicherter Erfahrungen möglich sein. Nach DIN 4020, Abschnitt 6.2.2 sind in die Geotechnische Kategorie 1 u. a. einzuordnen:

- gegen die örtliche Seismizität unempfindliche bauliche Anlagen wie
  - setzungsunempfindliche Bauwerke mit Stützenlasten ≤ 250 kN und Streifenlasten ≤ 100 kN/m
  - Stützmauern und Baugrubenwände von weniger als 2 m Höhe, hinter denen keine hohen Auflasten wirken
  - bis zu 3 m hohe Dämme unter Verkehrsflächen
  - Gründungsplatten, die ohne Berechnung nach empirischen Regeln (konstruktiv) bemessen werden
  - nicht in Grundwasser einschneidende Gräben für Leitungen oder Rohre bis 2 m Tiefe
- Bauwerke in waagerechtem oder schwach geneigtem Gelände mit Baugrundverhältnissen, die nach den geologischen Bedingungen und gesicherter örtlicher Erfahrung als tragfähig und setzungsarm bekannt sind
- Bauwerke, deren Aushubsohle über dem Grundwasserspiegel liegt
- bauliche Anlagen, für die selbst oder für deren Baudurchführung schädliche oder erschwerende äußere Einflüsse, wie benachbarte offene Gewässer, Böschungen usw., nicht zu erwarten sind.

Angaben zur Einordnung in die Geotechnische Kategorie 1 sind auch in den Abschnitten 7 bis 12 der DIN 1054 zu finden.

3.6.2 Geotechnische Kategorie 2 (GK 2)

In diese Kategorie gehören Bauwerke und Baugrundverhältnisse mit normalem Schwierigkeitsgrad. Die Standsicherheit solcher Konstruktionen ist zahlenmäßig nachzuweisen und darf nicht etwa nur aufgrund gesicherter Erfahrungen beurteilt werden. Beispiele hierfür sind setzungsempfindliche Baukonstruktionen bei eindeutigen Baugrundverhältnissen und überschaubarer Beeinflussung ihrer Umgebung. Die Gründung solcher Bauobjekte muss auf der Basis geotechnischer Kenntnisse und Erfahrungen festgelegt werden. Nach DIN 1054, 4.2 ist von einem Sachverständigen für Geotechnik ein Geotechnischer Bericht auf der Grundlage routinemäßiger Feld- und Laboruntersuchungen des Baugrunds (siehe Abschnitt 3.8) sowie ein Geotechnischer Entwurfsbericht (siehe Abschnitt 3.9) zu erstellen.

Weitere Hinweise zur Einordnung in die Geotechnische Kategorie 2 können der DIN 4020 und den Abschnitten 7 bis 12 der DIN 1054 entnommen werden.

3.6.3 Geotechnische Kategorie 3 (GK 3)

Erfasst werden von dieser Kategorie bauliche Anlagen, die bezüglich ihrer Konstruktion und/oder ihrer Baugrundgegebenheiten als schwierig einzustufen sind und deren Bearbeitung besondere Kenntnisse und Erfahrungen auf speziellen Gebieten der Geotechnik verlangt. Hierzu zählen z. B. Bauwerke mit großer Flächenausdehnung, hohen Lasten, sehr uneinheitlichem Baugrund und großer Empfindlichkeit gegen äußere Einflüsse. Nach DIN 1054 ist bei dieser Kategorie das Mitwirken eines Sachverständigen für Geotechnik erforderlich. In der Regel sind darüber hinaus Bauwerke oder Baumaßnahmen dieser Kategorie zuzuordnen, wenn bei ihnen die Beobachtungsmethode (siehe Abschnitt 4.5) angewendet werden soll.

Die Geotechnische Kategorie 3 umfasst nach DIN 4020, Abschnitt 6.2.2.4 u. a.
- große oder nicht herkömmliche Baukonstruktionen sowie Konstruktionen mit hohem Sicherheitsanspruch oder hoher Verformungsempfindlichkeit wie z. B.
  - tiefe Baugruben (z. B. Tiefgaragen)
  - Staudämme, Deiche und andere Bauwerke, die durch hohe Wasserdrücke ($\Delta h > 2$ m) belastet werden
  - den Grundwasserspiegel vorübergehend oder bleibend verändernde Einrichtungen, die damit ein Risiko für benachbarte Bauten bewirken
  - weitgespannte Brücken
  - Maschinenfundamente mit hohen dynamischen Lasten
  - Chemiewerke und Anlagen, in denen gefährliche chemische Stoffe erzeugt, gelagert oder umgeschlagen werden
  - hohe Türme, Antennen, Schornsteine, große Windkraftanlagen
- besonders schwierige Baugrundverhältnisse, wie geologisch junge Ablagerungen mit regelloser Schichtung, rutschgefährdete Böschungen, geologisch wechselhafte Formationen
- gespanntes oder artesisches Grundwasser, wenn bei Ausfall der Entlastungsanlagen hydraulischer Grundbruch möglich ist
- Bauvorhaben, bei denen von der baulichen Anlage oder der Bauausführung besondere Gefährdungen bautechnischer oder sonstiger Art auf die Umgebung ausgehen.

Weitere Angaben zur Einordnung in die Geotechnische Kategorie 3 lassen sich auch den Abschnitten 7 bis 12 der DIN 1054 entnehmen.

3.7 Erforderliche Maßnahmen

Nach DIN 4020, Abschnitt 6.2.2 müssen, abhängig von der jeweiligen Geotechnischen Kategorie, die im Folgenden aufgeführten Maßnahmen getroffen werden.

3.7.1 Geotechnische Kategorie 1

Handelt es sich um Untersuchungsverhältnisse der Geotechnischen Kategorie 1, ist in allen Fällen sicherzustellen, dass

- Informationen über die allgemeinen Baugrundverhältnisse und die örtlichen Bauerfahrungen der Nachbarschaft eingeholt werden
- die Boden- bzw. Gesteinsarten und ihre Schichtung z. B. durch Schürfe, Kleinbohrungen und Sondierungen erkundet werden
- die Grundwasserverhältnisse vor und während der Bauausführung abgeschätzt werden
- die ausgehobene Baugrube besichtigt wird.

Art und Umfang dieser Untersuchungen müssen es ermöglichen, die vorausgesetzten Kriterien der Geotechnischen Kategorie 1 zu überprüfen und ggf. zu berichtigen.

3.7.2 Geotechnische Kategorie 2

Bei Verhältnissen, die dieser Kategorie entsprechen, müssen immer direkte Aufschlüsse durchgeführt werden. Die für den Entwurf und die Berechnung des Bauobjekts notwendigen Bodenkenngrößen sind versuchstechnisch zu bestimmen bzw. mittels Korrelationen abzuschätzen.

Hinsichtlich der Art und des Umfanges der Baugrunduntersuchungen ist zwischen Vor- und Hauptuntersuchungen zu unterscheiden. Dabei ist im Rahmen der Voruntersuchungen eine allgemeingültige Festlegung zwar nicht möglich, immer ist aber

- die Sichtung und Bewertung vorhandener Unterlagen vorzunehmen
- ein weitmaschiges Untersuchungsnetz anzulegen, und zwar entweder in systematischer Anordnung (z. B. bei Ausweisung neuer Baugebiete) oder an je nach Zugänglichkeit ausgewählten Stellen
- eine stichprobenhafte Feststellung von maßgebenden Kenngrößen und Eigenschaften des Baugrunds durchzuführen.

Für die Hauptuntersuchungen sieht DIN 4020, Abschnitt 6.2.4.1 u. a. vor:
- Erkundung der Konstruktionsmerkmale und Gründungsverhältnisse im Einflussbereich der Baumaßnahme liegender baulicher Anlagen
- direkte und indirekte Aufschlüsse
- Feldversuche
- Probebelastungen, in Einzelfällen Probeausführung von Bauteilen mit Funktionsprüfung (z. B. Probeammungen)
- Messungen von Grundwasserschwankungen, Hangbewegungen usw.
- Laboruntersuchungen.

Zu den Feldversuchen im weiteren Sinne sind dabei nach WEIß ([L 120], Kapitel 1.4) auch Maßnahmen zu zählen wie z. B. Probebelastungen von Gründungselementen (Einzelfundamente, Pfähle, Anker), Porenwasserdruckmessungen und Setzungsmessungen an entstehenden und fertigen Bauwerken sowie dynamische Bodenuntersuchungen.

3.7.3 Geotechnische Kategorie 3

Wenn ein Bauwerk bzw. der Baugrund der Kategorie 3 entspricht, sind generell Untersuchungen notwendig, wie sie in Abschnitt 3.7.2 aufgeführt sind. Wegen Besonderheiten des Bauwerks (Abmessungen, Eigenschaften und Beanspruchungen) oder des Baugrunds (inkl. Grundwasser) bzw. der Umgebung werden dabei Maßnahmen erforderlich, die über den erforderlichen Umfang der Kategorie 2 hinausgehen.

3.8 Geotechnischer Bericht

DIN 4020 und E DIN 4020 verlangen die Erstellung Geotechnischer Berichte in schriftlicher Form für Baugrunduntersuchungen aller Geotechnischen Kategorien sowie für Baustoff- und Grundwasseruntersuchungen. Die Berichte stellen die Zusammenfassung und Kommentierung der Ergebnisse aller geotechnischen Untersuchungen sowie der daraus zu ziehenden Folgerungen für das jeweilige Bauobjekt und seine Ausführung dar. Für die Sicherstellung der Standsicherheit und Gebrauchstauglichkeit eines zu errichtenden Bauwerks sind sie als Planungs- und Berechnungsunterlagen unverzichtbar. Entwurfsberechnungen, wie z. B. prüfbare Standsicherheits- und Setzungsberechnungen, sind nicht in die Berichte aufzunehmen.

Nach DIN 4020, Abschnitt 9 bzw. E DIN 4020, Anhang D gliedert sich ein Geotechnischer Bericht in die nachstehend beschriebenen Abschnitte.

3.8.1 Darstellung der geotechnischen Untersuchungsergebnisse

In diesen ersten Abschnitt des Berichts gehört die Aufgabenstellung mit einer Kurzbeschreibung der Objektangaben und der verfügbaren Unterlagen. Darüber hinaus sind hier die Felderkundungen sowie die Art und Durchführung der Feld- und Laborversuche zu beschreiben und alle Untersuchungsergebnisse lückenlos darzustellen.

3.8.2 Bewertung der geotechnischen Untersuchungsergebnisse

Der zweite Berichtsabschnitt enthält die kritische Beurteilung der aufgeführten Untersuchungsergebnisse in Bezug auf das Bauobjekt. Hierzu gehören u. a. auch zu begründende Hinweise auf Unvollständigkeit bzw. Mangelhaftigkeit der vorliegenden Untersuchungsergebnisse.

Gegebenenfalls sind in diesen Abschnitt begründete Vorschläge für ergänzende Untersuchungen aufzunehmen (u. U. auch Ermittlungen hinsichtlich Kontamination). Den Vorschlägen ist ein detailliertes Programm über Art und Umfang der Untersuchungen beizufügen.

3.8.3 Folgerungen, Empfehlungen und Hinweise

Im letzten Abschnitt des Berichts ist Stellung zu nehmen zur Geotechnischen Kategorie des Bauwerks. Vor allem aber muss hier die Darstellung von Folgerungen, Empfehlungen und Hinweisen erfolgen, die sich aus den beiden ersten Berichtsabschnitten für die geotechnische Entwurfsbearbeitung des Bauwerks ergeben.

3.9 Geotechnischer Entwurfsbericht

In DIN 1054, 4.2 wird die Erstellung eines Geotechnischen Entwurfsberichts gemäß DIN 1054, 4.6 und damit für Bauwerke verlangt, die der Geotechnischen Kategorie 1 oder 2 zuzuordnen sind. Dieser Bericht dokumentiert die Ergebnisse und Vorgehensweisen zum Entwurf, zur Berechnung und zur Bemessung gemäß der nachstehend beschriebenen Maßnahmen.

Nach DIN 1054, 4.6 hat ein Sachverständiger für Geotechnik bei Bauvorhaben dieser Kategorien

- dafür zu sorgen, dass die Einhaltung der DIN 1054 gewährleistet wird
- die Einstufung in die Geotechnische Kategorie, die während der geotechnischen Untersuchung festgestellte wurde zu überprüfen und ggf. begründet zu ändern.

Der Sachverständige hat außerdem den Bauherrn bei dem Bauvorhaben baubegleitend zu beraten und vor allem

- die Erfüllung der grundlegenden Anforderungen an die Sicherheitsnachweise (DIN 1054, 4.1) sowie die Angemessenheit und Hinlänglichkeit der bei den Nachweisen untersuchten Grenzzustände der Tragfähigkeit (DIN 1054, 4.3) und Gebrauchstauglichkeit (DIN 1054, 4.3) festzustellen
- die zu den Nachweisen der Tragfähigkeit und Gebrauchstauglichkeit gehörenden Annahmen, Daten und Ergebnisse zusammenzufassen
- Annahmen wie die
  ▷ Festlegung der Bodenkenngrößen
  ▷ Anpassung von Lastfällen und Sicherheiten
  ▷ für die Berechnungen gewählten Berechnungsmethoden und die statischen Systeme
  ▷ zur Durchführung von Bauteilversuchen (etwas Verzicht auf Pfahlprobebelastungen)
  die auf der Grundlage von Entscheidungsspielräumen der DIN 1054 getroffen werden, darzustellen und zu begründen
- den ggf. erforderlichen Einsatz der Beobachtungsmethode bezüglich
  ▷ der Notwendigkeit, Angemessenheit und Hinlänglichkeit
  ▷ der Grundsätze der zur Anwendung kommenden Methode, der Bewertung ihrer Ergebnisse und der Empfehlungen für Messungen am Bauwerk und im Baugrund
  zu begründen.

Ergänzend ist darauf hinzuweisen, dass der Geotechnische Entwurfsbericht bei zur GK 2 gehörenden Bauvorhaben in der Regel von einem einzigen Sachverständigen für Geotechnik erstellt wird. Bei der Einstufung in die GK 3 kann es erforderlich oder zweckmäßig sein, dass diese Aufgabe von einer Gruppe zusammenwirkender Sachverständigen übernommen wird.

4 Bodenuntersuchungen im Feld

Unter Bauwerken anstehender Baugrund kann sehr unterschiedlich aufgebaut sein. Dies gilt sowohl für die Lage und die Geometrie seiner Schichtungen als auch für die Eigenschaften seines Materials. Ein Beispiel für mögliche Baugrundgegebenheiten zeigt Abb. 4-1. Es ist eines der Bodenprofile, die sich als Erkundungsergebnis für eine größere Baumaßnahme in Wismar (Mecklenburg-Vorpommern) ergaben. Anhand des Bildes wird deutlich, dass der Baugrund über die Tiefe Schichten mit sehr unterschiedlichem Material und sehr stark veränderlicher Geometrie aufweisen kann.

Zur Ermittlung des räumlichen Aufbaus und der Eigenschaften des Baugrunds dienen die in Abschnitt 3.3 aufgeführten geotechnischen Untersuchungsverfahren und dabei insbesondere die im Weiteren beschriebenen direkten und indirekten Aufschlüsse.

4.1 Direkte Aufschlüsse

4.1.1 Untersuchungszweck

Wird der Boden als Baugrund erkundet, dienen direkte Aufschlüsse zur Gewinnung von Informationen über alle die Bodenschichten, die das Wechselwirkungsverhalten zwischen Boden und Bauwerk in nennenswerter Weise beeinflussen. Diese Informationen betreffen u. a.

- ▶ die Geometrie der Bodenschichten hinsichtlich
  - ▷ Ausdehnung
  - ▷ Tiefenlage
  - ▷ Mächtigkeit
  - ▷ Neigung
- ▶ Eigenschaften des Materials der Bodenschichten wie z. B.
  - ▷ Festigkeit
  - ▷ Wasserdurchlässigkeit
  - ▷ Zusammendrückbarkeit
- ▶ Grundwasserverhältnisse wie z. B.
  - ▷ Grundwasseroberfläche
  - ▷ Grundwasserstandsschwankungen
  - ▷ Grundwassergefälle.

Die aufgeführten Informationen sind auch dann von Interesse, wenn der Boden für Zwecke der Baustoffgewinnung untersucht wird.

4 Bodenuntersuchungen im Feld

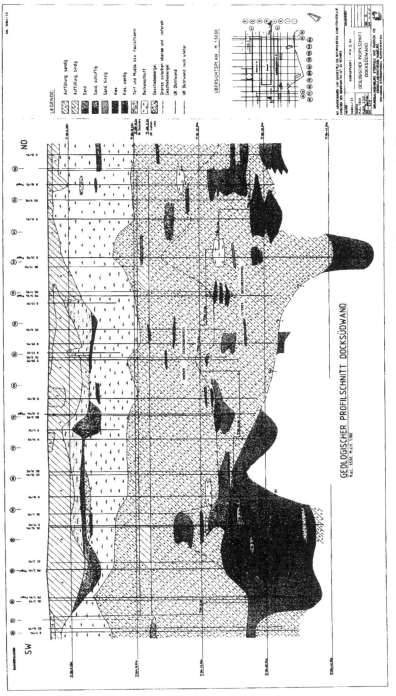

Abb. 4-1 Beispiel für Schichtungen des Baugrunds (zur Verfügung gestellt von *Steinfeld und Partner* [F 4])

4.1.2 Untersuchungsverfahren

Direkte Aufschlüsse sind sowohl in der Natur vorhandene (z. B. Uferböschungen von Fließgewässern und Steilhänge) als auch künstlich geschaffene Möglichkeiten zur Besichtigung von Baugrund in situ (in natürlicher Lage), zur Entnahme von Boden- oder Felsproben sowie zur Durchführung von Feldversuchen. Zu den künstlichen Aufschlüssen zählen
- Schürfe
- Untersuchungsschächte und -stollen
- Bohrungen.

4.1.3 DIN-Normen

Alle nachstehend aufgeführten Normen enthalten Bestimmungen bezüglich direkter Aufschlüsse.
- DIN 4020 [L 37], Beiblatt 1 zu DIN 4020 [L 38] und E DIN 4020 [L 39]
- DIN 4021 [L 40]
- DIN 4022-1 [L 41]
- DIN 4022-2 [L 42]
- DIN 4022-3 [L 43]
- DIN 4023 [L 44]
- DIN 4030-2 [L 47]
- DIN V ENV 1997-3 [L 104]

4.1.4 Richtwerte für Aufschlussabstände

Für Voruntersuchungen ist nach DIN 4020, Abschnitt 6.2.3 keine allgemeingültige Festlegung des Umfangs der Baugrunduntersuchungen und damit auch der Abstände von direkten Aufschlüssen möglich. Es wird deshalb nur das Anlegen weitmaschiger Untersuchungsnetze in systematischer Anordnung oder an ausgewählten Stellen empfohlen.

Zu Hauptuntersuchungen machen DIN 4020 und E DIN 4020 sehr viel konkretere Angaben. Nach DIN 4020, Abschnitt 6.2.4.3 und E DIN 4040, 6.2.4.3 sind die Abstände direkter Aufschlüsse von Fall zu Fall nach den geologischen Gegebenheiten, den Bauwerksabmessungen und den bautechnischen Fragestellungen zu wählen, wobei als Richtwerte vorgeschlagen werden:
- Hoch- und Industriebauten
    Rasterabstände von 20 bis 40 m
- Großflächige Bauwerke
    Rasterabstände ≤ 60 m
- Linienbauwerke (Straßen, Kanäle, Tunnel, Deiche usw.)
    Abstände von 50 bis 200 m
- Sonderbauwerke (Brücken, Schornsteine usw.)
    2 bis 4 Aufschlüsse pro Fundament
- Staumauern, Staudämme, Wehre
    Abstände von 25 bis 75 m in charakteristischen Schnitten.

Liegen schwierige Baugrundverhältnisse vor oder sollen Unregelmäßigkeiten eingegrenzt werden, sind geringere Abstände bzw. eine größere Zahl von Aufschlüssen erforderlich. Bei gleichförmigen Baugrundverhältnissen hingegen darf ein größerer Abstand oder eine geringere Zahl der Aufschlüsse gewählt werden. Solche Maßnahmen bedürfen allerdings einer schriftlichen Begründung.

Weitere Angaben zu Aufschlussabständen sind z. B. in [L 107] zu finden (vgl. Abb. 4-2).

4.1.5 Richtwerte für Aufschlusstiefen

Wie bei den Abständen von Aufschlüssen gilt auch bei deren Tiefen, dass für Voruntersuchungen keine allgemeingültigen Festlegungen möglich sind (vgl. Abschnitt 4.1.4). Hingegen sind für die Aufschlusstiefen bei Hauptuntersuchungen in DIN 4020 und E DIN 4020 ziemlich präzise Angaben zu finden. Gemäß Abschnitt 6.2.4.4 muss die Aufschlusstiefe alle Schichten erfassen, die durch das Bauwerk beansprucht werden. Bei Staudämmen, Wehren und für Baugruben in Grundwasser sowie bei Fragen der Wasserhaltung ist die Aufschlusstiefe außerdem auf die hydrologischen Verhältnisse abzustimmen und an Böschungen und Geländesprüngen im Hinblick auf die Lage möglicher Gleitflächen zu wählen. Mit der Bauwerks- oder Bauteilunterkante, der Aushub- oder Ausbruchsohle als Bezugsebene für z_a werden die im Folgenden aufgeführten Richtwerte vorgeschlagen (siehe hierzu auch [L 107]).

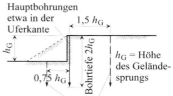

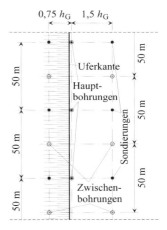

Abb. 4-2 Beispiel für die Anordnung der Bohrungen und Sondierungen für Ufereinfassungen (nach [L 107])

Hoch- und Ingenieurbauten

Für Fundamente gelten die Ungleichungen

$$z_a \geq 3{,}0 \cdot b_F$$
$$z_a \geq 6\,\text{m}$$

Gl. 4-1

mit b_F als dem kleineren Fundamentmaß bei Rechteckfundamenten (anzusetzen ist der größte sich aus Gl. 4-1 ergebende z_a-Wert).

Bei Plattengründungen und bei Bauwerken mit mehreren Gründungskörpern, deren Einfluss sich in tieferen Schichten überlagert, ist, mit b_B als dem kleineren Bauwerksmaß, die Ungleichung

$$z_a \geq 1{,}5 \cdot b_B$$

Gl. 4-2

anzuwenden.

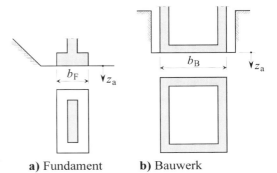

a) Fundament   b) Bauwerk

Abb. 4-3 Hochbauten, Ingenieurbauten (nach DIN 4020 und E DIN 4020)

Baugruben

Anzusetzen ist der jeweils größte z_a-Wert, der sich aus Gl. 4-3 bzw. Gl. 4-4 ergibt.

a) Grundwasserdruckfläche und -spiegel liegen unter der Baugrubensohle

$$z_a \geq 0{,}4 \cdot h$$
$$z_a \geq t + 2 \text{ m} \qquad \text{Gl. 4-3}$$

h = Baugrubentiefe
t = Einbindetiefe der Umschließung

b) Grundwasserdruckfläche und -spiegel liegen über der Baugrubensohle

$$z_a \geq H + 2 \text{ m}$$
$$z_a \geq t + 2 \text{ m} \qquad \text{Gl. 4-4}$$
$$z_a \geq t + 5 \text{ m}$$

H = Grundwasserspiegelhöhe über der Baugrubensohle

Die letzte der drei Ungleichungen von Gl. 4-4 ist dann gültig, wenn ein Grundwasserhemmer erst unterhalb der Aufschlusstiefen ansteht, die nach den beiden ersten Ungleichungen erforderlich wären.

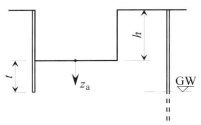

a) Grundwasserspiegel unterhalb der Baugrubensohle

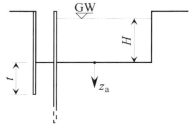

b) Grundwasserspiegel oberhalb der Baugrubensohle

Abb. 4-4 Baugruben (nach DIN 4020 und E DIN 4020)

Linienbauwerke

Ab Aushubsohle abwärts ist der jeweils größte z_a-Wert anzusetzen, der sich aus Gl. 4-5 bzw. Gl. 4-6 ergibt.

a) Landverkehrswege

$$z_a \geq 2 \text{ m} \qquad \text{Gl. 4-5}$$

b) Kanäle und Leitungen

$$z_a \geq 2 \text{ m}$$
$$z_a \geq 1{,}5 \cdot b_{Ah} \qquad \text{Gl. 4-6}$$

b_{Ah} = Aushubbreite des Kanals

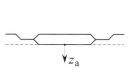

a) Landverkehrsweg   b) Kanal

Abb. 4-5 Linienbauwerke (nach DIN 4020 und E DIN 4020)

Erdbauwerke

Anzusetzen ist der jeweils größte z_a-Wert, der sich aus Gl. 4-7 bzw. Gl. 4-8 ergibt.

a) Dämme (h = Dammhöhe)

$0,8 \cdot h < z_a < 1,2 \cdot h$

$z_a \geq 6$ m

Gl. 4-7

b) Einschnitte (h = Einschnitttiefe)

$z_a \geq 0,4 \cdot h$

$z_a \geq 2$ m

Gl. 4-8

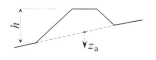
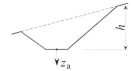

a) Damm   b) Einschnitt

Abb. 4-6 Erdbauwerke (nach DIN 4020 und E DIN 4020)

Dichtungswände

Ab der Oberfläche des Grundwassernichtleiters, in den die jeweilige Dichtungswand einbindet, ist ein z_a-Wert entsprechend Gl. 4-9 zu berücksichtigen.

$z_a \geq 2$ m

Gl. 4-9

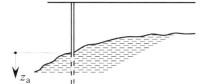

Abb. 4-7 Dichtungswände (nach DIN 4020 und E DIN 4020)

Pfähle

Bei Pfählen zählen die z_a-Werte ab ihrer unteren Begrenzung. Die nachfolgenden Bestimmungsgleichungen gelten für Einzelpfähle mit dem Pfahlfußdurchmesser D_F (vgl. Abb. 4-8) sowie für Pfahlgruppen. Bei gruppenweise angeordneten Pfählen ist das Maß b_G zu berücksichtigen; es ist das kleinere Seitenmaß eines Rechtecks, das die Pfahlgruppe in der Fußebene umschließt (siehe Abb. 4-8).

Bei Pfahlgruppen gilt

$z_a \geq b_G$

Gl. 4-10

In allen Fällen (Einzelpfähle wie auch Pfahlgruppen)

$10 \text{ m} \geq z_a \geq 4 \text{ m}$

$z_a \geq 3,0 \cdot D_F$

Gl. 4-11

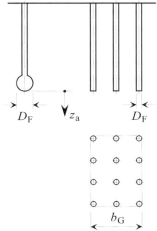

Abb. 4-8 Pfähle (nach DIN 4020 und E DIN 4020)

4.1.6 Schurf

Der Schurf (Grube oder Graben) ist ein maschinell oder von Hand hergestellter direkter Aufschluss, bei dem der anstehende Boden unmittelbar betrachtet werden kann (siehe Abb. 4-9). Die Entnahme von Bodenproben sowie die Durchführung von Feldversuchen ist in der Regel leicht möglich. Bei seiner Herstellung sind die Bestimmungen der DIN 4124 [L 63] einschließlich zugehöriger Ergänzungen (z. B. aus [L 165]) zu beachten.

Schürfe sind besonders für mäßige Untersuchungstiefen und oberhalb des Grundwassers geeignet (wirtschaftliche Grenztiefen bei 2 bis 3 m, vgl. [L 141]). Bei größeren Aufschlusstiefen bzw. unterhalb des Grundwassers werden Sicherungsmaßnahmen gegen den Einsturz der Schurfwände bzw. Wasserhaltungen erforderlich. Wegen der damit verbundenen erheblichen Kosten ist das Anlegen von Schürfen in solchen Fällen meistens nicht mehr sinnvoll. Nach Abschluss der Untersuchungen sind die Schürfe wieder ordnungsgemäß zu verfüllen. Weiter Ausführungen zu Schürfen sind z. B in [L 141] zu finden.

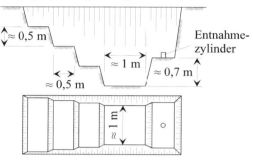

Abb. 4-9 Beispiel für eine Schürfgrube bei geringer Aufschlusstiefe

4.1.7 Untersuchungsschacht

Der Untersuchungsschacht ist für die Baugrunduntersuchung bei Tiefgründungen (z. B. Kraftwerke, U-Bahn) geeignet. Als ein lotrecht oder stark geneigt hergestellter direkter Aufschluss dient er zur unmittelbaren Einsichtnahme in den Baugrund, zur Entnahme von Proben und zur Durchführung von Feldversuchen.

4.1.8 Untersuchungsstollen

Untersuchungsstollen sind zur Untersuchung des Baugrunds für Kavernen, große Tunnel und Staumauern geeignet. Es sind direkte Aufschlüsse, die waagerecht oder wenig geneigt hergestellt werden. Sie ermöglichen es, den Boden direkt zu betrachten, Bodenproben zu entnehmen und Feldversuche durchzuführen.

4.1.9 Bohrung (Geräte und Verfahren)

Bohrungen sind direkte Aufschlüsse, die gemäß DIN 4021 Anwendung finden
- zur Entnahme von Boden-, Fels- oder Wasserproben aus erreichbaren Tiefen
- zur Durchführung von Untersuchungen im Bohrloch
- als Grundwassermessstellen (im entsprechend ausgebauten Zustand).

Die für die Ausführung von Bohrungen erforderlichen Geräte gehören in die Kategorien
- Bohrgerüst
- Bohrrohre
- Bohrgestänge
- Bohrwerkzeuge
- Fanggeräte.

Eine mit dem Bohrfortschritt einhergehende fortlaufende Verrohrung (Rohrinnendurchmesser größer Bohrwerkzeugdurchmesser) verhindert das vollständige bzw. teilweise Zusammenfallen des Bohrlochs bzw. das Nachfallen von Bodenmaterial aus der Bohrlochwandung. Dies gilt insbesondere beim Bohren im Grundwasser.

In Abb. 4-10 sind als Beispiele für Bohrwerkzeuge zwei Schneckenbohrer und eine Bohrschappe zu sehen. Abb. 4-11 zeigt als Fanggeräte eine Federfangbüchse und eine Zahngabel, mit denen, wie im Bild angedeutet, verlorenes Bohrgerät wieder geborgen werden kann.

Abb. 4-10 Bohrwerkzeuge (Prospekt der Fa. *Nordmeyer*) [F 5]
a) Schnecke b) Schnecke mit Fingerbohrkrone
c) Schappe

Abb. 4-11 Fanggeräte (aus [L 174])
a) Federfangbüchse
b) Zahngabel

Einteilung von Bohrverfahren in Böden nach DIN 4021
- Bohrverfahren mit durchgehender Gewinnung gekernter Bodenproben
- Bohrverfahren mit durchgehender Gewinnung nicht gekernter Bodenproben
- Bohrverfahren mit Gewinnung unvollständiger Bodenproben

Einteilung nach der Art des Lösens des Bodenmaterials
- Rammbohrung (Eintreiben des Bohrwerkzeugs mit besonderer Schlagvorrichtung)
- Drehbohrung (mit Hand oder Maschine)
- Schlagbohrung (Eintreiben durch wiederholtes Anheben und Fallenlassen des Bohrwerkzeugs)
- Greiferbohrung

In Abb. 4-12 wird die Art des Lösens des Bodenmaterials bei einer Schlagbohrung unter Wasser verdeutlicht (Bohrungen im Grundwasser sind in der Regel im Schutz einer Verrohrung durchzuführen). Geschlagen wird in diesem Fall mit einem an einem Seil hängenden Ventilbohrer, der hauptsächlich in Sanden und Kiesen zum Einsatz kommt. Zu sehen ist der Vorgang des „Pumpens", bei dem das Anheben des Bohrwerkzeugs eine Sogwirkung erzeugt, die ein Eintreiben des Bodens in das Bohrrohr bewirkt. Beim folgenden Fallenlassen des Ventilbohrers

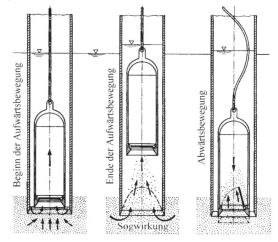

Abb. 4-12 „Pumpen" bei Schlagbohrung mit dem Ventilbohrer (nach [L 170])

dringt das gelöste Bodenmaterial durch die Ventilklappe in den nach oben offenen Zylinder, der sich durch die Wiederholung dieses Vorgangs zunehmend füllt.

Weitere Beispiele für Bohrverfahren sind in der folgenden Tabelle zusammengestellt. Bezüglich darüber hinaus gehender Ausführungen sei z. B. auf [L 3] und [L 144] verwiesen.

Tabelle 4-1 Beispiele für Bohrverfahren

Verfahren	Bohr-Werkzeug	Art der Bodenprobe	Eignung	erreichbare Güteklasse *)
Rammkern-bohrung	Rammkernrohr	durchgehender Bohrkern	alle Böden	bindige Böden: 2 (1) rollige Böden: 4 bis 3 (2)
Rotations-kernbohrung	Einfach- oder Doppelkernrohr	durchgehender Bohrkern	Ton, Schluff, verkittete gemischtkörnige Böden	4 bis 2 (3 bis 1)
Hand- oder Maschinen-drehbohrung	Schappe, Schnecke, Spirale	durchgehende, nicht gekernte Bodenprobe	über GW-Spiegel: alle Böden unter GW-Spiegel: alle bindigen Böden	4 (3)
Schlag-bohrung	Seil mit Ventilbohrer	unvollständige Bodenprobe	alle Böden unter GW	5 (4)
Kleindruck-bohrung	Stab mit Längsnut	geringe Probenmenge	Ton, Schluff, Feinsand	3 (2)

*) Die in Klammern gesetzten Angaben bedeuten, dass die jeweilige Güteklasse nur bei besonders günstigen Bodenbedingungen erreicht werden kann (siehe auch Tabelle 4-2).

Hinweise
1. Weitere Angaben zu „Bohrverfahren in Böden", „Bohrverfahren in Fels" und „Kleinbohrverfahren in Böden" enthalten die Tabellen 1, 2 und 3 der DIN 4021.
2. Kleinbohrungen wurden früher „Sondierbohrungen" genannt.

Nutstangen (auch „Schlitzsonden" genannt) wie sie bei Kleindruckbohrungen verwendet werden können, zeigt Abb. 4-13. Wegen der geringen Querschnittsfläche der Nut eignen sich diese Geräte nur zum Einsatz in feinkörnigen Böden und in Feinsand. Die dabei entnehmbaren Probenmengen sind gering und mehr oder weniger gestört (siehe Tabelle 4-1 und Tabelle 4-2).

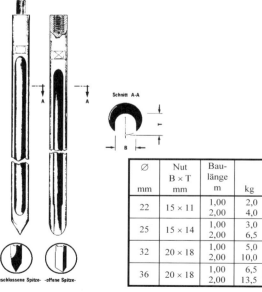

Abb. 4-13 Nutstangen für Kleindruckbohrungen (nach Firmenprospekt [F 5])

Ø mm	Nut B × T mm	Baulänge m	kg
22	15 × 11	1,00 2,00	2,0 4,0
25	15 × 14	1,00 2,00	3,0 6,5
32	20 × 18	1,00 2,00	5,0 10,0
36	20 × 18	1,00 2,00	6,5 13,5

4.1.10 Güteklassen für Bodenproben

Alle bei Aufschlüssen entnommenen Bodenproben dienen der Ermittlung von Eigenschaften bzw. Kenngrößen des Bodenmaterials, wie sie z. B. in Tabelle 4-2 aufgeführt sind. Bei der Probenentnahme sind die Ziele der vorgesehenen Bodenuntersuchungen im Zusammenhang mit der damit verbundenen erforderlichen Güteklasse der Probe zu beachten. Die Mindestmenge des zu entnehmenden Probenmaterials ist abhängig von dem Verwendungszweck der Proben und der Beschaffenheit des Bodenmaterials (bei gröberem Material sind größere Probenmengen erforderlich).

Die in Tabelle 4-2 aufgeführten Güteklassen der DIN 4021 für Bodenproben sind abhängig von der Anzahl der mit der Probe ermittelbaren bodenmechanischen Kenngrößen und Eigenschaften des Bodenmaterials. Während eine weitgehend ungestörte Bodenprobe zur Güteklasse 1 gehört, sind Bodenproben der Güteklasse 5 völlig gestört, bei dieser Klasse ist auch die Kornzusammensetzung verändert. Bezüglich der mit Proben der Güteklasse 4 feststellbaren Kenngrößen sei darauf hingewiesen, dass bei dieser Klasse ein unveränderter Wassergehalt w nicht mehr vorausgesetzt werden darf, und dass damit zwar die Plastizitätszahl I_P nicht aber, wie in der Tabelle 4-2 angegeben, die Konsistenzzahl I_C (vgl. Abschnitt 5.8.3) ermittelbar ist.

Tabelle 4-2 Güteklassen für Bodenproben (nach DIN 4021)

Güte-klasse	Bodenproben unverändert in [2])	Feststellbar sind im Wesentlichen
1 [1])	$Z, w, \rho, k, E_s, \tau_f$	Feinschichtgrenzen Kornzusammensetzung Konsistenzgrenzen, Konsistenzzahl Grenzen der Lagerungsdichte Korndichte organische Bestandteile Wassergehalt Dichte des feuchten Bodens Porenanteil Wasserdurchlässigkeit Steifemodul Scherfestigkeit
2	Z, w, ρ, k	Feinschichtgrenzen Kornzusammensetzung Konsistenzgrenzen, Konsistenzzahl Grenzen der Lagerungsdichte Korndichte organische Bestandteile Wassergehalt Dichte des feuchten Bodens Porenanteil Wasserdurchlässigkeit
3	Z, w	Schichtgrenzen Kornzusammensetzung Konsistenzgrenzen, Konsistenzzahl Grenzen der Lagerungsdichte Korndichte organische Bestandteile Wassergehalt
4	Z	Schichtgrenzen Kornzusammensetzung Konsistenzgrenzen, Konsistenzzahl Grenzen der Lagerungsdichte Korndichte organische Bestandteile
5	– (auch Z verändert, unvollständige Bodenprobe)	Schichtenfolge

[1]) Güteklasse 1 zeichnet sich gegenüber Güteklasse 2 dadurch aus, dass auch das Korngefüge unverändert bleibt.
[2]) Hierin bedeuten: Z Kornzusammensetzung
                         w Wassergehalt
                         ρ Dichte des feuchten Bodens
                         E_s Steifemodul
                         τ_f Scherfestigkeit
                         k Wasserdurchlässigkeit

Generell ist die Güteklassentabelle so konzipiert, dass sie z. B. als Hilfe zur Einstufung der Leistungsfähigkeit von Bohrverfahren und Entnahmegeräten herangezogen werden kann. Eine Überprüfung der Güteklassen selbst ist kaum möglich (vgl. hierzu [L 141]).

4.1.11 Entnahme von Sonderproben aus Schürfen und Bohrlöchern

Bei allen direkten Aufschlussverfahren können Sonderproben entnommen werden. Um möglichst hohe Güteklassen zu erreichen, sind diese Bodenproben mit besonderen Geräten zu entnehmen.

Entnahme von Sonderproben aus Schürfen gemäß DIN 4021

Nach DIN 4021 dürfen Sonderproben u. a. aus der Abtreppung eines Schurfs entnommen werden (siehe Abb. 4-9). Für Böden mit einem Größtkorn bis ≈ 5 mm (größter Korndurchmesser von Feinkies ist 6,3 mm) darf als Entnahmegerät der in Abb. 4-14 gezeigte Entnahmezylinder verwendet werden. In dem Bild sind auch die Versuchsanordnung und der Arbeitsvorgang bei der Sonderprobenentnahme dargestellt.

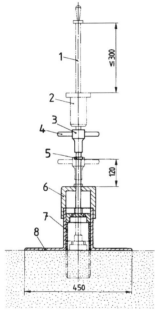
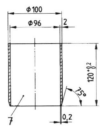

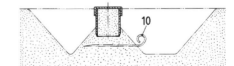

a) Versuchsanordnung

1 Schlaggestänge
2 Fallgewicht
3 Amboss
4 Eindrückvorrichtung
5 Ringmarke

b) Entnahmezylinder

c) Arbeitsvorgang

6 Führungshaube
7 Entnahmezylinder
8 Führungsplatte
9 Verschlusskappen (mit Klebestreifen abgedichtet)
10 Ausstechblech

Abb. 4-14 Entnahme von Sonderproben aus Schürfen (aus DIN 4021)

Entnahme von Sonderproben aus Bohrlöchern gemäß DIN 4021

Die rechtzeitige Festlegung der bei Bohrungen zu entnehmenden Sonderproben hinsichtlich Schichten und Entnahmegerät obliegt nach DIN 4021 dem Auftraggeber, wobei als Regelfall die Entnahme aus jeder bindigen oder organischen Schicht empfohlen wird.

In Abhängigkeit von der jeweils angetroffenen Bodenart werden für die Probenentnahme das offene Entnahmegerät mit Ventil und das Kolbenentnahmegerät empfohlen; beide Gerätetypen gibt es sowohl in dünnwandiger als auch in dickwandiger Ausführung. Nach Säuberung der Bohrlochsohle ist die Probe unterhalb der Verrohrung zu entnehmen. Hierzu wird das Entnahmegerät mindestens 20 cm in den ungestörten Boden eingebracht, wobei die Kolbenentnahmegeräte in die Böden eingedrückt werden, das Einbringen offener Entnahmegeräte mit Ventil in der Regel aber durch Rammung erfolgt. Danach wird das Probenmaterial durch Drehen des Geräts vom übrigen Boden abgeschert bzw. durch Ziehen des Geräts abgerissen. Die Qualität der so gewonnenen Bodenproben schwankt gemäß DIN 4021, Tabelle 6 (Entnahmegeräte für Sonderproben aus Bohrungen) zwischen den Güteklassen 1 und 3.

Das in Abb. 4-15 gezeigte dünnwandige offene Entnahmegerät mit Ventil ist für den Einsatz in weichen bis halbfesten bindigen und organischen Böden geeignet. Das im Gerätekopf befindliche Ventil ermöglicht einerseits das Ausströmen von Luft und/oder Grundwasser beim Einrammen (offenes Ventil) und verhindert andererseits das Herausgleiten der Probe aus dem Stutzen durch den beim Ziehen des Entnahmegeräts entstehenden Unterdruck (geschlossenes Ventil).

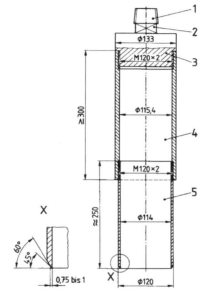

1 Rohrgewinde
  DIN 2999 – R 1½
2 SW 46 (Schlüsselweite)
3 Gerätekopf mit Ventil
  (Ventil nicht dargestellt)
4 Schlammzylinder
  Rohr 133 × 8,8 nach
  DIN 2448
5 Entnahmezylinder
  Rohr 120 × 3 nach
  DIN 2391-1

Abb. 4-15 Dünnwandiges offenes Entnahmegerät für Sonderproben aus Bohrlöchern (aus DIN 4021)

Ungeeignet sind die Geräte insbesondere für die Probenentnahme in Kies- und Sandschichten unter Wasser und in Böden mit groben Einschlüssen, da die Proben aus solchen Böden im Regelfall so starke Störungen aufweisen, dass der erhebliche Aufwand der Probenentnahme nicht mehr gerechtfertigt ist.

Abdichtung und Sicherung von Sonderproben gemäß DIN 4021

Unmittelbar nach der Entnahme einer Sonderprobe sind an ihren Endflächen vorhandene Teile, die gestört oder aufgeweicht sind, zu entfernen. Danach ist die Probe sofort gegen Austrocknen sowie gegen ein Auflockern oder Rutschen im Entnahmezylinder zu schützen; Abb. 4-16 zeigt eine Auswahl entsprechender Maßnahmen.

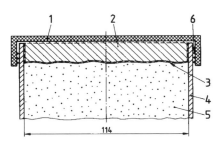

1 Kunststoff- oder Gummikappe
2 Auffüllung mit Boden
3 Folie
4 Entnahmezylinder
5 Sonderprobe
6 Dreifaches Dichtungsprofil

a) Kunststoff- oder Gummikappe

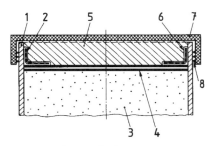

1 Entnahmezylinder
2 Klebeband
3 Sonderprobe
4 Zwei Lagen Ceresin
5 Auffüllung mit Boden
6 Randverguss mit Ceresin
7 Kunststoff- oder Gummikappe
8 Dreifaches Dichtungsprofil

b) Ceresinverguss

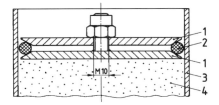

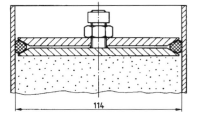

1 Metallplatte
2 Gummiring
3 Entnahmezylinder
4 Sonderprobe

c) mechanischer Packer
oben: vor dem Schließen
unten: nach dem Schließen

Abb. 4-16 Abdichtung und Sicherung von Sonderproben (aus DIN 4021)

4.1.12 Darstellung von Aufschlussergebnissen

Zur Gewährleistung einer einheitlichen Darstellung der Ergebnisse von direkten Aufschlüssen werden in DIN 4023 Kennzeichnungen für die wichtigsten Boden- und Felsarten angegeben (siehe Abschnitt 1.5, Tabelle 1-3 und Tabelle 1-4). Hinzu kommen weitere Zeichen, mit denen sich u. a. auch der vorgefundene Grundwasserstand darstellen lässt (siehe Tabelle 4-3). Mit Hilfe dieser Darstellungselemente lassen sich die bei natürlichen oder künstlichen Aufschlüssen gewonnenen Boden- und Wasserverhältnisse zeichnerisch wiedergeben.

Tabelle 4-3 Zeichen zur Ergänzung der Säulendarstellung von Ergebnissen direkter Aufschlüsse (nach DIN 4023)

Über der Säule	Links der Säule	Rechts der Säule
Sch 1 = Schurf Nr. 1	P2 ■ NN+352,1 = Sonderprobe aus 19 m Tiefe = NN + 352,1 m	⌣ = nass Vernässungszone oberhalb des Grundwassers
B 3 = Bohrung Nr. 3	K1 ⊠ NN+114,8 = Bohrkern aus 5,2 m Tiefe = NN + 114,8 m für Untersuchungen ausgewählt	
BK = Bohrung mit durchgehender Gewinnung gekernter Proben	▽ 8,9 / (1.4.68) = Grundwasser am 1.4.1968 in 8,9 m unter Gelände angebohrt	∫ = breiig
	▼ 8,9 / (1.4.68) 3^h = Grundwasserstand nach Beendigung der Bohrung oder bei Änderung des Wasserspiegels nach seinem Antreffen jeweils mit Angaben der Zeitdifferenz in Stunden (3^h) nach Einstellen oder Ruhen der Bohrarbeiten	∫ = weich
BP = Bohrung mit durchgehender Gewinnung nichtgekernter Proben		∣∣∣ = steif
	▼ NN+118,0 / 10.5.68 = Ruhewasserstand in einem ausgebauten Bohrloch	∣ = halbfest
BuP = Bohrung mit Gewinnung unvollständiger Proben	▽ NN+365,7 ↑ (12.6.68) 10^h △ NN+355,7 = Grundwasser in 15,8 m unter Gelände = NN + 355,7 angebohrt, Anstieg des Wassers bis 5,8 m unter Gelände = NN + 365,7 m nach 10 Stunden	∣∣ = fest
BS = Sondierbohrung	NN+11,7 Y (12.6.68) ↓ = Wasser versickert in NN + 11,7 m	⟋⟍ = klüftig
	45°/25° ↘ = Streichen (hier SW-NE) und Fallen (hier 25° nach SE) von Trennflächen	
	∥ = gekernte Strecke	

Abb. 4-17 zeigt das Ergebnis einer Schurfaufnahme mit Eintragung der Schichtgrenzenverläufe und der Haupt- und Nebenanteile der in den einzelnen Schichten anstehenden Bodenarten.

In Abb. 4-18 sind drei Darstellungsbeispiele von Bodenprofilen zu sehen. Die Aufschlussergebnisse der Beispiele a) und b) gehören zu Lockergesteinen und die des Beispiels c) zu Fels. Zur Erläuterung weiterer Einzelheiten der drei Beispiele können Tabelle 1-3, die Tabelle 1-4 und die Tabelle 4-3 herangezogen werden.

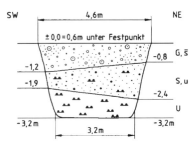

Abb. 4-17 Beispiel einer flächenmäßigen Darstellung: Schurfaufnahme mit Angabe der Schnittrichtung Südwest-Nordost (aus DIN 4023)

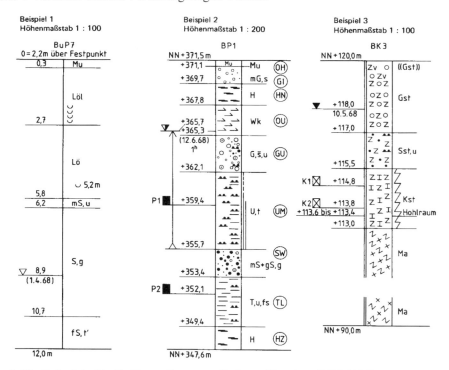

Abb. 4-18 Beispiele für die Darstellung von Bohrprofilen (aus DIN 4023)
 links: Bohrung mit Gewinnung unvollständiger Proben (BuP)
 Mitte: Bohrung mit durchgehender Gewinnung nichtgekernter Proben (BP)
 rechts: Bohrung mit durchgehender Gewinnung gekernter Proben (BK)

4.2 Sondierungen (indirekte Aufschlussverfahren)

Bei Sondierungen werden Sonden in der Regel lotrecht in den Boden eingerammt bzw. eingedrückt oder, nach Eintrieb in den Boden, um ihre Längsachse gedreht. Gemessen werden ausschließlich Kenngrößen der dabei auftretenden Widerstände, die der Boden gegen das Eindringen bzw. die Drehung der Sonden entwickelt; eine Entnahme von Bodenproben oder eine Besichtigung des Bodens findet nicht statt. Die gemessenen Widerstände (auch „Sondierwiderstände" genannt) dienen, z. B. in Verbindung mit Bohrergebnissen, zur besseren Bestimmung der Bodeneigenschaften. Dies gilt insbesondere für nichtbindige Böden, da diese in aller Regel nur Probenentnahmen geringerer Qualität erlauben. Darüber hinaus ist es vor allem mit Rammsondierungen möglich, die Lage der Grenzen von Schichten mit stark unterschiedlichen Eindringwiderständen schnell und preisgünstig zu erfassen. Das gilt auch für die Überprüfung des Erfolgs von Verdichtungsmaßnahmen, wenn vor und nach der Maßnahme gemessene Eindringwiderstände verglichen werden.

Als indirekte Aufschlussverfahren des Baugrunds sind Sondierungen grundsätzlich nur in Verbindung mit direkten Aufschlüssen (z. B. Bohrungen) durchzuführen, da die alleinige Kenntnis der Sondierwiderstände keine eindeutigen Angaben zur Bodenart und zu Kenngrößen wie z. B. der Lagerungsdichte erlaubt.

Zu unterscheiden ist zwischen
- Rammsondierungen (mit leichter, mittelschwerer, schwerer und überschwerer Rammsonde)
- Drucksondierungen (nach [L 21] ausführbar bei Böden mit Größtkorn bis 4 mm)
- Bohrlochrammsondierungen
- Flügelsondierungen.

4.2.1 DIN-Normen

Die nachstehend aufgeführten Normen enthalten Bestimmungen zu Sondierungen.
- DIN 4020 [L 37], Beiblatt 1 zu DIN 4020 [L 38] und E DIN 4020 [L 39]
- DIN 4094-1 [L 55]
- DIN 4094-2 [L 56]
- DIN 4094-3 [L 57]
- DIN 4094-4 [L 58]
- DIN 4094-5 [L 59]

4.2.2 Rammsondierungen nach DIN 4094-3

Bei einer Rammsondierung wird eine Sonde mittels eines Rammbären bei gleich bleibender Fallhöhe in den zu untersuchenden Boden gerammt (vgl. Abb. 4-19). Gemessen wird die Anzahl der Schläge N_{10}, die für eine Eindringtiefe von jeweils 10 cm erforderlich sind. Die Masse des Rammbären sowie dessen Fallhöhe beim Rammen sind abhängig vom gewählten Rammsondentyp und können, neben Größen wie z. B. den Spitzenquerschnitten der verschiedenen Sondiergeräte, der Tabelle 4-6 und den Tabellen 1 und A.1 der DIN 4094-3 entnommen werden.

Die Sondenspitzendurchmesser d der in Tabelle 4-6 auf-

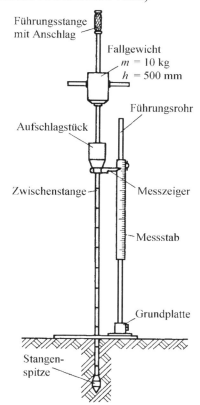

Abb. 4-19 Leichte Rammsonde (nach [L 174])

geführten Rammsonden DPL, DPL-5, DPM, DPM-A, DPH und DPG sind durchweg größer als die Durchmesser der anschließenden Gestänge (siehe Abb. 4-20). Mit dieser Konstruktionsmaßnahme soll die Entstehung von Mantelreibung im Bereich des Gestänges verhindert werden, die zu Verfälschungen (Erhöhungen) der zu messenden Eindringwiderstände führt. Um u. a. den Einfluss der trotz der Sondierspitzenform auftretenden Mantelreibung auf den Sondierwiderstand wenigstens qualitativ zu erfassen, ist das Sondiergestänge pro Meter Sondiertiefe im Uhrzeigersinn um mindestens 1½ Umdrehungen zu drehen. Der dabei auftretende Widerstand (leicht, mittel oder schwer drehbar) ist zu protokollieren.

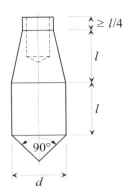

Bei der Aufstellung der Rammsonden und der Durchführung der Sondierung ist das Sondiergerät in lotrechter Stellung zu halten (max. zulässige Abweichung 2 %). Die Anzahl der Schläge pro Minute sollte zwischen 15 und 30 liegen; in grobkörnigen Böden darf sie auf bis zu 60 Schläge erhöht werden.

Abb. 4-20 Rammsondenspitze nach DIN 4094-3 ($l = d$)

Bezüglich der Auswahlkriterien des geeigneten Sondiergeräts für die Rammsondierungen sei auf Tabelle 4-6 hingewiesen. Ergänzend ist zu bemerken, dass (siehe z. B. [L 114])

▶ leichtere Rammsonden empfindlicher auf Festigkeitsänderungen des untersuchten Bodens reagieren als schwerere
▶ bei zu untersuchenden grobkörnigen Böden, deren Korndurchmesser nicht größer sein sollte als das 0,1fache des gewählten Sondenspitzendurchmessers, da der Boden im anderen Fall, wegen des dann zu ungünstigen Verhältnisses von Sonden- zu Kornabmessungen, nicht mehr als Kontinuum betrachtet werden kann.

Vor allem für Untersuchungen in bindigen Böden ist, wegen des Problems der Mantelreibung, u. U. die Drucksondierung der Rammsondierung vorzuziehen.

Bei der Durchführung einer Rammsondierung sind die gemessenen N_{10}-Werte in ein Messprotokoll einzutragen, dessen grafische Auswertung, in Verbindung mit den zugehörigen Bohrprofilen, an den in Abb. 4-21 und Abb. 4-22 gezeigten Beispielen veranschaulicht wird.

Aus Abb. 4-21 ist zu entnehmen, dass sich die Eindringwiderstände nicht nur von Schicht zu Schicht ändern, sondern dass sie auch innerhalb der einzelnen Schichten schwanken. Das Sondierergebnis gibt somit auch Auskunft über die mehr oder weniger starke Ungleichmäßigkeit des Bodengefüges in der jeweiligen Schicht.

Abb. 4-22 macht deutlich, dass die alleinige Kenntnis der erforderlichen Schlagzahlen N_{10} nicht ausreicht um die Tragfähigkeit von Böden zu beurteilen. Der faserige Torf verhält sich beim Eindringen der Sonde „rückfedernd", was in dem Untersuchungsfall zu Schlagzahlen führt, die weit höher liegen als die in Kies und Sand erforderlichen. Der Rückschluss auf sehr tragfähigen Baugrund könnte in einem solchen Fall katastrophale Folgen haben. Erst in Verbindung mit dem Bohrprofil ist eine richtige Einschätzung der Schlagzahl möglich.

4 Bodenuntersuchungen im Feld

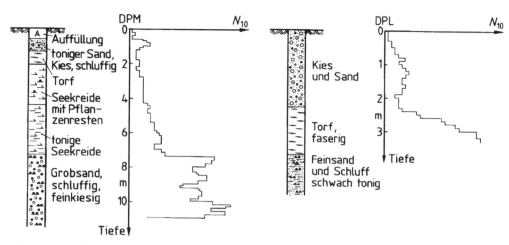

Abb. 4-21 Schwankungen des Eindringwiderstands in verschiedenen Böden (aus DIN 4094-3)

Abb. 4-22 Sondierungen in faserigem, wenig zersetztem Torf (aus DIN 4094-3)

4.2.3 Drucksondierungen nach DIN 4094-1

Bei Drucksondierungen werden Sonden durch sich verändernde statische Kräfte mit einer konstanten Geschwindigkeit von ca. 2 cm/s (Toleranzbereich ± 0,5 cm/s) in den Boden gedrückt. Dabei können der Gesamtwiderstand, der Spitzendruck und die Mantelreibung getrennt gemessen werden. Darüber hinaus kann mit Drucksonden ggf. auch der Eindringporenwasserdruck u gemessen werden (Drucksondierung CPTU).

Für den Fall der Drucksonde mit mechanischer Spitze lässt sich das Messprinzip anhand von Abb. 4-23 erkennen; beim Drücken der Sondenspitze wird die aufgebrachte Kraft nur in Spitzendruck umgesetzt. Der Spitzendruck kann aber auch durch einen elektrischen Messgeber ermittelt werden, der in die Sondenspitze eingebaut ist und auf den der Spitzendruck direkt übertragen wird (siehe Abb. 4-24).

Die getrennte Erfassung von Mantelreibung und Spitzenwiderstand ist ein erheblicher Vorteil, den die Drucksonden gegenüber den Rammsonden aufweisen. Dieser Vorteil wird durch Drucksonden gemäß Abb. 4-24 noch vergrößert, da ihre Reibungshülse die Messung der Mantelreibung erlaubt, die nur in diesem, nahe der Sondierspitze liegenden Bereich auftritt (lokale Mantelreibung). Ergebnisse, die mit Drucksonden (insbesondere mit Reibungshülsen ausgerüstete Sonden) ermittelt wurden, sind deshalb in der Regel eindeutiger und präziser als die mit Rammsonden ermittelten. Abb. 4-25 zeigt ein Beispiel für eine Drucksondierung mit Messung der örtlichen Mantelreibung.

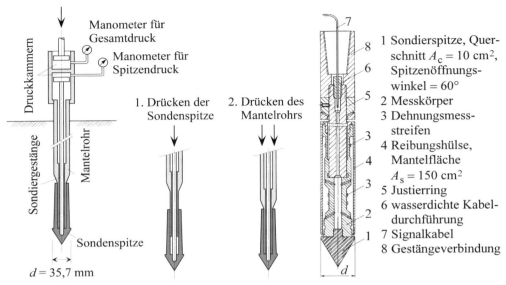

Abb. 4-23 Funktionsprinzip einer Drucksonde mit mechanischer Spitze

Abb. 4-24 Sondenspitze mit elektrischem Messelement CPT-E (nach [L 60])

1 Sondierspitze, Querschnitt $A_c = 10$ cm^2, Spitzenöffnungswinkel = 60°
2 Messkörper
3 Dehnungsmessstreifen
4 Reibungshülse, Mantelfläche $A_s = 150$ cm^2
5 Justierring
6 wasserdichte Kabeldurchführung
7 Signalkabel
8 Gestängeverbindung

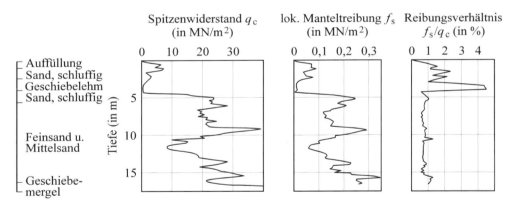

Abb. 4-25 Ergebnisse einer Drucksondierung mit Messung der örtlichen Mantelreibung bei bekanntem Untergrund (nach WEIß [L 120], Kapitel 1.4)

Dem genannten Vorteil steht als Nachteil gegenüber, dass bei Drucksonden ggf. erhebliche statische Kräfte auf die Sonde aufgebracht werden müssen. Das bedeutet, dass in aller Regel eine Verankerung, das Aufbringen von Totlasten oder der Einbau in ein hinreichend schweres Fahrzeug erforderlich sind. Dadurch verringert sich, relativ zu den Rammsonden, die Flexibilität des Einsatzes der Drucksonden bzw. erhöhen sich ihre Einsatzkosten.

Bei der Durchführung einer Drucksondierung wird der Spitzenwiderstand q_c in MPa (1 MPa = 1 MN/m² = 1 N/mm²) und die lokale Mantelreibung f_s (in MPa) gemessen und in ein Messprotokoll eingetragen. Ein Beispiel für die grafische Auswertung des Spitzenwiderstands, in Verbindung mit dem zugehörigen Bohrprofil, zeigt Abb. 4-26. Anhand des Spitzenwiderstands, der vor und nach einer 7 m tiefen Tiefenverdichtung gemessen wurde, ist die Zunahme der Lagerungsdichte gut zu erkennen. Da das Diagramm die Ergebnisse mehrerer Sondierungen erfasst, ergab sich ein Streubereich, der in der Abbildung schraffiert dargestellt wurde.

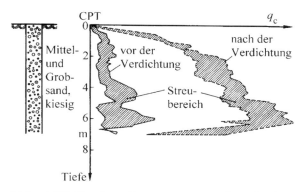

Abb. 4-26 Drucksondierungen vor und nach einer Tiefenverdichtung (nach DIN 4094-1)

4.2.4 Bohrlochrammsondierung

Gemäß DIN 4094-2 erfolgt die Durchführung der Bohrlochrammsondierung (früher auch als „Standard Penetration Test" bezeichnet) von der Bohrlochsohle aus. Bei mehreren Sondierungen ist somit abwechselnd zu bohren und zu sondieren. Gemessen vom Ansatzpunkt Bohrlochsohle, eignet sich das Gerät (siehe Abb. 4-27) für eine Untersuchungstiefe bis zu 0,45 m (vgl. Abb. 4-28). Gezählt wird die Anzahl der Schläge, die zum Einrammen der Sonde um jeweils 15 cm erforderlich sind. Die Summe der zum zweiten und dritten 15-cm-Stück gehörende Schlaganzahl wird mit N_{30} bezeichnet.

Beim Rammen arbeitet der Rammbär (Masse 63,5 kg) mit einer Fallhöhe von 0,76 m, der Querschnitt der dabei in den Boden eingetriebenen Spitze beträgt 20 cm² (vgl. Tabelle 4-6).

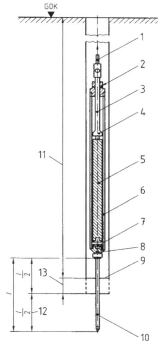

1 Seil
2 Stopfbuchse
3 Hubstange
4 automatische Ausklinkvorrichtung
5 Rammbär
6 Hohlzylinder
7 Amboss
8 Wasserablassschraube
9 Bohrlochsohle
10 Sonde
11 Bohrlochtiefe
12 Untersuchungsbereich
13 Eindringmaß unter Eigenlast
l Sondenlänge

Abb. 4-27 Bohrlochrammsonde (aus DIN 4094-2)

Zu den Vorteilen der Bohrlochrammsondierung zählt es, dass die Ergebnisse nicht durch Mantelreibung am Sondiergestänge verfälscht werden. Andererseits führt der Einsatz von der Bohrlochsohle aus zu Ungenauigkeiten der Sondierergebnisse, da der Boden in diesem Bereich durch die Bohrarbeiten mehr oder weniger gestört ist. Dies gilt insbesondere dann, wenn Sondierungen in Sand unterhalb des Grundwasserspiegels durchgeführt werden.

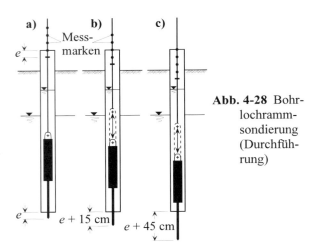

Abb. 4-28 Bohrlochrammsondierung (Durchführung)

4.2.5 Zusammenhänge zwischen Sondierergebnissen und Bodenkenngrößen

Neben dem aus Sondierdiagrammen unmittelbar erkennbaren Grad der Gleichmäßigkeit des Baugrunds ist es auch möglich, von Sondierergebnissen auf geotechnische Kenngrößen wie z. B. Lagerungsdichte D (siehe z. B. Abschnitt 5.10.2), Reibungswinkel φ (siehe z. B. Abschnitt 5.13.3) und Steifebeiwert v zu schließen. Der letztgenannte Wert ermöglicht, in Verbindung mit dem Steifeexponenten w, die Ermittlung des Steifemoduls E_s (siehe z. B. Abschnitt 5.12.4); Näheres hierzu ist z. B. in DIN 4094-1, Anhang D zu finden. Voraussetzung für die Angabe geotechnischer Kenngrößen ist das Vorliegen entsprechender Korrelationen, die, z. B. im Rahmen von Forschungsarbeiten, durch statistisch ausgewertete Vergleichsuntersuchungen gewonnen wurden. Bei vergleichbaren Bodenverhältnissen geben sie dem Anwender die Möglichkeit, die zu „seinen" Sondierergebnissen gehörenden Bodenkenngrößen zu bestimmen.

Aufbauend auf der großen Zahl vorliegender Untersuchungsergebnisse (siehe z. B. [L 8], [L 114], [L 132], [L 180] und [L 181]) wurden die Diagramme und Formeln der DIN 4094-1 und DIN 4094-3 erstellt. Ihre Anwendung

▶ gilt für Sondiertiefen über 1,0 m (Grenztiefe) und
▶ setzt voraus, dass die Eigenschaften des sondierten Bodens mit den Eigenschaften der Böden übereinstimmen, mit denen die jeweiligen Untersuchungsergebnisse gewonnen wurden.

Dies verlangt u. a., dass die sondierten Bodenarten z. B. durch Bohrungen hinreichend bekannt sind.

Neben der Kenntnis der Bodenbeschaffenheit sind entsprechende Korrelationen zwischen den einsetzbaren Sondiergeräten erforderlich, um so eine Verallgemeinerung der Auswertung zu gewährleisten. Abb. 4-29 zeigt z. B., wie von den Schlagzahlen N_{10} der schweren Rammsonde (DPH) auf die der leichten Rammsonden (DPL und DPL-5) umgerechnet werden kann, wenn es sich bei den Böden um enggestufte Sande (SE) mit Ungleichförmigkeitszahlen $U \leq 3$ (siehe hierzu Abschnitt 5.2.5) handelt.

4 Bodenuntersuchungen im Feld

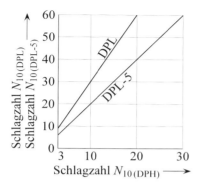

Gleichungen der Schlagzahlen

$N_{10(DPL)} = 3 \cdot N_{10(DPH)}$

$N_{10(DPL-5)} = 2 \cdot N_{10(DPH)}$

Gültigkeitsbereiche

$3 \leq N_{10(DPH)} \leq 20$

$3 \leq N_{10(DPH)} \leq 30$

Abb. 4-29 Vergleich zwischen den Schlagzahlen leichter Rammsonden (DPL und DPL-5) und der schweren Rammsonde (DPH) bei enggestuften Sanden (SE) mit Ungleichförmigkeitszahlen $U \leq 3$ über Grundwasser (nach DIN 4094-3)

Dass auch die Grundwassersituation einen Einfluss auf die Schlagzahlen grobkörniger Böden haben kann, wird anhand von Abb. 4-30 deutlich. Es gilt wieder für enggestufte Sande (SE) mit Ungleichförmigkeitszahlen $U \leq 3$ und zeigt, wie von den im Grundwasser sich ergebenden Schlagzahlen $N_{k,u}$ verschiedener Sondentypen auf die entsprechenden Schlagzahlen umgerechnet werden kann, die sich über Grundwasser ergeben würden.

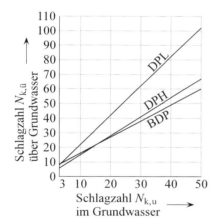

Gleichungen der Schlagzahlen

BDP: $N_{30,ü} = 1{,}1 \cdot N_{30,u} + 5$

DPH: $N_{10,ü} = 1{,}3 \cdot N_{10,u} + 2$

DPL: $N_{10,ü} = 2{,}0 \cdot N_{10,u} + 2$

Gültigkeitsbereiche

$3 \leq N_{k,u} \leq 50$

Abb. 4-30 Vergleich zwischen den Schlagzahlen der Rammsonden DPL (leicht), DPH (schwer) und BDP (Bohrlochrammsondierung) bei enggestuften Sanden (SE) mit Ungleichförmigkeitszahlen $U \leq 3$ über und im Grundwasser (nach DIN 4094-3)

Der Abbildung ist zu entnehmen, dass die unterhalb des Grundwasserspiegels sich einstellenden Schlagzahlen kleiner sind als die, die bei nicht vorhandenem Grundwasser erforderlich sind. Darüber hinaus wird deutlich, dass der Einfluss des Grundwassers auf die Schlagzahl auch von der Sondenart abhängig ist.

Nach STENZEL und MELZER [L 179] ist der Grundwassereinfluss auf die Schlagzahlen darüber hinaus von der Lagerungsdichte abhängig. Mit ihrer zunehmenden Größe nimmt er ab und ist bei sehr hoher Dichte kaum noch bemerkbar.

Als Kenngröße zur Beurteilung nichtbindiger Böden als Baugrund dient u. a. die oben erwähnte Lagerungsdichte D bzw. die bezogene Lagerungsdichte I_D (vgl. z. B. Abschnitt 5.10.2 und Tabelle 5-17). Da die Entnahme von Bodenproben der Güteklasse 1 oder 2 aus solchen

Tabelle 4-4 Zusammenhang zwischen Drucksondenspitzenwiderstand q_c und Lagerungsdichte D erdfeuchter, gleichförmiger Sande (nach WEIß [L 120], Kapitel 1.4)

Spitzenwiderstand q_c MN/m²	Lagerungsdichte D	Bezeichnung
$q_c < 2{,}5$	$D < 0{,}15$	sehr locker
$2{,}5 \leq q_c \leq 7{,}5$	$0{,}15 \leq D < 0{,}30$	locker
$7{,}5 < q_c \leq 15{,}0$	$0{,}30 \leq D < 0{,}50$	mitteldicht
$15{,}0 < q_c \leq 25{,}0$	$0{,}50 \leq D \leq 0{,}65$	dicht
$25{,}0 < q_c$	$0{,}65 < D$	sehr dicht

Böden nur begrenzt möglich ist, sind D bzw. I_D durch Versuche in situ zu ermitteln. Für die Ergebnisse von Drucksondierungen in gleichförmigen, erdfeuchten Sanden gibt Tabelle 4-4 Beziehungen zwischen dem Spitzenwiderstand q_c und der Lagerungsdichte der Sande an, die für Sondenspitzen mit 10 cm² Querschnittsfläche und Sondiertiefen von mehr als 1,5 bis 2,5 m gelten. Analoge Angaben finden sich in Tabelle 4-5 für die Beziehungen zwischen Lagerungsdichten und Eindringwiderständen verschiedener Sonden bei aufgespülten Sanden. Die Tabelle zeigt die Beziehungen zwischen den erforderlichen Lagerungsdichten verschiedener Nutzungsarten von Hafenflächen und dem Spitzendruck q_c der Drucksonde bzw. den Eindringwiderständen N_{10} unterschiedlicher Rammsonden.

Tabelle 4-5 Korrelationen zwischen Lagerungsdichten und Ergebnissen verschiedener Sonden bei aufgespülten Sanden (nach EAU 1996 [L 107])

Nutzungsart		Lagerflächen	Verkehrsflächen	Bauwerksflächen
Lagerungsdichte D	Feinsand	0,35 – 0,45	0,45 – 0,55	0,55 – 0,75
	Mittelsand	0,15 – 0,35	0,25 – 0,45	0,45 – 0,65
Drucksonde q_c (in MN/m²)	Feinsand	2 – 5	5 – 10	10 – 15
	Mittelsand	3 – 6	6 – 10	> 15
Schwere Rammsonde DPH N_{10}	Feinsand	2 – 5	5 – 10	10 – 15
	Mittelsand	3 – 6	6 – 15	> 15
Leichte Rammsonde DPL N_{10}	Feinsand	6 – 15	15 – 30	30 – 45
	Mittelsand	9 – 18	18 – 45	> 45
Leichte Rammsonde DPL-5 N_{10}	Feinsand	4 – 10	10 – 20	20 – 30
	Mittelsand	3 – 12	12 – 30	> 30

4 Bodenuntersuchungen im Feld

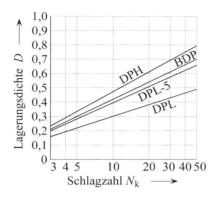 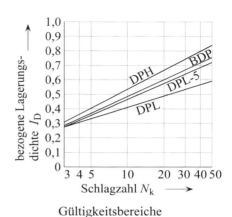

Gleichungen

DPL: $D = 0{,}03 + 0{,}270 \cdot \lg N_{10}$

DPL: $I_D = 0{,}15 + 0{,}260 \cdot \lg N_{10}$

DPL-5: $D = 0{,}02 + 0{,}375 \cdot \lg N_{10}$

DPL-5: $I_D = 0{,}10 + 0{,}365 \cdot \lg N_{10}$

BDP: $D = 0{,}02 + 0{,}400 \cdot \lg N_{30}$

BDP: $I_D = 0{,}10 + 0{,}385 \cdot \lg N_{30}$

DPL: $D = 0{,}02 + 0{,}455 \cdot \lg N_{10}$

DPL: $I_D = 0{,}10 + 0{,}435 \cdot \lg N_{10}$

Gültigkeitsbereiche

$3 \leq N_k \leq 50$

Abb. 4-31 Zusammenhang zwischen den Schlagzahlen verschiedener Rammsonden und der Lagerungsdichte D bzw. der bezogenen Lagerungsdichte I_D bei enggestuften Sanden (SE) mit Ungleichförmigkeitszahlen $U \leq 3$ über Grundwasser (nach DIN 4094-3)

Abb. 4-31 zeigt Korrelationen, mit deren Hilfe von den vor Ort gewonnenen Schlagzahlen N_k verschiedener Rammsonden auf die Lagerungsdichte bzw. die bezogene Lagerungsdichte geschlossen werden kann. Die Abbildung gilt für enggestufte Sande (SE) mit Ungleichförmigkeitszahlen $U \leq 3$, die über dem Grundwasser liegen.

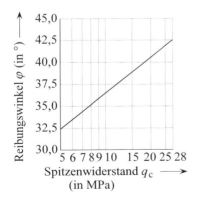

Gleichung für den Reibungswinkel φ

$\varphi = 13{,}5 \cdot \lg q_c + 23$

Gültigkeitsbereiche

5 MPa $\leq q_c \leq$ 28 MPa

Abb. 4-32 Zusammenhang zwischen dem Spitzenwiderstand q_c von Drucksonden und dem Reibungswinkel φ für enggestufte Sande (SE) mit Ungleichförmigkeitszahlen $U \leq 3$ (nach DIN 4094-1)

Eine andere bedeutsame Bodenkenngröße ist der Reibungswinkel φ des Bodens (siehe Abschnitt 5.13.3). Abb. 4-32 gibt einen Zusammenhang an, der es erlaubt, von den Spitzendruckwiderständen q_c aus Drucksondierungen (1 MPa = 1 MN/m^2 = 1 N/mm^2) auf die Reibungswinkel zu schließen. Die Darstellung gilt für enggestufte Sande (SE) mit Ungleichförmigkeitszahlen $U \leq 3$ über Grundwasser.

Weitere Zusammenhänge zwischen Sondierergebnissen und Bodenkenngrößen sind z. B. in DIN 4094-1, DIN 4094-2, DIN 4094-3 und in [L 61] zu finden. Bei ihrer Anwendung ist immer darauf zu achten, dass sie immer nur dann angewendet werden dürfen, wenn die Eigenschaften des sondierten Bodens und ggf. die Grundwassergegebenheiten mit den für das jeweilige Diagramm geltenden Angaben übereinstimmen.

4.2.6 Wahl des Sondiergeräts

Gemäß den bisherigen Ausführungen stehen für die Bestimmung der Eindringwiderstände von Böden unterschiedliche Sondiergeräte zur Verfügung. Sie unterscheiden sich nicht nur hinsichtlich der Art ihres Einsatzes (z. B. Rammsonden), sondern auch bezüglich der konstruktiven Ausgestaltung. Dies gilt besonders für Rammsonden, bei denen gemäß Tabelle 4-6 sechs verschiedene Typen zu unterscheiden sind, die sich aufgrund ihrer unterschiedlichen Konstruktionsmerkmale für mehr oder weniger schwere Einsätze eignen, die von der Bodenoberfläche ausgehen.

Als Kriterien zur Auswahl des Sondiergeräts dienen z. B. die Untersuchungstiefe und die Gegebenheiten der Böden, in der die Sondierung erfolgen soll. So gilt etwa für die leichte Rammsonde des Typs DPL, dass sie sich gemäß Tabelle 4-6 für Untersuchungstiefen bis zu 10 m (gemessen vom Ansatzpunkt) eignet, wenn es sich um leicht rammbare Böden handelt. Ihr Einsatz in mitteldichten und dicht gelagerten Kiesen sowie festen tonigen und schluffigen Böden ist aber nur noch eingeschränkt zu empfehlen.

Für Rammsondierungen im Bohrloch kommen die leichten, mittelschweren, schweren und überschweren Rammsonden nicht in Frage. In solchen Fällen ist die Bohrlochrammsonde zu wählen, die jedoch, im Gegensatz zu den übrigen Rammsonden, keine fortlaufenden Messwerte liefert, da ihr Einsatz immer wieder durch die zur Vergrößerung der Bohrtiefe erforderlichen Bohrarbeiten unterbrochen wird.

Hinsichtlich weiterer Auswahlkriterien sei auf die Tabelle 4-6 und die Abschnitte 4.2.2, 4.2.3 und 4.2.4 hingewiesen.

Tabelle 4-6 Arten und Einsatzmöglichkeiten der Sondiergeräte (nach DIN 4094-1, DIN 4094-2 und DIN 4094-3)

Benennung	Kurzzeichen	Sondiergerät		Messgrößen [2])	Untersuchungstiefe ab Ansatzpunkt [3])	Einsatz eingeschränkt in (Böden nach DIN 4022-1)
		Spitzenquerschnitt A_c cm^2	Masse des Rammbären [1]) m kg		t m	
Leichte Rammsonde (Dynamic Probing Light)	DPL	10	10 ± 0,1	N_{10}	10	mitteldichten und dicht gelagerten Kiesen, festen tonigen und schluffigen Böden
Leichte Rammsonde	DPL-5	5	10 ± 0,1	N_{10}	8	tonigen und schluffigen Böden und dicht gelagerten, grobkörnigen Böden
Mittelschwere Rammsonde (Dynamic Probing Medium)	DPM	10	30 ± 0,3	N_{10}	20	dicht gelagerten Kiesen
Mittelschwere Rammsonde	DPM-A	10	30 ± 0,3	N_{10}	15	dicht gelagerten Kiesen, festen, tonigen und schluffigen Böden
Schwere Rammsonde (Dynamic Probing Heavy)	DPH	15	50 ± 0,5	N_{10}	25	–
Überschwere Rammsonde (Dynamic Probing Giant)	DPG	20	200 ± 0,5	N_{10}	40	–
Bohrlochrammsondierung (Borehole Dynamic Probing)	BDP	20	63,5 ± 0,5	N_{30}	0,45 [4])	–
Drucksonde mit Messung von Spitzenwiderstand und lokaler Mantelreibung (Cone Penetration Test)	CPT 10 CPT 15	10 15	–	q_c, f_s	60	Böden mit Steineinlagerungen, dicht gelagerten Kiesen, festen tonigen und schluffigen Böden
Drucksonde mit Messung von Spitzenwiderstand, lokaler Mantelreibung und Porenwasserdruck	CPTU 10 CPTU 15	10 15	–	q_c, f_s, u	60	Böden mit Steineinlagerungen, dicht gelagerten Kiesen, festen tonigen und schluffigen Böden

[1]) Fertigungstoleranzen.
[2]) Bedeutungen: N_{10} Anzahl der Schläge je 10 cm Eindringtiefe, N_{30} Anzahl der Schläge je 30 cm Eindringtiefe, q_c Spitzenwiderstand in MPa, f_s lokale Mantelreibung in MPa, u Porenwasserdruck in MPa.
[3]) Richtwerte, bei Baugrundverhältnissen mittlerer Festigkeit gemessen.
[4]) Ansatzpunkt ist die jeweilige Baugrundsohle.

4.2.7 Flügelsondierung (Felduntersuchung)

Im Gelände durchgeführte Flügelsondierungen dienen zur Messung des Scherwiderstands der untersuchten Böden. Die Untersuchungen liefern die Gesamtscherfestigkeiten beim schnellen

Abscheren undränierter Böden im ungestörten und gestörten Zustand.

Zur Ermittlung der Scherfestigkeit wird die Flügelsonde gemäß Abb. 4-33 in ungestörten Boden eingedrückt und danach mit konstanter Geschwindigkeit bis zum Bruch des Bodens gedreht. Das hierzu erforderliche maximale Drehmoment M_{max} wird messtechnisch erfasst. Zur Bestimmung der Scherfestigkeit von gestörtem Boden wird die Flügelsonde zuerst zehnmal im Boden gedreht und danach die Messung wie im Falle des ungestörten Bodens durchgeführt; gemessen wird dabei das Rest-Drehmoment M_R, zu dem der Rest-Scherwiderstand c_{Rv} gehört.

Der während der Flügelsondierung wirksam werdende maximale Scherwiderstand c_{fv} (in kN/m²) errechnet sich bei dem Verhältnis $H/D = 2$ und unter der Annahme, dass die Scherspannungen im Bereich der Mantelfläche und der Stirnfläche des herausgedrehten Zylinders (H = Höhe, D = Durchmesser) gleich groß sind, zu

$$c_{fv} = \frac{6 \cdot M_{max}}{7 \cdot \pi \cdot D^3} \qquad \text{Gl. 4-12}$$

In Gl. 4-12 sind das maximale Drehmoment beim erstmaligem Abscheren M_{max} in kN·m und die Flügelbreite D der Sonde in m einzusetzen. Bei Ersatz von M_{max} durch das Rest-Drehmoment M_R liefert Gl. 4-12 statt c_{fv} den Rest-Scherwiderstand c_{Rv}.

Weitere Angaben zu Flügelsondierungen hinsichtlich der Arbeitsweise, der Untersuchungsauswertung und der Abmessungen der einzusetzenden Geräte können DIN 4094-4 entnommen werden.

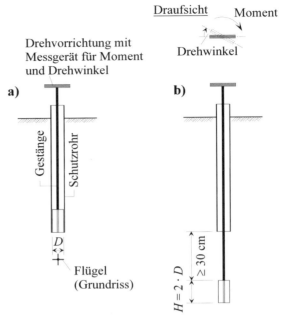

Abb. 4-33 Arbeitsweise einer Flügelsonde
a) Flügelposition vor Versuch
b) Flügelposition bei Versuch

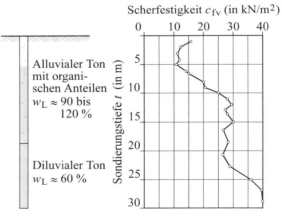

Abb. 4-34 Ergebnis einer Flügelsondierung in Ton zur Bestimmung der Scherfestigkeit c_{fv} bei schneller Belastung (nach MUHS [L 119], Kapitel 1.3)

4 Bodenuntersuchungen im Feld

Gemäß DIN 4094-4 hergestellte Flügelsonden sind für die Untersuchung wassergesättigter bindiger oder organischer Böden bei breiiger bis steifer Konsistenz verwendbar. Für den Einsatz in Böden mit Scherfestigkeiten > 100 kN/m² sind diese Geräte somit nicht geeignet.

In Abb. 4-34 ist das Ergebnis einer Flügelsondierung in Ton dargestellt. Mit der angegebenen Scherfestigkeit c_{fv} ergibt sich gemäß DIN 4094-4 die undränierte Flügelscherfestigkeit mit Hilfe von

$$c_{fu} = \mu \cdot c_{fv} \qquad \text{Gl. 4-13}$$

Die Größe des in der Gleichung verwendeten Korrekturfaktors μ ist abhängig von der plastischen Eigenschaft des Bodens und/oder der vertikalen Spannung im Boden. Tabelle 4-7 gibt ein Beispiel für mögliche Größen von μ (weitere Beispiele für Korrekturfaktoren sind z. B. in DIN V ENV 1997-3 [L 104] und [L 107] zu finden).

Tabelle 4-7 Von der Plastizitätszahl I_P abhängige Korrekturfaktoren μ (nach [L 107])

I_P	0	30	60	90	120
μ	1,0	0,8	0,65	0,58	0,50

Korrelationsbeziehungen zwischen maximalem Scherwiderstand c_{fv} und Spitzenwiderstand q_c von Drucksonden werden in [L 107] für Ton angegeben. Die Beziehungen haben die Form

$$c_{fv} \approx \frac{1}{14} \cdot q_c \qquad \text{(Ton)}$$

$$c_{fv} \approx \frac{1}{20} \cdot q_c \qquad \text{(überkonsolidierter Ton)} \qquad \text{Gl. 4-14}$$

$$c_{fv} \approx \frac{1}{12} \cdot q_c \qquad \text{(weicher Ton)}$$

4.3 Plattendruckversuch

4.3.1 Untersuchungszweck

Mit Plattendruckversuchen werden Drucksetzungslinien von Böden ermittelt, anhand derer die Verformbarkeit und die Tragfähigkeit des Baugrunds beurteilt werden. Die Versuche dienen zur Überprüfung von durchgeführten Bodenverdichtungen im Erd- und Grundbau sowie zur Ermittlung von Bemessungsgrundlagen für Befestigungen von Straßen und Flugplätzen. Bei entsprechenden Untersuchungen im Bereich von Fundamenten ist zu beachten, dass der Plattendruckversuch einen Modellversuch darstellt. Die Güte der aus dem Versuch resultierenden Bemessungsgrundlagen für das Fundament ist somit abhängig von der Übertragbarkeit der geometrischen Abmessungen und der Belastungen des Versuchs auf die entsprechenden Größen des realen Fundaments, was die Anwendung des Versuchs vor allem bei inhomogenen Böden mit nichtlinearen Materialeigenschaften fragwürdig macht.

4.3.2 DIN-Norm

Ausführungen zum Plattendruckversuch sind in
- DIN 18134 [L 80]

4.3.3 Begriffe

Plattendruckversuch
Versuch, bei dem der Boden durch eine kreisförmige Lastplatte mit Hilfe einer Druckvorrichtung wiederholt stufenweise be- und entlastet wird. Als Versuchsgrößen ergeben sich die mittleren Normalspannungen σ_0 unter der Lastplatte und die zugehörigen Setzungen s der einzelnen Laststufen. Im Zuge der Versuchsauswertung werden diese Größen in einem entsprechenden Diagramm als Drucksetzungslinie dargestellt, aus der sich der Verformungsmodul E_v und der Bettungsmodul k_s ermitteln lassen.

Verformungsmodul E_v (in MN/m³)
Kenngröße für die Verformbarkeit des Bodens. Mit ihm wird die Sekantenneigung der Drucksetzungslinie der Erst- und Wiederbelastung zwischen den Punkten $0{,}3 \cdot \sigma_{1max}$ und $0{,}7 \cdot \sigma_{1max}$ zahlenmäßig angegeben.

Bettungsmodul k_s (in MN/m³)
Aus der Drucksetzungslinie der Erstbelastung des Bodens bestimmte Kenngröße, mit der die Nachgiebigkeit der Bodenoberfläche unter einer Flächenlast beschrieben wird.

4.3.4 Geräte für den Plattendruckversuch

Nach DIN 18134 sind zur Versuchsdurchführung als Geräte u. a. erforderlich:

▶ Belastungswiderlager als Gegengewicht (in der Regel ein beladener LKW oder Anhänger oder ein entsprechendes festes Widerlager). Seine nutzbare Last muss mindestens 10 kN größer sein als die für den Versuch notwendige höchste Prüflast

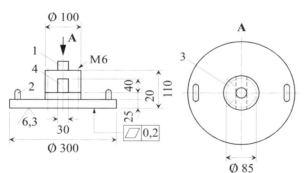

Abb. 4-35 Lastplatte 300 mm mit Messtunnel (nach DIN 18134)

1 Zentrierzapfen für Kraftaufnehmer mit Gelenkkopf
2 Tragegriff
3 Lochkreisdurchmesser
4 Messtunnel

▶ Plattendruckgerät, bestehend aus
  ▷ Lastplatte mit ebener Unterseite (Ø 300, 600 oder 762 mm)
  ▷ Belastungseinrichtung mit Hydraulikpumpe, Hydraulikzylinder und Hochdruckschlauch, der Hydraulikpumpe und Hydraulikzylinder verbindet
▶ mechanischer oder elektrischer Kraftaufnehmer zwischen Lastplatte und Hydraulikzylinder

- Einrichtung zur Messung der Setzung des Lastplattenzentrums senkrecht zur belasteten Oberfläche
- Rechner (mit Programm) für die Versuchsauswertung.

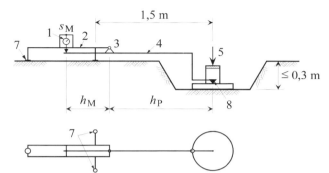

1 Messuhr bzw. Wegaufnehmer
2 Traggestell
3 Drehpunkt
4 Tastarm
5 Last
7 Auflager
8 Tastvorrichtung
s_M Setzung an der Messuhr bzw. am Wegaufnehmer

Abb. 4-36 Setzungsmesseinrichtung für Messungen mit nach dem Prinzip des Wägebalkens drehbarem Tastarm (nach DIN 18134); Setzungsmessung unter Berücksichtigung des Hebelverhältnisses $h_P : h_M$

Die Messungen können mit den von der DIN 18134 empfohlenen Setzungsmesseinrichtungen mit „Tast-Vorrichtung" durchgeführt werden. Die entsprechenden Geräte arbeiten entweder mit einem drehbaren Tastarm, der nach dem Prinzip des Wägebalkens funktioniert (vgl. Abb. 4-36), oder mit einem in einem Linearlager verschiebbarem Tastarm.

4.3.5 Verformungsmodul E_v

Zur Ermittlung des Verformungsmoduls E_v wird die Belastung in mindestens 6 Laststufen und etwa gleich großen Lastintervallen bis zur vorher gewählten Maximalspannung gesteigert. Danach wird die Platte in 3 Stufen entlastet (auf 50 %, 25 % und 0 % der Höchstlast) und ein weiterer Belastungszyklus bis zur vorletzten Laststufe des Erstbelastungszyklus aufgebracht (im Verkehrswegebau erfolgt die Steigerung der Erstbelastung, bei Verwendung einer Lastplatte von 300 mm Durchmesser, bis entweder eine Setzung von 5 mm oder eine Normalspannung unter der Platte von $\approx 0{,}5$ MN/m² erreicht ist). Hinsichtlich der dabei zu beachtenden Zeiten und weiterer Details sei auf DIN 18134 verwiesen.

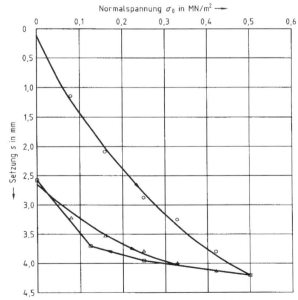

Abb. 4-37 Beispiel für Drucksetzungslinie zur Bestimmung des Verformungsmoduls (aus DIN 18134)

Da die Messungen nur für die diskreten Laststufen Wertepaare der mittleren Normalspannung σ_0 (in MN/m²) unter der Platte und der Setzung s (in mm) im Plattenzentrum liefern, werden diese Stützstellen der drei Drucksetzungslinienäste (Erstbelastung, Entlastung, Zweitbelastung) mit Hilfe von Polynomen zweiten Grades

$$s = a_0 + a_1 \cdot \sigma_0 + a_2 \cdot \sigma_0^2 \qquad \text{Gl. 4-15}$$

ausgeglichen. Die Konstanten a_0, a_1 und a_2 in Gl. 4-15 werden dabei durch Anpassung an die Versuchsergebnisse nach der Methode der kleinsten Fehlerquadrate ermittelt.

Für die so gewonnene Drucksetzungslinie können die Verformungsmodule E_{v1} der Erstbelastung und E_{v2} der Zweitbelastung bestimmt werden (in MN/m²). Sie errechnen sich aus der Neigung der Sekante zwischen den Punkten $0,3 \cdot \sigma_{0max}$ und $0,7 \cdot \sigma_{0max}$ auf dem zugehörigen Drucksetzungslinienast mittels

$$E_{vi} = 1,5 \cdot r \cdot \frac{\Delta \sigma_i}{\Delta s_i} = \frac{1,5 \cdot r}{a_{1i} + a_{2i} \cdot \sigma_{0max\,i}} \qquad i = 1,2 \qquad \text{Gl. 4-16}$$

In Gl. 4-16 ist r (in mm) der Radius der Lastplatte und $\sigma_{0max\,i}$ (in MN/m²) die maximale mittlere Normalspannung der Erst- oder Zweitbelastung.

Tabelle 4-8 und Tabelle 4-9 führen Richtwerte der ZTVE-STB 94 [L 188] auf, mit deren Hilfe für einige grobkörnige Bodengruppen eine Beziehung zwischen den Verformungsmodulen E_{v1} und E_{v2} und dem im Straßenbau bedeutsamen Verdichtungsgrad D_{Pr} (siehe Abschnitt 5.9.2) hergestellt wird. Dabei sind die E_{v2}-Größen der Tabelle 4-8 anzusetzen, wenn die Verhältniswerte der Tabelle 4-9 zutreffen. Eine Erhöhung dieser Verhältniswerte ist zulässig, wenn der betreffende E_{v1}-Wert bereits 60 % des zugehörigen E_{v2}-Werts der Tabelle 4-8 erreicht hat.

Tabelle 4-8 Richtwerte der ZTVE-StB 94 [L 188] für die Zuordnung von Verdichtungsgrad D_{Pr} und Verformungsmodul E_{v2} grobkörniger Bodengruppen

Bodengruppen	Verdichtungsgrad D_{Pr} (in %)	Verformungsmodul E_{v2} (in MN/m²)
GW, GI	≥ 100	≥ 100
	≥ 98	≥ 80
	≥ 97	≥ 70
GE, SE, SW, SI	≥ 100	≥ 80
	≥ 98	≥ 70
	≥ 97	≥ 60

Tabelle 4-9 Richtwerte der ZTVE-StB 94 [L 188] für den Verhältniswert E_{v2}/E_{v1} in Abhängigkeit vom Verdichtungsgrad D_{Pr}

Verdichtungsgrad D_{Pr} (in %)	Verhältniswert E_{v2}/E_{v1}
≥ 100	≤ 2,3
≥ 98	≤ 2,5
≥ 97	≤ 2,6

4.3.6 Bettungsmodul k_s

Bei dem Versuch wird zunächst eine Vorbelastung von 0,01 MN/m² als mittlere Normalspannung unter der Platte aufgebracht und danach die Belastung auf Laststufen mit den mittleren Normalspannungen σ_0 von 0,04 MN/m², 0,08 MN/m², 0,14 MN/m² und 0,20 MN/m² gesteigert. Die anschließende Entlastung erfolgt in zwei Stufen mit der Zwischenstufe bei $\sigma_0 = 0,08$ MN/m². Weitere Einzelheiten hinsichtlich der Lastaufbringung sind DIN 18134 zu entnehmen.

Wird der Bettungsmodul k_s für die Bemessung von Deckenkonstruktionen im Straßen- und Flugplatzbau ermittelt, erfolgt die Versuchsdurchführung in der Regel mit einer kreisförmigen Lastplatte des Durchmessers 762 mm. Dabei wird die Druckspannung σ_0 gemessen, die einer mittleren Setzung von $s = 1,25$ mm entspricht. Der Bettungsmodul wird dann berechnet mit der Formel

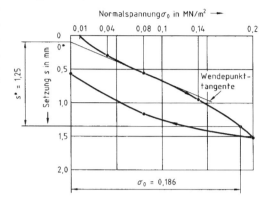

Abb. 4-38 Beispiel für Drucksetzungslinie zur Bestimmung des Bettungsmoduls, mit korrigiertem Nullpunkt 0^* und korrigierter Setzung s^* (nach DIN 18134)

$$k_s = \frac{\sigma_0}{s} = \frac{\sigma_0}{0{,}00125} \quad \text{(in MN/m}^3\text{)} \qquad \text{Gl. 4-17}$$

Je nach Verlauf der Drucksetzungslinie ist gegebenenfalls über die Tangente an den Wendepunkt eine Nullkorrektur vorzunehmen und die Setzung als korrigierte Setzung s^* auf den korrigierten Nullpunkt 0^* zu beziehen (siehe Abb. 4-38). In solchen Fällen ist in Gl. 4-17 s durch s^* zu ersetzen.

4.4 Aussagekraft von Bodenuntersuchungen

Alle Arten von Aufschlüssen in Boden und Fels sowie Plattendruckversuche sind letztendlich Stichproben an diskreten Stellen. Zu allen Bereichen, die durch die Untersuchungen nicht direkt erfasst werden, können Aussagen, unter Berücksichtigung weiterer ergänzender Informationen, nur auf der Basis von Wahrscheinlichkeitsgesichtspunkten gemacht werden.

Bei der Festlegung des Umfangs der Untersuchungen (Lage, Anzahl und Art von Aufschlüssen und Versuchen, Aufschlusstiefen usw.) sind deshalb möglichst viele Informationen zu berücksichtigen, insbesondere aber solche zur Bodengenese und zu örtlichen Erfahrungen.

4.5 Beobachtungsmethode

Nach der DIN 1054 [L 19] handelt es sich bei der Beobachtungsmethode um: „eine Kombination der üblichen geotechnischen Untersuchungen und Berechnungen (Prognosen) mit der laufenden messtechnischen Kontrolle des Bauwerks und des Baugrundes während dessen

Herstellung und gegebenenfalls auch während dessen Nutzung, wobei kritische Situationen durch die Anwendung vorbereiteter technischer Maßnahmen beherrscht werden". Die Prognoseunsicherheit wird so weitestgehend durch die fortlaufende Anpassung der Prognose an die tatsächlichen Verhältnisse ausgeglichen.

Die Methode sollte zum Einsatz kommen, wenn davon auszugehen ist, dass das Baugrundverhalten auf der Basis vorab durchgeführter Baugrunduntersuchungen nebst entsprechender Berechnungen nicht hinreichend zuverlässig erfasst werden kann. Dies gilt vor allem für
- Baumaßnahmen mit hohem Schwierigkeitsgrad gemäß DIN 1054, 4.2
- Baumaßnahmen mit ausgeprägter Bauwerk–Baugrund–Wechselwirkung (z. B. Mischgründungen, Gründungsplatten, nachgiebig verankerte Stützwände)
- Baumaßnahmen mit erheblicher und veränderlicher Wasserdruckeinwirkung (z. B. Trogbauwerke oder Ufereinfassungen im Tidegebiet)
- komplexe Wechselwirkungssysteme bestehend aus Baugrund, Baugrubenkonstruktion und angrenzender Bebauung
- Baumaßnahmen, bei denen Porenwasserdrücke die Standsicherheit herabsetzen können
- Baumaßnahmen an Hängen.

Als Sicherheitsnachweis ist die Beobachtungsmethode nicht ausreichend, wenn der Eintritt von Versagenszuständen vorab nicht erkennbar ist bzw. so rasch erfolgen kann, dass keine Gegenmaßnahmen mehr möglich sind (bei Systemen mit mangelnder Duktilität kann „Versagen ohne Vorankündigung" eintreten).

Zur Optimierung der Bemessung und des weiteren Bauablaufs lässt sich die Methode einsetzen, wenn die Auswertung der Messergebnisse zu günstigeren Verhältnissen führt als ursprünglich erwartet.

Weitere Angaben und Hinweise zur Beobachtungsmethode können der DIN 1054 [L 19] entnommen werden. Eine Sammlung von Aufsätzen zu der Beobachtungsmethode ist in [L 164] zu finden.

5 Laborversuche

Laborversuche gehören zu den geotechnischen Untersuchungsverfahren. Mit ihrer Hilfe werden Größen wie Korndichte, Proctordichte, Kalkgehalt oder auch der Reibungswinkel eines Bodens ermittelt.

Um sicherzustellen, dass wiederholte Versuchsdurchführungen, trotz der unvermeidbaren Streuungen, zu praktisch vergleichbaren Ergebnissen führen, ist die Verwendung gleicher Versuchseinrichtungen und die gleiche Vorgehensweise bei der Versuchsdurchführung unbedingte Voraussetzung. Deshalb werden in den folgenden Abschnitten nur Geräte und Methoden angegeben, die zu den in Deutschland geltenden Baugrundversuchsnormen DIN 18121 bis DIN 18137 gehören.

5.1 Mehrphasensysteme des Bodens

Der Boden besteht aus Festmasse und Poren (Hohlräumen), die im allgemeinen Fall mit Wasser und Luft gefüllt sind (Dreiphasensystem). Sonderfälle sind die Zweiphasensysteme, bei denen der jeweilige Porenraum entweder nur mit Wasser (gesättigter Boden) oder nur mit Luft (trockener Boden) gefüllt ist.

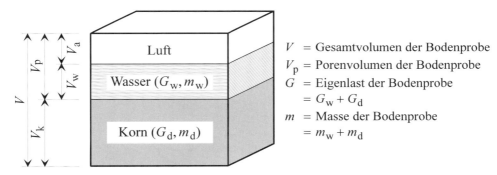

Abb. 5-1 Bestandteile Festmasse (auch Trocken- oder Kornmasse), Wasser und Luft des Bodens im allgemeinen Fall (Dreiphasensystem)

Mit den nachstehenden Definitionen (inkl. der Gleichungen) physikalischer Kenngrößen des Dreiphasensystems lassen sich die entsprechenden Gegebenheiten von Bodenmaterialproben auch zahlenmäßig erfassen.

Porenanteil (Anteil des Porenvolumens am Gesamtvolumen des Bodens)

$$n = \frac{V_p}{V} = 1 - \frac{V_k}{V} = \frac{e}{1+e} \qquad \text{Gl. 5-1}$$

Porenzahl (Verhältnis des Porenvolumens zum Volumen der Festmasse des Bodens)

$$e = \frac{V_p}{V_k} = \frac{V}{V_k} - 1 = \frac{n}{1-n} \qquad \text{Gl. 5-2}$$

Porenluftanteil (Anteil des mit Luft gefüllten Porenvolumens am Gesamtvolumen des Bodens)

$$n_a = \frac{V_a}{V} = 1 - \frac{V_k + V_w}{V} \qquad \text{Gl. 5-3}$$

Porenwasseranteil (Anteil des mit Wasser gefüllten Porenvolumens am Gesamtvolumen des Bodens)

$$n_w = \frac{V_w}{V} = \frac{V_p - V_a}{V} = 1 - \frac{V_k + V_a}{V} = n - n_a \qquad \text{Gl. 5-4}$$

Wassergehalt (Verhältnis der Masse des Porenwassers zur Festmasse der Bodenprobe)

$$w = \frac{m_w}{m_d} = \frac{m}{m_d} - 1 = \frac{G_w}{G_d} = \frac{G}{G_d} - 1 \qquad \text{Gl. 5-5}$$

Sättigungszahl (Verhältnis des mit Wasser gefüllten Porenvolumens zum gesamten Porenvolumen des Bodens)

$$S_r = \frac{V_w}{V_p} = \frac{n_w}{n} = 1 - \frac{n_a}{n} \qquad 0 \leq S_r \leq 1 \qquad \text{Gl. 5-6}$$

Wasserdichte (in t/m³)

$$\rho_w = \frac{m_w}{V_w} \qquad \text{Gl. 5-7}$$

Wasserwichte (in kN/m³)

$$\gamma_w = \frac{G_w}{V_w} \qquad \text{Gl. 5-8}$$

Korndichte (in t/m³)

$$\rho_s = \frac{m_d}{V_k} \qquad \text{Gl. 5-9}$$

Kornwichte (in kN/m³)

$$\gamma_s = \frac{G_d}{V_k} \qquad \text{Gl. 5-10}$$

Trockendichte des Bodens (in t/m³)

$$\rho_d = \frac{m_d}{V} = \rho_s \cdot (1-n) = \frac{\rho_s}{1+e} = \frac{n_w \cdot \rho_w}{w} = \frac{(1-n_a) \cdot \rho_s \cdot \rho_w}{w \cdot \rho_s + \rho_w} = \frac{S_r \cdot \rho_s \cdot \rho_w}{w \cdot \rho_s + S_r \cdot \rho_w} \qquad \text{Gl. 5-11}$$

Trockenwichte des Bodens (in kN/m³)

$$\gamma_d = \frac{G_d}{V} = \gamma_s \cdot (1-n) = \frac{\gamma_s}{1+e} = \frac{n_w \cdot \gamma_w}{w} = \frac{(1-n_a) \cdot \gamma_s \cdot \gamma_w}{w \cdot \gamma_s + \gamma_w} = \frac{S_r \cdot \gamma_s \cdot \gamma_w}{w \cdot \gamma_s + S_r \cdot \gamma_w} \qquad \text{Gl. 5-12}$$

5 Laborversuche

Dichte des feuchten (teilgesättigten) Bodens (in t/m³)

$$\rho = \frac{m}{V} = \frac{m_d + m_w}{V} = \rho_s \cdot \frac{1+w}{1+e} = \frac{(1+w) \cdot \rho_s \cdot \rho_w \cdot S_r}{w \cdot \rho_s + S_r \cdot \rho_w} = \frac{(1+w) \cdot \rho_s \cdot \rho_w \cdot (1-n_a)}{w \cdot \rho_s + \rho_w}$$
$$= \rho_s \cdot (1-n) \cdot (1+w) = \rho_s \cdot (1-n) + n_w \cdot \rho_w = \rho_d + n_w \cdot \rho_w$$
$$= \rho_d \cdot (1+w) = \rho_d + S_r \cdot n \cdot \rho_w \qquad \text{Gl. 5-13}$$

Wichte des feuchten (teilgesättigten) Bodens (in kN/m³)

$$\gamma = \frac{G}{V} = \frac{G_d + G_w}{V} = \gamma_s \cdot \frac{1+w}{1+e} = \frac{(1+w) \cdot \gamma_s \cdot \gamma_w \cdot S_r}{w \cdot \gamma_s + S_r \cdot \gamma_w} = \frac{(1+w) \cdot \gamma_s \cdot \gamma_w \cdot (1-n_a)}{w \cdot \gamma_s + \gamma_w}$$
$$= \gamma_s \cdot (1-n) \cdot (1+w) = \gamma_s \cdot (1-n) + n_w \cdot \gamma_w = \gamma_d + n_w \cdot \gamma_w$$
$$= \gamma_d \cdot (1+w) = \gamma_d + S_r \cdot n \cdot \gamma_w \qquad \text{Gl. 5-14}$$

Dichte des wassergesättigten Bodens ($V_w = V_p$) (in t/m³)

$$\rho_r = \frac{m}{V} = \frac{m_d + m_w}{V} = \frac{\rho_s \cdot \rho_w \cdot (1+w)}{w \cdot \rho_s + \rho_w} = (1+w) \cdot \rho_d = \rho_w + \frac{\rho}{1+w} \cdot \left(1 - \frac{\rho_w}{\rho_s}\right)$$
$$= \rho_w + \rho_d \cdot \left(1 - \frac{\rho_w}{\rho_s}\right) = \rho_s \cdot (1-n) + n \cdot \rho_w = \rho_d + n \cdot \rho_w = \frac{\rho_s + e \cdot \rho_w}{1+e} \qquad \text{Gl. 5-15}$$

Wichte des wassergesättigten Bodens ($V_w = V_p$) (in kN/m³)

$$\gamma_r = \frac{G}{V} = \frac{G_d + G_w}{V} = \frac{\gamma_s \cdot \gamma_w \cdot (1+w)}{w \cdot \gamma_s + \gamma_w} = (1+w) \cdot \gamma_d = \gamma_w + \frac{\gamma}{1+w} \cdot \left(1 - \frac{\gamma_w}{\gamma_s}\right)$$
$$= \gamma_w + \gamma_d \cdot \left(1 - \frac{\gamma_w}{\gamma_s}\right) = \gamma_s \cdot (1-n) + n \cdot \gamma_w = \gamma_d + n \cdot \gamma_w = \frac{\gamma_s + e \cdot \gamma_w}{1+e} \qquad \text{Gl. 5-16}$$

Dichte des Bodens unter Auftrieb (in t/m³)

$$\rho' = \rho_r - \rho_w = \frac{\rho_w \cdot (\rho_s - \rho_w)}{w \cdot \rho_s + \rho_w} = (\rho_s - \rho_w) \cdot (1-n) = \rho_d + (n-1) \cdot \rho_w = \frac{\rho_s - \rho_w}{1+e} \qquad \text{Gl. 5-17}$$

Wichte des Bodens unter Auftrieb (in kN/m³)

$$\gamma' = \gamma_r - \gamma_w = \frac{\gamma_w \cdot (\gamma_s - \gamma_w)}{w \cdot \gamma_s + \gamma_w} = (\gamma_s - \gamma_w) \cdot (1-n) = \gamma_d + (n-1) \cdot \gamma_w = \frac{\gamma_s - \gamma_w}{1+e} \qquad \text{Gl. 5-18}$$

Weitere rechnerische Beziehungen zwischen physikalischen Bodenkenngrößen hat z. B. VON SOOS ([L 120], Kapitel 1.5) tabellarisch zusammengestellt.

Anwendungsbeispiel

Von einem feuchten nichtbindigen Boden wurde der Porenanteil mit dem Wert $n = 0{,}3$ und die Wichte mit dem Wert $\gamma = 19{,}61$ kN/m³ ermittelt.

Wie hoch ist der Wassergehalt dieses Bodens, wenn zum Erreichen des gesättigten Zustands die Zugabe von 189 Liter Wasser pro m³ erforderlich ist?

Lösung

Da mit den zugegebenen 189 Litern Wasser pro m³ nur das mit Luft gefüllte Volumen des feuchten Bodens aufgefüllt wird, ist dieses Luftvolumen pro m³ des Bodens zu ermitteln.

Porenvolumen pro m³ Boden (Gl. 5-1)
$$V_p = V \cdot n = 1{,}0 \cdot 0{,}3 = 0{,}3 \text{ m}^3$$

Wasservolumen V_w pro m³ Boden (Gl. 5-4); Luftvolumen $V_a = 189$ Liter $= 0{,}189$ m³
$$V_w = V_p - V_a = 0{,}3 - 0{,}189 = 0{,}111 \text{ m}^3$$

Eigenlast des vorhandenen Wassers pro m³ Boden (Gl. 5-8); mit $\gamma_w = 10$ kN/m³
$$G_w = \gamma_w \cdot V_w = 10{,}0 \cdot 0{,}111 = 1{,}11 \text{ kN}$$

Eigenlast des Kornmaterials pro m³ Boden (Gl. 5-14)
$$G_d = \gamma \cdot V - G_w = 19{,}61 \cdot 1 - 1{,}11 = 18{,}5 \text{ kN}$$

Wassergehalt des feuchten Bodens (Gl. 5-5)
$$w = \frac{G_w}{G_d} = \frac{1{,}11}{18{,}5} = 0{,}06 = 6\ \%$$

5.2 Korngrößenverteilung

Die Korngrößenverteilung gibt Aufschluss über den Massenanteil der einzelnen in einem Boden vorhandenen Korngrößengruppen. Ihre Kenntnis lässt u. a. Rückschlüsse zu auf bautechnische Eigenschaften des untersuchten Bodens wie z. B.
- ▶ Scherfestigkeit
- ▶ Verdichtungsfähigkeit
- ▶ Wasserdurchlässigkeit
- ▶ Frostempfindlichkeit.

Aus diesen wiederum ergeben sich Beurteilungskriterien für seine Eignung als z. B.
- ▶ Baugrund
- ▶ Baustoff für Dämme
- ▶ Baustoff im Straßenbau.

Bestimmt wird die Korngrößenverteilung eines Bodens mittels Siebung und Sedimentation.

5.2.1 DIN-Norm

In der Norm

▶ DIN 18123 [L 71]

sind Empfehlungen hinsichtlich der Durchführung und der Auswertung von Sieb- und Schlämmanalysen sowie der dabei zu verwendenden Geräte zu finden.

5.2.2 Siebanalyse

Bei der Siebanalyse werden die einzelnen Körnungsgruppen des zu untersuchenden Bodens mittels genormter Siebe (siehe Tabelle 5-1) voneinander getrennt. Die Benennung der einzelnen durch die verwendeten Siebe getrennten Körnungsgruppe erfolgt jeweils über die Öffnungsweite des Siebes, durch das sie zuletzt gefallen ist (vgl. Abb. 5-2). Diese Weite wird als „Korngröße" oder „Korndurchmesser" bezeichnet (vgl. Abb. 5-3).

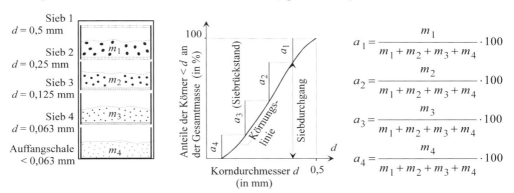

Abb. 5-2 Versuchsvorgang bei der Bestimmung der Kornverteilung durch Siebanalyse

Siebanalysen können nach DIN 18123 mit getrocknetem Bodenmaterial durchgeführt werden, dessen Korngrößen über 0,063 mm liegen. Besitzt das Material auch Körner mit Korngrößen < 0,063 mm, sind diese vor der Siebung des Materials nass abzutrennen.

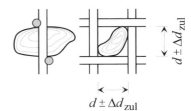

Abhängig von der Korngröße des zu siebenden Materials besitzen die in DIN 18123 für die Siebanalyse empfohlenen Siebe Draht- oder Blechböden mit quadratischen Löchern (vgl. Tabelle 5-1).

Abb. 5-3 Definition der Korngröße d (nach VON SOOS [L 120], Kapitel 1.5)

Da die Probemenge einen kennzeichnenden Durchschnitt des Materials darstellen soll, nimmt sie bei der Siebanalyse von zu untersuchendem Material mit der Größe seines geschätzten Größtkorns zu (siehe hierzu Tabelle 5-2).

Einzelheiten zur Durchführung der Siebung, wie Trockensiebung, Siebung nach nassem Abtrennen der Feinanteile usw., können DIN 18123 entnommen werden.

Tabelle 5-1 Siebsatz nach DIN 18123 für die Bestimmung der Korngrößenverteilung durch Siebung

Siebe mit Drahtböden (in mm)	Siebe mit quadratisch gelochten Platten (in mm)
0,063	4
0,125	8
0,250	16
0,400	31,5
0,500	63
1,000	
2,000	

Tabelle 5-2 Probenmengen nach DIN 18123 für die Bestimmung der Korngrößenverteilung durch Siebung

geschätztes Größtkorn der Bodenprobe (in mm)	Mindestmenge der Bodenprobe (in g)
2	150
5	300
10	700
20	2 000
30	4 000
40	7 000
50	12 000
60	18 000

Die Durchführung der Siebung liefert als Ergebnis zunächst die Rückstandsmassen auf den Sieben und in der Auffangschale. Gemäß Abb. 5-2 werden mit Hilfe dieser Werte die Siebrückstände und die Summe der Siebdurchgänge als Massenanteile ermittelt. Danach kann die grafische Darstellung des Siebungsergebnisses in Form der so genannten „Körnungslinie" in halblogarithmischem Maßstab erfolgen.

Für die Auswertung und Darstellung von Siebanalyseergebnissen steht inzwischen eine größere Zahl von EDV-Programmen zur Verfügung, die in zuverlässiger Weise eine schnelle Bearbeitung ermöglichen. In Abb. 5-4

Korngröße [mm]	Rückstand [g]	Rückstand [%]	Siebdurchgänge [%]
31.5	0.00	0.00	100.00
16.0	884.50	15.47	84.53
8.0	1112.80	19.46	65.06
4.0	1284.00	22.46	42.60
2.0	827.40	14.47	28.13
1.0	741.90	12.98	15.15
0.5	428.00	7.49	7.67
0.25	220.50	3.86	3.81
0.125	205.50	3.59	0.22
0.063	11.30	0.20	0.02
Schale	1.10	0.02	-
Summe	5717.00		
Siebverlust	0.00		

Abb. 5-4 Teil des Versuchsprotokolls einer Trockensiebung

und Abb. 5-5 sind als entsprechendes Beispiel Ausschnitte des Ergebnisses der Siebanalyse einer Bodenprobe gezeigt, die das verwendete Programm anhand der Körnungsliniendaten als Kies, grobsandig, schwach mittelsandig identifiziert (Programm KVS [F 3]).

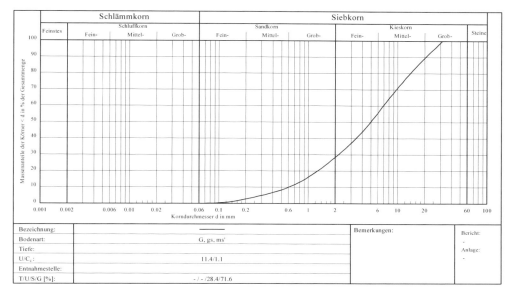

Abb. 5-5 Körnungslinie einer Trockensiebung (zu Versuchsprotokoll aus Abb. 5-4)

5.2.3 Schlämmanalyse (Sedimentationsanalyse)

Die Sedimentationsanalyse kommt bei Böden zum Einsatz, deren Einzelkörner durch Siebung nicht mehr trennbar sind; dies gilt für Böden mit Korngrößen $d < 0{,}125$ mm. Mit der Schlämmung kann der Korngrößenbereich $0{,}001$ mm $< d < 0{,}125$ mm unterteilt werden.

Die Schlämmanalyse basiert auf
- ▶ der unterschiedlichen Geschwindigkeit, mit der verschieden große Körner gleicher Dichte in stehendem Wasser absinken
- ▶ der sich mit der Absinkzeit reduzierenden Dichte der aus Wasser und Körnern bestehenden Suspension.

Diese Zusammenhänge werden in der Bodenmechanik meist durch die Aräometer-Methode nach BOUYOUCOS-CASAGRANDE genutzt (vgl. Abb. 5-6). Gemessen wird die Temperatur der durch gutes Durchschütteln hergestellten Suspension und die von ihr und der Suspensionsdichte abhängige Eintauchtiefe des frei schwimmenden Aräometers. Wegen der Zeitabhängigkeit der Suspensionsdichte sind die Messungen wiederholt durchzuführen, wobei die Zeitabstände der Messungen unterschiedlich zu wählen sind. Da die großen und schweren Körner schneller absinken als die kleinen und leichten, nimmt die Suspensionsdichte unmittelbar nach dem Durchschütteln besonders schnell ab. Diese Veränderung schwächt sich mit zunehmender Absinkzeit ab, weshalb die Aräometerablesungen im Anschluss an das Durchschütteln gemäß DIN 18123 nach 30 Sekunden, nach 1, 2, 5, 15 und 45 Minuten sowie nach 2, 6 und 24 Stunden durchzuführen sind.

Die Ermittlung des der Korngröße d der Siebanalyse entsprechenden Korndurchmessers d (in mm) basiert auf dem Gesetz von STOKES

$$d = \sqrt{\frac{18{,}35 \cdot \eta}{\rho_s - \rho_w} \cdot \frac{h_\rho}{t}} \qquad \text{Gl. 5-19}$$

Da es für kugelförmige Elemente gilt, liefert es einen gleichwertigen Kugeldurchmesser für ein Korn mit der Korndichte ρ_s (in g/cm³), das in der Suspension nach Ablauf der Versuchszeit t (in s) um die Höhe h_ρ (in cm) abgesunken ist. Die in Gl. 5-19 verwendeten Größen η (in N · s/m²) und ρ_w (in g/cm³) sind die von der Temperatur T abhängige dynamische Viskosität (z. B. 0,0010019 N · s/m² bei $T = 20$ °C) und die Dichte der Suspensionsflüssigkeit.

Bei der Versuchsdurchführung wird nach Ablauf der Versuchszeit t am oberen Rand des Meniskus, den die Suspension um die Aräometerskala bildet, die Größe ρ' abgelesen. Mit ihr wird der Hilfswert $R' = (\rho' - 1) \cdot 1000$ berechnet, der in Verbindung mit der Meniskuskorrektur C_m zu dem verbesserten Hilfswert $R = (R' + C_m)$ führt. Aus $\rho = 1 + 0{,}001 \cdot R$ ergibt sich die Größe der Suspensionsdichte ρ und damit der eigentliche Skalenwert der Aräometerskala, von dem auf die Eintauchtiefe h_ρ geschlossen werden

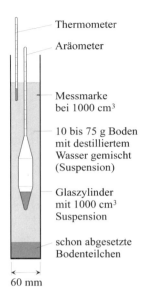

Abb. 5-6 Versuchsvorgang bei der Aräometer-Methode

kann (siehe hierzu DIN 18123 und [L 129]). In Verbindung mit der gemessenen Temperatur T (in °C) lässt sich somit der Korndurchmesser d nach Gl. 5-19 bestimmen. Dies kann zwar mittels des dafür vorgesehenen Nomogramms der DIN 18123 erfolgen, schneller und zuverlässiger aber ist der Einsatz entsprechender EDV-Programme.

Der Einsatz solcher Programme erweist sich auch bei der Ermittlung des Massenanteils a der Körner $< d$ an der Probenmasse (Durchgang) als zweckmäßig. Dieser Anteil entspricht dem Siebdurchgang der Siebanalyse und wird in Prozent angegeben. Seine Berechnung erfolgt mit der Gleichung

$$a = \frac{100}{m_d} \cdot \frac{\rho_s}{\rho_s - 1} \cdot (R + C_T) \qquad \text{Gl. 5-20}$$

in der m_d die Trockenmasse des Probenmaterials (in g), ρ_s die Korndichte des Bodens (in g/cm³) und C_T einen Temperaturkorrekturwert (siehe DIN 18123) darstellen.

Abb. 5-7 und Abb. 5-8 zeigen das Ergebnis der Schlämmanalyse einer Bodenprobe, die mit dem Programm KVS [F 3] ausgewertet wurde. Einzugeben sind die Abmessungen des verwendeten Aräometers, die Meniskuskorrektur C_m, die Trockenmasse m_d und die Korndichte ρ_s des Probenmaterials sowie die Versuchszeiten und die zugehörigen R'-Werte. Alle übrigen Werte ermittelt das Programm, so z. B. die Bodenbezeichnung T, U (Ton, Schluff) und die Massenanteile T/U von 50,5/49,5 (in %).

Zeit [h]	[min]	R' [g]	R = R' + C_m [g]	Korngröße [mm]	T [°C]	C_T [g]	R + C_T [g]	Durchgang [%]
0	0.5	24.00	24.50	0.0602	21.2	0.22	24.72	100.00
0	1	23.00	23.50	0.0434	21.2	0.22	23.72	98.77
0	2	22.60	23.10	0.0309	21.2	0.22	23.32	97.11
0	5	22.00	22.50	0.0198	21.2	0.22	22.72	94.61
0	15	19.40	19.90	0.0119	21.3	0.24	20.14	83.87
0	45	16.40	16.90	0.0072	21.4	0.26	17.16	71.45
2	0	14.00	14.50	0.0046	21.4	0.26	14.76	61.46
6	0	12.00	12.50	0.0027	21.8	0.34	12.84	53.46
24	0	10.60	11.10	0.0014	20.7	0.13	11.23	46.75

Abb. 5-7 Teile des Versuchsprotokolls einer Sedimentation

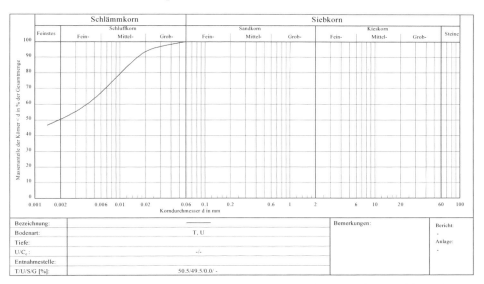

Abb. 5-8 Körnungslinie einer Sedimentation (zu Versuchsprotokoll aus Abb. 5-7)

Weitere Einzelheiten zur Sedimentationsanalyse, wie z. B. Geräte, geometrische Beziehungen, Probenmengen usw., können DIN 18123 entnommen werden.

5.2.4 Siebung und Sedimentation

Eine Kombination von Sieb- und Sedimentationsanalyse ist erforderlich, wenn der zu untersuchende Boden nennenswerte Kornanteile > 0,063 mm und < 0,063 mm enthält (0,063 mm ist die kleinste Maschenweite der Analysesiebe gemäß DIN 18123, vgl. Tabelle 5-1).

Hinsichtlich der bei dieser Korngrößenbestimmung zu wählenden Verfahren und deren Durchführung sei auf DIN 18123 verwiesen.

Abb. 5-9 zeigt das Ergebnis einer Untersuchung von Ton. Die Untersuchungswerte wurden wieder mit dem Programm KVS [F 3] ausgewertet. Mit den Massenanteilen T/U/S/G von 13,3/34,7/28/24 (in %) ergab sich als genaue Bezeichnung des Bodens U, t', fs', ms', gs' (Schluff, schwach tonig, schwach feinsandig, schwach mittelsandig, schwach grobsandig).

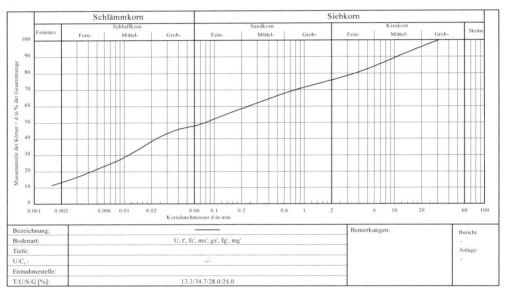

Abb. 5-9 Körnungslinie einer kombinierten Sieb- und Sedimentationsanalyse

5.2.5 Charakteristische Größen der Körnungslinie

Mit den Korndurchmessern d_{10}, d_{30} und d_{60}, die sich bei 10 %, 30 % und 60 % Siebdurchgang ergeben, sowie dem *mittleren Korndurchmesser* d_{50} (Korndurchmesser bei 50 % Siebdurchgang) werden die charakteristischen Größen

Ungleichförmigkeitszahl (Maß für Körnungsliniensteilheit)

$$U = \frac{d_{60}}{d_{10}} \qquad \text{Gl. 5-21}$$

Krümmungszahl (charakterisiert Körnungslinienverlauf zwischen d_{10} und d_{60})

$$C_c = \frac{d_{30}^2}{d_{10} \cdot d_{60}} \qquad \text{Gl. 5-22}$$

der Körnungslinie definiert. Sie sind in verschiedensten Beziehungen zu finden, wie z. B. die Ungleichförmigkeitszahl U in der empirischen Formel aus [L 120], Kapitel 1.5 (nach [L 7])

$$k = \left(\frac{2{,}68}{U + 3{,}4} + 0{,}55\right) \cdot d_{10}^2 \qquad \text{Gl. 5-23}$$

für die Ermittlung des Wasserdurchlässigkeitsbeiwerts k (in m/s) eines mitteldicht gelagerten grobkörnigen Bodens (d_{10} in cm einsetzen). Weitere Gleichungen und Ausführungen zu Wasserdurchlässigkeitsbeiwerten k, die durch Auswertung von Korngrößenverteilungen gewonnen werden, sind z. B. in [L 129] und [L 145] zu finden.

5.2.6 Filterregel von TERZAGHI

Bei der Festlegung des Aufbaus eines Filters ist dafür zu sorgen, dass
- kein Bodenmaterial aus dem zu entwässernden Boden in den Filter eingespült wird
- das Filtermaterial das abzuführende Wasser nicht staut, sondern einen drucklosen Wasserabfluss zum Dränagerohr hin ermöglicht.

Bei zwei aufeinander folgenden Filterstufen eines mehrstufigen Filters entspricht der „zu entwässernde Boden" dem Bodenmaterial der Filterstufe, aus der das Wasser kommt, und das „Filtermaterial" dem Bodenmaterial der Filterstufe, in die das Wasser fließt.

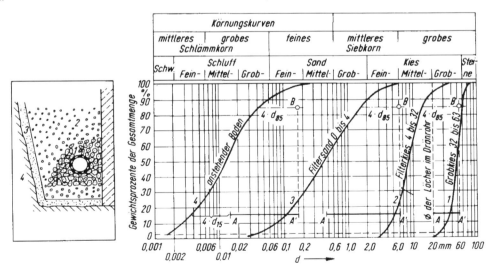

Abb. 5-10 Filterregel von TERZAGHI bei dreistufigem Kiesfilter (aus [L 122], Kapitel 2.10)

Bei der Dimensionierung von Filtern nach der Filterregel von TERZAGHI sind die folgenden drei Regeln einzuhalten:

1. $D_{15} < 4 \cdot d_{85}$ (Zurückhaltung transportierten Bodens im Filter).
2. $D_{15} > 4 \cdot d_{15}$ (Sicherung drucklosen Wasserabflusses).
3. Die Körnungslinien der zu entwässernden Schicht und des Filtermaterials müssen ähnlich verlaufen.

Die Zusammenfassung der ersten und zweiten Regel führt zu der üblichen Schreibweise

$$4 \cdot d_{15} < D_{15} < 4 \cdot d_{85} \qquad \text{Gl. 5-24}$$

der von TERZAGHI aufgestellten Filterregel. Die verwendeten Größen in Gl. 5-24 sind:

D_{15} = Korndurchmesser des Filtermaterials bei 15 % Siebdurchgang
d_{15} = Korndurchmesser des zu entwässernden Bodens bei 15 % Siebdurchgang
d_{85} = Korndurchmesser des zu entwässernden Bodens bei 85 % Siebdurchgang.

Die angegebenen Bedingungen zeigen, dass die Filterregel von TERZAGHI die Kenntnis der Körnungsverteilung des Bodenmaterials der einzelnen Filterstufen voraussetzt.

Weiter Filterregeln sind z. B. in [L 111] angegeben.

5.2.7 Bodenklassifikation nach DIN 18196

In DIN 18196 [L 86] werden Klassifizierungen von Böden im Hinblick auf bautechnische Zwecke vorgenommen. Die Einteilungen gelten nicht für Fels und auch nicht für Böden mit einem Massenanteil an Steinen und Blöcken von mehr als 40 %.

Tabelle 5-3 Einteilung nach Korngrößenbereichen gemäß DIN 18196 [L 86] für Lockergesteine mit Massenanteilen ≤ 40 % an Steinen und Blöcken

Bodenartanteile mit Korngrößen d < 63 mm				
Massenanteile (in %)	Korngröße d (in mm)	Kornbereich	Bodenklassifikation nach DIN 18196 [L 86]	Benennung nach DIN 18196 [L 86]
> 95	> 0,06	Grobkorn (Sand + Kies)	nach Korngrößenverteilung	grobkörnige Böden
≥ 40	≤ 0,06	Feinkorn (Schluff + Ton)	nach plastischen Eigenschaften	feinkörnige Böden
5 bis 40	≤ 0,06	Feinkorn (Schluff + Ton)	nach Korngrößenverteilung + plastischen Eigenschaften	gemischtkörnige Böden

Definiert werden Bodengruppen mit annähernd gleichem stofflichem Aufbau anhand der
- Korngrößenbereiche
- Korngrößenverteilung
- plastischen Eigenschaften (siehe Abschnitt 5.8.7)
- organischen Bestandteile (siehe Abschnitt 5.6.4)
- Entstehung.

Für diese Gruppen erfolgt eine Bewertung bezüglich ihrer bautechnischen Eigenschaften

- Scherfestigkeit
- Verdichtungsfähigkeit
- Zusammendrückbarkeit
- Durchlässigkeit
- Witterungs- und Erosionsempfindlichkeit
- Frostempfindlichkeit

und ihrer bautechnischen Eignung als

- Baugrund für Gründungen
- Baustoff für Erd- und Baustraßen
- Baustoff für Straßen- und Bahndämme
- Baustoff für Dichtungen von Erd-Staudämmen
- Baustoff für Stützkörper von Erd-Staudämmen
- Baustoff für Dränagen.

Die Einteilung der Lockergesteine nach Korngrößenbereichen erfolgt in DIN 18196 [L 86] gemäß der Tabelle 5-3.

Bei grob- und gemischtkörnigen Böden gemäß Tabelle 5-3 werden anhand von Hauptbestandteilen zwei Hauptgruppen unterschieden (vgl. Tabelle 5-4), wobei sich die Hauptbestandteile aus den Körnungslinien der Böden ergeben. Die Ungleichförmigkeits- und Krümmungszahlen der grobkörnigen Böden dienen zur weiteren Unterteilung ihrer Hauptgruppen (siehe Tabelle 5-5).

Tabelle 5-4 Nach Hauptbestandteilen unterschiedene Hauptgruppen (nach DIN 18196 [L 86])

Hauptbestandteile	Kurzzeichen	Massenanteil des Korns ≤ 2 mm
Kieskorn (**Grant**)	G	≤ 60 %
Sandkorn	S	> 60 %

Tabelle 5-5 Unterteilung grobkörniger Böden in Abhängigkeit von Ungleichförmigkeitszahl U und Krümmungszahl C_c (nach DIN 18196 [L 86])

Benennung	Kurzzeichen	U	C_c
enggestuft	E	< 6	beliebig
weitgestuft	W	≥ 6	1 bis 3
intermittierend gestuft	I	≥ 6	< 1 oder > 3

Tabelle 5-6 Unterteilung gemischtkörniger Böden nach dem Massenanteil des Feinkorns (nach DIN 18196 [L 86])

Benennung	Kurzzeichen	Massenanteil des Feinkorns ≤ 0,062 mm
gering	U oder T	≥ 5 % und ≤ 15 %
hoch	U* oder T* bzw. $\overline{U}$ oder $\overline{T}$	> 15 % und ≤ 40 %

Die weitere Unterteilung gemischtkörniger Böden nach den Massenanteilen des Feinkorns ist in Tabelle 5-6 dargestellt.

Zu den Klassierungen bezüglich der plastischen Eigenschaften sei auf Abschnitt 5.8.7 und hinsichtlich der organischen Bestandteile und der Entstehung sowie des Zersetzungsgrades von Torfen auf Abschnitt 5.6.4 verwiesen.

Tabelle 5-7 zeigt die Bodenklassifikation für bautechnische Zwecke gemäß DIN 18196 [L 86]. Sie gibt einen guten Überblick über die bautechnischen Eigenschaften und die bautechnische Eignung von Böden.

Tabelle 5-7 Bodenklassifikation für bautechnische Zwecke (nach aus DIN 18196 [L 86], Tabelle 5)

Sp.	1	2	3	4	5	6	7	8			9	10	11	12	13	14	15	16	17	18	19	20	21	Sp.
	Hauptgruppen	Korngrößen-Massenanteil		Lage zur A-Linie (siehe Abb. 5-20)		Definition und Benennung		Erkennungsmerkmale unter anderem für Zeilen 16 bis 21:			Beispiele	Bautechnische Eigenschaften						Bautechnische Eignung als						
		Korn-durchmesser ≤ 0,06 mm	Korn-durchmesser ≤ 2 mm			Gruppen	Kurzzeichen (Gruppensymbol²)	Trockenfestigkeit	Reaktion beim Schüttelversuch	Plastizität beim Knetversuch		Scherfestigkeit	Verdichtungsfähigkeit	Zusammendrückbarkeit	Durchlässigkeit	Witterungs- und Erosionsempfindlichkeit	Frostempfindlichkeit	Baugrund für Gründungen	Baustoff für Erd- und Baustraßen	Baustoff für Straßen und Bahndämme	Baustoff für Erd-Staudämme (Dichtung)	Baustoff für Erd-Staudämme (Stützkörper)	Baustoff für Dränagen	Zeile
Zeile																								
1	Grobkörnige Böden	kleiner 5 %	bis 60 %	—	Kies (Grant)	enggestufte Kiese	GE				Fluss- und Strandkies Terrassenschotter	+	+o	++	—	++	++	+	—	+	—	+	++	1
2				—		weitgestufte Kies-Sand-Gemische	GW				vulkanische Schlacke	++	++	++	—	++	++	++	+	++	—	+	+o	2
3						intermittierend gestufte Kies-Sand-Gemische	GI					++	+	++	−o	o	++	++	+	++	—	++	+o	3
4			über 60 %	—	Sand	enggestufte Sande	SE				Dünen- und Flugsand Fließsand Berliner Sand Beckensand Tertiärsand	+	+o	++	—	—	++	+	—	+o	—	o	+	4
5				—		weitgestufte Sand-Kies-Gemische	SW				Moränensand	++	+	++	−o	+o	++	++	+	+	—	+	+o	5
6						intermittierend gestufte Sand-Kies-Gemische	SI				Terrassensand Granitgrus	+	+	++	−o	+o	++	++	o	+	—	+	+o	6

¹) Anmerkungen

Fortsetzung der Tabelle 5-7

Sp.	1	2	3	4	5	6	7	8	9	10	11	12	13	14	15	16	17	18	19	20	21	Sp.
7	Gemischtkörnige Böden	5 bis 40 %	bis 60 %	—	Kies-Schluff Gemische	5 bis 15 %	≤ 0,06 mm		GU	Moränenkies	++	+	++	o	+o	-o	++	+	-	+	-	7
8						über 15 bis 40 %	≤ 0,06 mm		GU*	Verwitterungskies Hangschutt	+	+o	++	+o	-o	-o	+o	-o	+o	-	-	8
9					Kies-Ton Gemische	5 bis 15 %	≤ 0,06 mm		GT	Geschiebelehm	+	+	+	+o	-o	-o	++	+	-o	+o	-	9
10						über 15 bis 40 %	≤ 0,06 mm		GT*		+o	o	+o	++	+o	-o	+o	+o	+	-	-	10
11			über 60 %		Sand-Schluff Gemische	5 bis 15 %	≤ 0,06 mm		SU	Tertiärsand	++	+	+o	+	o	o	++	+o	o	-	-	11
12						über 15 bis 40 %	≤ 0,06 mm		SU*	Auelehm Sandlöss	+	o	+o	+	-	-o	+	+o	+o	-o	-	12
13					Sand-Ton Gemische	5 bis 15 %	≤ 0,06 mm		ST	Terrassensand Schleichsand	+	+o	+o	+o	o	-	o	+o	o	-	-	13
14						über 15 bis 40 %	≤ 0,06 mm		ST*	Geschiebelehm Geschiebemergel	+o	-o	+o	++	-o	-	o	o	+	-	-	14
15	Feinkörnige Böden	über 40 %	—	$I_P \leq 4\%$ oder unterhalb der A-Linie	Schluff	leicht plastische Schluffe	UL	niedrige	schnelle	keine bis leichte	Löss Hochflutlehm	-o	-o	+o	-	-	+o	-	-o	o	-	-	15
16						mittelplastische Schluffe	UM	niedrige bis mittlere	langsame	leichte bis mittlere	Seeton Beckenschluff	-o	-	-o	+	-	o	-	-o	+o	-	-	16
17						ausgeprägt zusammendrückbarer Schluff	UA	hohe	keine bis langsame	mittlere bis ausgeprägte	vulkanische Böden Bimsböden	-	-	++	-	-o	o	-	-o	-o	-	-	17
18				$I_P \geq 7\%$ und oberhalb der A-Linie	Ton	leicht plastische Tone	TL	mittlere bis hohe	keine bis langsame	leichte	Geschiebemergel Bänderton	-o	-o	+	-	-	o	-	-	++	-	-	18
19						mittelplastische Tone	TM	hohe	keine	mittlere	Lösslehm Beckenton Keuperton Seeton	-	-	++	-o	-	o	-	-o	+	-	-	19
20						ausgeprägte plastische Tone	TA	sehr hohe	keine	ausgeprägte	Tarras Lauenburger Ton, Beckenton	-	-	++	o	-o	+o	-o	-	-	-	-	20

Fortsetzung der Tabelle 5-7

Sp.	1	2	3	4	5	6	7	8	9	10	11	12	13	14	15	16	17	18	19	20	21	Sp.
21	organogene[3] und Böden mit organischen Beimengungen	über 40 %		$I_P \geq 7\%$ und unterhalb der A-Linie	nicht brenn- oder nicht schwelbar	Schluffe mit organischen Beimengungen und organogene[3] Schluffe	OU	$35\% \leq w_L \leq 50\%$ langsame bis sehr schnelle	Seekreide Kieselgur Mutterboden	−○	−	−○	+○	−	−	−	−	−	−	−	−	21
22		bis 40 %				Tone mit organischen Beimengungen und organogene[3] Tone	OT	$w_L > 50\%$ keine ausgeprägte	Schlick Klei, tertiäre Kohletone	−	−	−	++	−○	−○	−	−	−	−	−	−	22
23						grob- bis gemischkörnige Böden mit Beimengungen humoser Art	OH	Beimengungen pflanzlicher Art, meist dunkle Färbung, Modergeruch, Glühverlust bis etwa 20 % Massenanteil	Mutterboden Paläoboden	○	−○	−	○	+○	−○	−	○	−	−	−	23
24	organische Böden					grob- bis gemischkörnige Böden mit kalkigen, kieseligen Bildungen	OK	Beimengungen nicht pflanzlicher Art, meist helle Färbung, leichtes Gewicht, große Porosität	Kalk-Tuffsand Wiesenkalk	+	○	−○	−○	○	+○	−○	−○	−	−	−	24
25					brenn- oder schwelbar	nicht bis mäßig zersetzte Torfe (Humus)	HN	Zersetzungsgrad 1 bis 5, faserig, holzreich, hellbraun bis braun	Niedermoortorf Hochmoortorf	−	−	−	○	+○	−	−	−	−	−	−	25
26						zersetzte Torfe	HZ	Zersetzungsgrad 6 bis 10, schwarzbraun bis schwarz	Bruchwaldtorf	−	−	−	+○	−	−	−	−	−	−	−	26
27						Schlamme als Sammelbegriff für Faulschlamm, Mudde, Gyttja, Dy und Sapropel	F	unter Wasser abgesetzte (sedimentäre) Schlamme aus Pflanzenresten, Kot und Mikroorganismen, oft von Sand, Ton und Kalk durchsetzt, blauschwarz bis grünlich bis gelbbraun, gelgentlich dunkelgraubraun bis blauschwarz, federnd, weichschwammig	Mudde Faulschlamm	−	−	−	+○	−	−	−	−	−	−	−	27
28	Auffüllung					Auffüllung aus natürlichen Böden; jeweiliges Gruppensymbol in eckigen Klammern	[ ]															28
29						Auffüllung aus Fremdstoffen	A		Müll, Schlacke Bauschutt Industrieabfall													29

1) Die Spalten 10 bis 21 enthalten als grobe Leitlinie Hinweise auf bautechnische Eigenschaften und auf die bautechnische Eignung nebst Beispielen in Spalte 9. Diese Angaben sind keine normativen Festlegungen.
2) Der Querbalken für die Kurzzeichen U und T oder das danebengestellte *-Symbol darf entfallen.
3) Unter Mitwirkung von Organismen gebildete Böden.

Legende: Bedeutung der qualitativen und wertenden Angaben

Spalte 10		Spalte 11		Spalten 12 bis 15		Spalten 16 bis 21	
− −	sehr gering	− −	sehr schlecht	− −	sehr groß	− −	ungeeignet
−	gering	−	schlecht	−	groß	−	weniger geeignet
−○	mäßig	−○	mäßig	−○	groß bis mittel	−○	mäßig brauchbar
○	mittel	○	mittel	○	mittel	○	brauchbar
+○	groß bis mittel	+○	gut bis mittel	+○	gering bis mittel	+○	geeignet
+	groß	+	gut	+	sehr gering	+	gut geeignet
++	sehr groß	++	sehr gut	++	vernachlässigbar klein	++	sehr gut geeignet

5.3 Wassergehalt

Von der Größe des Wassergehalts werden bautechnisch bedeutsame Eigenschaften des Bodens wie z. B. die
- Zusammendrückbarkeit und Festigkeit bindiger Böden
- Verdichtbarkeit von Böden (vgl. Abschnitt 5.9, Proctorversuch)

maßgeblich beeinflusst. So gilt z. B. für bindigen Boden, dass
- sein Steifemodul E_s bei größer werdendem Wassergehalt immer kleiner wird
- seine Scherfestigkeit mit größer werdendem Wassergehalt abnimmt (in Matsch einsinken).

Der Wassergehalt wird darüber hinaus als Hilfsgröße bei der Auswertung anderer Versuche (z. B. Fließ-, Ausroll- und Schrumpfgrenzenermittlung) benötigt.

5.3.1 DIN-Normen

Empfehlungen bezüglich der Vorgehensweise bei der Wassergehaltsbestimmung und der dabei zu verwendenden Geräte bei der Bestimmung durch Ofentrocknung (mit Wärmeschrank) bzw. der Bestimmung durch Schnellverfahren (mit Mikrowellenherd, Infrarotstrahler, Elektroplatte oder Gasbrenner) können den DIN-Normen
- DIN 18121-1 [L 67]
- DIN 18121-2 [L 68]

entnommen werden.

In beiden DIN-Normen sind auch Anwendungsbeispiele enthalten.

5.3.2 Definition des Wassergehalts

Mit der Masse m_w des Porenwassers und der Masse m_d des trockenen Bodens definiert sich der *Wassergehalt* durch die Beziehung

$$w = \frac{m_w}{m_d} \qquad \text{Gl. 5-25}$$

5.3.3 Mit w in Beziehung stehende Kenngrößen feuchter Böden

Wichte des teilgesättigten Bodens (in kN/m³)

$$\gamma = (1+w) \cdot \gamma_d = (1+w) \cdot (1-n) \cdot \gamma_s = \frac{1+w}{1+e} \cdot \gamma_s \qquad \text{Gl. 5-26}$$

Dichte des teilgesättigten Bodens (in t/m³)

$$\rho = (1+w) \cdot \rho_d = (1+w) \cdot (1-n) \cdot \rho_s = \frac{1+w}{1+e} \cdot \rho_s \qquad \text{Gl. 5-27}$$

Trockenwichte des Bodens (in kN/m³)

$$\gamma_d = \frac{\gamma}{1+w} = \frac{n_w \cdot \gamma_w}{w} = \frac{(1-n_a) \cdot \gamma_s \cdot \gamma_w}{w \cdot \gamma_s + \gamma_w} = \frac{S_r \cdot \gamma_s \cdot \gamma_w}{w \cdot \gamma_s + S_r \cdot \gamma_w} \qquad \text{Gl. 5-28}$$

Trockendichte des Bodens (in t/m³)

$$\rho_d = \frac{\rho}{1+w} = \frac{n_w \cdot \rho_w}{w} = \frac{(1-n_a) \cdot \rho_s \cdot \rho_w}{w \cdot \rho_s + \rho_w} = \frac{S_r \cdot \rho_s \cdot \rho_w}{w \cdot \rho_s + S_r \cdot \rho_w}$$ Gl. 5-29

Porenanteil des Bodens

$$n = \frac{w \cdot \rho_s + n_a \cdot \rho_w}{w \cdot \rho_s + \rho_w} = \frac{w \cdot \rho_s}{w \cdot \rho_s + S_r \cdot \rho_w} = 1 - \frac{\rho}{(1+w) \cdot \rho_s}$$

$$= \frac{w \cdot \gamma_s + n_a \cdot \gamma_w}{w \cdot \gamma_s + \gamma_w} = \frac{w \cdot \gamma_s}{w \cdot \gamma_s + S_r \cdot \gamma_w} = 1 - \frac{\gamma}{(1+w) \cdot \gamma_s}$$ Gl. 5-30

Porenzahl des Bodens

$$e = \frac{w \cdot \rho_s + n_a \cdot \rho_w}{\rho_w \cdot (1-n_a)} = \frac{w \cdot \rho_s}{S_r \cdot \rho_w} = (1+w) \cdot \frac{\rho_s}{\rho} - 1$$

$$= \frac{w \cdot \gamma_s + n_a \cdot \gamma_w}{\gamma_w \cdot (1-n_a)} = \frac{w \cdot \gamma_s}{S_r \cdot \gamma_w} = (1+w) \cdot \frac{\gamma_s}{\gamma} - 1$$ Gl. 5-31

Sättigungszahl des Bodens

$$S_r = \frac{w \cdot \rho_d \cdot \rho_s}{\rho_w \cdot (\rho_s - \rho_d)} = \frac{w \cdot \rho \cdot \rho_s}{\rho_w \cdot [(1+w) \cdot \rho_s - \rho]} = \frac{(1-n) \cdot w \cdot \rho_s}{n \cdot \rho_w} = \frac{(1-n_a) \cdot w \cdot \rho_s}{w \cdot \rho_s + n_a \cdot \rho_w}$$

$$= \frac{w \cdot \gamma_d \cdot \gamma_s}{\gamma_w \cdot (\gamma_s - \gamma_d)} = \frac{w \cdot \gamma \cdot \gamma_s}{\gamma_w \cdot [(1+w) \cdot \gamma_s - \gamma]} = \frac{(1-n) \cdot w \cdot \gamma_s}{n \cdot \gamma_w} = \frac{(1-n_a) \cdot w \cdot \gamma_s}{w \cdot \gamma_s + n_a \cdot \gamma_w}$$ Gl. 5-32

5.3.4 Mit *w* in Beziehung stehende Kenngrößen gesättigter Böden

Wichte des gesättigten Bodens (in kN/m³)

$$\gamma_r = (1+w) \cdot \gamma_d = (1+w) \cdot (1-n) \cdot \gamma_s = \frac{1+w}{1+e} \cdot \gamma_s = \frac{(1+w) \cdot \gamma_s \cdot \gamma_w}{w \cdot \gamma_s + \gamma_w}$$ Gl. 5-33

Dichte des gesättigten Bodens (in t/m³)

$$\rho_r = (1+w) \cdot \rho_d = (1+w) \cdot (1-n) \cdot \rho_s = \frac{1+w}{1+e} \cdot \rho_s = \frac{(1+w) \cdot \rho_s \cdot \rho_w}{w \cdot \rho_s + \rho_w}$$ Gl. 5-34

Trockenwichte des Bodens (in kN/m³)

$$\gamma_d = \frac{\gamma_r}{1+w} = \frac{n \cdot \gamma_w}{w} = \frac{\gamma_s \cdot \gamma_w}{w \cdot \gamma_s + \gamma_w}$$ Gl. 5-35

Trockendichte des Bodens (in t/m³)

$$\rho_d = \frac{\rho_r}{1+w} = \frac{n_w \cdot \rho_w}{w} = \frac{\rho_s \cdot \rho_w}{w \cdot \rho_s + \rho_w}$$ Gl. 5-36

Porenanteil des Bodens

$$n = \frac{w \cdot \rho_s}{w \cdot \rho_s + \rho_w} = 1 - \frac{\rho_r}{(1+w) \cdot \rho_s} = \frac{w \cdot \gamma_s}{w \cdot \gamma_s + \gamma_w} = 1 - \frac{\gamma_r}{(1+w) \cdot \gamma_s} \qquad \text{Gl. 5-37}$$

Porenzahl des Bodens

$$e = \frac{w \cdot \rho_s}{\rho_w} = (1+w) \cdot \frac{\rho_s}{\rho_r} - 1 = \frac{w \cdot \gamma_s}{\gamma_w} = (1+w) \cdot \frac{\gamma_s}{\gamma_r} - 1 \qquad \text{Gl. 5-38}$$

5.3.5 Bestimmung des Wassergehalts durch Ofentrocknung

Zur Wassergehaltsbestimmung sind drei Wägungen durchzuführen. Die erste Wägung dient der Ermittlung der Masse m_B des Probenbehälters. Danach wird dieser Behälter mit der feuchten Bodenprobe (Masse m) gewogen (Wägeergebnis: $(m + m_B)$). Die dritte Wägung erfolgt, wenn sich bei der Trocknung des Probenmaterials im Wärmeschrank (auch „Trocknungsofen" oder „Trockenschrank" genannt) bei 105 °C Massenkonstanz eingestellt hat (Probenmasse ändert sich nicht mehr); das Wägeergebnis $(m_d + m_B)$ erfasst auch die Masse m_d der trockenen Probenmasse. Massenkonstanz wird bei Proben in Uhrglasschalen für Sand nach ca. 6 Stunden und für tonige Proben nach ungefähr 12 Stunden Trocknung erreicht; größere Probenmengen benötigen längere Trocknungszeiten.

Diese Wägeergebnisse erlauben die Bestimmung des Wassergehalts w gemäß Gl. 5-25 mit dem Ergebnis der Gleichungen

$$\begin{aligned} m_d &= (m_d + m_B) - m_B \\ m_w &= (m + m_B) - (m_d + m_B) = m - m_d \end{aligned} \qquad \text{Gl. 5-39}$$

Die für den beschriebenen Versuch im Allgemeinen übliche Probemenge gemäß DIN 18121-1 ist abhängig von der Bodenart und in Tabelle 5-8 zusammengestellt. Bezüglich ihrer Beeinflussung durch den größten Korndurchmesser der Bodenprobe, Wiegefehler und Unschärfen bei der Ermittlung des Wassergehalts w sei auf DIN 18121-1 verwiesen.

Weitere Einzelheiten zur Wassergehaltsbestimmung durch Ofentrocknung können DIN 18121-1 entnommen werden.

Tabelle 5-8 Übliche Probemenge bei der Wassergehaltsbestimmung (nach DIN 18121-1)

Bodenart	übliche Probemenge in g
Ton, Schluff	10 bis 50
Sand	50 bis 200
kiesiger Sand	200 bis 1000
Kies	1000 bis 10000
sehr grobkörnige, steinige Böden mit bindenden Beimengungen	über 10000

5.4 Dichte

Die Kenntnis der Dichte des Bodens dient zur Beurteilung bautechnischer Eigenschaften des Bodens und ist für die Berechnung des Porenanteils bzw. der Porenzahl und der Sättigungszahl erforderlich. Die aus der Dichte berechenbare Wichte des Bodens wird als Grundwert für die Ermittlung von Bauwerksbelastungen im Rahmen erdstatischer Berechnungen benötigt (z. B. bei Stützwänden oder Tunneln) und beeinflusst somit direkt die Dimensionierung der davon betroffenen Konstruktionen bzw. Konstruktionsteile.

5.4.1 DIN-Normen

Die Normen
- DIN 18125-1 [L 73]
- DIN 18125-2 [L 74]

enthalten Empfehlungen für die Dichtebestimmung des Bodens hinsichtlich der methodischen Vorgehensweise und der dabei zu verwendenden Geräte. Die Ausführungen betreffen sowohl Versuche im Labor als auch im Feld und enthalten auch Anwendungsbeispiele.

5.4.2 Definitionen

Dichte des feuchten Bodens (in g/cm³)
Verhältnis der Masse m zum Volumen V (inkl. Luft) der feuchten Bodenprobe gemäß

$$\rho = \frac{m}{V} \qquad \text{Gl. 5-40}$$

Dichte des trockenen Bodens (in g/cm³)
Verhältnis der Masse m_d zum Volumen V (inkl. Luft) der trockenen Bodenprobe gemäß

$$\rho_d = \frac{m_d}{V} \qquad \text{Gl. 5-41}$$

5.4.3 Mit ρ und ρ_d in Beziehung stehende Kenngrößen

Wichte des feuchten Bodens (in N/cm³)

$$\gamma = \rho \cdot g \qquad \text{mit der Erdbeschleunigung } g \approx 10 \text{ m/s}^2 \qquad \text{Gl. 5-42}$$

Hinweis: für γ (in kN/m³) und ρ (in t/m³) gilt die nicht dimensionsreine Form $\gamma = 10 \cdot \rho$
für γ (in N/cm³) und ρ (in g/cm³) gilt die nicht dimensionsreine Form $\gamma = 0{,}01 \cdot \rho$

Wassergehalt des Bodens (vgl. Abschnitt 5.3)

$$w = \frac{\rho}{\rho_d} - 1 \qquad \text{Gl. 5-43}$$

Porenanteil des Bodens (ρ_s = Korndichte gemäß Abschnitt 5.5)

$$n = 1 - \frac{\rho_d}{\rho_s} \qquad \text{Gl. 5-44}$$

Porenzahl des Bodens

$$e = \frac{\rho_s}{\rho_d} - 1 \qquad \text{Gl. 5-45}$$

Anteil der wassergefüllten Poren des Bodens (ρ_w = Dichte des Wassers)

$$n_w = w \cdot \frac{\rho_d}{\rho_w}$$ Gl. 5-46

Anteil der mit Luft gefüllten Poren des Bodens

$$n_a = 1 - \frac{\rho_d \cdot (w \cdot \rho_s + \rho_w)}{\rho_w \cdot \rho_s}$$ Gl. 5-47

Sättigungszahl des Bodens

$$S_r = \frac{w \cdot \rho \cdot \rho_s}{\rho_w \cdot \left[(1+w) \cdot \rho_s - \rho\right]} = \frac{w \cdot \rho_d \cdot \rho_s}{\rho_w \cdot (\rho_s - \rho_d)} = \frac{w \cdot \rho_d}{n \cdot \rho_w}$$ Gl. 5-48

5.4.4 Feldversuche nach DIN 18125-2

Da die vor Ort zu findenden Böden sehr unterschiedliche Eigenschaften aufweisen können, werden in DIN 18125-2 mehrere Versuche angegeben, mit deren Hilfe sich die Dichte des Bodens in situ bestimmen lässt.

Für welche Böden das einzelne Verfahren geeignet ist, kann der Tabelle 2 der DIN 18125-2 entnommen werden. So ist z. B. das sehr einfach funktionierende Ausstechzylinder-Verfahren nur für Böden geeignet, in denen Grobsand, Kies, Steine oder Blöcke nicht enthalten sind.

Ausstechzylinder-Verfahren

Bei dem Ausstechzylinder-Verfahren kommt ein zylindrisches Entnahmegerät zum Einsatz wie es in Abb. 5-11 dargestellt ist. Die Abmessungen dieses Ausstechzylinders müssen gemäß DIN 18125-2 die folgenden Bedingungen erfüllen:

▶ Innendurchmesser $d_i \geq 96$ mm
▶ Höhe $h \approx 1{,}2 \cdot d_i$
▶ Außendurchmesser   max $d_a = d_i \cdot \sqrt{1{,}1}$

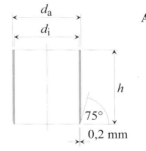

Abb. 5-11 Gerät (Ausstechzylinder) zur Entnahme von Bodenproben beim Ausstechzylinder-Verfahren (nach DIN 18125-2)

Zur Probenentnahme wird der Ausstechzylinder mittels einer Schlaghaube senkrecht in den Boden eingedrückt oder ggf. eingetrieben (z. B. mit einem Hammer). Das Volumen V der so gewonnenen Bodenprobe errechnet sich mit dem Innendurchmesser d_i und der Höhe h des Ausstechzylinders. Die Massen m bzw. m_d werden durch Wägung des naturfeuchten bzw. des im Ofen getrockneten (vgl. Abschnitt 5.3.5) Materials ermittelt. Weitere Ausführungen zu den Geräten, den untersuchbaren Bodenarten und der Versuchsdurchführung können in DIN 18125-2 nachgelesen werden.

Sind die Größen Volumen und Masse bekannt, ist die Dichte ρ des feuchten gemäß Gl. 5-40 bzw. ρ_d des trockenen Bodens mit Gl. 5-41 ermittelbar.

Sandersatz-Verfahren

Eine weitere der in DIN 18125-2 angegebenen Methoden ist das Sandersatz-Verfahren (siehe Abb. 5-12). Es ist ungeeignet für die Untersuchung von sandarmen Kiesen und von Steinen und Blöcken mit geringen Beimengungen.

Bei diesem Verfahren wird das Probenmaterial durch die Öffnung der auf der vorbereiteten Bodenoberfläche aufliegenden Stahlringplatte ausgehoben. Das gesamte Material aus der dabei entstehenden Prüfgrube ist so aufzubewahren, dass eine problemlose Ermittlung seiner Feuchtmasse m und der Trockenmasse m_d durch Wägung erfolgen kann. Danach wird der mit Prüfsand gefüllte und gewogene Doppeltrichter auf die Stahlringplatte gestellt. Der Absperrhahn wird geöffnet und erst wieder geschlossen, wenn kein Sand mehr hindurchrieselt. Danach wird der Doppeltrichter mit dem verbliebenen Prüfsand erneut gewogen und durch Differenzbildung die Masse m_c des Prüfsandes ermittelt (in g), die zur Füllung von Prüfgrube + Ringraum + unterem Trichter erforderlich war.

Die Ermittlung des Prüfgrubenvolumens V, das für die Berechnung der Dichten ρ und ρ_d mit Gl. 5-41 und Gl. 5-40 erforderlich ist, erfolgt mit

$$V = \frac{m_c - m_b}{\rho_E} \qquad \text{Gl. 5-49}$$

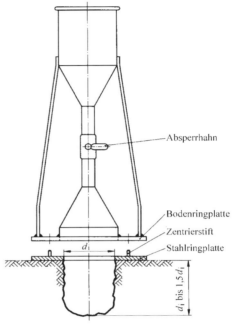

Abb. 5-12 Gerät zur Entnahme von Bodenproben beim Sandersatz-Verfahren (nach DIN 18125-2)

In Gl. 5-49 ist m_b die Sandmasse (in g) aus Ringraum + unterem Trichter und ρ_E die Schüttdichte des Sandes (in g/cm³). Beide Größen werden vor der Versuchsdurchführung bestimmt (siehe hierzu DIN 18125-2).

Mit der durch Wägung bestimmten Masse m (in g) des Bodens aus der Prüfgrube und dem Volumen V der Prüfgrube (in cm³) aus Gl. 5-49 kann die Dichte, die das Bodenmaterial vor der Entnahme aus der Prüfgrube hatte, mit Hilfe der Gl. 5-40 berechnet werden. Nach Ofentrocknung gilt dies auch für die Dichte ρ_d (mit Gl. 5-41).

Weitere Einzelheiten zum Sandersatz-Verfahren können DIN 18125-2 entnommen werden.

Anwendungsbeispiel

Zur Bestimmung der Dichten eines kiesigen Sandes wurde das Sandersatz-Verfahren eingesetzt. Dabei ergaben sich als Messwerte

Masse von Behälter und Sand vor der Füllung des
unteren Trichters und des Ringraums der Stahlringplatte: $\qquad m_{B1} = 17\,695$ g

Masse von Behälter und Sand nach der Füllung des
unteren Trichters und des Ringraums der Stahlringplatte: $\quad m_{B2} = 13\,082$ g
Masse von Behälter und Sand vor dem Versuch (Füllung von
unterem Trichter, Ringraum der Stahlringplatte und Prüfgrube): $\quad m_{B3} = 17\,783$ g
Masse von Behälter und Sand nach dem Versuch: $\quad m_{B4} = 5\,451$ g
Masse der feuchten Bodenprobe: $\quad m\ \ = 12\,290$ g
Masse der getrockneten Bodenprobe: $\quad m_d\ = 11\,869$ g

Mit den angegebenen Werten und unter Verwendung der vor dem Versuch bestimmten Schüttdichte $\rho_E = 1{,}43$ g/cm³ des Prüfsands sind der Wassergehalt sowie die Dichte und die Trockendichte der Bodenprobe zu berechnen.

Lösung

Mit der Masse des in der Bodenprobe enthaltenen Wassers
$$m_w = m - m_d = 12\,290 - 11\,869 = 421\text{ g}$$
ergibt sich der Wassergehalt der Bodenprobe zu
$$\frac{m_w}{m_d} = \frac{421}{11\,869} = 0{,}035 = 3{,}5\ \%$$
Die Masse des Sandes, der den unteren Trichter und den Ringraum der Stahlringplatte füllt beträgt
$$m_b = m_{B1} - m_{B2} = 17\,695 - 13\,082 = 4\,613\text{ g}$$
und die des Sandes, der den unteren Trichter, den Ringraum der Stahlringplatte und die Prüfgrube füllt
$$m_c = m_{B3} - m_{B4} = 17\,783 - 5\,451 = 12\,332\text{ g}$$
Die beiden Massen führen mit der Schüttdichte ρ_E des Prüfsands zum Volumen der Prüfgrube bzw. der Bodenprobe (Gl. 5-11)
$$V = \frac{m_c - m_b}{\rho_E} = \frac{12\,332 - 4\,613}{1{,}43} = 5\,398\text{ cm}^3$$
und damit zur Dichte (Gl. 5-13)
$$\rho = \frac{m}{V} = \frac{12\,290}{5\,398} = 2{,}277\text{ g/cm}^3$$
und zur Trockendichte (Gl. 5-11)
$$\rho_d = \frac{m_d}{V} = \frac{11\,869}{5\,398} = 2{,}199\text{ g/cm}^3$$
der Bodenprobe.

Ballon-Verfahren

Eine drittes, in DIN 18125-2 angegebenes Verfahren ist das Ballon-Verfahren (siehe Abb.

5-13). Es ist geeignet für Böden in denen standfeste Gruben ausgehoben werden können und ungeeignet für die Untersuchung von Steinen und Blöcken mit geringen Beimengungen. Beim Einsatz in Böden mit scharfkantigen Steinen kann die Ballonhaut beschädigt werden.

Auch beim Ballon-Verfahren wird das Probenmaterial durch die Öffnung der auf der vorbereiteten Bodenoberfläche aufliegenden Stahlringplatte ausgehoben. Das gesamte Material, das zwischen einem ersten und einem zweiten Aushub der Prüfgrube entnommen wurde ist so aufzubewahren, dass eine problemlose Ermittlung seiner Feuchtmasse m und der Trockenmasse m_d durch Wägung erfolgen kann. Sowohl nach der ersten als auch nach der zweiten Entnahme wird das mit Wasser als Messflüssigkeit gefüllte Ballongerät auf der Stahlringplatte befestigt und so betätigt, dass sich der Gummiballon satt an die Bodenoberfläche anlegt und der Kolben so weit nach unten gedrückt ist, dass das Wasser im Standrohr bis zur Marke ansteigt. Durch Ablesung der Noniusposition am Standrohr werden die beiden in cm anzugebenden Lagen L_0 (nach erstem Aushub) und L_1 (nach zweitem Aushub) des Kolbens gemessen, die dieser gegenüber der Kunststoffbehälter einnimmt. Die Ermittlung des Prüfgrubenvolumens V, das für die Berechnung der Dichten ρ und ρ_d mit Gl. 5-41 und Gl. 5-40 erforderlich ist, erfolgt mit Hilfe der Gleichung

$$V = (L_1 - L_0) \cdot A \qquad \text{Gl. 5-50}$$

in der A die in cm² anzugebende Kolbenfläche (lichte Querschnittsfläche des Kunststoffzylinders) repräsentiert.

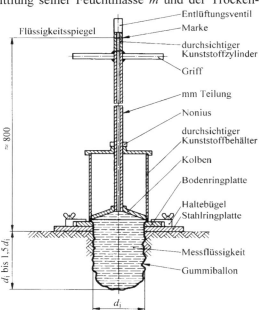

Abb. 5-13 Ballongerät und Stahlringplatte (nach DIN 18125-2)

Mit der durch Wägung bestimmten Masse m (in g) des Bodens aus der Prüfgrube und dem zugehörigen Volumen V der Prüfgrube (in cm³) aus Gl. 5-50 kann die Dichte, die das Bodenmaterial vor der Entnahme aus der Prüfgrube hatte, mit Hilfe der Gl. 5-40 berechnet werden. Nach Ofentrocknung gilt dies auch für die Dichte ρ_d (mit Gl. 5-41).

Weitere Einzelheiten zum Ballon-Verfahren lassen sich DIN 18125-2 entnehmen.

5.5 Korndichte

Als Dichte der Feststoffe des Bodens dient die Korndichte ρ_s bei der Auswertung vieler bodenmechanischer Versuche als Hilfsgröße. Sie wird benötigt bei der Ermittlung der Körnungslinien bindiger Böden und zur Bestimmung von Bodenkenngrößen wie Wassergehalt, Porenanteil, Schrumpfgrenze usw.

5.5.1 DIN-Normen

Zur Bestimmung der Korndichte sind in
► DIN 18124 [L 72]

Empfehlungen enthalten. Diese betreffen u. a. das für die Versuche einsetzbare Kapillarpyknometer und das Weithalspyknometer sowie die Versuchsdurchführung und -auswertung. Die Ausführungen werden durch Anwendungsbeispiele ergänzt.

5.5.2 Definition der Korndichte

Als Korndichte des Bodens wird das Verhältnis von der ermittelten Trockenmasse m_d einer Probe des Bodens zum Volumen V_k der Bodenkörner der Probe

$$\rho_s = \frac{m_d}{V_k} \text{ (in g/cm}^3\text{)} \qquad \text{Gl. 5-51}$$

bezeichnet.

5.5.3 Bestimmung mit dem Kapillarpyknometer

Zur Ermittlung der Korndichte sind gemäß Gl. 5-51 die Trockenmasse m_d der Bodenprobe und das zugehörige Volumen V_k der Bodenkörner zu ermitteln.

Ermittlung von m_d durch zweifaches Wiegen und anschließende Differenzbildung:

1. leeres Pyknometer $\Rightarrow m_p$
2. Pyknometer inkl. getrockneter Probe $\Rightarrow m_1 = m_p + m_d$
3. Trockenmasse $m_d = m_1 - m_p$

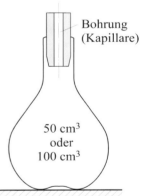

Ermittlung von V_k durch zweifaches Wiegen (mit begleitender Temperaturbestimmung) und anschließender Differenzbildung:

1. mit Wasser der Temperatur T gefülltes Pyknometer $\Rightarrow$
   $$m_2 = m_p + m_{w1T} \quad \Rightarrow \quad m_{w1T} = m_2 - m_p$$

   Mit der Masse m_{w1T} der Wasserfüllung und der zur Temperatur T gehörenden Wasserdichte ρ_{wT} (aus DIN 18124) errechnet sich das Volumen der Wasserfüllung und damit das Volumen des Kapillarpyknometers zu

   $$V_{pT} = \frac{m_{w1T}}{\rho_{wT}}$$

Abb. 5-14 Kapillarpyknometer (nach VON SOOS [L 120], Kapitel 1.5)

2. mit getrocknetem Kornmaterial und Wasser der Temperatur T gefülltes Pyknometer $\Rightarrow$
   $$m_3 = m_p + m_d + m_{w2T} \quad \Rightarrow \quad m_{w2T} = m_3 - (m_p + m_d)$$

3. Volumen der Masse m_{w2T} des Wasseranteils von dem mit Wasser und Kornmaterial gefüllten Pyknometer

$$V_{wT} = \frac{m_{w2T}}{\rho_{wT}} = \frac{m_3 - (m_p + m_d)}{\rho_{wT}}$$

4. Volumen der Bodenkörner

$$V_k = V_{pT} - V_{wT}$$

In Tabelle 5-9 sind die Korndichten einiger Mineralien und Böden zusammengestellt.

Tabelle 5-9 Korndichte ρ_s einiger Mineralien und Böden

Korndichte ρ_s in g/cm³			
Mineralien		Böden	
Gips	2,32	Bimsstein	1,40 - 1,60
Feldspat	2,55	Torf	1,50 - 1,80
Kaolinit	2,64	Sand	2,65
Quarz	2,65	Kies	2,60 - 2,70
Na-Feldspat	2,62 - 2,76	Schluff	2,68 - 2,70
Kalzit	2,72	Ton	2,70 - 2,80
Illite	2,60 - 2,86		
Montmorillonit	2,75 - 2,78		
Glimmer	2,80 - 2,90		
Dolomit	2,85 - 2,95		
Biotit	2,80 - 3,20		
Hornblende	3,10 - 3,40		
Baryt (Schwerspat)	4,48		
Magnesit	5,17		

5.6 Organische Bestandteile

Organische Bestandteile des Bodens können, in Abhängigkeit von der Größe ihres Massenanteils am Boden, u. a. die Korndichte und Wichte des Bodens erheblich beeinflussen, da ihre Dichte wesentlich geringer ist als die der mineralischen Bodenbestandteile. Da organische Bestandteile viel Wasser binden können, erhöhen schon geringe Anteile im Boden seinen Porenanteil und seine Wasseraufnahmefähigkeit, was zur Verminderung seiner Festigkeit und zur Erhöhung seiner Zusammendrückbarkeit (beeinflusst z. B. die Größe von Setzungen) führt.

Die Größe des Anteils organischer Bestandteile des Bodens kann mit Hilfe des Glühverlustes abgeschätzt werden. Wegen der oben genannten Kriterien ist die Bestimmung dieses Verlustes für die bodenmechanische Beurteilung und Klassifizierung von Böden für bautechnische Zwecke erforderlich (vgl. DIN 18196 [L 86]).

5.6.1 DIN-Norm

Empfehlungen zur Ermittlung des Glühverlustes enthält
▶ DIN 18128 [L 77].

Hierzu gehören u. a. die zu verwendenden Versuchsgeräte, die Durchführung und Auswertung der Versuche sowie Anwendungsbeispiele.

5.6.2 Definition des Glühverlustes

Mit der Trockenmasse m_d der Bodenprobe vor dem Glühen und der Masse m_{gl} der Bodenprobe nach dem Glühen (Massenermittlung in g) ergibt sich der Glühverlust aus

$$V_{gl} = \frac{\Delta m_{gl}}{m_d} = \frac{m_d - m_{gl}}{m_d} \qquad \text{Gl. 5-52}$$

5.6.3 Versuchsdurchführung und -auswertung

Abhängig von der Bodenart, wird eine repräsentative Mindestmenge (vgl. Tabelle 5-10) des zu untersuchenden Bodens bis zur Massenkonstanz

1. bei 105 °C im Trocknungsofen getrocknet und
2. bei 550 °C im Muffelofen geglüht.

Die Ermittlung der Verhältnisgrößen zur Berechnung des Glühverlustes gemäß Gl. 5-52 erfolgt bei dem Glühversuch durch dreifache Wägung und anschließende Differenzbildungen:

Tabelle 5-10 Mindest-Probemenge bei Glühverlustbestimmung (nach DIN 18128)

Bodenart	Mindest-Probemenge in g
Organische Böden Feinkörnige Böden	15
Sande	30
Kiesiger Sand	200
Kies	1000

1. leerer Probenbehälter $\Rightarrow m_B$
2. Behälter mit trockener, ungeglühter Probe $\Rightarrow (m_d + m_B)$
3. Behälter mit geglühter Probe $\Rightarrow (m_{gl} + m_B)$
4. $m_d = (m_d + m_B) - m_B$
5. $\Delta m_{gl} = (m_d + m_B) - (m_{gl} + m_B) = m_d - m_{gl}$

Der Versuch ist mit drei Proben durchzuführen. Der Glühverlust des jeweils untersuchten Bodens ergibt sich dann als Mittelwert von drei Einzelergebnissen.

Als Anhaltswerte für die Zuordnung von Glühverlust V_{gl} und Bodenart können nach [L 174] die folgenden Zahlenwerte verwendet werden:

▶ V_{gl} von 0 % bis 10 % $\Rightarrow$ humus- oder faulschlammhaltiger Boden
▶ V_{gl} von 10 % bis > 20 % $\Rightarrow$ organische Schluff- und Tonböden
▶ V_{gl} < 100 % $\Rightarrow$ Torf

Tabelle 5-11 Humusgehalte bei Böden (nach DIN 4022-1 [L 41])

Benennung	Sand und Kies		Ton und Schluff	
	Humusgehalt Massenanteil in %	Farbe	Humusgehalt Massenanteil in %	Farbe
schwach humos	1 bis 3	grau	3 bis 5	Mineralfarbe
humos	über 3 bis 5	dunkelgrau	über 5 bis 10	dunkelgrau
stark humos	über 5	schwarz	über 10	schwarz

Weitere Einschätzungen des Humusgehalts von Böden liefern ihre Farbe sowie der Riechversuch (siehe z. B. DIN 4022-1 [L 41]). Bezüglich der Farbe ergeben sich Humusgehalte gemäß der Tabelle 5-11.

5.6.4 Bodenklassifikation nach DIN 18196

Die in Abschnitt 5.2.7 behandelte Bewertung von Böden bezüglich ihrer bautechnischen Eigenschaften und ihrer bautechnischen Eignung gemäß DIN 18196 [L 86] betrifft auch Böden mit organischen Bestandteilen (siehe Tabelle 5-7).

Nach DIN 18196 [L 86] unterscheiden sich diese Böden vor allem hinsichtlich ihrer Brenn- bzw. Schwelbarkeit an der Luft (siehe Tabelle 5-12). Während organische Böden (Torf in trockenem Zustand) brennen bzw. schwelen können, gilt dies nicht für organogene Böden (unter Mitwirkung von Organismen gebildet) bzw. Böden mit organischen Verunreinigungen.

Zur weiteren Unterteilung organogener Böden bzw. von Böden mit organischen Verunreinigungen dient u. a. die Art der organischen Bestandteile (Beimengungen pflanzlicher und nicht pflanzlicher Art).

Tabelle 5-12 Von der Brenn- bzw. Schwelfähigkeit abhängige Einstufung von Böden nach DIN 18196 [L 86]

Benennung	Kurzzeichen	Eigenschaft
organisch	H oder F	kann in trockenem Zustand an der Luft brennen oder schwelen
organogen mit organischen Verunreinigungen	O	brennt oder schwelt nicht in trockenem Zustand an der Luft

Die Unterscheidung der verschiedenen organischen Böden basiert auf ihrer Entstehungsart und, bei Torfen, auf dem Zersetzungsgrad der organischen Bestandteile. Die Gliederung nach der Entstehung kann der Tabelle 5-13 entnommen werden. Hinsichtlich des von Torf erreichten Grades der Zersetzung (vgl. Ausquetschversuch, Abschnitt 1.6.5) wird unterschieden zwischen

- ▶ **n**icht bis mäßig zersetzt (Kurzzeichen **N**) und
- ▶ **z**ersetzt (Kurzzeichen **Z**).

Organische und organogene Böden sowie Böden mit organischen Beimengungen sind nach DIN 18196 [L 86] als „Auffüllung" (Kurzzeichen **A**) zu klassifizieren, wenn sie zu Schüttungen gehören, die unter menschlicher Einwirkung entstanden sind.

Tabelle 5-13 Einteilung organischer Böden nach der Entstehung gemäß DIN 18196 [L 86]

Boden	Kurzzeichen	Entstehung
Torf (**H**umus)	H	an Ort und Stelle aufgewachsen
Faulschlamm, Mudde, ...	F	Absetzung unter Wasser

5.7 Kalkgehalt

Der Kalkgehalt von Böden beeinflusst bodenmechanische Eigenschaften wie die Trockenfestigkeit bindiger und gemischtkörniger Böden und dient als Unterscheidungskriterium für Böden wie z. B. bei Geschiebemergel und Geschiebelehm. Im Norddeutschen Raum ist sein Einfluss auf die mechanischen Eigenschaften des Bodens allerdings nur unwesentlich.

5.7.1 DIN-Normen

Zur Bestimmung des Kalkgehalts von Böden sind z. B. in
- DIN 4022-1 [L 41]
- DIN 18129 [L 78]

Ausführungen zu finden. Diese betreffen u. a. einfache Versuche zur qualitativen Bestimmung wie auch das im Labor einzusetzende CO_2-Gasometer aus Abb. 5-15 (zwei Anwendungsbeispiele hierzu in DIN 18129).

5.7.2 Qualitative Bestimmung des Kalkgehalts

Eine auch im Feld (an der Baustelle) durchführbare Methode zur Kalkgehaltsbestimmung besteht im Beträufeln einer Probe mit verdünnter Salzsäure (Verhältnis von Wasser zu Salzsäure 3 : 1). In Abhängigkeit von der Intensität der zu beobachtenden Reaktion ergeben sich die nachstehenden Anhaltswerte für den Kalkgehalt (vgl. [L 127]).

kein	Aufbrausen:	< 1 %
schwaches	Aufbrausen:	1 % bis 2 %
deutliches	Aufbrausen:	2 % bis 4 %
starkes	Aufbrausen:	> 5 %

Wegen der geringen Genauigkeit dieses Verfahrens werden in DIN 4022-1 mit den Versuchsergebnissen noch unschärfere Angaben verbunden. Danach sind Böden

kalkfrei	wenn	kein Aufbrausen
kalkhaltig	wenn	schwaches bis deutliches, aber nicht anhaltendes Aufbrausen
stark kalkhaltig	wenn	starkes, lang andauerndes Aufbrausen

zu beobachten ist.

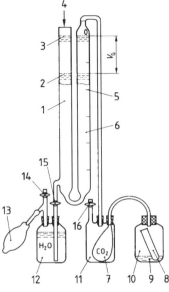

1 offener Zylinder
2 Wasserspiegel bei Versuchsende
3 Wasserspiegel bei Versuchsbeginn
4 atmosphärischer Druck
5 Messskala
6 Messzylinder
7 Gummiblase
8 Reagenzglas mit Salzsäure
9 Bodenprobe
10 Gasentwicklungsgefäß
11 Aufnahmegefäß
12 Vorratsflasche
13 Pumpe (Gummiball)
14, 15, 16 Absperrhähne

Abb. 5-15 Schema eines Gasometers (aus DIN 18129)

5.7.3 Bestimmung des Kalkgehalts nach DIN 18129

Nach der DIN 18129 wird der Kalkgehalt definiert durch die Beziehung

$$V_{Ca} = \frac{m_{Ca}}{m_d} \qquad \text{Gl. 5-53}$$

und damit durch das Verhältnis von der Masse m_{Ca} der Kalzium- und Magnesiumkarbonate der Bodenprobe und der Masse m_d der trockenen Bodenprobe.

Mit der in Abb. 5-15 gezeigten Versuchseinrichtung wird im Gasentwicklungsgerät eine chemische Reaktion von in der trockenen, pulverisierten Bodenprobe (erforderliche Trockenmasse zwischen 0,3 bis 5 g) enthaltenem Kalzit ($CaCO_3$) und Salzsäure (2 HCl) herbeigeführt (siehe hierzu DIN 18129). Gemäß

$$CaCO_3 + 2\,HCl = CaCl_2 + H_2O + CO_2 \qquad \text{Gl. 5-54}$$

bilden sich dabei Kalziumchlorid ($CaCl_2$), Wasser (H_2O) und gasförmig frei werdendes Kohlendioxid (CO_2).

Der Versuch liefert zunächst ein an der Messskala des Gasometers abzulesendes Gasvolumen V_G (in cm³) des Kohlendioxids, das sich während der Reaktionszeit entwickelt hat. Da die Größe V_G dieses Gasvolumens von der Versuchstemperatur T (in °C) und dem beim Versuch herrschenden absoluten Luftdruck p_{abs} (in kPa, 1 kPa = 1 kN/m² = 10^{-3} N/mm²)) abhängt, wird sie mittels

$$V_0 = \frac{268{,}4 \cdot p_{abs} \cdot V_G}{100 \cdot (273 + T)} \qquad \text{Gl. 5-55}$$

auf das Volumen V_0 des Normzustands (p_n = 100 kPa und T = 0 °C) umgerechnet. Die gesuchte Masse des in der Probe enthaltenen Karbonats berechnet sich damit zu

$$m_{Ca} = 2{,}274 \cdot V_0 \cdot \rho_a \qquad \text{Gl. 5-56}$$

In Gl. 5-56 ist die Dichte des CO_2-Gases im Normzustand mit ρ_a = 0,001977 g/cm³ einzusetzen.

Bezüglich weiterer Einzelheiten, wie z. B. der näherungsweisen Bestimmung des Kalzit- und Dolomitanteils des untersuchten Bodens, sei auf DIN 18129 verwiesen.

5.8 Zustandsgrenzen (Konsistenzgrenzen)

Zustandsgrenzen werden bei bindigen Böden definiert. Sie liefern Aufschluss über deren bautechnische und bodenphysikalische Eigenschaften. Die Konsistenzgrenzen sind ein Maß für die Bildsamkeit (Plastizität) des Bodens und für seine Empfindlichkeit gegenüber Änderungen des Wassergehalts (mit geringer werdendem Wassergehalt nimmt die Verformbarkeit der Böden ab und ihre Festigkeit zu). Sie werden deshalb zur Klassierung der bindigen Böden und zu deren Beurteilung für bautechnische Zwecke verwendet (vgl. DIN 18196 [L 86]).

5.8.1 DIN-Normen

Empfehlungen bezüglich der Versuchsausführung und der Versuchsgeräte zur Bestimmung der Fließ-, der Ausroll- und der Schrumpfgrenze bindiger Böden sind in
- ▶ DIN 18122-1 [L 69]

▶ DIN 18122-2 [L 70]

zu finden.

In den beiden Normen sind auch Anwendungsbeispiele enthalten.

5.8.2 Qualitative Bestimmung der Konsistenzgrenzen

Mit dem im Feld (an der Baustelle) wie auch im Labor durchführbaren Versuch gemäß DIN 4022-1 [L 41] ergeben sich in etwas ungenauer Form die in Abschnitt 1.6.4 beschriebenen Zustandsformen

▶ breiig
▶ weich
▶ steif
▶ halbfest
▶ fest.

5.8.3 Definitionen

Plastizitätszahl I_P
Gibt die Differenz des Wassergehalts w_L an der Fließgrenze (Übergang vom flüssigen zum bildsamen Zustand) und des Wassergehalts w_P an der Ausrollgrenze (Übergang vom bildsamen zum halbfesten Zustand) an:

$$I_P = w_L - w_P \qquad \text{Gl. 5-57}$$

Konsistenzzahl I_C
Ergibt sich mit dem Wassergehalt w des Bodens zu

$$I_C = \frac{w_L - w}{w_L - w_P} = \frac{w_L - w}{I_P} \qquad \text{Gl. 5-58}$$

Liquiditätszahl (Liquiditätsindex) I_L

$$I_L = \frac{w - w_P}{I_P} = 1 - I_C \qquad \text{Gl. 5-59}$$

Aktivitätszahl I_A
Ergibt sich mit der Trockenmasse m_T der Körner $\leq 0{,}002$ mm und der Trockenmasse m_d der Körner $\leq 0{,}4$ mm in der Bodenprobe zu

$$I_A = \frac{I_P}{m_T / m_d} \qquad \text{Gl. 5-60}$$

5.8.4 Bestimmung der Fließgrenze

Die Fließgrenze als Übergang vom flüssigen zum bildsamen Zustand ist keine physikalisch eindeutige Grenze. Nach DIN 18122-1 wird sie unter Verwendung des Fließgrenzengeräts nach A. CASAGRANDE (vgl. Abb. 5-16) ermittelt und definiert.

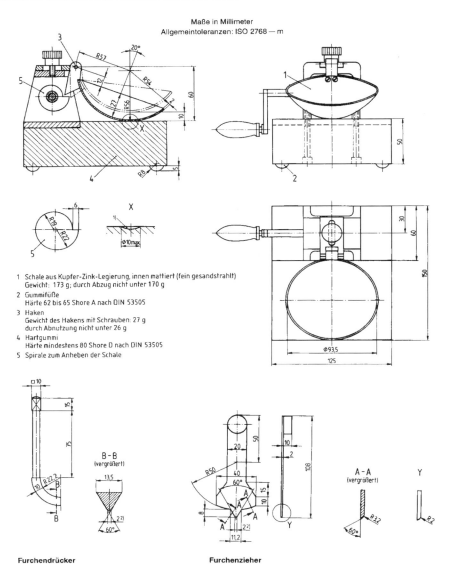

1) Einzelheit X Abnutzungskalotte im Hartgummi
2) Maß darf durch Abnutzung 2,3 mm nicht überschreiten

Abb. 5-16 Fließgrenzengerät nach A. CASAGRANDE (aus DIN 18122-1)

Im Zuge der Versuchsdurchführung wird

- eine feuchte Probenmenge von 200 bis 300 g (ohne Körner > 0,4 mm ⌀) in destilliertem Wasser gut durchgeweicht (kann mehrere Tage dauern) und zu einer gleichmäßigen Paste durchgearbeitet

- ein Teil der Probe nach Angabe aus DIN 18122-1 in die Schale des Fließgrenzengeräts gefüllt (siehe Abb. 5-17)
- mit dem Furchenzieher (siehe Abb. 5-16) eine bis auf den Schalenboden reichende Furche nach Angabe aus DIN 18122-1 gezogen (bei Schluff ggf. mit Furchendrücker (siehe Abb. 5-16) nacharbeiten)
- die Schale sofort in das Schlaggerät eingehängt und so oft auf den Hartgummiblock fallen gelassen, bis sich die Furche am Boden der Schale auf eine Länge von 10 mm geschlossen hat (Anzahl der hierzu erforderlichen „Schläge" protokollieren)
- der Wassergehalt an mindestens 5 cm³ Probenmaterial aus der Schalenmitte bestimmt.

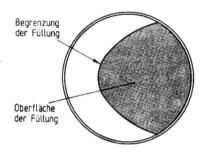

Abb. 5-17 Darstellung der Füllung in der Schale des Fließgrenzengeräts (aus DIN 18122-1)

Der Versuch ist bei der Mehrpunktmethode mit unterschiedlichen Wassergehalten mindestens viermal durchzuführen; Versuche mit Schlagzahlen < 15 bzw. > 40 bleiben unberücksichtigt.

Als Fließgrenze wird nach DIN 18122-1 der Wassergehalt w_L bezeichnet, bei dem sich die Probenfurche nach 25 Schlägen schließt. Da die Herstellung einer Probe mit diesem zunächst ja unbekannten Wassergehalt zu aufwändig wäre, wird dieser Wassergehalt bei der Mehrpunktmethode unter Benutzung des halblogarithmischen Diagramms (logarithmische Teilung bei der Schlagzahl, lineare Teilung beim Wassergehalt) aus Abb. 5-18 gewonnen.

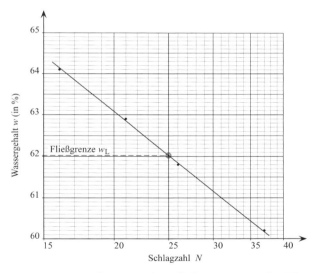

Abb. 5-18 Bestimmung der Fließgrenze aus vier Einzelversuchen nach der Mehrpunktmethode (nach DIN 18122-1)

Die Darstellung gilt für die Fließgrenzenbestimmung aus vier Einzelversuchen. Es ist zu erkennen, dass die eingetragenen Wassergehaltswerte der vier Versuche annähernd auf der in das Diagramm eingezeichneten Bestimmungsgeraden liegen. Deren Schnitt mit der zur Schlagzahl 25 gehörenden Ordinate liefert den zu bestimmenden Wassergehalt w_L an der Fließgrenze.

5.8.5 Bestimmung der Ausrollgrenze

Die Ausrollgrenze w_P ist der Wassergehalt am Übergang von der plastischen (bildsamen) zur halbfesten Zustandsform bindiger Böden. Sie ist ein Richtmaß für die Bearbeitbarkeit des Bodens.

Die Bestimmung der Ausrollgrenze erfolgt nach DIN 18122-1 unter Verwendung von mindestens drei Bodenproben (Probenmasse jeweils $\approx$ 5 g). Der Versuch ist in folgender Form durchzuführen:

1. Proben kneten – mit der Hand auf Saugpapier oder feinporiger Steinplatte in 3 mm dicke Röllchen ausrollen – kneten – ausrollen ... bis Röllchen bröckeln (Ausrollgrenze ist erreicht)
2. danach sofort den Wassergehalt jeder Probe gemäß DIN 18121-1 [L 67] oder DIN 18121-2 [L 68] bestimmen.

Der endgültige Wassergehalt w_P des untersuchten Bodens ergibt sich aus der Mittelwertbildung der Wassergehalte von mindestens 3 Proben, deren Wassergehalte um nicht mehr als

$\Delta w = 0,02 = 2\,\%$

voneinander abweichen.

Ein Anwendungsbeispiel für die Ermittlung der Ausrollgrenze kann z. B. DIN 18122-1 entnommen werden.

5.8.6 Bestimmung der Schrumpfgrenze

Als Schrumpfgrenze w_S wird der Wassergehalt des Bodens am Übergang von der halbfesten zur festen Zustandsform bezeichnet. Diese Grenze ist dadurch gekennzeichnet, dass die nahezu geradlinig verlaufende Volumenverminderung bindiger Böden infolge von Austrocknung praktisch abgeschlossen ist (vgl. Abb. 5-19).

Zur Ermittlung dieser Grenze nach DIN 18122-2 ist

- durch Vermischung von $\approx$ 200 g feuchtem Bodenmaterial (ohne Körner mit Durchmessern > 0,4 mm) und Wasser eine Probe mit einem Wassergehalt von $w \approx 1,1 \cdot w_L$ herzustellen

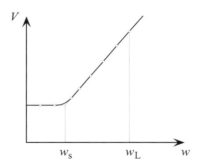

Abb. 5-19 Beziehung von Wassergehalt w zu Volumen V eines bindigen Bodens

- die Innenwand einer ringförmigen Form (Innendurchmesser $\approx$ 70 mm, Höhe $\approx$ 14 mm) sowie die Oberfläche einer Glasplatte z. B. mit Vaseline einzufetten und beides zusammen zu wiegen (Ergebnis: m_B)
- Probenmaterial luftporenfrei in den auf der Glasplatte liegenden Ring zu streichen und an der Stirnfläche abzugleichen
- die Probe erst bei Zimmertemperatur bis zum Farbumschlag zum Hellen (tritt bei vielen Böden beim Erreichen der Schrumpfgrenze auf) zu trocknen
- die Probe danach im Trockenofen bei 105 °C bis zur Massenkonstanz zu trocknen und nach Abkühlung mit Ring + Glasplatte zu wiegen (Ergebnis: $m_d + m_B$)

▶ das Volumen V_d des trockenen Probekörpers durch Quecksilberverdrängung oder Ausmessen der Probe (weiteres siehe DIN 18122-2) zu ermitteln.

Die Versuchsauswertung liefert u. a. die sich durch Differenzbildung $((m_d + m_B) - m_B)$ der Wiegeergebnisse ergebende Trockenmasse m_d.

Unter der Voraussetzung, dass bei Erreichung der Schrumpfgrenze alle Bodenporen gerade noch mit Wasser gefüllt sind und das Volumen V_{ps} einnehmen, summiert sich das in dieser Phase von der Bodenprobe eingenommene Volumen aus V_{ps} und dem Kornvolumen V_k. Mit der Dichte ρ_w von Wasser gilt für den gesuchten Wassergehalt an der Schrumpfgrenze

$$w_s = \frac{V_{ps} \cdot \rho_w}{m_d} = \frac{(V_d - V_k) \cdot \rho_w}{m_d} \qquad \text{Gl. 5-61}$$

Wird in Gl. 5-61 die vorher zu ermittelnde Korndichte $\rho_s = m_d / V_k$ der Bodenprobe eingesetzt, ergibt sich die Bestimmungsgleichung für w_s aus DIN 18122-2

$$w_s = \left(\frac{V_d}{m_d} - \frac{1}{\rho_s} \right) \cdot \rho_w \qquad \text{Gl. 5-62}$$

5.8.7 Bodenklassifikation nach DIN 18196

Von der schon in Abschnitt 5.2.7 behandelten Bewertung von Böden hinsichtlich ihrer bautechnischen Eigenschaften und ihrer bautechnischen Eignung gemäß DIN 18196 [L 86] werden auch Böden mit plastischen Eigenschaften erfasst (vgl. Tabelle 5-7).

Die Klassifikation der feinkörnigen Böden (Massenanteil des Feinkorns $\geq$ 40 %, siehe Tabelle 5-3) mit den Hauptanteilen Ton und Schluff wird anhand des Wassergehalts w_L an der Fließgrenze und der Plastizitätszahl I_P vorgenommen. Die Unterscheidung der Tone (T) und Schluffe (U) erfolgt mit den Einstufungen nach Tabelle 5-14 sowie unter Hinzuziehung von I_P und dem Plastizitätsdiagramm aus Abb. 5-20. Gemischtkörnige Böden (Feinkornanteil 5 % bis 40 %, siehe Tabelle 5-3) sind in analoger Form zu klassifizieren.

Tabelle 5-14 Vom Wassergehalt w_L an der Fließgrenze abhängige Einstufung von Tonen und Schluffen nach DIN 18196 [L 86])

Benennung	Kurzzeichen	Wassergehalt w_L
leicht plastisch	L	< 35 %
mittelplastisch	M	35 % bis 50 %
ausgeprägt plastisch	A	> 50 %

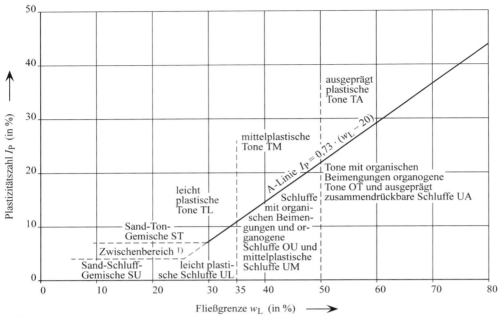

[1])Die Plastizitätszahl von Böden mit niedriger Fließgrenze ist versuchsmäßig nur ungenau zu ermitteln. In den Zwischenbereich fallende Böden müssen daher mit anderen Verfahren, z. B. nach DIN 4022-1 [L 41], Abschnitt 8.5 bis 8.9, dem Ton- und Schluffbereich zugeordnet werden.

Abb. 5-20 Plastizitätsdiagramm mit Bodengruppen (nach DIN 18196 [L 86])

5.8.8 Plastische Bereiche und zulässige Bodenpressungen nach DIN 1054

Für baupraktische Zwecke wird der Bereich zwischen dem Wassergehalt w_L an der Fließgrenze und dem Wassergehalt w_P an der Ausrollgrenze in DIN 18122-1 gemäß der Tabelle 5-15 unterteilt.

Werden die Definitionen für w_L und w_P aus DIN 18122-1 und für w_s aus DIN 18122-2 mit den Begriffen aus Tabelle 5-15 kombiniert und in einem w-I_C-Diagramm graphisch dargestellt, ergibt sich das in Abb. 5-21 gezeigte Ergebnis.

Tabelle 5-15 Zustandsformen des plastischen Bereichs zwischen der Fließ- und der Ausrollgrenze (nach DIN 18122-1)

Zustandsform des plastischen Bereichs	Liquiditätszahl I_L	Konsistenzzahl I_C
flüssig	> 1,0	< 0
breiig	≤ 1,0 [1]) bis > 0,50	≥ 0 [1]) bis < 0,50
weich	≤ 0,50 bis > 0,25	≥ 0,50 bis < 0,75
steif	≤ 0,25 bis ≥ 0 [2])	≥ 0,75 bis ≤ 1,0 [2])
halbfest	< 0	> 1,0 (bis w_s)
[1]) Fließgrenze [2]) Ausrollgrenze		

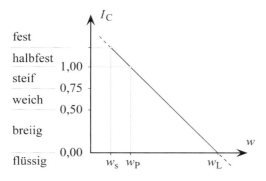

Abb. 5-21 Zusammenhang zwischen Wassergehalt w, Konsistenzzahl I_C und den Zustandsformen nach DIN 18122-1 und DIN 18122-2

Mit den Zustandsformen gemäß Tabelle 5-15 bzw. Abb. 5-21 werden in DIN 1054 [L 19] für bindige Böden zulässige Bodenpressungen angegeben, wie sie für definierte Regelfälle angesetzt werden dürfen.

Kleinste Einbindetiefe des Fundaments in m	Aufnehmbarer Sohldruck in kN/m² bei Streifenfundamenten mit Breiten b bzw. b' von 0,5 bis 2 m und der mittleren Konsistenz		
	steif	halbfest	fest
0,5	150	220	330
1,0	180	280	380
1,5	220	330	440
2,0	250	370	500
Mittlere einaxiale Druckfestigkeit $q_{u,k}$ in kN/m²	120 bis 300	300 bis 700	> 700
Gemischtkörniger Boden ($S\overline{U}$, ST, $S\overline{T}$, GU, $G\overline{T}$ nach DIN 18196 [L 86]; z. B. Geschiebemergel)			

Kleinste Einbindetiefe des Fundaments in m	Aufnehmbarer Sohldruck in kN/m² bei Streifenfundamenten mit Breiten b bzw. b' von 0,5 bis 2 m und der mittleren Konsistenz		
	steif	halbfest	fest
0,5	120	170	280
1,0	140	210	320
1,5	160	250	360
2,0	180	280	400
Mittlere einaxiale Druckfestigkeit $q_{u,k}$ in kN/m²	120 bis 300	300 bis 700	> 700
Tonig schluffiger Boden (UM, TL, TM nach DIN 18196 [L 86])			

Kleinste Einbindetiefe des Fundaments in m	Aufnehmbarer Sohldruck in kN/m² bei Streifenfundamenten mit Breiten b bzw. b' von 0,5 bis 2 m und der mittleren Konsistenz		
	steif	halbfest	fest
0,5	90	140	200
1,0	110	180	240
1,5	130	210	270
2,0	150	230	300
Mittlere einaxiale Druckfestigkeit $q_{u,k}$ in kN/m²	120 bis 300	300 bis 700	> 700
Ton-Boden (TA nach DIN 18196 [L 86])			

Abb. 5-22 Aufnehmbare Sohldrücke σ_{zul} bindiger Böden nach DIN 1054 [L 19]

Da mit dem Nachweis der Zulässigkeit von Bodenpressungen nach DIN 1054 [L 19] letztendlich Setzungs- und Grundbruchnachweise für Regelfälle geführt werden, sind die zulässigen Sohlfugenspannungen bindiger Böden u. a. auch ein von der Konsistenz abhängendes Maß für die Scherfestigkeit der Böden. Probleme hinsichtlich eindeutiger Zusammenhänge zwischen der an aufbereiteten Proben ermittelten Konsistenzzahl und der im ungestörten Baugrund aktivierbaren undränierten Scherfestigkeit behandeln SCHUPPENER/KIEKBUSCH in [L 171].

5.9 Proctordichte (Proctorversuch)

Mit dem Proctorversuch wird die Trockendichte eines Bodens in Abhängigkeit von dem Wassergehalt festgestellt, bei dem das Bodenmaterial unter festgelegten Bedingungen verdichtet wird. Der Versuch dient der Abschätzung der auf Baustellen erreichbaren Dichte des Bodens. Er liefert eine Bezugsgröße für die Beurteilung der vorhandenen bzw. der bei Verdichtungsarbeiten erreichten Dichte von Bodenmaterial und für die Angabe von Anforderungen an Verdichtungsmaßnahmen. Sein Ergebnis lässt auch erkennen, bei welchem Wassergehalt ein Boden sich günstig verdichten lässt, wenn eine bestimmte Trockendichte erreicht werden soll.

5.9.1 DIN-Norm

Hinweise zu den einzusetzenden Geräten und zur Durchführung und Auswertung der Versuche beim Proctorversuch sind in
- DIN 18127 [L 76]

zusammengestellt. Die Ausführungen werden durch Anwendungsbeispiele mit unterschiedlichen Bodenarten ergänzt.

5.9.2 Definitionen

Proctordichte ρ_{Pr}
  Größte erreichbare Trockendichte bei einer volumenbezogenen Verdichtungsarbeit von $W \approx 0{,}6$ MNm/m^3.

Modifizierte Proctordichte mod ρ_{Pr}
  Größte erreichbare Trockendichte bei einer volumenbezogenen Verdichtungsarbeit von $W \approx 2{,}7$ MNm/m^3.

Optimaler Wassergehalt w_{Pr} bzw. mod w_{Pr}
  Wassergehalt, bei dem die Proctordichte bzw. die modifizierte Proctordichte erreicht wird.

Verdichtungsgrad
  Aus Trockendichte ρ_d nach DIN 18125-2 [L 74] und Proctordichte ρ_{Pr} des Bodens sich ergebendes Verhältnis

$$D_{Pr} = \frac{\rho_d}{\rho_{Pr}} \qquad \text{Gl. 5-63}$$

5.9.3 Geräte für den Proctorversuch

Zur Durchführung des Proctorversuchs sind vor allem Versuchszylinder mit zugehörigen Aufsatzringen zur Aufnahme und Geräte zur Verdichtung des Probenmaterials erforderlich.

In DIN 18127 werden Versuchszylinder mit Innendurchmessern d_1 von 100, 150 und 250 mm und den zugehörigen Zylinderhöhen h_1 von 120, 125 und 200 mm vorgeschrieben, mit denen Böden verschiedener Korndurchmesser untersucht werden können (vgl. Tabelle 5-16). Abb. 5-23 zeigt einen solchen Versuchszylinder nebst Grundplatte und Aufsatzring.

Zur Verdichtung des Probenmaterials werden in DIN 18127 sowohl handbetätigte als auch motorbetriebene Geräte zugelassen. In Abb. 5-24 ist ein motorbetriebener Proctorverdichter gezeigt. Das Gerät arbeitet weitgehend automatisch, d. h., es verdichtet den Boden im Versuchszylinder gemäß den Bedingungen der DIN 18127, wobei die erforderliche Schlagzahl vorher am Gerät eingestellt wird.

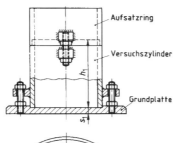
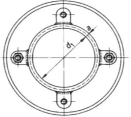

Abb. 5-23 Versuchszylinder mit Aufsatzring und Grundplatte (aus DIN 18127)

Abb. 5-24 Offener automatischer Proctorverdichter mit Zubehör der Fa. *Fröwag* [F 2]

Versuchsdurchführung und -auswertung

Nach DIN 18127 besteht der Proctorversuch aus mindestens fünf Einzelversuchen, für die Probenmengen gemäß Tabelle 5-16 zur Verfügung zu stellen sind. Da sich alle Einzelversuche durch den Wassergehalt ihrer Bodenproben voneinander unterscheiden, ist dieser vor der Versuchsdurchführung für jeden Einzelversuch mittels

Tabelle 5-16 Probemenge für den Einzelversuch und zulässiges Größtkorn (nach DIN 18127)

Versuchszylinder d_1 in mm	Probemenge mindestens in kg	zulässiges Größtkorn in mm
100	3	20,0
150	6	31,5
250	30	63,0

$$w = \frac{m_w}{m_d} = \frac{m - m_d}{m_d} \qquad \text{Gl. 5-64}$$

zu bestimmen. Dabei ist m die Masse der gesamten feuchten Bodenprobe und m_d die Masse der gesamten trockenen Bodenprobe. Bezüglich weiterer Einzelheiten zur Wassergehaltsbestimmung sei auf DIN 18127 verwiesen.

Nach der Wassergehaltsbestimmung wird im Rahmen des jeweiligen Einzelversuchs
1. der Boden in 3 Schichten gleicher Dicke (3 oder 5 Schichten bei modifizierter Proctordichte) in den durch den Aufsatzring erhöhten Versuchszylinder gefüllt und die Oberfläche jeder Schicht mit einem Holzstempel leicht angedrückt
2. jede Schicht mit dem für den jeweiligen Versuchszylinder nach DIN 18127 vorgeschriebenen Verdichtungsgerät und der vorgeschriebenen Schlagzahl verdichtet (Anordnung der Schläge im Versuchszylinder gemäß Abb. 5-25)
3. der Aufsatzring abgenommen und die Oberfläche der Probe mit dem Stahllineal auf die Höhe des Zylinderrandes eben abgeglichen
4. der Versuchszylinder mit dem Inhalt gewogen.

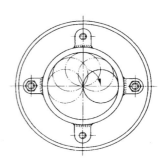

Abb. 5-25 Schema der Schlaganordnung im Versuchszylinder (aus DIN 18127)

Nach Abschluss jedes Einzelversuchs verbleibt nur ein Teil der Bodenprobe im Versuchszylinder. Mit der Masse m, der Trockenmasse m_d und dem Volumen V (wird dem Volumen des Versuchszylinders gleichgesetzt) dieses Teils ist die Dichte ρ der Probe (in g/cm³) mit Gl. 5-40 und die Trockendichte der Probe (in g/cm³) mit

$$\rho_d = \frac{\rho}{1+w} = \frac{m_d}{V} \qquad \text{Gl. 5-65}$$

zu bestimmen.

Sind alle Einzelversuche abgeschlossen und ausgewertet, liegt für jeden der Versuche ein berechnetes Wertepaar (w, ρ_d) vor. Wenn
1. alle Wertepaare als Messpunkte in ein ρ_d-w-Diagramm eingetragen werden und
2. in Anpassung an die Messpunkte eine Ausgleichskurve (Proctorkurve) mit möglichst großem Krümmungskreis in ihrem Scheitel in das ρ_d-w-Diagramm eingezeichnet wird,

Bestimmung des Wassergehalts					
Proben- Nr.	1	2	3	4	5
Feuchte Probe + Behälter [g]:	5938.00	6034.00	6113.00	6214.00	6339.00
Trockene Probe + Behälter [g]:	5207.00	5207.00	5207.00	5207.00	5207.00
Behälter [g]:	1570.00	1570.00	1570.00	1570.00	1570.00
Porenwasser [g]:	731.00	827.00	906.00	1007.00	1132.00
Trockene Probe [g]:	3637.00	3637.00	3637.00	3637.00	3637.00
Wassergehalt [%]	20.10	22.74	24.91	27.69	31.12
Bestimmung der Feuchtdichte					
Feuchte Probe + Zylinder [g]:	7490.00	7587.00	7654.00	7680.00	7653.00
Zylinder [g]:	5895.00	5895.00	5895.00	5895.00	5895.00
Feuchte Probe [g]:	1595.00	1692.00	1759.00	1785.00	1758.00
Volumen Zylinder [cm³]:	942.00	942.00	942.00	942.00	942.00
Feuchtdichte ρ [g/cm³]	1.693	1.796	1.867	1.895	1.866
Bestimmung der Trockendichte ρ_d					
Trockendichte ρ_d [g/cm³]	1.410	1.463	1.495	1.484	1.423

Abb. 5-26 Teil des Versuchsprotokolls eines Proctorversuchs

ergibt sich ein charakteristischer Funktionszusammenhang zwischen den Trockendichten und den zugehörigen Wassergehalten des untersuchten Bodens im verdichteten Zustand.

Der Wassergehalt und die Trockendichte, die zum Scheitelpunkt der Proctorkurve gehören, sind der optimale Wassergehalt w_{Pr} und die Proctordichte ρ_{Pr} bzw. die modifizierte Proctordichte mod ρ_{Pr}.

Für die computerunterstützte Auswertung und Ergebnisdarstellung von Proctorversuchen kann zwischen verschiedenen EDV-Programmen gewählt werden. Abb. 5-26 und Abb. 5-27 zeigen Ausschnitte aus den Ergebnissen eines Versuchs mit Ton, bei dem ein Versuchszylinder mit dem Innendurchmesser $d_1 = 100$ mm und der Höhe $h_1 = 120$ mm verwendet wurde. Das in drei Schichten eingebrachte Bodenmaterial wurde mit 25 Schlägen pro Schicht verdichtet, wobei die Masse des Fallgewichts 2,5 kg betrug. Für die Datenaufbereitung wurde das Programm „Proctor" [F 3] verwendet.

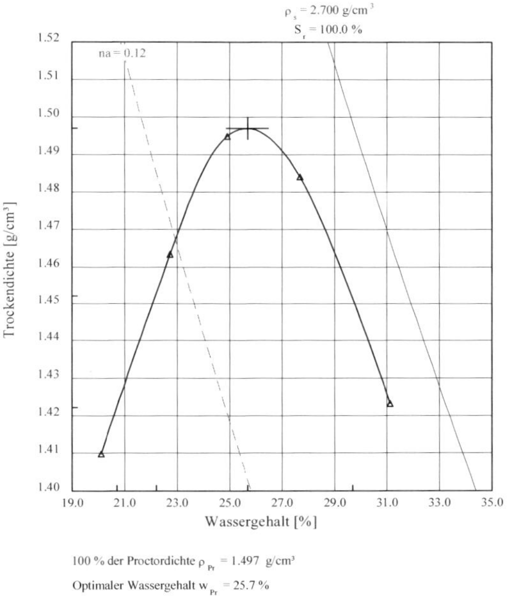

Die in Abb. 5-27 für die Korndichte $\rho_s = 2{,}69$ g/cm³ des Probenmaterials dargestellte Sättigungskurve erfasst den Zustand von 100 % Sättigung (Sättigungszahl $S_r = 1$). Sie verbindet Wertepaare (w, ρ_d), deren Wassergehalt w zu gesättigtem Boden gehört und deren Trockendichte mit der Korndichte ρ_s des Probenmaterials und der Dichte ρ_w des Wassers mittels der Beziehung

$$\rho_d = \frac{\rho_s}{1 + \dfrac{w \cdot \rho_s}{\rho_w}} \qquad \text{Gl. 5-66}$$

Abb. 5-27 Proctorkurve eines Tons (zu Versuchsprotokoll aus Abb. 5-26) mit Sättigungslinie und Kurve gleicher Porenluftanteile ($n_a = 0{,}12$)

berechnet werden kann. Gl. 5-66 ergibt sich aus

$$\rho_d = \frac{\rho_s}{1 + \dfrac{w \cdot \rho_s}{\rho_w \cdot S_r}} \qquad \text{Gl. 5-67}$$

wenn die Sättigungszahl mit $S_r = 1$ eingesetzt wird.

Der zu einem ρ_d-Wert ($\rho_d \leq \rho_{Pr}$) gehörende waagerechte Abstand der Sättigungskurve ($w = w_{ges}$) von der Proctorkurve ($w = w_{proctor}$) ist ein Maß für den Luftgehalt der entsprechenden Probe. Der Anteil der luftgefüllten Poren am Gesamtvolumen der Probe wird durch

$$n_a = 1 - \rho_d \cdot \left(\frac{1}{\rho_s} + \frac{w_{proctor}}{\rho_w} \right) \qquad \text{Gl. 5-68}$$

ermittelt. Durch Auflösung nach ρ_d ergibt sich aus Gl. 5-68 der Ausdruck

$$\rho_d = \frac{(1 - n_a) \cdot \rho_s \cdot \rho_w}{\rho_w + w_{proctor} \cdot \rho_s} \qquad \text{Gl. 5-69}$$

In welch starkem Maße die Proctorkurven von der Art des untersuchten Bodenmaterials abhängen, geht aus Abb. 5-28 hervor. In dem Bild ist die Proctorkurve des Tons aus Abb. 5-27 mit den Ergebnissen von Proctorversuchen mit schluffigem Kies, kiesigem Schluff und einem Kies-Sand-Schluff-Ton-Gemisch dargestellt. Gut zu erkennen ist, dass sich nicht nur die Werte der Proctordichten ρ_{Pr}, sondern auch die der optimalen Wassergehalte w_{Pr} stark unterscheiden können.

Proctorkurven von nichtbindigen Böden mit großer Gleichkörnigkeit sind durch schwache Krümmungen charakterisiert, d. h., die Abhängigkeit der Proctordichten vom Wassergehalt ist bei diesen Böden gering.

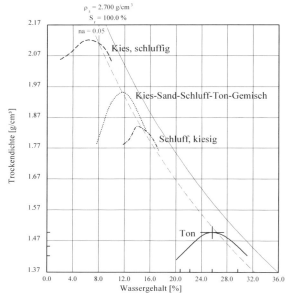

Abb. 5-28 Ergebnisse von Proctorversuchen mit verschiedenen Bodenarten

Nach VON SOOS [L 120], Kapitel 1.5 sind bei gleichkörnigen Böden und hochplastischen Tonen Proctordichten von ungefähr $\rho_{Pr} = 1{,}5$ t/m^3 zu erwarten. Bei gut abgestuften Kies-Sand-Schluff-Gemischen liegt dieser Wert in der Größenordnung von $\rho_{Pr} = 2{,}3$ t/m^3. Die Größen der erreichbaren modifizierten Proctordichten mod ρ_{Pr} liegen zwischen $1{,}04 \cdot \rho_{Pr}$ und $1{,}15 \cdot \rho_{Pr}$.

5.9.4 Anforderungen aus Regelwerken an den Verdichtungsgrad D_{Pr}

Anforderungen an den Verdichtungsgrad D_{Pr} sind z. B. die der DIN 1054 [L 19] hinsichtlich der Anwendbarkeit der nach ihr geltenden zulässigen Bodenpressungen für auf nichtbindigem Boden gegründete Fundamente. Diese zulässigen Größen dürfen in definierten Regelfällen u. a. nur dann angesetzt werden, wenn die Voraussetzungen der Tabelle 5-17 erfüllt sind.

Tabelle 5-17 Voraussetzungen für die Anwendung der Werte für den aufnehmbaren Sohldruck σ_{zul} nach den Tabellen A.1 und A.2 der DIN 1054 [L 19] bei nichtbindigem Boden (zur Lagerungsdichte D siehe Abschnitt 5.10)

Bodengruppe nach DIN 18196	Ungleichförmigkeitszahl nach DIN 18196 U	Mittlere Lagerungsdichte nach DIN 18126 D	Mittlerer Verdichtungsgrad nach DIN 18127 D_{Pr}	Mittlerer Spitzenwiderstand der Drucksonde q_c in MN/m²
SE, GE SU, GU GT	≤ 3	$\geq 0{,}3$	$\geq 95\,\%$	$\geq 7{,}5$
SE, SW SI, GE GW, GT SU, GU	> 3	$\geq 0{,}45$	$\geq 98\,\%$	$\geq 7{,}5$

Ein weiteres Beispiel sind die Anforderungen der ZTVE-StB 94 [L 188] bezüglich des zu erreichenden Verdichtungsgrades D_{Pr} im Straßenbau. Die für grobkörnige sowie gemischt- und feinkörnige Böden geltenden Anforderungen sind in Tabelle 5-18 und Tabelle 5-19 zusammengestellt (weitere Anforderungen siehe Tabelle 4-8 und Tabelle 4-9 in Abschnitt 4.3.5).

Tabelle 5-18 Anforderungen an das 10%-Mindestquantil für den Verdichtungsgrad D_{Pr} bei grobkörnigen Böden (nach ZTVE-StB 94 [L 188])

	Bereich	Bodengruppen	D_{Pr} in %
1	Planum bis 1,0 m Tiefe bei Dämmen und 0,5 m Tiefe bei Einschnitten	GW, GI, GE SW, SI, SE	100
2	1,0 m unter Planum bis Dammsohle	GW, GI, GE SW, SI, SE	98

Tabelle 5-19 Anforderungen an das 10%-Mindestquantil für den Verdichtungsgrad D_{Pr} bei gemischt- und feinkörnigen Böden (nach ZTVE-StB 94 [L 188])

	Bereich	Bodengruppen	D_{Pr} in %
1	Planum bis 0,5 m Tiefe	GU, GT, SU, ST	100
		GU*, GT*, SU*, ST* U, T, OK, OU, OT	97
2	0,5 m unter Planum bis Dammsohle	GU, GT, SU, ST, OH, OK	97
		GU*, GT*, SU*, ST*, U, T, OU, OT	95

Eine Forderung von $D_{Pr} = 98\%$, wie sie etwa in Tabelle 5-18 an das 10%-Mindestquantil für den Verdichtungsgrad D_{Pr} gestellt wird, bedeutet, dass höchstens 10 % der im gesamten Prüflos ermittelten Verdichtungsgrade den Wert $D_{Pr} = 98\%$ unterschreiten dürfen bzw. dass mindestens 90 % aller im Prüflos ermittelten Verdichtungsgradwerte die Größe $D_{Pr} = 98\%$ überschreiten müssen (siehe hierzu auch [L 16]).

5.10 Dichte bei lockerster und dichtester Lagerung

Die Dichten trockener nichtbindiger Böden bei ihrer lockersten und dichtesten Lagerung können durch Versuche nur näherungsweise bestimmt werden, da sich diese Extremalwerte der möglichen Bodendichten dabei gewöhnlich nicht ganz erreichen lassen. Dennoch ist es sinnvoll, mit genormten Versuchen entsprechende Werte zu ermitteln, da diese u. a. die Berechnung der Lagerungsdichten von nichtbindigen Böden in situ erlauben, wenn deren Porenanteile oder deren Trockendichten bekannt sind. Solche Größen dienen z. B. zur Beurteilung der Verdichtungsfähigkeit und Belastbarkeit von untersuchten Böden sowie als Bezugsgröße für einige ihrer Bodenkenngrößen. So erhöhen sich z. B. die Wichte und der die Scherfestigkeit bestimmende Reibungswinkel mit zunehmender Lagerungsdichte (vgl. z. B. Tabellen des Entwurfs der DIN 1055-2 [L 23]). Weiterhin ist die Gültigkeit zulässiger Bodenpressungen von nichtbindigen Böden gemäß DIN 1054 [L 19], Anhang A von deren mittlerer Lagerungsdichte und deren Ungleichförmigkeitsgrad abhängig.

5.10.1 DIN-Normen

Zur Ermittlung der Dichte bei lockerster und dichtester Lagerung enthält
- DIN 18126 [L 75].

Empfehlungen bezüglich der einzusetzenden Geräte und der Durchführung und Auswertung der Versuche. In Normen wie
- DIN 1054 [L 19]
- DIN 1055-2 [L 23]

werden zu den so ermittelten Werten weitere Beziehungen angegeben.

5.10.2 Definitionen

Dichte max ρ_d *bei dichtester Lagerung* (in g/cm³)
  Nach den entsprechenden Versuchen der DIN 18126 erzielte Trockendichte des Bodens.

Dichte min ρ_d *bei lockerster Lagerung* (in g/cm³)
  Nach den entsprechenden Versuchen der DIN 18126 erzielte Trockendichte des Bodens.

Die Kenntnis des Gesamtvolumens V, des Festmassenvolumens V_k, des Porenvolumens V_p bei dichtester (min V_p) und lockerster (max V_p) Lagerung und der Korndichte ρ_s (in g/cm³) des Probenmaterials sind zur Definition der folgenden Größen erforderlich.

Porenanteil bei lockerster Lagerung

$$\max n = \frac{\max V_p}{V} = 1 - \frac{\min \rho_d}{\rho_s} \qquad \text{Gl. 5-70}$$

Porenanteil bei dichtester Lagerung

$$\min n = \frac{\min V_p}{V} = 1 - \frac{\max \rho_d}{\rho_s} \qquad \text{Gl. 5-71}$$

Porenzahl bei lockerster Lagerung

$$\max e = \frac{\max V_p}{V_k} = \frac{\rho_s}{\min \rho_d} - 1 \qquad \text{Gl. 5-72}$$

Porenzahl bei dichtester Lagerung

$$\min e = \frac{\min V_p}{V_k} = \frac{\rho_s}{\max \rho_d} - 1 \qquad \text{Gl. 5-73}$$

Lagerungsdichte

$$D = \frac{\max n - n}{\max n - \min n} = \frac{\rho_d - \min \rho_d}{\max \rho_d - \min \rho_d} \quad \text{mit} \quad n = 1 - \frac{\rho_d}{\rho_s} \qquad \text{Gl. 5-74}$$

ρ_d = Trockendichte des Bodens nach DIN 18125-1 [L 73] oder DIN 18125-2 [L 74]

Bezogene Lagerungsdichte

$$I_D = \frac{\max e - e}{\max e - \min e} = \frac{\max \rho_d \cdot (\rho_d - \min \rho_d)}{\rho_d \cdot (\max \rho_d - \min \rho_d)} \quad \text{mit} \quad e = \frac{\rho_s}{\rho_d} - 1 \qquad \text{Gl. 5-75}$$

Hinweis: Die Zahlenwerte für I_D und D sind nur bei den Grenzwerten 0 und 1 identisch.

Verdichtungsfähigkeit

$$I_f = \frac{\max e - \min e}{\min e} = \frac{\rho_s \cdot (\max \rho_d - \min \rho_d)}{\min \rho_d \cdot (\rho_s - \max \rho_d)} = \frac{\max n}{\min n} \cdot \left(\frac{1 - \min n}{1 - \max n}\right) - 1 \qquad \text{Gl. 5-76}$$

In Tabelle 5-20 und Tabelle 5-21 sind Bezeichnungen (sehr locker, locker, ...) zusammengestellt, die als Anhaltswerte für die Unterscheidung von Böden hinsichtlich ihrer Lagerungsdichte verwendet werden können (vgl. hierzu auch Tabelle 5-26 sowie Tabelle 1 aus DIN 1055-2 [L 22]). So sind z. B. nach [L 21] nichtbindige Böden mit Sicherheit locker gelagert, wenn ein Stahlstab von ≈ 20 mm Durchmesser ohne Anstrengung 0,5 m tief eingedrückt werden kann.

Tabelle 5-20 Bezeichnungen für die Lagerungsdichte D gleichkörniger Fein- und Mittelsande in Abhängigkeit von dem in mindestens 5 m Tiefe ermittelten Spitzenwiderstand q_c einer Drucksonde bzw. dem Zahlenwert von D (nach EAU [L 107])

Spitzenwiderstand q_c in MN/m²	Lagerungsdichte	
	Bezeichnung	Wertebereich
$6 > q_c$	locker	$0{,}3 > D$
$6 \leq q_c \leq 11$	mitteldicht	$0{,}3 \leq D \leq 0{,}7$
$q_c > 11$	dicht	$D > 0{,}7$

Tabelle 5-21 Anhaltswerte für die Lagerungsdichte D, den Verdichtungsgrad D_{Pr} und den Spitzenwiderstand q_c von Drucksonden (nach DIN 1054 [L 20], DIN 1054 Beiblatt [L 21] und DIN 1055-2 [L 22])

	Lagerung			
	sehr locker	locker	mitteldicht	dicht
gleichförmige Böden ($U \leq 3$)	$D < 0{,}15$	$0{,}15 < D \leq 0{,}30$	$0{,}30 < D \leq 0{,}50$	$D > 0{,}50$
			$D_{Pr} \geq 95\%$	$D_{Pr} \geq 98\%$
ungleichförmige Böden ($U > 3$)	$D < 0{,}20$	$0{,}20 \leq D < 0{,}45$	$0{,}45 \leq D < 0{,}65$	$D \geq 0{,}65$
			$D_{Pr} \geq 98\%$	$D_{Pr} \geq 100\%$
q_c (in MN/m²)			$\geq 7{,}5$	≥ 15

Die Lagerungsdichte D und der Spitzenwiderstand q_c von Drucksonden werden in E DIN 1055-2 zur Einstufung der Festigkeit nichtbindiger Böden („Festigkeit" bezieht sich nur auf den Einfluss der Scherfestigkeit) verwendet (vgl. Tabelle 5-22).

Tabelle 5-22 Einstufung der Festigkeit nichtbindiger Böden (nach E DIN 1055-2)

Benennung der Festigkeit	Lagerungsdichten D für die Ungleichförmigkeitszahlen		Spitzenwiderstand q_c von Drucksonden in MN/m²
	$U \leq 3$	$U > 3$	
sehr geringe	$D < 0{,}15$	$D < 0{,}20$	$q_c < 5{,}0$
geringe	$0{,}15 \leq D < 0{,}30$	$0{,}20 \leq D < 0{,}45$	$5{,}0 \leq q_c < 7{,}5$
mittlere	$0{,}30 \leq D < 0{,}50$	$0{,}45 \leq D < 0{,}65$	$7{,}5 \leq q_c < 15{,}0$
hohe	$0{,}50 \leq D < 0{,}75$	$0{,}65 \leq D < 0{,}90$	$15{,}0 \leq q_c < 25{,}0$
sehr hohe	$D \geq 0{,}75$	$D \geq 0{,}90$	$15{,}0 \leq q_c < 25{,}0$
	$0{,}50 \leq D < 0{,}75$	$0{,}65 \leq D < 0{,}90$	$q_c \geq 25{,}0$
	$D \geq 0{,}75$	$D \geq 0{,}90$	$q_c \geq 25{,}0$

5.10.3 Dichte bei dichtester Lagerung (Rütteltischversuch)

Beim Rütteltischversuch (siehe Abb. 5-29) wird das im Trockenofen bei 105 °C getrocknete Probenmaterial im Versuchszylinder durch vertikale Schwingbewegungen der Tischplatte (Schwingweiten A: 1,4 mm bis 1,7 mm; Frequenz: 50 Hz) verdichtet. Nach 5 Minuten Rüttelzeit ist der Tisch schnell (in max. 1,5 Sekunden) zum Stillstand zu bringen (Vermeidung von Auflockerungseffekten).

Der Versuch ist mit jeweils neuem Probenmaterial mindestens dreimal durchzuführen. Seine Auswertung erfolgt nach DIN 18126 unter Verwendung der nach DIN 18124 [L 72] ermittelten Korndichte ρ_s. Dabei ergeben sich die Versuchsergebnisse max ρ_d, min n und min e als arithmetisches Mittel der entsprechenden Teilversuchsergebnisse. Ein entsprechendes Anwendungsbeispiel zeigt DIN 18126.

Einzelheiten bezüglich der beim Versuch einzusetzenden Geräte können DIN 18126 entnommen werden.

Mit dem Rütteltischversuch können nach [L 120], Kapitel 1.5 Böden mit Schluffanteilen bis zu 12% untersucht werden. Für die Untersuchung schlufffreier Sande ist auch der Schlaggabelversuch geeignet, der im Einzelnen ebenfalls in DIN 18126 beschrieben wird.

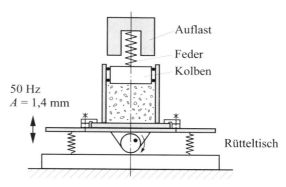

Abb. 5-29 Rütteltisch zur Ermittlung der dichtesten Lagerung (nach [L 120], Kapitel 1.5)

5.10.4 Dichte bei lockerster Lagerung (Einfüllung mit Trichter)

Beim Einsatz der in Abb. 5-30 gezeigten Versuchseinrichtung wird der auf den Boden des Versuchszylinders aufgesetzte Trichter mit der Bodenprobe gefüllt und dann mit der Seilwinde langsam zentrisch hochgezogen, bis der Versuchszylinder gefüllt ist. Nach dem Abgleichen des Bodens wird die Trockenmasse durch Wägung bestimmt.

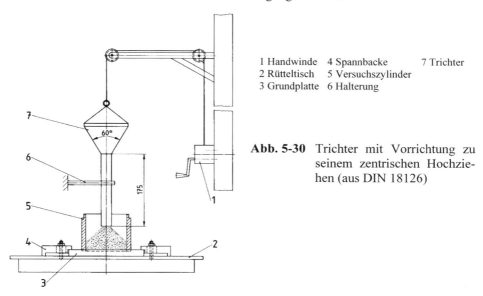

1 Handwinde   4 Spannbacke   7 Trichter
2 Rütteltisch 5 Versuchszylinder
3 Grundplatte 6 Halterung

Abb. 5-30 Trichter mit Vorrichtung zu seinem zentrischen Hochziehen (aus DIN 18126)

Der Versuch ist mit jeder der drei Teilproben, an denen die dichteste Lagerung bestimmt wurde, zweimal durchzuführen. Seine Auswertung erfolgt nach DIN 18126 unter Verwendung der nach DIN 18124 [L 72] ermittelten Korndichte ρ_s. Die dabei sich ergebenden Versuchsergebnisse min ρ_d, max n und max e sind das arithmetische Mittel der entsprechenden Teilversuchsergebnisse. Ein entsprechendes Anwendungsbeispiel beinhaltet DIN 18126.

Der beschriebene Versuch ist geeignet für die Untersuchung von Sanden und Feinkiesen. Bei grobkörnigerem Probenmaterial können als Einfüllgeräte auch Kelle oder Handschaufel benutzt werden (Näheres siehe DIN 18126).

Sind die Trockendichte ρ_d (bzw. der Porenanteil n und/oder die Porenzahl e) eines untersuchten Bodens für seine natürliche Lagerung bekannt und liegen die Ergebnisse der Versuche zur Dichteermittlung bei dichtester und lockerster Lagerung des Bodens vor, können seine Lagerungsdichte D, seine bezogene Lagerungsdichte I_D und seine Verdichtungsfähigkeit I_f mit Hilfe der Gleichungen Gl. 5-74 bis Gl. 5-76 berechnet werden.

5.11 Wasserdurchlässigkeit

5.11.1 Allgemeines

Die Wasserdurchlässigkeit dient im Grund- und Erdbau u. a. als Grundlage für die Berechnung von Grundwasserströmungen und zur Beurteilung der Durchlässigkeit von künstlich hergestellten Dichtungs- und Filterschichten. Sie ist z. B. erforderlich bei

- ▶ dem Entwurf von Wasserhaltungen für in das Grundwasser reichende Bauwerke
- ▶ der Beurteilung von Filtermaterial für Dränagen
- ▶ der Kontrolle des erreichten Verdichtungsgrades von Deponieabdichtungen
- ▶ der Abdichtung der Sohlen und Böschungen von Kanälen.

Die zahlenmäßige Einstufung der Wasserdurchlässigkeit von laminar durchströmten Böden (Lockergesteinen) erfolgt anhand des Durchlässigkeitsbeiwerts, der eine wesentliche mechanische Bodeneigenschaft darstellt. Im Labor gewonnene Zahlenwerte für den Durchlässigkeitsbeiwert sind auf die Bodengegebenheiten in der Natur nur dann übertragbar, wenn die untersuchten Bodenproben u. a.

- ▶ für die in situ vorhandene Bodenschicht repräsentativ sind;
- ▶ durch die Probenentnahme in ihrem Gefüge nicht verändert (z. B. aufgelockert) wurden.

Da diese Forderungen nie vollständig eingehalten werden, können sie als Kriterien zur Beurteilung der Aussagekraft der Versuche herangezogen werden.

5.11.2 DIN-Norm

Empfehlungen hinsichtlich der Laborversuche zur Wasserdurchlässigkeitsermittlung sind in
- ▶ DIN 18130-1 [L 79]

zu finden. Hierzu gehören u. a. die Auswahl geeigneter Versuchsanordnungen, die Versuchsdurchführung und -auswertung sowie Anwendungsbeispiele.

5.11.3 Definitionen

Durchfluss Q (in m³/s)

Auf Zeiteinheit bezogenes Wasservolumen V_w, das während der Versuchszeit t aus der Querschnittsfläche A (Feststoffe + Poren) eines Probekörpers austritt (siehe Abb. 5-31).

$$Q = \frac{V_w}{t} \qquad \text{Gl. 5-77}$$

Filtergeschwindigkeit v (in m/s)

Durchfluss Q pro Einheit der Querschnittsfläche A (senkrecht zur Fließrichtung angeordnet) bzw. Wasservolumen V_w, bezogen auf die Querschnittsfläche A und die Versuchszeit t.

$$v = \frac{Q}{A} = \frac{V_w}{A \cdot t} \qquad \text{Gl. 5-78}$$

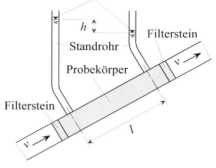

Abb. 5-31 Strömungsvorgang in einer Bodenprobe (nach DIN 18130-1)

Anmerkung: v < tatsächliche Fließgeschwindigkeit des Wassers in den Bodenporen.

Hydraulischer Höhenunterschied h (in m)

Differenz von zwei Standrohrspiegelhöhen in zwei Querschnitten des Probekörpers (siehe Abb. 5-31).

Durchströmte Länge l (in m)

Abstand der Ansatzpunkte der Standrohre in Fließrichtung des Wassers bzw. Länge der dazwischen liegenden durchströmten Bodenprobe (siehe Abb. 5-31).

Hydraulisches Gefälle i

Hydraulischer Höhenunterschied, bezogen auf die durchströmte Länge.

$$i = \frac{h}{l} \qquad \text{Gl. 5-79}$$

Durchlässigkeitsbeiwerte k_r und k (in m/s)

Verhältnis von Filtergeschwindigkeit zu hydraulischem Gefälle eines wassergesättigten (k_r) bzw. teilweise wassergesättigten (k) Bodens, bei dem der Fließvorgang nach dem Gesetz von DARCY (Fließgesetz für gleichmäßige, lineare Durchströmung) erfolgt.

Tabelle 5-23 Erfahrungswerte für den Durchlässigkeitsbeiwert k (nach VON SOOS [L 120], Kapitel 1.5)

Bodenart	Durchlässigkeitsbeiwert k in m/s
Sandiger Kies	$2 \cdot 10^{-2}$ bis $1 \cdot 10^{-4}$
Sand	$1 \cdot 10^{-3}$ bis $1 \cdot 10^{-5}$
Schluff-Sand-Gemische	$5 \cdot 10^{-5}$ bis $1 \cdot 10^{-7}$
Schluff	$5 \cdot 10^{-6}$ bis $1 \cdot 10^{-8}$
Ton	$1 \cdot 10^{-8}$ bis $1 \cdot 10^{-12}$

$$k_r = \frac{v}{i} \quad \text{(gesättigter Boden)}$$

$$k = \frac{v}{i} \quad \text{(teilgesättigter Boden)}$$

Gl. 5-80

Anmerkung: Es gilt stets $k_r > k$.

In Tabelle 5-23 sind Erfahrungswerte für Durchlässigkeitsbeiwerte k von verschiedenen Böden angegeben.

Durchlässigkeitsbereiche
Wertebereiche von Durchlässigkeitsbeiwerten, die in DIN 18130-1 für bautechnische Zwecke gemäß Tabelle 5-24 definiert sind.

Tabelle 5-24 Vom Durchlässigkeitsbeiwert abhängige Durchlässigkeitsbereiche (nach DIN 18130-1)

Durchlässigkeitsbeiwert k_r in m/s	Durchlässigkeitsbereich
$< 10^{-8}$	sehr schwach durchlässig
10^{-8} bis 10^{-6}	schwach durchlässig
$> 10^{-6}$ bis 10^{-4}	durchlässig
$> 10^{-4}$ bis 10^{-2}	stark durchlässig
$> 10^{-2}$	sehr stark durchlässig

5.11.4 Beziehungen der Filtergeschwindigkeit zum hydraulischen Gefälle

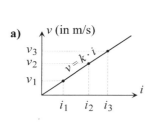

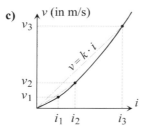

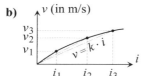

a) $k_1 = k_2 = k_3 = \text{const}$
b) $k_1 = k_{\text{Darcy}} > k_2 > k_3$
c) $k_1 < k_2 < k_3$

Abb. 5-32 Zusammenhang zwischen Filtergeschwindigkeit v und hydraulischem Gefälle i (nach DIN 18130-1)
a) lineare Strömung (Gesetz von DARCY)
b) turbulente Strömung in grobkörnigen Böden (postlinearer Bereich)
c) Strömung in feinkörnigen Böden, die durch diffuse Wasserhüllen eingeengt ist (prälinearer Bereich)

Zwischen der Filtergeschwindigkeit v und dem hydraulischen Gefälle i besteht nur dann ein linearer Zusammenhang, wenn der Boden laminar durchströmt wird und sich die Querschnittsfläche der durchflossenen Porenkanäle nicht ändert (siehe Abb. 5-32 a)). Werden diese Voraussetzungen verletzt, ergeben sich nichtlineare Beziehungen zwischen v und i. Zwei entsprechende Beispiele sind in Abb. 5-32 b) und Abb. 5-32 c) gezeigt. Die bei turbulenten Strömungen auftretenden Verwirbelungen des strömenden Wassers reduzieren dessen Durchflussgeschwindigkeit. Da sich diese Verluste mit wachsendem hydraulischem Gefälle vergrößern, nimmt die Filtergeschwindigkeit gemäß Abb. 5-32 b) unterlinear zu (postlinearer Bereich). Der umgekehrte Effekt stellt sich bei bindigen Sedimenten und kleinem hydraulischem Gefälle ein. Hierzu gibt es eine Reihe von Untersuchungen mit zum Teil sehr unterschiedlichen Ergebnissen (vgl. [L 169]). Eines dieser Ergebnisse entspricht der Abb. 5-32 c), dessen überlinearer Verlauf auf die Wirkung diffuser Wasserhüllen zurückgeführt wird, welche die Querschnitte von durchflossenen Porenkanälen feinkörniger Böden einengen. Mit zunehmendem hydraulischem Gefälle wachsen Fließgeschwindigkeit und Strömungskräfte, was zum „herausreißen" der Wassermoleküle aus der diffusen Hülle und damit zu einer Vergrößerung des Durchflussquerschnitts führt. Das Ergebnis ist ein sich entsprechend vergrößernder Durchfluss Q (bei gleich bleibender Querschnittsfläche des Filters) und ein überlineares Anwachsen der Filtergeschwindigkeit v (prälinearer Bereich).

5.11.5 Temperatureinfluss

Da die Fließgeschwindigkeit von Flüssigkeiten, bei sonst gleichen Verhältnissen, mit zunehmender Zähigkeit abnimmt und die Zähigkeit von Wasser durch dessen Temperatur beeinflusst wird, ist bei Versuchen zur Ermittlung der Wasserdurchlässigkeit für eine annähernd konstante Temperatur zu sorgen.

Im Hinblick auf die durchschnittliche Grundwassertemperatur von ungefähr 10 °C werden die bei der Versuchstemperatur T (in °C) ermittelten Durchlässigkeitsbeiwerte k_T auf die Vergleichstemperatur 10 °C mit Hilfe von

$$k_{10} = \alpha \cdot k_T = \frac{1{,}359}{1 + 0{,}0337 \cdot T + 0{,}00022 \cdot T^2} \cdot k_T \qquad \text{Gl. 5-81}$$

umgerechnet. Zur einfacheren Handhabung werden in DIN 18130-1 für den Korrekturbeiwert α die Zahlenwerte der Tabelle 5-25 angeboten, mit denen eine schnelle Umrechnung erfolgen kann. α-Werte zu dazwischenliegenden Versuchstemperaturen dürfen durch lineare Interpolation berechnet und verwendet werden.

Ist k_{10} bekannt, können durch entsprechende Umstellung von Gl. 5-81 zu beliebigen anderen Temperaturen gehörende Durchlässigkeitsbeiwerte berechnet werden.

Tabelle 5-25 Korrekturbeiwert α zur Berücksichtigung der Zähigkeit von Wasser (nach DIN 18130-1)

Temperatur T in °C	5	10	15	20	25
α	1,158	1,000	0,874	0,771	0,686

5.11.6 Versuch mit veränderlichem hydraulischem Gefälle

In DIN 18130-1 werden zwei Formen des erzeugten hydraulischen Gefälles unterschieden. Bei der einen bleibt das Gefälle während des gesamten Versuchs konstant, und bei der anderen nimmt es während des Versuchs ab.

Die in Abb. 5-33 dargestellte Versuchsanordnung gehört zur zweiten Kategorie. Ihr Einsatz ist geeignet für feinkörnige Böden, insbesondere für

▶ Tone und
▶ Schluffe.

Der Versuch wird mit einer Bodenprobe durchgeführt, die bezüglich ihres Durchmessers und ihrer Höhe mindestens die Größen 70 mm (⌀) und 20 mm (Höhe) aufweisen soll und die vor dem eigentlichen Durchlässigkeitsversuch durch eine über die Kopfplatte (siehe Abb. 5-33) aufgebrachte Last konsolidiert wird.

Während des Durchlässigkeitsversuchs durchströmt das vorher entlüftete Wasser aufgrund der Versuchsanordnung die Bodenprobe von unten nach oben. Der dabei von unten auf die Bodenprobe wirkende hydrostatische Druck wird durch die statische Belastung kompensiert.

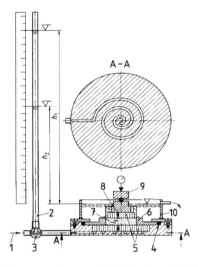

1 Zuführung von entlüftetem Wasser
2 Aufsetzbares Standrohr (Piezometer), Querschnittsfläche
3 Dreiwegeventil
4 Gummidichtung
5 Filtersteine
6 Probenring
7 Probekörper
8 Kopfplatte für statische Belastung
9 Vorrichtung für vertikale Belastung und Messuhr für Zusammendrückung
10 Wasserbehälter mit Überlauf für konstante Bezugshöhe
h_1 Wasserspiegelhöhe zu Beginn der Messung
h_2 Wasserspiegelhöhe zum Zeitpunkt t
l_0 Höhe des Probekörpers (gleich der Länge der Sickerstrecke)

Abb. 5-33 Durchlässigkeitsversuch im Kompressions-Durchlässigkeitsgerät mit statischer Belastung des Probekörpers und veränderlichem hydraulischem Gefälle (nach DIN 18130-1)

Der in m/s zu ermittelnde Durchlässigkeitsbeiwert wird bei diesem Versuch durch

$$k = \frac{a \cdot l_0}{A \cdot t} \cdot \ln\left(\frac{h_1}{h_2}\right)$$ Gl. 5-82

bestimmt. Die in dieser Gleichung verwendeten Größen sind

a = Querschnittsfläche des Standrohrs (in m²)
l_0 = Höhe des Probekörpers (in m)
A = Querschnittsfläche des Probekörpers (in m²)
t = Messzeit (in s)
h_1 = Wasserhöhe im Standrohr (in m) nach Abb. 5-33 bei Versuchsbeginn (Messzeit $t = 0$)
h_2 = Wasserhöhe im Standrohr (in m) gemäß Abb. 5-33 zum Zeitpunkt t der Messung

Beispiele für die Ermittlung der Durchlässigkeit bei statischer Belastung mit veränderlichem hydraulischem Gefälle sind in DIN 18130-1 zu finden.

5.11.7 Versuch bei konstantem hydraulischem Gefälle

Die Versuchsanordnung aus Abb. 5-34 gehört zu den Versuchen, bei denen das erzeugte hydraulische Gefälle während des gesamten Versuchs konstant bleibt. Der Versuch eignet sich für grobkörnige Böden wie
- Sande und Kiese
- Kies-Sand-Gemische.

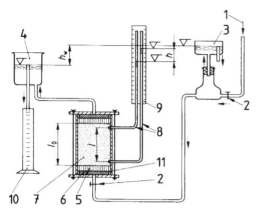

1 Zuführung von entlüftetem Wasser
2 Schlauchklemme oder Kugelventil
3 Überlauf O (Oberwasser)
4 Überlauf U (Unterwasser)
5 Filter
6 Lochplatte mit Drahtgewebe
7 Probekörper
8 Standrohre (Piezometer)
9 Messstab
10 Messzylinder
11 Versuchszylinder
h Differenz der Standwasserspiegelhöhen
h_w Höhendifferenz zwischen Oberwasser- und Unterwasserspiegel
l Länge der Sickerstrecke
l_0 Höhe des Probekörpers

Abb. 5-34 Durchlässigkeitsversuch im Versuchszylinder mit Standrohren und konstantem hydraulischem Gefälle (nach DIN 18130-1)

Der Versuch wird mit einer Bodenprobe durchgeführt, die bezüglich ihrer Abmessungsverhältnisse

$$\frac{\text{Größtkorn}}{\text{Probendurchmesser}} \quad \text{bzw.} \quad \frac{\text{Größtkorn}}{\text{Probenhöhe}}$$

die Werte

< 0,2 (bei ungleichförmigen Böden)
< 0,1 (bei gleichförmigen Böden)

aufweisen soll und in den Versuchszylinder so einzubauen ist, dass sich ein möglichst homogener Probekörper ergibt und keine Entmischung auftreten kann.

Die Versuchsanordnung bewirkt, dass das vorher entlüftete Wasser die Bodenprobe während des Durchlässigkeitsversuchs von unten nach oben durchströmt. Mit den eigentlichen Messungen (Ablesungen der Standrohrspiegelhöhen) sollte erst begonnen werden, wenn die unvermeidbaren Lufteinschlüsse in der Bodenprobe von dem durchströmenden Wasser „ausgespült" bzw. „ausgepresst" sind.

Der Durchlässigkeitsbeiwert (in m/s) wird bei diesem Versuch mit den gemessenen Größen

Q = Durchfluss (in m³/s)
h = Differenz der Standrohrspiegelhöhen (in m)

und der Gleichung

$$k = \frac{Q \cdot l}{A \cdot h} \qquad \text{Gl. 5-83}$$

bestimmt. Die Größen l und A sind der Abstand (in m) der Ansatzpunkte der beiden Standrohre (siehe Abb. 5-34) und die Querschnittsfläche (in m²) der Bodenprobe (Feststoffe + Poren).

Bei lockeren und grobkörnigen Böden ist der Versuch mit einer sehr kleinen Wasserspiegeldifferenz zu beginnen und mit größerer Wasserspiegeldifferenz zu wiederholen.

Ein Anwendungsbeispiel für die Ermittlung der Durchlässigkeit eines grobkörnigen Bodens im Versuchszylinder mit Standrohren und konstantem hydraulischem Gefälle ist in DIN 18130-1 aufgeführt. Auf diese DIN sei auch hinsichtlich weiterer Versuche zur Durchlässigkeitsermittlung sowie zu Details der Versuchsdurchführung und Auswertung verwiesen.

5.12 Einaxiale Zusammendrückbarkeit

5.12.1 Allgemeines

Wird Bodenmaterial durch Druck belastet, verringert es sein Volumen. Diese Zusammendrückung beruht praktisch vollständig auf der Verringerung seines Porenraums; die Zusammendrückung der Feststoffe ist demgegenüber vernachlässigbar.

Bodenmaterial, das im Moment der Lastaufbringung wassergesättigt ist und unter der Last seitlich nicht ausweichen kann, zeigt ein zeitabhängiges Last-Verformungs-Verhalten, dessen Charakteristik mit Hilfe des einfachen Federtopfmodells aus Abb. 5-35 beschrieben werden kann.

Mit dem Wasser im Topf wird das Porenwasser und mit den Federn das Korngerüst nachgebildet. Die Größe der Bohrung im Kolben ist ein Maß für die Wasserdurchlässigkeit des Bodens; eine große Bohrung entspricht einer großen Wasserdurchlässigkeit.

Unter der Annahme, dass das Wasser inkompressibel ist, übernimmt das Porenwasser (Wasser im Topf) zum Zeitpunkt $t = 0$ die Belastung σ_a vollständig. Dabei stellt sich ein Porenwasserüberdruck Δu (Wasserüberdruck im Topf) ein, der sich mit zunehmender Zeit abbaut, da sich das Wasser der Belastung entzieht, indem es durch die Porenkanäle (Kolbenbohrung) entweicht. Die damit verbundene Belastungsumlagerung vom Porenwasser auf das Korngerüst des Bodens (Topffedern) führt zur Entspannung des Porenwassers und damit zu einer sich verlangsamenden Entwässerung. Für diese Vorgänge sind die nichtlinearen Zeitverläufe in Abb.

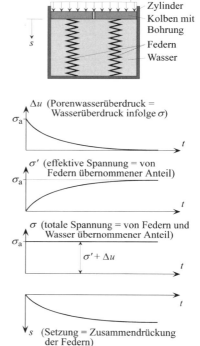

Abb. 5-35 Federtopfmodell zur Erklärung des Last-Verformungs-Verhaltens wassergesättigter Böden

5-35 typisch. Die Zeitspanne, in der die Lastumlagerung erfolgt, wird „Konsolidationszeit" genannt.

Die Simulation des Porenwasserüberdrucks über die Tiefe des Bodens ist mit dem Bodenersatzmodell aus Abb. 5-35 nicht möglich, da es nur einen Wasserüberdruck zulässt, der im gesamten Topf gleich groß ist. Dies gilt nicht für das Ersatzmodell aus Abb. 5-36; an ihm lassen sich die im Laufe der Konsolidationszeit verändernden Druckverhältnisse in unterschiedlichen Schichttiefen des Bodens erklären. Die Abbildung zeigt, dass der Porenwasserüberdruck am Anfang und am Ende der Konsolidationszeit in allen Schichttiefen die jeweils gleiche Größe aufweist. Während der Übergangsphase von der Druckhöhe des Porenwasserüberdrucks $h_w = \sigma/\gamma_w$ auf die Größe $h_w = 0$ ergibt sich allerdings ein über die Schichttiefe nichtlinearer Verlauf. Wesentlich beeinflusst werden die Porenwasserüberdruckverhältnisse auch durch die Entwässerungsmöglichkeiten; die in der Abb. 5-36 dargestellte Version gilt für die Entwässerung zur Schichtoberfläche.

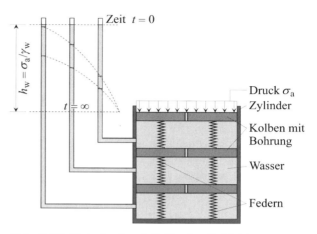

Abb. 5-36 Federtopfmodell für eine Schicht wassergesättigten Bodens mit Entwässerung zur Schichtoberfläche (nach SCHULTZE/MUHS [L 170])

5.12.2 Normen

Derzeit liegen vom DIN (Deutsches Institut für Normung) Empfehlungen für Laborversuche zur Erfassung der einaxialen Zusammendrückbarkeit nur in Form von dem
- Entwurf DIN 18135 [L 81]

vor. Weitere normative Ausführungen zu diesen Versuchen sind z. B. in der
- ÖNORM B 4420 [L 157]

des ON (Österreichisches Normungsinstitut) zu finden.

In diesen Normen finden sich u. a. Ausführungen zur Auswahl geeigneter Versuchsanordnungen sowie zur Versuchsdurchführung und -auswertung und auch Anwendungsbeispiele.

5.12.3 Kompressionsversuch

Das Last-Verformungs-Verhalten von Böden wird im Labor mit Hilfe von Kompressionsgeräten untersucht. Eins dieser Geräte (mit fest stehendem Ring) ist in Abb. 5-37 schematisch dargestellt. Die Ergebnisse solcher Untersuchungen dienen im Grund- und Erdbau zur Beurteilung des Setzungsverhaltens von Böden.

Die Kompressionsversuche werden an Probekörpern durchgeführt, die sehr klein sind im Vergleich zu den Abmessungen der tatsächlich vorhandenen Baugrundschichten bzw. den Bereichen der Baugrundschichten, die sich an der Entstehung der Setzungen nennenswert beteiligen. Die Versuchsergebnisse sind u. a. dann auf die mechanischen Eigenschaften des Baugrunds vor Ort übertragbar, wenn die Bodenproben
- für die untersuchte Bodenschicht repräsentativ sind
- durch die Probenentnahme bezüglich ihres Korngefüges nicht verändert wurden

- im Labor den gleichen Belastungen und Verformungen ausgesetzt werden, wie sie in der repräsentierten Bodenschicht vorliegen
- bei Wassersättigung den Entwässerungsbedingungen im Versuch unterliegen, wie sie in situ vorliegen.

Diese Forderungen lassen sich als Kriterien zur Beurteilung der Aussagekraft der Versuche verwenden, da sie von den realen Versuchsbedingungen immer mehr oder weniger stark abweichen.

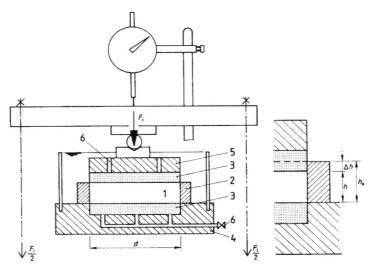

1 scheibenförmige Bodenprobe
2 Probeneinspannring
3 Filterplatten
4 starre Grundplatte
5 starre Druckplatte
6 Be- und Entwässerung

d Probendurchmesser
F_i axiale Druckkraft der Laststufe i
h_0 Anfangsprobenhöhe
Δh erreichte Zusammendrückung der Probe

Abb. 5-37 Schema eines Kompressionsgeräts mit starrer Druckplatte, zentrischer Lasteintragung und fest stehendem Ring (aus [L 157])

Beim Kompressionsversuch wird Probenmaterial in das ringförmige Gerät so eingebaut, dass es oben und unten durch Filtersteine (u. U. befeuchtet, vgl. [L 170]) begrenzt wird, um so den Abbau von gegebenenfalls auftretenden Porenwasserüberdrücken während der Versuchsdurchführung zu ermöglichen. Unebenheiten in der Ober- und Unterfläche der Probe und ihr nicht vollkommen sattes Anliegen an den Ring wirken sich auf die Versuchsergebnisse störend aus. Um diese Wirkung zu minimieren, ist das Verhältnis Probendurchmesser zu Probenhöhe von $d/h_0 \approx 5$ zu wählen (vgl. hierzu [L 170]); nach E DIN 18135 bzw. ÖNORM B 4420 muss für dieses Verhältnis bei Kompressionsgeräten mit feststehendem Ring ≥ 3 (DIN) bzw. 3,5 bis 5 (ÖNORM) und bei Geräten mit schwebendem Ring ≥ 2,5 (DIN) bzw. ≈ 2,5 (ÖNORM) gelten. Darüber hinaus ist vor der eigentlichen Versuchsdurchführung eine Vorbelastung der Probe von 2 kN/m² aufzubringen.

Bei Standardversuchen ist gemäß E DIN 18135
- die Belastung der Probe stufenweise zu steigern oder zu reduzieren
- die Belastung der Probe bei Lasterhöhung von Stufe zu Stufe zu verdoppeln bzw. bei Entlastung von Stufe zu Stufe auf jeweils ¼ zu reduzieren
- bei jeder Laststufe zumindest das Abklingen der Primärkonsolidation (Volumenänderung infolge der effektiven Spannung) abzuwarten

► eine Entlastung der Probe frühestens nach der Konsolidation bei der zweifachen Überlagerungsspannung vorzunehmen, die durch die Baumaßnahme und das Bodengewicht vorgegeben ist
► bei einer anschließenden Wiederbelastung mindestens die vorausgegangene Höchstlast der Probe zu erreichen.

Um den Zeitpunkt des Abschlusses der Primärzusammendrückung erkennen zu können, ist der zeitliche Verlauf der Zusammendrückung zu beobachten (vgl. hierzu z. B. E DIN 18135, 11). Erfolgt die Laststeigerung erst nach 24 Stunden, kann auf die Beobachtung des Verlaufs verzichtet werden. In allen Laststufen ist die Dauer der Probenbelastung gleich groß zu wählen. Nach E DIN 18135 reicht auch für ausgeprägt plastische Tone (TA) eine Belastungsdauer von 24 h pro Lastschritt aus.

Auch nach der ÖNORM B 4420 sollte die Dauer bei allen Laststufen annähernd gleich sein. Darüber hinaus ist die Belastung in einer Laststufe mindestens so lange konstant zu halten, bis die Zusammendrückungsgeschwindigkeit der Probe auf ≤ 5 ‰ der Anfangsprobenhöhe pro Stunde zurückgegangen ist.

Die aufgebrachte Belastung ruft einen einaxialen Deformationszustand hervor, da die Versuchseinrichtung eine Deformation in Querrichtung praktisch verhindert (exakt: behindert). Gemessen wird die sich mit der Ausgangsprobenhöhe h_0 und der zeitabhängigen Höhe $h(t)$ der verformten Probe ermittelbare Zusammendrückung

$$s(t) = h_0 - h(t) \qquad \text{Gl. 5-84}$$

der Probe. Bezogen auf h_0 ergibt sich daraus die „bezogene Zusammendrückung"

$$\varepsilon^*(t) = \frac{s(t)}{h_0} \qquad \text{Gl. 5-85}$$

Ihre Auftragung liefert eine Zeit-Zusammendrückungs-Kurve, die bei mehreren Laststufen girlandenförmig verläuft (vgl. Abb. 5-38). Werden die bezogenen Endzusammendrückungsgrößen ε^*_1, ε^*_2, ... der einzelnen Lastschritte den zugehörigen Belastungsgrößen σ'_1, σ'_2, ... zugeordnet, führt das zu dem entsprechenden Druck-Zusammendrückungs-Diagramm (vgl. Abb. 5-38) des Versuchs.

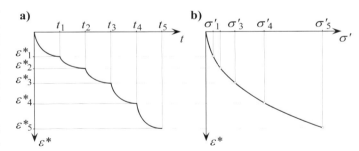

Abb. 5-38 Ergebnisschema eines Kompressionsversuchs mit fünf Laststufen und bindigem Boden
a) Zeit-Zusammendrückungs-Diagramm
b) Druck-Zusammendrückungs-Diagramm

Mit dem Zuwachs der effektiven Spannungen

$$\Delta\sigma'_i = \sigma'_i - \sigma'_{i-1} \qquad \text{Gl. 5-86}$$

und der Zusammendrückung

$$\Delta s_i = h_{i-1} - h_i \qquad \text{Gl. 5-87}$$

der Probe infolge dieses Spannungszuwachses in der i-ten Laststufe ergibt sich die entsprechende bezogene Zusammendrückung der Probe in dieser Laststufe zu

$$\Delta \varepsilon^*_i = \frac{\Delta s_i}{h_0} \qquad \text{Gl. 5-88}$$

Mit der Höhe h_j der verformten Probe nach der j-ten Laststufe ergibt sich die gesamte Zusammendrückung am Ende der j-ten Laststufe

$$s_j = h_0 - h_j \qquad \text{Gl. 5-89}$$

und damit der Wert für die bezogene Zusammendrückung am Ende der j-ten Laststufe

$$\varepsilon^*_j(\sigma'_j) = \sum_{i=1}^{j} \Delta \varepsilon^*_i = \sum_{i=1}^{j} \frac{\Delta s_i}{h_0} = \frac{s_j}{h_0} \qquad \text{Gl. 5-90}$$

5.12.4 Steifemodul

Der Steifemodul E_s von Böden ist ein Maß für ihre einaxiale Zusammendrückbarkeit. Ein zahlenmäßig großer Steifemodul gehört zu einem Boden mit geringer Zusammendrückbarkeit.

Bei der Definition von E_s ist zwischen dem Tangentenmodul (gehört zum Spannungszustand σ')

$$E_s = E_s(\sigma') = \frac{d\sigma'}{d\varepsilon^*} = \tan \beta_T \qquad \text{Gl. 5-91}$$

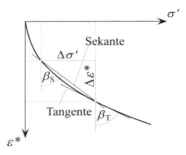

Abb. 5-39 Druck-Zusammendrückungs-Diagramm mit Sekante und Tangente

und Sekantenmodul (gilt für den Laststeigerungsbereich $\Delta\sigma'$)

$$E_s = E_s(\Delta\sigma') = \frac{\Delta\sigma'}{\Delta\varepsilon^*} = \tan \beta_S \qquad \text{Gl. 5-92}$$

zu unterscheiden. Beide Module repräsentieren entsprechend Gl. 5-91 und Gl. 5-92 den Tangens von Neigungswinkeln an die Drucksetzungslinie (vgl. Abb. 5-39). Für den Sekantenmodul der i-ten Laststufe gilt

$$E_s = E_s(\Delta\sigma'_i) = \frac{\Delta\sigma'_i}{\Delta\varepsilon^*_i} \qquad \text{Gl. 5-93}$$

In Tabelle 5-26 sind Erfahrungswerte charakteristischer Kennwerte für nichtbindige und bindige Böden zusammengestellt (vgl. hierzu auch Tabelle 5-20). Neben Wichten, Scherparametern und Durchlässigkeitsbeiwerten sind auch empirisch gewonnene Parameter zur Ermittlung des mittleren Steifemoduls E_s angegeben.

Tabelle 5-26 Erfahrungswerte für charakteristische Bodenkennwerte (nach [L 107])

Bodenart	Bodengruppe nach DIN 18196	Lagerungsdichte bzw. Konsistenz	Wichte erdfeucht γ kN/m³	Wichte unter Auftrieb γ' kN/m³	Zusammendrückbarkeit (Erstbelastung) v_e	Zusammendrückbarkeit (Erstbelastung) w_e	Scherparameter Boden ist entwässert φ' °	Scherparameter Boden ist entwässert c' kN/m²	Scherparameter nicht entw. c_u kN/m²	Durchlässigkeitsbeiwert von ... bis k m/s
Kies, gleichkörnig	GE: $U=2$	–	16,0 / 19,0	9,5 / 10,5	400 / 900	0,60 / 0,40				$2\cdot10^{-1}$ / $1\cdot10^{-2}$
Kies, sandig	GW / GI	–	21,0 / 23,0	11,5 / 13,5	400 / 1100	0,70 / 0,50	35 – 40	0		$1\cdot10^{-2}$ / $1\cdot10^{-6}$
Kies-Sand-Feinkorn-Gemisch, $d<0{,}06$ mm $>15\%$	GU*, GT*	–	20,0 / 21,0 / 22,5	10,5 / 12,0 / 13,0	150 / 275 / 400	0,90 / 0,80 / 0,70	30 – 35	0		$1\cdot10^{-7}$ / $1\cdot10^{-11}$
Sand, gleichkörnig Grobsand	SE	locker / mitteldicht / dicht	17,0 / 18,0 / 19,0	9,0 / 10,0 / 11,0	250 / 475 / 700	0,70 / 0,60 / 0,55	30 – 35 / 35 – 37,5 / 37,5 – 40			$5\cdot10^{-3}$ / $1\cdot10^{-4}$
Sand, gleichkörnig Feinsand	SE	locker / mitteldicht / dicht	17,0 / 18,0 / 19,0	9,0 / 10,0 / 11,0	150 / 225 / 300	0,75 / 0,65 / 0,60	30 – 35 / 35 – 37,5 / 37,5 – 40			$1\cdot10^{-4}$ / $2\cdot10^{-5}$
Sand, kiesig, gut abgestuft	SW/SI $U=15$	locker / mitteldicht / dicht	18,0 / 19,5 / 21,0	10,0 / 11,5 / 12,0	200 / 400 / 600	0,70 / 0,60 / 0,55	30 – 35 / 35 – 37,5 / 37,5 – 40			$1\cdot10^{-4}$ / $1\cdot10^{-5}$
Schluff, mittelplastisch	UM, UA	weich / steif / halb-	17,0 / 18,5 / 20,0	9,0 / 10,0 / 11,0	30 / 70	0,90 / 0,70	27,5 bis 32,5	5 / 7,5 / 10	10 – 40 / 40 – 150 / >150	$2\cdot10^{-6}$ / $1\cdot10^{-9}$
Ton, geringplastisch	TL	weich / steif / halbfest	20,0 / 21,0 / 22,0	10,0 / 11,0 / 12,0	20 / 50	1,00 / 0,90	27,5 bis 32,5	0 / 5 / 10	5 – 20 / 20 – 50 / >50	$1\cdot10^{-7}$ / $2\cdot10^{-9}$
Ton, mittelplastisch	TM	weich / steif / halbfest	19,0 / 20,0 / 21,0	9,0 / 10,0 / 11,0	10 / 30	1,00 / 0,95	27,5 bis 32,5	10 / 15 / 20	10 – 40 / 40 – 150 / >150	$5\cdot10^{-8}$ / $1\cdot10^{-10}$

Zu in der Tabelle verwendeten Bezeichnungen siehe die nachstehende Erläuterungen

Als Größen der Spalte „Bodengruppe nach DIN 18196" gelten für die Haupt- und Nebenanteile

G = Kies   U = Schluff   T = Ton   S = Sand   * = starker Nebenanteil

für die Korngrößenverteilung

E = enggestuft   W = weitgestuft   I = intermittierend gestuft

U = Ungleichförmigkeitszahl

und für die plastischen Eigenschaften

L = leicht plastisch   M = mittelplastisch   A = ausgeprägt plastisch

Die Größen in der Spalte „Zusammendrückbarkeit" sind empirische Parameter für die Gleichung des zu Erstbelastungen gehörenden mittleren Steifemoduls

$$E_s = v_e \cdot \sigma_{at} \cdot \left(\frac{\sigma}{\sigma_{at}}\right)^{w_e}$$ Gl. 5-94

mit den Größen Steifebeiwert v_e, der Belastung σ (in kN/m²) und dem Atmosphärendruck σ_{at} (= 100 kN/m²). Handelt es sich nicht um Erst- sondern um Wiederbelastungen, sind die v_e-Größen bis zum 10fachen höher anzusetzen, die Werte von w_e gehen gleichzeitig gegen 1.

5.12.5 Modellgesetz für Setzungszeiten

Mit der folgenden Modellformel kann die Konsolidationssetzungszeit t_1 des Versuchs auf die zu erwartende Konsolidationssetzungszeit t_2 der im Baugrund tatsächlich vorhandenen Bodenschicht übertragen werden.

$$\frac{t_1}{t_2} = \frac{h_1^2}{h_2^2} \quad \Rightarrow \quad t_2 = t_1 \cdot \frac{h_2^2}{h_1^2}$$ Gl. 5-95

Die in Gl. 5-95 verwendeten h-Größen sind
- h_1 = Anfangsdicke der beim Versuch verwendeten Bodenprobe
- h_2 = Anfangsdicke der im Baugrund vorhandenen Schicht bei Entwässerung nach oben *und* unten
  = Zweifaches der Anfangsdicke der im Baugrund vorhandenen Schicht bei Entwässerung nach oben *oder* unten

---

Anwendungsbeispiel

h_1 = 1,9 cm   (Anfangsdicke der Bodenprobe)
t_1 = 4,5 h   (Konsolidationssetzungszeit im Versuch)
h_2 = 275 cm   (Anfangsdicke der Baugrundschicht)

Als Konsolidationssetzungszeit der Bodenschicht ergibt sich nach Gl. 5-95

bei Entwässerung nach oben *und* unten

$$t_2 = 4{,}5 \cdot \frac{275^2}{1{,}9^2} \approx 94\,270\ \text{h} \approx 129\ \text{Monate} \approx 11\ \text{Jahre}$$

bei Entwässerung nach oben *oder* unten

$$t_2 = 4{,}5 \cdot \frac{(2 \cdot 275)^2}{1{,}9^2} \approx 377\,080 \text{ h} \approx 515 \text{ Monate} \approx 43 \text{ Jahre}$$

5.13 Scherfestigkeit

5.13.1 Allgemeines

Die Scherfestigkeit von Böden wird bestimmt durch
1. den von der Größe der Normalspannungen an den Kontaktpunkten der einzelnen Mineralkörner abhängigen Reibungsanteil,
2. den von der Größe der Normalspannungen unabhängigen Kohäsionsanteil, hervorgerufen durch die Wirkung des hygroskopischen Wassers.

Die Bestimmung der Scherfestigkeit hat im Erd- und Grundbau große Bedeutung, da ihre Ergebnisse u. a. in Berechnungen eingehen, mit denen z. B. die Standsicherheit von Böschungen und Geländesprüngen geprüft bzw. nachgewiesen wird. Auf der Basis solcher Berechnungen sollen mögliche Rutschungen oder Brüche frühzeitig erkannt und durch geeignete bauliche Maßnahmen verhindert werden. Abb. 5-40 zeigt mögliche Versagensmechanismen, bei denen in ebenen oder gekrümmten „Gleitflächen" („Gleitfugen" oder auch „Scherfugen") die Scherfestigkeit des Bodens überschritten wird.

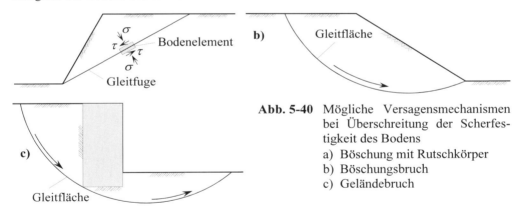

Abb. 5-40 Mögliche Versagensmechanismen bei Überschreitung der Scherfestigkeit des Bodens
a) Böschung mit Rutschkörper
b) Böschungsbruch
c) Geländebruch

Aus den Abbildungen a) bis c) geht hervor, dass die Scherfestigkeit des Bodens in der Regel in großflächigen Bereichen überschritten wird. Da eine entsprechende Nachbildung der in situ gegebenen Situation im Labor nicht möglich ist, werden dort Versuche an einzelnen Probekörpern (Elementversuche) durchgeführt, die der jeweiligen Baugrundschicht entnommen wurden. Die Versuchsergebnisse werden auf die reale Baugrundsituation übertragen, wobei eine solche Übertragung nur zulässig ist, wenn die Bodenproben
▶ repräsentativ sind für die in situ vorhandene Bodenschicht
▶ durch die Probenentnahme in ihren mechanischen Eigenschaften nicht verändert wurden

▶ im Laborversuch den gleichen Belastungen und Verformungen ausgesetzt werden, wie sie in der repräsentierten Bodenschicht vorliegen
▶ bei Wassersättigung den gleichen Entwässerungsbedingungen unterliegen, wie sie in der repräsentierten Bodenschicht gegeben sind.

Das Maß der Abweichungen dieser Forderungen von der Wirklichkeit muss bei der Beurteilung der Aussagekraft der Versuche berücksichtigt werden.

5.13.2 DIN-Normen

Empfehlungen zur Bestimmung der Scherfestigkeit bezüglich der grundsätzlichen Versuchsbedingungen und des Triaxialversuchs können den Normen

▶ DIN 18137-1 [L 83]
▶ DIN 18137-2 [L 84]
▶ DIN 18137-3 [L 85]

entnommen werden.

In DIN 18137-2 und DIN 18137-3 sind auch Anwendungsbeispiele enthalten.

5.13.3 Begriffe aus DIN 18137-1

In DIN 18137-1 ist eine Vielzahl von Begriffen zusammengestellt, die bei der Bestimmung der Scherfestigkeit von Bedeutung sind. Im Folgenden sind einige dieser Begriffe aufgeführt.

Porenwasserdruck u (in kN/m^2)
   Druck des freien Porenwassers.

Totale Normalspannung σ (in kN/m^2)
   Vom Porenwasser und dem Korngerüst aufgenommene Normalspannung (siehe auch Abschnitt 0).

Effektive (wirksame) Normalspannung σ' (in kN/m^2)
   Allein vom Korngerüst getragene Normalspannung (siehe auch Abschnitt 0) mit

$$\sigma' = \sigma - u \qquad \text{Gl. 5-96}$$

Effektive Schubspannung τ (in kN/m^2)
   Allein vom Korngerüst getragene Schubspannung. Sie ist identisch mit der totalen Schubspannung τ, da Wasser keine Schubspannungen aufnehmen kann.

Schubwiderstand (Scherwiderstand)
   Schubspannung als Reaktion des Bodens auf Randspannungen und Randverschiebungen, die dem Probekörper beim Scherversuch eingeprägt werden.

Isotroper Druck (allseitiger Druck, hydrostatischer Druck)
   Zu unterscheiden sind der totale isotrope Druck

$$p = \frac{\sigma_1 + \sigma_2 + \sigma_3}{3} \qquad \text{Gl. 5-97}$$

(mit den totalen Hauptspannungen σ_1, σ_2 und σ_3) und der effektive isotrope Druck

$$p' = \frac{\sigma'_1 + \sigma'_2 + \sigma'_3}{3} \qquad \text{Gl. 5-98}$$

(mit den totalen Hauptspannungen σ'_1, σ'_2 und σ'_3).

Grenzbedingung
Diejenige Funktion der Spannungskomponenten, durch welche die von einem Bodenkörper aufnehmbaren Spannungen begrenzt werden.

Die Grenzbedingung eines wassergesättigten bindigen Bodens kann sowohl durch die totalen (totale Grenzbedingung) als auch durch die effektiven Spannungen (effektive Grenzbedingung) ausgedrückt werden.

Grenzzustand
Zustand der Spannungen und Dehnungsänderungen des Bodens, in welchem die Spannungen die Grenzbedingung erfüllen. Ein Grenzzustand ist im Versuch dadurch ausgezeichnet, dass bei fortgesetzter Gestaltänderung und

▶ verhinderter Volumenänderung der Schubwiderstand und die totalen Normalspannungen konstant oder extrem werden

▶ unbehinderter Volumenänderung der Schubwiderstand und die effektiven Normalspannungen konstant oder extrem werden.

Plastisches Versagen
Anwachsen (unbegrenzt) der Verformungen in einem Grenzzustand.

Zonenbruch
Plastisches Versagen unter kontinuierlicher Verformung einer räumlichen Zone.

Scherfuge
Dünner, flächenhafter Bereich, in welchem Scherverformungen beim plastischen Versagen konzentriert stattfinden.

Scherfestigkeit τ_f (in kN/m²)
In einer Scherfuge im Grenzzustand auftretende Schubspannung τ_f.

Restscherfestigkeit (Gleitfestigkeit) τ_F (in kN/m²)
Minimaler Scherwiderstand eines Bodens mit

$$\tau_R \leq \tau_k \qquad \text{Gl. 5-99}$$

der unter konstanter effektiver Spannung σ' nach sehr großen Scherverschiebungen in einer Scherfuge erreicht wird (Sonderfall eines kritischen Grenzzustands).

Scherversuch
Versuch zur Bestimmung der Scherfestigkeit bzw. des Grenzzustands eines Probekörpers durch kontrollierte Einwirkung von Spannungen und/oder Verschiebungen.

Spannungspfad
Aufeinanderfolge von effektiven bzw. totalen Spannungszuständen, die bei einem Scherversuch durchlaufen werden.

Reibungswinkel φ bzw. φ' (in °)
Neigungswinkel einer als Gerade dargestellten Grenzbedingung in einem (τ, σ)- bzw. einem (τ, σ')-Diagramm (bei gleichen Maßstäben für die Abszisse σ bzw. σ' und die Ordinate τ).

Kohäsion c bzw. c' (in kN/m²)
Ordinatenabschnitt auf der τ-Achse der als Gerade dargestellten Grenzbedingung in einem (τ, σ)- bzw. einem (τ, σ')-Diagramm.

Grenzbedingung nach COULOMB
In der Regel für Scherfugen geltende lineare Beziehung

$$\tau_f = c' + \sigma' \cdot \tan \varphi' \qquad \text{Gl. 5-100}$$

mit der effektiven Normalspannung σ' auf die Scherfuge und der Schubspannung τ_f in der Scherfuge im Grenzzustand.

Grenzbedingung nach MOHR-COULOMB
In der Regel für Zonenbrüche geltende gerade Umhüllende der MOHRschen σ_1, σ_3- bzw. σ'_1, σ'_3-Spannungen im Grenzzustand. Die Gleichung der Grenzbedingung lautet für die effektiven Spannungen

$$\frac{\sigma_1 - \sigma_3}{\sigma'_1 + \sigma'_3} = \frac{2 \cdot c' \cdot \cos \varphi'}{\sigma'_1 + \sigma'_3} + \sin \varphi' \qquad \text{Gl. 5-101}$$

und für die totalen Spannungen

$$\frac{\sigma_1 - \sigma_3}{\sigma_1 + \sigma_3} = \frac{2 \cdot c_u \cdot \cos \varphi_u}{\sigma_1 + \sigma_3} + \sin \varphi_u \qquad \text{Gl. 5-102}$$

Konsolidation (Konsolidierung)
Änderung von Porenzahl e (Porenanteil n) und Wassergehalt w eines Bodens infolge einer Änderung der effektiven Spannungen. Die Zunahme von e und w wird auch „Schwellung" genannt. Böden konsolidieren nach einer Erhöhung bzw. schwellen nach einer Verminderung der totalen Spannungen.

Konsolidationsspannung
Effektiver Spannungszustand (σ'_1, σ'_2, σ'_3) bei abgeschlossener Konsolidation.

Isotrope Konsolidation
Konsolidation unter allseitig gleicher effektiver Druckspannung $\sigma'_1 = \sigma'_2 = \sigma'_3$.

Anisotrope Konsolidation
Konsolidation unter räumlichem effektivem Spannungszustand $\sigma'_1 \neq \sigma'_2$ und $\sigma'_2 \neq \sigma'_3$ und $\sigma'_3 \neq \sigma'_1$.

Normalkonsolidiert
Konsolidation für effektiven anisotropen Spannungszustand (isotroper Spannungszustand ist Sonderfall) mit der effektiven Vergleichsspannung

$$\sigma'_v = \frac{\sigma'_1 + \sigma'_2 + \sigma'_3}{3} \qquad \text{Gl. 5-103}$$

wenn der Boden niemals zuvor einem effektiven Spannungszustand mit der Vergleichsspannung max $\sigma'_v > \sigma'_v$ ausgesetzt war.

Überkonsolidiert (überverdichtet)
Konsolidation für effektiven anisotropen Spannungszustand (isotroper Spannungszustand ist Sonderfall) mit der effektiven Vergleichsspannung σ'_v, wenn der Boden zuvor einem effektiven Spannungszustand mit der Vergleichsspannung max $\sigma'_v > \sigma'_v$ ausgesetzt war.

Rekonsolidation
Konsolidation beim Triaxialversuch unter einer Vergleichsspannung σ'_v wie sie vor der Probenentnahme im Baugrund geherrscht hat.

Effektive Scherparameter c' und φ' von überkonsolidierten, dränierten, wassergesättigten bindigen Böden
Durch Gl. 5-100 bzw. Gl. 5-101 definierte Größen der geraden Umhüllenden der effektiven Grenzspannungszustände größter Scherfestigkeit von Probekörpern, die unter der Spannung max σ' bzw. unter gleich großen Spannungen max σ'_1, max σ'_2, max σ'_3 und der zugehörigen Vergleichsspannung max σ'_v konsolidiert wurden und anschließend unter verschieden großen Spannungen $\sigma' <$ max σ' bzw. unter σ'_1, σ'_2, σ'_3 mit der Vergleichsspannung $\sigma'_v <$ max σ'_v geschwollen sind.

Für die von der Konsolidationsspannung max σ' bzw. max σ'_v linear abhängige effektive Kohäsion gelten mit den Kohäsionskonstanten λ_{cs} (Scherfugen, vgl. Abb. 5-45) und λ_c (Zonenbrüche) die Gleichungen

$c' = \lambda_{cs} \cdot \max \sigma'$ (Scherfugen)

$c' = \lambda_c \cdot \max \sigma'$ (Zonenbrüche)

Gl. 5-104

Totale Scherparameter c_u und φ_u von undränierten bindigen Böden
Die Kohäsion c_u und der Reibungswinkel φ_u des undränierten bindigen Bodens sind durch die totale Grenzbedingung nach MOHR-COULOMB (Gl. 5-102) definiert für Probekörper, deren Wassergehalt und Porenzahl vor dem Versuch gleich sind und deren Wassergehalt sich bis zum Erreichen des Grenzzustands nicht ändert.

5.13.4 Rahmenscherversuch

Mit Rahmenschergeräten (quadratischer oder kreisförmiger Grundriss), wie auch mit den zur Ermittlung von Restscherfestigkeiten besonders geeigneten Kreisringschergeräten (siehe hierzu z. B. DIN 18137-3 und [L 129]) werden „direkte Scherversuche" nach DIN 18137-3 durchgeführt, bei denen die Scherkraft T unmittelbar aufgebracht und die Entstehung einer Scherfuge erzwungen wird. Die in das Gerät (vgl. das Beispiel eines Gerätes ohne Parallelführung des oberen Rahmens und des Normalbelastungsstempels aus Abb. 5-42) eingebaute quader- oder zylinderförmige Bodenprobe wird dabei unter einer senkrecht zur Scherfuge wirkenden Normalbelastung N abgeschert, wobei die Gerä-

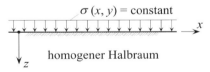

Zugehöriger Spannungs- und Verformungstensor

$$\mathbf{S} = \begin{pmatrix} \sigma_x & 0 & 0 \\ 0 & \sigma_y & 0 \\ 0 & 0 & \sigma_z \end{pmatrix} \quad \mathbf{D} = \begin{pmatrix} 0 & 0 & 0 \\ 0 & 0 & 0 \\ 0 & 0 & \varepsilon_z \end{pmatrix}$$

Abb. 5-41 Halbraumzustand, der dem Anfangszustand von Rahmenscherversuchen entspricht

tekonfiguration die Querdehnung parallel zur Scherfugenebene verhindert; bei Beginn der Scherversuche entspricht dies dem Verformungszustand eines homogenen und isotropen Halbraums unter einer unbegrenzten Oberflächenlast konstanter Größe (vgl. Abb. 5-41).

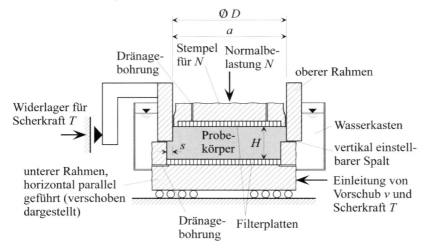

Abb. 5-42 Längsschnitt durch ein Rahmenschergerät mit verschieblichem unterem Rahmen und ohne Parallelführung des oberen Rahmens und des Normalbelastungsstempels nach DIN 18137-3 (Schema)

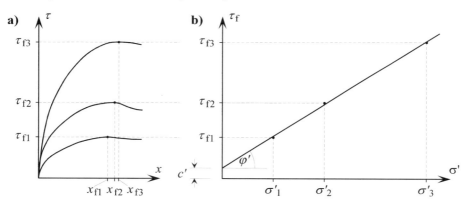

Abb. 5-43 Ergebnisse von Rahmenscherversuchen mit stark schluffigem, schwach tonigem Sand
  a) zu den konstanten effektiven Normalspannungen σ'_1, σ'_2 und σ'_3 gehörende und vom eingeprägten Scherweg x abhängige Schubspannungsverläufe mit den Scherfestigkeiten τ_{f1}, τ_{f2} und τ_{f3}
  b) (τ_f, σ')-Diagramm mit der Schergeraden (Grenzbedingung nach COULOMB) und den effektiven Scherparametern c' und φ'

Die Scherparameter werden in der Regel durch Versuche an mindestens drei gleichartigen Probekörpern unter mindestens drei verschiedenen Normalspannungen ermittelt. Beim Abscheren der Bodenprobe werden dabei Scherspannungen

$$\tau = \frac{T}{A_0} \qquad \text{Gl. 5-105}$$

aktiviert. T und A_0 stehen für die aufgebrachte Scherkraft und die Anfangsscherfläche (Querschnittsfläche des Scherrahmens) der Bodenprobe. Die Größe dieser Spannungen ist u. a. von der aufgebrachten Normalbelastung N und dem eingeprägten Scherweg x abhängig.

Bezüglich der Vorschubgeschwindigkeit wird in DIN 18137-3 festgelegt, dass diese bei nichtbindigen Proben 0,5 mm/Min. nicht überschreiten darf, zu ihrer Abschätzung bei bindigem Boden dient die Tabelle 5-27.

Tabelle 5-27 Von der Plastizitätszahl abhängige Vorschubgeschwindigkeit nach DIN 18137-3

Plastizitätszahl I_P (in %)	Max. Vorschubgeschwindigkeit (in m/Min.)
bis 25	0,04
25 bis 40	0,008
über 40	0,002

Die Abb. 5-43 zeigt die Ergebnisse von drei Scherversuchen an konsolidierten Proben aus stark schluffigem, schwach tonigem Sand, die mit unterschiedlichen Normalbelastungen N bzw. den sich mit der Anfangsscherfläche A_0 der Bodenproben daraus ergebenden konstanten effektiven Normalspannungen $\sigma'_1 = 50$ kN/m^2, $\sigma'_2 = 100$ kN/m^2 und $\sigma'_3 = 200$ kN/m^2 beansprucht wurden. Aus der Abbildung geht hervor, dass die drei (τ_f, σ')-Punkte nicht auf einer Geraden liegen, was auf die bei der Durchführung und Auswertung der Versuche unvermeidlich auftretenden Fehler zurückzuführen ist. Zur Reduzierung dieser Fehlerwirkung wird deshalb ein Versuch mehr durchgeführt als es zur mathematischen Bestimmung der Schergeraden erforderlich ist (zwei Versuche, da kohäsiver Boden). Die aus den drei Versuchsergebnissen gewonnene Schergerade (Grenzbedingung nach COULOMB gemäß Gl. 5-100) ergibt sich dann als Ausgleichsgerade.

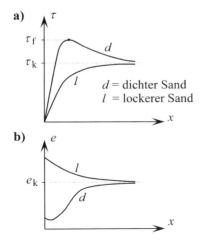

Abb. 5-44 Ergebnisse von Rahmenscherversuchen mit überkritisch dichtem (d) und unterkritisch dichtem (l) Sand unter einer konstanten effektiven Normalspannung σ'
a) vom eingeprägten Scherweg x abhängige Schubspannungsverläufe mit der größten Scherfestigkeit τ_f und der kritischen Scherfestigkeit τ_k
b) vom eingeprägten Scherweg x abhängige Porenzahlverläufe mit der kritischen Porenzahl e_k

Dass der Verlauf der Schubspannungen auch von der Dichte des in das Schergerät eingebauten Bodens abhängt, zeigt Abb. 5-44. Bei überkritisch dichtem Sand wachsen die Schubspannungen mit zunehmendem Scherweg bis zu dem Maximalwert τ_f an. Danach entfestigt sich der Boden, die Scherspannungen streben gegen die kritische Scherfestigkeit τ_k. Mit diesem Verlauf geht eine anfängliche Verdichtung des Bodens (Verringerung der Porenzahl e) einher, die aber nach kurzem Scherweg ihr Maximum erreicht hat. Danach erhöht sich die Porenzahl e wieder (Volumenvergrößerung, Dilatation durch Bodenauflockerung) und konvergiert gegen die kritische Porenzahl e_k (Formänderung bei Volumenkonstanz). Im Gegensatz zum überkritisch dichten Sand weist unterkritisch dichter Sand einen Schubspannungsverlauf auf, der stetig anwachsend gegen die kritische Scherfestigkeit τ_k konvergiert. Dies gilt analog auch für die zugehörige Porenzahl, deren sich stetig verringernde Werte (zunehmende Verdichtung des Bodenmaterials der Probe) konvergieren gegen den kritischen Wert e_k.

Handelt es sich bei den untersuchten Böden um dränierte, wassergesättigte bindige Böden (Porenwasserüberdruck $\Delta u = 0$), die im Grenzzustand den Wassergehalt w_f aufweisen, wirkt sich die Konsolidationsgeschichte auf die zugehörigen Scherparameter gemäß Abb. 5-45 aus. Während in Abb. 5-45 a) die Beziehung zwischen dem Wassergehalt w_f und der effektiven Normalspannung σ' in der Scherfuge dargestellt ist, zeigt Abb. 5-45 b) die Abhängigkeit der Scherfestigkeit τ_f von σ' und w_f.

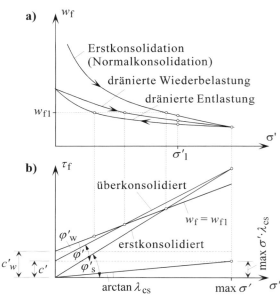

Aus Abb. 5-45 a) geht hervor, dass sich, abhängig von der Konsolidationsgeschichte, für eine Normalspannung σ'_1 unterschiedlich große Werte für den Wassergehalt w_f bzw. für einen Wassergehalt w_{f1} unterschiedlich große Werte für die Normalspannung σ' einstellen können. Abb. 5-45 b) macht deutlich, dass, abhängig von der Phase der Konsolidationsgeschichte, unterschiedliche Scherparameter zur Erfassung der σ'-τ_f-Beziehung verwendet werden können. So wird z. B. die Phase der Normalkonsolidation (Erstkonsolidation) mit dem Winkel φ'_s der Gesamtscherfestigkeit und der Gleichung

$$\tau_f = \sigma' \cdot \tan \varphi'_s \qquad \text{Gl. 5-106}$$

erfasst. Für die Phase der dränierten Wiederbelastung (Probe ist jetzt überkonsolidiert) gilt wiederum die Gl. 5-100 (Grenzbedingung nach COULOMB) mit den effektiven Scherparametern c' und φ'. Die effektiven

Abb. 5-45 Zusammenhänge zwischen Scherfestigkeit τ_f, effektiver Normalspannung σ' und Wassergehalt w_f in Scherfugen von dränierten, wassergesättigten bindigen Böden
a) w_f-Abhängigkeit von σ' bei verschiedenen Konsolidationsgegebenheiten
b) τ_f-Abhängigkeit von σ' und w_f

Scherparameter c'_w und φ'_w dienen zur Festlegung einer Schergeraden, die effektive Grenzspannungszustände größter Scherfestigkeit von Probekörpern verbindet, deren Wassergehalte w_f gleich groß sind. Die Gerade erfasst dabei Zustände, die zu unterschiedlichen Konsolidationsphasen gehören.

Die Kohäsionskonstante λ_{cs} beschreibt die Zunahme der effektiven Kohäsion c' mit der Konsolidationsspannung max σ' gemäß Gl. 5-104. Aus der Gleichsetzung der zu max σ' gehörenden Scherfestigkeiten nach Gl. 5-100 und Gl. 5-106 resultiert, unter Benutzung von Gl. 5-104, die Parameterbeziehung

$$\lambda_{cs} = \tan \varphi'_s - \tan \varphi' \qquad \text{Gl. 5-107}$$

5.13.5 Triaxialversuch nach DIN 18137-2

Der Triaxialversuch („indirekter Scherversuch") dient zur Bestimmung der Scherfestigkeit von Böden. Besondere Bedeutung gewinnt er u. a. durch die Möglichkeit zur Simulation dreidimensionaler Baugrundgegebenheiten im Labor. Der Versuch ist besonders wichtig für Böden, die sehr schnell mit voller Last beansprucht werden (Beispiele: Schüttung auf weichem, wassergesättigtem Boden oder Absetzen einer eingeschwommenen Brücke).

Bei dem Versuch werden kreiszylindrische Probekörper in Geräte eingebaut, wie sie in Abb. 5-46 und Abb. 5-47 gezeigt sind. Danach werden die zylinderförmigen Druckzellen mit Flüssigkeit gefüllt und Drücke in der Flüssigkeit (Zelldrücke) aufgebaut. Die Abscherung der Bodenproben erfolgt bei unterschiedlichen Zelldrücken σ_3 und zusätzlichen axialen Belastungen, die mit den radialsymmetrischen Normalspannungen σ_3 die axialen Normalspannungen σ_1 ergeben.

Die Parameter der Scherfestigkeit sind durch Versuche zu ermitteln, die an mindestens drei gleichartigen Probekörpern durchgeführt werden. Die Reduzierung auf Versuche an zwei gleichartigen Probekörpern ist nur bei der Untersuchung von kohäsionslosem Boden gestattet, für den eine Schergerade zu erwarten ist, die durch den Koordinatennullpunkt des Diagramms der Schub- und Normalspannungen geht (vgl. Abb. 5-50).

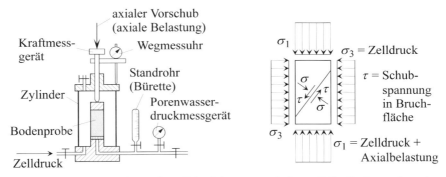

Abb. 5-46 Prinzipskizze eines Triaxialgeräts und der auf die Bodenprobe wirkenden Spannungen

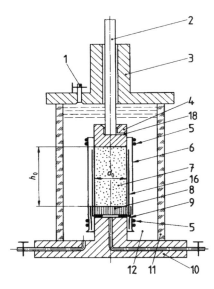

1 Entlüftung
2 Druckstempel
3 Kopfplatte
4 Druckkappe
5 Gummiringe
6 Gummihülle
7 Probekörper
8 Filterstein
9 Gummimanschette
10 Fußplatte mit Sockel
11 Zylinder
12 Zellenflüssigkeit
16 Filterpapierstreifen
18 Bohrung für Druckausgleich

Abb. 5-47 Schema der Druckzelle mit Druckkappe und Sockel für schlanke Probekörper mit $h_0/d_0 = 2$ bis 2,5 (aus DIN 18137-2)

Die zu untersuchenden Bodenproben können in
- schlanker ($h_0/d_0 = 2{,}0$ bis 2,5) oder
- gedrungener ($h_0/d_0 = 0{,}8$ bis 1,2)

Form eingebaut werden (vgl. Abb. 5-47) und beim Abscheren
- wassergesättigt
- nicht wassergesättigt oder
- trocken

sein, wobei die Probendurchmesser, in Abhängigkeit von der Korngröße des Bodenmaterials, so groß sein sollten, dass sich Querschnittsflächen von
- $\geq 10{,}0$ cm² bei feinkörnigen Böden und
- $\geq 78{,}5$ cm² bei grobkörnigen Böden

ergeben.

Die Abscherung der einzelnen Probekörper erfolgt beim Triaxialversuch durch axiale Stauchung mit konstanter Geschwindigkeit und bei konstantem Zellendruck, bis der sich frei ausbildende Bruch (Zonenbruch oder Scherfuge) des Probekörpers herbeigeführt ist.

Das Triaxialgerät bietet eine Reihe von Möglichkeiten, die Versuchsbedingungen den tatsächlichen Baugrundgegebenheiten anzupassen. Die mit dem Gerät durchführbaren Versuche werden im Folgenden beschrieben.

Dränierter Versuch (D-Versuch)
  Der Boden der Probe kann unbehindert Porenwasser abgeben bzw. aufnehmen. Die Belastungsänderungen bzw. Verformungen werden so langsam ausgeführt, dass der Porenwasserdruck im gesamten Probenmaterial praktisch konstant und gleich dem Sättigungsdruck bleibt.

Der Versuch ergibt die effektiven Spannungen in einem Grenzzustand mit unbehinderter Volumenänderung.

Konsolidierter, undränierter Versuch (CU-Versuch)
Die Aufnahme und Abgabe von Porenwasser der Bodenprobe wird verhindert und der auftretende Porenwasserdruck gemessen. Belastungsänderungen bzw. Verformungen werden so langsam ausgeführt, dass sich der Porenwasserdruck im gesamten Probenmaterial gleichmäßig verteilen kann.

Der Versuch an einem wassergesättigten Probekörper ergibt die totalen und effektiven Spannungen in einem Grenzzustand mit verhinderter Volumenänderung.

Konsolidierter, dränierter Versuch mit konstant gehaltenem Volumen (CCV-Versuch)
Das Volumen der konsolidierten (entsprechend dem CU-Versuch) und dränierten Probekörper wird beim Abscheren konstant gehalten. Dies wird bewirkt durch die laufende Regelung von mindestens einer totalen Hauptspannung bei konstantem Porenwasserdruck (Sättigungsdruck).

Der Versuch ergibt die effektiven Spannungen in einem Grenzzustand mit verhinderter Volumenänderung.

Unkonsolidierter, undränierter Versuch (UU-Versuch)
Bei geschlossenem Porenwassersystem wird der bindige Probenkörper zuerst durch einen Anfangszelldruck σ_3 belastet und anschließend durch Steigerung der axialen Normalspannung σ_1 abgeschert. Der Porenwasserdruck wird dabei nicht gemessen.

Der Versuch liefert die totalen Spannungen in einem Grenzzustand mit einem konstanten Wassergehalt des Probekörpers, der dem Wassergehalt des Baugrunds gleich sein sollte.

5.13.6 Auswertung des Triaxialversuchs

Zur Bestimmung von Scher- und Normalspannungen in einer um einen Winkel α gegen die Horizontale geneigten, gedachten Schnittfläche der Bodenprobe kann der MOHRsche Spannungskreis verwendet werden (siehe Abb. 5-48).

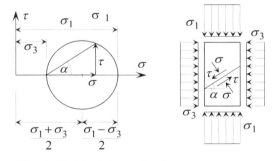

Abb. 5-48 Ermittlung der Normalspannungen σ und der Schubspannungen τ in einer um α geneigten Probenfläche mit Hilfe des Spannungskreises von MOHR

Zu der grafischen Ermittlung der senkrecht auf die Schnittfläche wirkenden Normalspannung (totale Spannung σ oder effektive Spannung σ') und der in der Schnittfläche wirkenden Schubspannung τ gehören im Fall totaler Spannungen die Gleichungen

$$\sigma = \frac{\sigma_1 + \sigma_3}{2} + \frac{\sigma_1 - \sigma_3}{2} \cdot \cos 2\alpha$$
$$\tau = \frac{\sigma_1 - \sigma_3}{2} \cdot \sin 2\alpha$$

Gl. 5-108

wobei der Neigungswinkel α der Schnittflächen im Bereich $0° < \alpha < 90°$ liegen muss. Für den Sonderfall der Schnittflächenneigung $\alpha = 45°$ vereinfachen sich diese Gleichungen zu

$$\sigma = \frac{\sigma_1 + \sigma_3}{2}$$
$$\tau = \frac{\sigma_1 - \sigma_3}{2}$$

Gl. 5-109

Beide Gleichungspaare gelten in analoger Form auch für effektive Normalspannungen.

Die Anwendung der MOHRschen Spannungskreisbetrachtung auf die Durchführung von Triaxialversuchen mit konstant gehaltenem Zelldruck σ_3 führt zur Darstellung von Abb. 5-49. Darin wird die Steigerung von σ_1 bis zum Bruch der Probe durch eine Schar von Spannungskreisen mit wachsenden Durchmessern erfasst. Die Vergrößerung der Kreisdurchmesser ist beendet, wenn der dann größte Spannungskreis die Grenzbedingung von MOHR-COULOMB erfüllt. In diesem Falle gilt, dass das Wertepaar (σ, τ_f) der in der Bruchfuge wirkenden Normal- und Schubspannungen sowohl zu dem MOHRschen Spannungskreis als auch zur Geraden der Grenzbedingung von MOHR-COULOMB gehören muss. Erfüllt wird diese Bedingung durch die zu dem Berührungspunkt der Tangente an den Spannungskreis gehörende Normal- und Schubspannung. Der zu diesem Punkt gehörende Winkel $\alpha = \vartheta$ (vgl. Abb. 5-48 und Abb. 5-50) ist der Neigungswinkel (Bruchwinkel) der Scherfläche gegen die Horizontale.

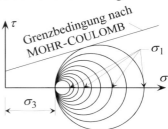

Abb. 5-49 MOHRsche Spannungskreise des Triaxialversuchs bei konstant gehaltenem Zelldruck σ_3 und der Steigerung von σ_1 bis zum Probenbruch

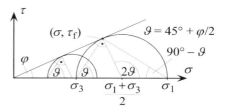

Abb. 5-50 Scherdiagramm für reine Reibung (ϑ = Bruchwinkel)

Da die Grenzbedingung von MOHR-COULOMB sich als gerade Umhüllende der mit den Versuchen gewonnenen MOHRschen σ_1, σ_3- bzw. σ'_1, σ'_3-Spannungen (Spannungskreise) im Grenzzustand ergibt und bei der Durchführung und Auswertung der Versuche immer unvermeidliche Fehler auftreten, muss deren Wirkung ausgeglichen werden. Dies erfolgt dadurch, dass mindestens ein Versuch mehr durchgeführt wird

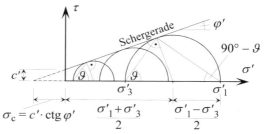

Abb. 5-51 Scherdiagramm für Reibung und Kohäsion (ϑ = Bruchwinkel)

als es zur mathematischen Konstruktion der Schergeraden erforderlich ist (zwei Versuche bzw. Spannungskreise bei kohäsivem und ein Versuch bei kohäsionslosem Boden). Somit stellt dann die bei der Versuchsauswertung gewonnene Schergerade eine Ausgleichsgerade dar.

5 Laborversuche

Neben der Versuchsauswertung anhand von MOHRschen Spannungskreisen sieht die DIN 18137-2 noch eine Reihe anderer Möglichkeiten vor. Zwei davon sind in Abb. 5-52 zu sehen. Die Varianten aus a) und b) zeigen die Ergebnisse eines konsolidierten, dränierten Versuchs (D-Versuch) in zwei Auswertungsversionen. In Abbildung a) werden die Versuchsergebnisse im $(\sigma_1 - \sigma_3)/2$-$(\sigma'_1 - \sigma'_3)/2$-Diagramm und in Abbildung b) im $(\sigma_1 - \sigma_3)/2$-ε_1-Diagramm dargestellt.

Die drei Proben des D-Versuchs aus Abb. 5-52 wurden vor dem Abschervorgang unter effektiven Konsolidationsspannungen σ'_c der Größe 50 kN/m², 105 kN/m² und 200 kN/m² konsolidiert. Aus Abbildung b) geht hervor, bei welchem ε_1-Wert die jeweils maximale Größe der Hauptspannungsdifferenz $\sigma_1 - \sigma_3$ auftritt. Abbildung a) zeigt die Spannungspfade für die drei Probekörper und eine ausgleichende Gerade durch die Maximalwerte der drei Spannungspfade. Mit dem Neigungswinkel α' der Geraden und der Ordinatengröße b' ihres Schnittpunkts mit der $(\sigma_1 - \sigma_3)/2$-Achse können unter Nutzung der Beziehungen

$$\sin \varphi' = \tan \alpha'$$

$$c' = \frac{b'}{\cos \varphi'}$$

Gl. 5-110

die effektiven Scherparameter φ' und c' ermittelt werden.

Weitere Darstellungen von Versuchsergebnissen sind z. B. in DIN 18137-2 zu finden.

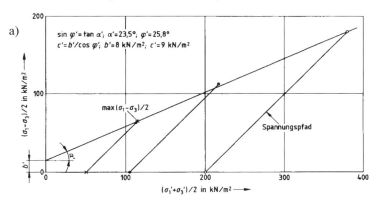

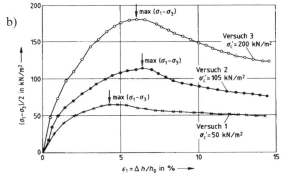

Abb. 5-52 Ergebnisse eines konsolidierten, dränierten Versuchs (D-Versuch); Beispiel aus DIN 18137-2

Darstellung der Versuchsergebnisse im

a) $(\sigma_1 - \sigma_3)/2$-$(\sigma'_1 + \sigma'_3)/2$-Diagramm
b) $(\sigma_1 - \sigma_3)/2$-ε_1-Diagramm

Beziehungen zwischen Scherfestigkeit $c_{u,k}$ von ungestörtem bindigem Boden und dessen Zustandsform (Konsistenz) werden in E DIN 1055-2 [L 23] angegeben (vgl. Tabelle 5-28).

5.14 Einaxiale Druckfestigkeit

Die Ermittlung einaxialer Druckfestigkeiten erfolgt vorwiegend im Erd- und Grundbau. Solche Versuche werden mit zylindrischen oder gleich schlanken prismatischen Probekörpern (Höhe beträgt das 2 bis 2,5fache des Durchmessers bzw. der Kantenlänge des Probekörpers) bei unbehinderter Seitendehnung und konstanter Stauchungsgeschwindigkeit durchgeführt. Die Ergebnisse dienen zur Abschätzung der Last-Verformungs-Beziehungen von Lockergesteinen oder auch von Fels.

Tabelle 5-28 Beziehung zwischen der Scherfestigkeit $c_{u,k}$ von ungestörtem Boden und dessen Zustandsform (nach E DIN 1055-2 [L 23])

Scherfestigkeit $c_{u,k}$ von ungestörtem Boden in kN/m²	Zustandsform (Konsistenz)
25 bis 60	weich
60 bis 150	steif
150 bis 300	halbfest
> 300	fest

5.14.1 DIN-Norm

Zur Bestimmung der einaxialen Druckfestigkeit sind in
▶ DIN 18136 [L 82]

Empfehlungen enthalten. Diese betreffen u. a. die für die Versuche einzusetzenden Geräte sowie die Versuchsdurchführung und -auswertung. Als Anwendungsbeispiel dient ein Versuch mit Ton.

5.14.2 Definitionen

Maßgeblicher Querschnitt (in mm²)
Verhältnis von Probenanfangsvolumen V_a (in mm³) und der sich bei der jeweiligen axialen Prüfkraft F (in N) ergebenden Probenhöhe h (in mm)

$$A = \frac{V_a}{h} \qquad \text{Gl. 5-111}$$

Für die Versuchsauswertung wird die Gleichung

$$A = \frac{V_a}{h} = \frac{A_a}{1-\varepsilon} \qquad \text{Gl. 5-112}$$

verwendet, in der A_a den Probekörperquerschnitt bei Versuchsbeginn und ε die Stauchung (siehe Gl. 5-116) des Probekörpers darstellen.

Einaxiale Druckspannung (in N/mm²)
Verhältnis aus Prüfkraft F und maßgeblichem Querschnitt

$$\sigma = \frac{F}{A} \qquad \text{Gl. 5-113}$$

Einaxiale Druckfestigkeit (in N/mm²)
Höchstwert der einaxialen Druckspannung mit

$$q_u = \max \sigma \qquad \text{Gl. 5-114}$$

bzw. die bei der Stauchung $\varepsilon = 20\ \%$ vorhandene einaxiale Druckspannung für den Fall, dass sich bis zum Erreichen dieser Stauchung kein Druckspannungshöchstwert ergeben hat

$$q_u = \sigma_{0,2} \qquad \text{Gl. 5-115}$$

5.14.3 Druck-Stauchungsdiagramm

Der einaxiale Druckversuch wird gemäß DIN 18136 an Probekörpern durchgeführt, die entweder aus Sonderproben der Güteklasse 1 oder 2 nach DIN 4021 [L 40] oder aus aufbereitetem Material stammen. Der jeweilige Probekörper wird dabei in einer Werkstoffprüfmaschine axial mit einer Verformungsgeschwindigkeit gestaucht, die in der Regel pro Minute 1 % der Anfangshöhe h_a des Probekörpers beträgt. Da das Probenmaterial über die Druckplatten der Prüfmaschine nicht entwässern kann, entspricht der Versuch einem UU-Versuch ohne Zelldruck.

Während der Versuchsdurchführung werden die Prüfkraft F und die Änderung Δh der Probenkörperhöhe gemessen. Mit ihnen und der Anfangshöhe h_a ergibt sich die Stauchung

$$\varepsilon = \frac{\Delta h}{h_a} \qquad \text{Gl. 5-116}$$

und die zu F gehörende Höhe $h = h_a - \Delta h$, aus der sich mit Hilfe von Gl. 5-112 der maßgebliche Querschnitt A und mit Gl. 5-113 die einaxiale Druckspannung σ berechnen lassen. Die zu der einaxialen Druckfestigkeit q_u gehörende Stauchung ε_u ist die „Bruchstauchung" (vgl. Abb. 5-53)

Mit den zu den verschiedenen F-Werten gehörenden Größen σ und ε lässt sich ein Druck-Stauchungsdiagramm herstellen, wie es für einen untersuchten Ton mit dem Wassergehalt $w = 22,3\ \%$ in Abb. 5-53 gezeigt ist.

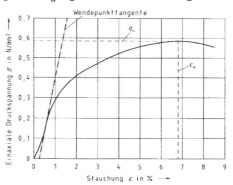

Abb. 5-53 Druck-Stauchungsdiagramm eines Tons (aus DIN 18136)

Da das Versuchsergebnis sehr stark vom Wassergehalt w beeinflusst wird, ist dieser am Ende des Versuchs an einem möglichst großen Stück des Probekörpers zu ermitteln.

Anhand der Versuchsergebnisse können Elastizitätsmodule in Form von Sekantenmodulen

$$E = \frac{\Delta \sigma}{\Delta \varepsilon} \qquad \text{Gl. 5-117}$$

oder entsprechenden Tangentenmodulen der Druck-Stauchungsdiagramme ermittelt werden (vgl. Abschnitt 5.12.4 und [L 120], Kapitel 1.5), von denen der mit der maximalen Tangentenneigung

$$E_\mathrm{u} = \max \frac{\mathrm{d}\sigma}{\mathrm{d}\varepsilon} \qquad \text{Gl. 5-118}$$

als „Modul des einaxialen Druckversuchs" bezeichnet wird.

Die aus dem Druck-Stauchungsdiagramm ablesbare einaxiale Druckfestigkeit q_u wird von FECKER [L 109] als Anhaltspunkt zur Unterscheidung zwischen Lockergesteinen (Boden) und Festgesteinen (Fels) herangezogen (vgl. Tabelle 5-29).

Tabelle 5-29 Grenzen zwischen Locker- und Festgestein (nach FECKER [L 109])

Materialtyp	Boden	schwach verfestigtes Gestein	Festgestein
Einaxiale Druckfestigkeit q_u	< 1 MN/m²	1 MN/m² bis 10 MN/m²	> 10 MN/m²

5.15 Charakteristische Werte von Bodenkenngrößen

5.15.1 Forderungen der DIN 1054

Die für Berechnungen gemäß DIN 1054 [L 19] benötigten charakteristischen Werte von Bodenkenngrößen werden nach DIN 4020 bzw. E DIN 4020 u. a. auf der Basis von Baugrundaufschlüssen sowie Labor- und Feldversuchen gewonnen. Zahlenmäßig sind sie so festzulegen, dass die mit ihnen durchgeführten Berechnungen zu Ergebnissen führen, die auf der sicheren Seite liegen.

Handelt es sich bei den Kenngrößen z. B. um Wichten oder Steifemodule eines Bodenbereichs (raumbezogene Größen), ist ein vorsichtiger Schätzwert von deren jeweiligem Mittelwert als charakteristischer Wert zu verwenden. Werden mit den Werten flächenhafte Zustände wie etwa Gleitungen erfasst, ist der vorsichtige Schätzwert des Mittelwerts im Bereich dieser Flächen festzulegen.

Werden im Rahmen statistischer Ergebnisauswertungen von Labor- und/oder Feldversuchen Variationskoeffizienten $V_\mathrm{G} > 0{,}1$ ermittelt, sind obere und untere charakteristische Werte der entsprechenden Bodenkenngrößen festzulegen. Aus diesen Kenngrößen sind dann Kombinationen von oberen und unteren Werten zusammenzustellen, die sich für die mit ihnen durchgeführten Berechnungen als die ungünstigsten erweisen.

Nach der DIN 1054 [L 19] ist es zulässig, Bodenkenngrößen von früheren Bodenuntersuchungen zu übernehmen, wenn aus örtlicher Erfahrung ausreichend bekannt ist, dass die jeweils vorliegenden Untergrundverhältnisse gleichartig sind.

GUDEHUS weist in seinem Beitrag in [L 163] darauf hin, dass insbesondere bei der Übernahme von Kenngrößen aus früheren Baugrunduntersuchungen und bei der Festlegung der Bodenbereiche für die Variationskoeffizienten ermittelt werden sollen, die Hinzuziehung eines Sachverständigen für Geotechnik unumgänglich ist.

Zur Anwendung charakteristischer Werte von Bodenkenngrößen im Rahmen verschiedener Problemstellungen werden in DIN 1054, 5.3.2 [L 19] Mindestforderungen gestellt. Nach GUDEHUS [L 163] sind es Anforderungen im Sinne einer Checkliste und keine Anleitungen zur Festlegung von Bodenkenngrößen.

5.15.2 Werte gemäß E DIN 1055-2

Im Entwurf der DIN 1055-2 werden für bindige und nichtbindige Böden charakteristische Werte angegeben. Erfahrungswerte für Wichte und Scherfestigkeit nichtbindiger Böden sind in Tabelle 5-30 und Tabelle 5-31 angegeben

Tabelle 5-30 Erfahrungswerte der Wichte nichtbindiger Böden (nach DIN 1055-2 [L 23])

Bodenart	Kurzzeichen nach DIN 18196	Festig-keit	Wichte		
			erdfeucht γ_k in kN/m³	gesättigt $\gamma_{r,k}$ in kN/m³	unter Auftrieb γ'_k in kN/m³
Kies, Kiessand, Sand eng gestuft	GE, SE mit $U < 6$	gering mittel hoch	16,0 17,0 18,0	18,5 19,5 20,5	8,5 9,5 10,5
Kies, Kiessand, Sand weit oder intermittie-rend gestuft	GW, GI, SW, SI mit $6 \leq U \leq 6$	gering mittel hoch	16,5 18,0 19,5	19,0 20,5 22,0	9,0 10,5 12,
Kies, Kiessand, Sand weit oder intermittie-rend gestuft	GW, GI, SW, SI mit $U > 15$	gering mittel hoch	17,0 19,0 21,0	19,5 21,5 23,5	9,5 11,5 13,5

Bei der Verwendung der Tabellenwerte für nichtbindige Böden ist darauf zu achten, dass
- die in Tabelle 5-30 angegebenen Erfahrungswerte der charakteristischen Wichten γ_k, $\gamma_{r,k}$ und γ'_k Mittelwerte mit Abweichungen von
  - $\pm 1,0$ kN/m³ bei erdfeuchtem bzw. über dem Grundwasserspiegel liegendem Boden
  - $\pm 0,5$ kN/m³ bei wassergesättigtem bzw. unter Auftrieb stehendem Boden

  darstellen, was dazu führt, dass sich obere und untere Wichte-Werte aus den Tabellenwerten zuzüglich bzw. abzüglich der angegebenen möglichen Abweichungen ergeben
- die in Tabelle 5-31 angegebenen Werte der charakteristischen Scherparameter
  - Reibungswinkel φ'_k für runde und abgerundete Kornformen gelten und um 2,5° erhöht werden dürfen, wenn die Körner überwiegend von kantiger Form sind
  - Kapillarkohäsion $c_{c,k}$ für Sand und Kiessand mit Sättigungsgraden $5\% \leq S_r \leq 60\%$ gelten, wobei die unteren Tabellenwerte geringer Sättigung sowie lockerer Lagerung und die oberen Tabellenwerte Sättigungsgraden von $40\% \leq S_r \leq 60\%$ sowie dichter Lagerung zugeordnet sind
- Werte für Kapillarkohäsion nur angesetzt werden können, wenn das Austrocknen oder Überfluten des Baugrundes nicht auftreten kann bzw. verhindert wird.

Weitere Hinweise und Einschränkungen sind E DIN 1055-2 zu entnehmen.

Tabelle 5-31 Erfahrungswerte für die Scherfestigkeit (Reibungswinkel und Kapillarkohäsion) nichtbindiger Böden (nach DIN 1055-2 [L 23])

Bodenart	Kurzzeichen nach DIN 18196	Bezeichnung nach DIN 4022-1	Festigkeit	Reibungswinkel φ_k in °	Kapillarkohäsion $c_{c,k}$ in kN/m²
Kies, Kiessand, Sand eng gestuft	GE, SE, GI SE, SW, SI	– – –	gering mittel hoch	30,0 – 32,5 32,5 – 37,5 35,0 – 40,0	– – –
Kies	–	G, s	–	–	0 – 2
Grobsand	–	gS	–	–	1 – 4
Mittelsand	–	mS	–	–	3 – 6
Feinsand	–	fS	–	–	5 – 8

Für bindige Böden geltende Erfahrungswerte für Wichte und Scherfestigkeit sind in Tabelle 5-32 angegeben.

Bei der Verwendung der Tabellenwerte ist darauf zu achten, dass
- die angegebenen Erfahrungswerte der charakteristischen Wichten γ_k, $\gamma_{r,k}$ und γ'_k und der charakteristischen Scherparameter φ'_k und c'_k für gewachsene Böden gelten. Ihre Verwendung für geschüttete Böden ist unter der Voraussetzung zulässig, dass Verdichtungsgrade $D_{Pr} \geq 0,97$ nachgewiesen wurden
- der zu den angegebenen Scherfestigkeiten $c_{u,k}$ der Reibungswinkel $\varphi_{u,k} = 0°$ gehört.

Weitere Hinweise und Einschränkungen sind E DIN 1055-2 zu entnehmen.

Tabelle 5-32 Erfahrungswerte der Wichte und der Scherfestigkeit bindiger Böden (nach DIN 1055-2 [L 23])

Bodenart	Kurzzeichen nach DIN 18196	Zustandsform	Wichte erdfeucht γ_k in kN/m³	Wichte gesättigt $\gamma_{r,k}$ in kN/m³	Wichte unter Auftrieb γ'_k in kN/m³	Scherfestigkeit Reibung φ'_k in °	Scherfestigkeit Kohäsion c'_k in kN/m³	Scherfestigkeit Kohäsion $c_{u,k}$ in kN/m³
Schluffböden								
Anorganische bindige Böden mit leicht plastischen Eigenschaften ($w_L < 35\%$)	UL	weich	17,5	19,0	9,0	27,5 – 32,5	0	5 – 60
		steif	18,5	20,0	10,0		2 – 5	20 – 150
		halbfest	19,5	21,0	11,0		5 – 10	50 – 300
Anorganische bindige Böden mit mittelplastischen Eigenschaften ($50\% \geq w_L \geq 35\%$)	UM	weich	16,5	18,5	8,5	22,5 – 30,0	0	5 – 60
		steif	18,0	19,5	9,5		5 – 10	20 – 150
		halbfest	19,5	20,5	10,5		10 – 15	50 – 300
Tonböden								
Anorganische bindige Böden mit leicht plastischen Eigenschaften ($w_L < 35\%$)	TL	weich	19,0	19,0	9,0	22,5 – 30,0	0 – 5	5 – 60
		steif	20,0	20,0	10,0		5 – 10	20 – 150
		halbfest	21,0	21,0	11,0		10 – 15	50 – 300
Anorganische bindige Böden mit mittelplastischen Eigenschaften ($50\% \geq w_L \geq 35\%$)	TM	weich	18,5	18,5	8,5	17,5 – 27,5	5 – 10	5 – 60
		steif	19,5	19,5	9,5		10 – 15	20 – 150
		halbfest	20,5	20,5	10,5		15 – 20	50 – 300
Anorganische bindige Böden mit stark plastischen Eigenschaften ($w_L > 50\%$)	TA	weich	17,5	17,5	7,5	15,0 – 25,0	5 – 15	5 – 60
		steif	18,5	18,5	8,5		10 – 20	20 – 150
		halbfest	19,5	19,5	9,5		15 – 25	50 – 300
Organische Böden								
Organischer Schluff	OU und OT	breiig	14,0	14,0	4,0	17,5 – 22,5	0	2 – 20
Organischer Ton		weich	15,5	15,5	5,5		2 – 5	5 – 40
		steif	17,0	17,0	7,0		5 – 10	20 – 150

6 Spannungen und Verzerrungen

Wie insbesondere aus den Abschnitten 5.12 und 5.13 hervorgeht, verursachen Belastungen im Baugrund Spannungen und Verzerrungen. Die Beziehung zwischen beiden Größen wird „Stoffgesetz" genannt.

6.1 Darstellungen

6.1.1 Koordinatensysteme

Die Spannungen werden vorwiegend in kartesischen Koordinaten, bei radialsymmetrischen Problemstellungen aber auch in Zylinderkoordinaten dargestellt bzw. angegeben.

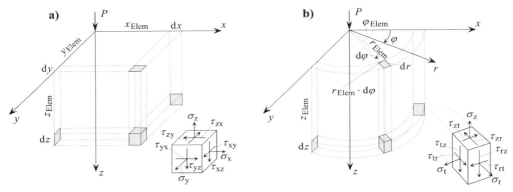

Abb. 6-1 Spannungen im Baugrund (Positivbilder gemäß DIN 1080-1 [L 24])
 a) kartesische Koordinaten
 b) Zylinderkoordinaten

Die im Baugrund auftretenden Spannungen haben dann positive Vorzeichen, wenn ihr Richtungssinn mit dem der Spannungen in den Positivbildern von Abb. 6-1 übereinstimmt. Dieser positive Richtungssinn stimmt mit der Vorzeichenregelung der DIN 1080-1 [L 24] überein. Bezogen auf die in der Bodenmechanik meist benutzten Vorzeichenregeln (Druck ist positiv, ...), handelt es sich bei den Darstellungen um Negativbilder.

Für die Beziehungen zwischen den kartesischen Koordinaten und Zylinderkoordinaten gelten die aus der Mathematik bekannten Transformationsgleichungen. Mit den Koordinaten eines beliebigen Punkts (Abb. 6-2 stellt das Positivbild für den Punkt P dar) gelten für die Transformation von Zylinderkoordinaten in kartesische Koordinaten:

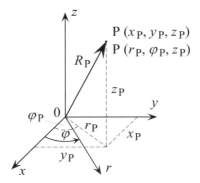

Abb. 6-2 Kartesische Koordinaten und Zylinderkoordinaten von Punkt P

6 Spannungen und Verzerrungen

$$x = r \cdot \cos\varphi$$
$$y = r \cdot \sin\varphi$$
$$z = z$$
Gl. 6-1

Die Transformation von kartesischen Koordinaten in Zylinderkoordinaten erfolgt mit den Beziehungen

$$r = \sqrt{x^2 + y^2}$$
$$\varphi = \arctan\frac{y}{x} = \arcsin\frac{y}{r}$$
$$z = z$$
Gl. 6-2

Die Normal- und Schubspannungen rufen an den Bodenelementen Verzerrungen hervor, wie sie in Abb. 6-3 für zwei ebene Fälle dargestellt sind. Während die Normalspannungen σ das Volumen der Bodenelemente in der Regel verändern (Ausnahme: inkompressibles Material), bewirken die Schubspannungen τ eine volumenneutrale Formänderung der Bodenelemente. Mit den Bezeichnungen aus Abb. 6-3 ergeben sich für die durch die Normalspannung σ_z bewirkten Dehnungen ε_x (Querdehnung) und ε_z (Längsdehnung) die Beziehungen

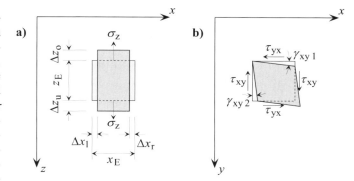

Abb. 6-3 Verzerrungen (in kartesischen Koordinaten)
a) Dehnungen
b) Winkelverzerrungen

$$\varepsilon_x = -\frac{\Delta x_l + \Delta x_r}{x}$$
$$\varepsilon_z = +\frac{\Delta z_o + \Delta z_u}{z}$$
Gl. 6-3

Das negative Vorzeichen der Dehnung ε_x ergibt sich durch die Querschnittsverkürzung, analog dazu gehört zur Dehnung ε_z ein positives Vorzeichen. Entsprechende Betrachtungen können auch für die Dehnung ε_y durchgeführt werden.

Mit der Längs- und Querdehnung gemäß Abb. 6-3 und Gl. 6-3 kann die Gleichung der Querdehnzahl (auch Querkontraktionszahl genannt) angegeben werden durch

$$\nu = \frac{-\varepsilon_x}{\varepsilon_z}$$
Gl. 6-4

Der vollständige Winkel der „Gleitung" (Winkelverzerrung), der sich infolge der Schubspannungen τ_{xy} und τ_{yx} einstellt (vgl. Abb. 6-3), beträgt

$$\gamma_{xy} = \gamma_{xy1} + \gamma_{xy2} = 2 \cdot \varepsilon_{xy} \qquad \text{Gl. 6-5}$$

Analoge Darstellungen gelten auch für die x, y-Ebene und die y, z-Ebene.

6.1.2 Spannungs- und Verzerrungszustände

Die Spannungs- und Verformungszustände werden häufig in Tensorform angegeben. Die folgenden Darstellungen gelten für kartesische x, y, z-Koordinaten und beschränken sich auf die Angabe der Tensorkoordinaten in Matrizenform (siehe z. B. GUMMERT/RECKLING [L 128]).

Die vollständige dreidimensionale Koordinatenmatrix **S** des Spannungstensors und die entsprechende Koordinatenmatrix **D** des geometrisch linearisierten Deformationstensors (infinitesimaler Verzerrungstensor) haben die Form (vgl. GUMMERT/RECKLING [L 128])

$$\mathbf{S} = \begin{pmatrix} \sigma_x & \tau_{xy} & \tau_{xz} \\ \tau_{yx} & \sigma_y & \tau_{yz} \\ \tau_{zx} & \tau_{zy} & \sigma_z \end{pmatrix} \quad \mathbf{D} = \begin{pmatrix} \varepsilon_x & \varepsilon_{xy} & \varepsilon_{xz} \\ \varepsilon_{xy} & \varepsilon_y & \varepsilon_{yz} \\ \varepsilon_{xz} & \varepsilon_{yz} & \varepsilon_z \end{pmatrix} = \frac{1}{2} \cdot \begin{pmatrix} 2 \cdot \varepsilon_x & \gamma_{xy} & \gamma_{xz} \\ \gamma_{xy} & 2 \cdot \varepsilon_y & \gamma_{yz} \\ \gamma_{xz} & \gamma_{yz} & 2 \cdot \varepsilon_z \end{pmatrix} \qquad \text{Gl. 6-6}$$

Zu geometrisch linearen Problemstellungen sowie homogenem, isotropem und sich linear verhaltendem elastischen Material (HOOKEsches Material) gehören symmetrische Spannungs- und Deformationstensoren, d. h. es gelten

$$\tau_{xy} = \tau_{yx},\ \tau_{xz} = \tau_{zx},\ \tau_{yz} = \tau_{zy} \quad \text{und}$$
$$\varepsilon_{xy} = \varepsilon_{yx},\ \varepsilon_{xz} = \varepsilon_{zx},\ \varepsilon_{yz} = \varepsilon_{zy} \quad \text{bzw.} \quad \gamma_{xy} = \gamma_{yx},\ \gamma_{xz} = \gamma_{zx},\ \gamma_{yz} = \gamma_{zy} \qquad \text{Gl. 6-7}$$

Jeder der Tensoren aus Gl. 6-6 besitzt in diesen Fällen jeweils sechs unterschiedliche Größen, die häufig auch in Vektorform dargestellt werden. Gebräuchliche Besetzungen dieser Spannungs- und Verzerrungsvektoren sind z. B.

$$\boldsymbol{\sigma} = \begin{Bmatrix} \sigma_x \\ \sigma_y \\ \sigma_z \\ \tau_{xy} \\ \tau_{xz} \\ \tau_{yz} \end{Bmatrix} \quad \boldsymbol{\sigma} = \begin{Bmatrix} \sigma_x \\ \tau_{xy} \\ \tau_{xz} \\ \sigma_y \\ \tau_{yz} \\ \sigma_z \end{Bmatrix} \quad \boldsymbol{\varepsilon} = \begin{Bmatrix} \varepsilon_x \\ \varepsilon_y \\ \varepsilon_z \\ \gamma_{xy} \\ \gamma_{xz} \\ \gamma_{yz} \end{Bmatrix} \quad \boldsymbol{\varepsilon} = \begin{Bmatrix} \varepsilon_x \\ \varepsilon_y \\ \varepsilon_z \\ \varepsilon_{xy} \\ \varepsilon_{xz} \\ \varepsilon_{yz} \end{Bmatrix} \qquad \text{Gl. 6-8}$$

6.1.3 Spannungstransformation in kartesischen Koordinatensystemen

Wird ein ebener Spannungszustand sowohl in dem kartesischen x, y, z-Koordinatensystem als auch in dem kartesischen u, v, z-Koordinatensystem in Form von

$$\boldsymbol{\sigma}_1^t = \{\sigma_x, \sigma_y, \sigma_z, \tau_{xy}, \tau_{xz}, \tau_{yz}\} \quad \text{und} \quad \boldsymbol{\sigma}_2^t = \{\sigma_u, \sigma_v, \sigma_z, \tau_{uv}, \tau_{uz}, \tau_{vz}\} \qquad \text{Gl. 6-9}$$

angegeben (Vektordarstellung in transponierter Form), und kann das x, y, z-System durch eine Drehung φ um die z-Achse in das u, v, z-System überführt werden (vgl. Abb. 6-4), gilt mit der Transformationsmatrix

$$\mathbf{T} = \begin{bmatrix} \cos^2\varphi & \sin^2\varphi & 0 & 2\cdot\sin\varphi\cdot\cos\varphi & 0 & 0 \\ \sin^2\varphi & \cos^2\varphi & 0 & -2\cdot\sin\varphi\cdot\cos\varphi & 0 & 0 \\ 0 & 0 & 1 & 0 & 0 & 0 \\ -\sin\varphi\cdot\cos\varphi & \sin\varphi\cdot\cos\varphi & 0 & \cos^2\varphi-\sin^2\varphi & 0 & 0 \\ 0 & 0 & 0 & 0 & \cos\varphi & -\sin\varphi \\ 0 & 0 & 0 & 0 & \sin\varphi & \cos\varphi \end{bmatrix}$$ Gl. 6-10

als Beziehung zwischen den beiden Vektoren

$$\boldsymbol{\sigma}_2^t = \begin{Bmatrix} \sigma_u \\ \sigma_v \\ \sigma_z \\ \tau_{uy} \\ \tau_{uz} \\ \gamma_{vz} \end{Bmatrix} = \mathbf{T}\cdot\boldsymbol{\sigma}_1^t = \mathbf{T}\cdot\begin{Bmatrix} \sigma_x \\ \sigma_y \\ \sigma_z \\ \tau_{xy} \\ \tau_{xz} \\ \tau_{yz} \end{Bmatrix}$$ Gl. 6-11

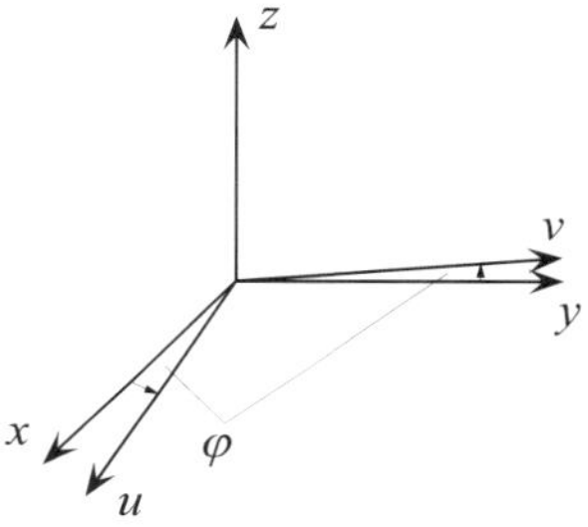

Abb. 6-4 Zuordnung von zwei kartesischen Koordinatensystemen

Zur Erläuterung wird im Folgenden auf die Projektion der in der x,z-Ebene wirkenden Spannungen σ_y und τ_{yx} und der in der y,z-Ebene wirkenden Spannungen σ_x und τ_{yy} auf die v,z-Ebene eingegangen.

Für die Herleitung wird angenommen, dass die Spannungen σ_y und τ_{yx} auf einer Fläche der Größe $dz\cdot dv\cdot\sin\varphi$, die Spannungen σ_x und τ_{xy} auf einer Fläche der Größe $dz\cdot dv\cdot\cos\varphi$ und die Spannungen σ_u und τ_{uv} auf einer Fläche der Größe $dz\cdot dv$ wirken und dass diese Flächen gemäß Abb. 6-5 angeordnet sind. In diesem Fall führt die in Abb. 6-5 dargestellte vektorielle Zerlegung von σ_x, τ_{yx}, σ_y und τ_{yx} und die danach folgende Transformation der dabei gewonnenen Spannungskomponenten auf die Normalspannung σ_u zu der statisch äquivalenten Beziehung

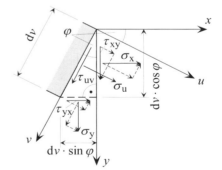

$$\sigma_u\cdot dv\cdot dz = \sigma_x\cdot\cos\varphi\cdot dv\cdot\cos\varphi\cdot dz + \\ \sigma_y\cdot\sin\varphi\cdot dv\cdot\sin\varphi\cdot dz + \\ \tau_{xy}\cdot\sin\varphi\cdot dv\cdot\cos\varphi\cdot dz + \\ \tau_{yx}\cdot\cos\varphi\cdot dv\cdot\sin\varphi\cdot dz$$ Gl. 6-12

Abb. 6-5 Spannungen in zwei kartesischen Koordinatensystemen

die den Ausdruck

$$\sigma_u = \sigma_x\cdot\cos^2\varphi + \sigma_y\cdot\sin^2\varphi + \tau_{xy}\cdot\sin\varphi\cdot\cos\varphi + \tau_{yx}\cdot\sin\varphi\cdot\cos\varphi$$ Gl. 6-13

liefert, aus dem sich die entsprechenden Elemente der Transformationsmatrix **T** der Gl. 6-10 ablesen lassen.

In Analogie hierzu ergibt sich für die Schubspannung τ_{uv} die Beziehung

$$\tau_{uv} \cdot dv \cdot dz = \sigma_y \cdot \cos\varphi \cdot dv \cdot \sin\varphi \cdot dz - \sigma_x \cdot \sin\varphi \cdot dv \cdot \cos\varphi \cdot dz +$$
$$\tau_{xy} \cdot \cos\varphi \cdot dv \cdot \cos\varphi \cdot dz - \tau_{yx} \cdot \sin\varphi \cdot dv \cdot \sin\varphi \cdot dz$$

Gl. 6-14

und mit $\tau_{yx} = \tau_{xy}$ der Ausdruck

$$\tau_{uv} = -\sigma_x \cdot \sin\varphi \cdot \cos\varphi + \sigma_y \cdot \cos\varphi \cdot \sin\varphi + \tau_{xy} \cdot (\cos^2\varphi - \sin^2\varphi)$$

Gl. 6-15

6.2 Sonderfälle

In Abhängigkeit von der Lage des Koordinatensystems sind Sonderfälle zu unterscheiden, die bei der mathematischen Beschreibung der jeweiligen Problemstellung zu erheblichen Vereinfachungen führen können. Im Folgenden wird auf einige dieser Spezialfälle eingegangen.

6.2.1 Hauptspannungen

Für alle im Baugrund auftretenden Spannungszustände gibt es immer ein kartesisches Koordinatensystem, zu dem ein Bodenelement gemäß Abb. 6-1 gehört, das keine Schubspannungen, sondern nur Normalspannungen aufweist. Dies gilt auch für den ebenen Spannungszustand von Abb. 6-6.

Mit den Bezeichnungen aus Abb. 6-6 lassen sich die Normalspannung σ und die Schubspannung τ mit Hilfe von

$$\sigma = \frac{\sigma_x + \sigma_z}{2} + \frac{\sigma_x - \sigma_z}{2} \cdot \cos 2\alpha + \tau_{xz} \cdot \sin 2\alpha$$

$$\tau = \frac{\sigma_x - \sigma_z}{2} \cdot \sin 2\alpha - \tau_{xz} \cdot \cos 2\alpha$$

Gl. 6-16

berechnen. Diese Gleichungen basieren auf den Gleichgewichtsbedingungen für die Kräfte in Richtung von σ und τ sowie der Gleichsetzung der zugeordneten Schubspannungen $\tau_{xz} = \tau_{zx}$.

Ausgehend von der Gleichung für τ aus Gl. 6-16, kann durch Nullsetzung von τ die Gleichung

$$\alpha_H = \frac{1}{2} \cdot \arctan \frac{2 \cdot \tau_{xz}}{\sigma_x - \sigma_z}$$

Gl. 6-17

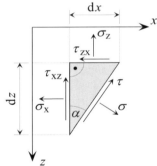

Abb. 6-6 Spannungszustand in der kartesischen x, z-Ebene

hergeleitet werden, mit der sich der Winkel α_H für eine der beiden Hauptspannungsebenen ermitteln lässt. Die zweite Hauptspannungsebene schließt mit der ersten den Winkel 90° ein; ihr Neigungswinkel im x, z-Koordinatensystem kann in Analogie zu Gl. 6-16 und Gl. 6-17 bestimmt werden.

Die in den beiden Hauptspannungsebenen allein wirkenden Normalspannungen σ_1 und σ_3 haben die Größe

$$\sigma_{1,3} = \frac{\sigma_x + \sigma_z}{2} \pm \sqrt{\left(\frac{\sigma_x - \sigma_z}{2}\right)^2 + \tau_{xz}^2} \qquad \text{Gl. 6-18}$$

Da beim Hauptspannungszustand alle Schubspannungen entfallen, besitzt die Koordinatenmatrix des Hauptspannungstensors im dreidimensionalen Fall ($\tau_{xy} = \tau_{xz} = \tau_{yx} = \tau_{yz} = \tau_{zx} = \tau_{zy} = 0$) die Diagonalform

$$\mathbf{S}_H = \begin{pmatrix} \sigma_1 & 0 & 0 \\ 0 & \sigma_2 & 0 \\ 0 & 0 & \sigma_3 \end{pmatrix} \qquad \text{Gl. 6-19}$$

6.2.2 Ebene Spannungs- und Deformationszustände

Zu den Spezialfällen zählen auch der „ebene Spannungszustand" und der im Grundbau besonders wichtige „ebene Deformationszustand". Bei ihnen treten die Spannungen bzw. Verzerrungen nur in einer Ebene auf. Ist dies z. B. die x, z-Ebene, gelten für den ebenen Spannungszustand $\sigma_y = 0 = \tau_{xy} = \tau_{yx} = \tau_{yz} = \tau_{zy}$ und für den ebenen Deformationszustand $\varepsilon_y = 0 = \varepsilon_{xy} = \varepsilon_{yz}$. Die Koordinatenmatrix des entsprechenden Spannungstensors besitzt die Form

$$\mathbf{S} = \begin{pmatrix} \sigma_x & 0 & \tau_{xz} \\ 0 & 0 & 0 \\ \tau_{zx} & 0 & \sigma_z \end{pmatrix} \qquad \text{Gl. 6-20}$$

und die des entsprechenden Deformationstensors die Form

$$\mathbf{D} = \begin{pmatrix} \varepsilon_x & 0 & \varepsilon_{xz} \\ 0 & 0 & 0 \\ \varepsilon_{xz} & 0 & \varepsilon_z \end{pmatrix} \qquad \text{Gl. 6-21}$$

6.2.3 Symmetrie- und Antimetrieebenen

Besitzen Baukonstruktion und Baugrund Symmetrieeigenschaften bezüglich ihrer geometrischen Abmessungen und hinsichtlich der zum Einsatz kommenden Materialien und ihrer Eigenschaften, lassen sie sich in der Regel mit vereinfachten mathematischen Simulationsmodellen berechnen. Dabei kommt den Spannungs- und Verformungszuständen in den Symmetrieebenen des jeweiligen Systems eine besondere Bedeutung zu. Ob für die Berechnung von einer Symmetrie- oder einer Antimetrieebene auszugehen ist, hängt von den nachstehenden Verformungsbedingungen in der Ebene ab.

Fallen die Symmetrieebene für die Geometrie und die Materialeigenschaften des Systems mit der y, z-Ebene eines kartesischen Koordi-

Tabelle 6-1 Verformungsbedingungen für die Symmetrie- und die Antimetrieebene

Verformungsbedingungen	
Symmetrieebene	Antimetrieebene
$w_{x1} = -w_{x2}$	$w_{x1} = w_{x2}$
$w_{y1} = w_{y2}$	$w_{y1} = -w_{y2}$
$w_{z1} = w_{z2}$	$w_{z1} = -w_{z2}$

natensystems zusammen, gibt es für jeden beliebigen Systempunkt P_1 mit den Koordinaten $\{x_1, y_1, z_1\}$ einen Systempunkt P_2 mit den Koordinaten $\{-x_1, y_1, z_1\}$. Die Verschiebungen der beiden Systempunkte sind durch die Verschiebungsvektoren $\mathbf{w}_1 = \{w_{x1}, w_{y1}, w_{z1}\}$ und $\mathbf{w}_2 = \{w_{x2}, w_{y2}, w_{z2}\}$ beschrieben.

Für die Berechnung wird die y, z-Ebene zur Symmetrie- oder zur Antimetrieebene, wenn die Bedingungen der Tabelle 6-1 zutreffen.

Für die in der Symmetrie- und Antimetrieebene auftretenden dreidimensionalen Spannungs- und Deformationszustände gelten die Darstellungen der Tabelle 6-2.

	Symmetrieebene	Antimetrieebene
Spannungen	$\mathbf{S}_{sym} = \begin{pmatrix} \sigma_x & 0 & 0 \\ 0 & \sigma_y & \tau_{yz} \\ 0 & \tau_{zy} & \sigma_z \end{pmatrix}$	$\mathbf{S}_{anti} = \begin{pmatrix} 0 & \tau_{xy} & \tau_{xz} \\ \tau_{yx} & 0 & \tau_{yz} \\ \tau_{zx} & \tau_{zy} & 0 \end{pmatrix}$
Verzerrungen	$\mathbf{D}_{sym} = \begin{pmatrix} \varepsilon_x & 0 & 0 \\ 0 & \varepsilon_y & \varepsilon_{yz} \\ 0 & \varepsilon_{yz} & \varepsilon_z \end{pmatrix}$	$\mathbf{D}_{anti} = \begin{pmatrix} 0 & \varepsilon_{xy} & \varepsilon_{xz} \\ \varepsilon_{xy} & 0 & \varepsilon_{yz} \\ \varepsilon_{xz} & \varepsilon_{yz} & 0 \end{pmatrix}$

Tabelle 6-2 Koordinatenmatrizen der Spannungs- und Deformationstensoren in der Symmetrie- und der Antimetrieebene (y, z-Ebene)

6.3 Spannungs-Verzerrungs-Beziehungen

6.3.1 Stoffgesetze bei HOOKEschem Material

Liegen geometrisch lineare Problemstellungen sowie homogenes, isotropes und sich linear verhaltendes elastisches Material (HOOKEsches Material) vor, gelten die Beziehungen aus Gl. 6-7. Das bedeutet, dass sich die Spannungs- und Verzerrungszustände im allgemein räumlichen Fall mit Hilfe der entsprechenden Spannungs- und Verzerrungsvektoren aus Gl. 6-8 angeben lassen. Die Beziehung zwischen den jeweils sechs Spannungs- und Deformationsgrößen kann dann durch das Stoffgesetz (auch „Spannungs-Verzerrungs-Relation" genannt)

$$\begin{Bmatrix} \sigma_x \\ \sigma_y \\ \sigma_z \\ \tau_{xy} \\ \tau_{xz} \\ \tau_{yz} \end{Bmatrix} = \frac{E}{(1+v)\cdot(1-2\cdot v)} \cdot \begin{bmatrix} 1-v & v & v & 0 & 0 & 0 \\ v & 1-v & v & 0 & 0 & 0 \\ v & v & 1-v & 0 & 0 & 0 \\ 0 & 0 & 0 & \frac{1-2\cdot v}{2} & 0 & 0 \\ 0 & 0 & 0 & 0 & \frac{1-2\cdot v}{2} & 0 \\ 0 & 0 & 0 & 0 & 0 & \frac{1-2\cdot v}{2} \end{bmatrix} \cdot \begin{Bmatrix} \varepsilon_x \\ \varepsilon_y \\ \varepsilon_z \\ \gamma_{xy} \\ \gamma_{xz} \\ \gamma_{yz} \end{Bmatrix} \quad \text{Gl. 6-22}$$

$$\sigma \quad = \qquad\qquad\qquad\qquad \Theta \qquad\qquad\qquad\qquad\qquad\qquad\qquad \cdot \varepsilon$$

angegeben werden (vgl. z. B. [L 161]). Die in Gl. 6-22 verwendeten Größen E und v sind der Elastizitätsmodul und die im Wertebereich $0 \leq v \leq 0{,}5$ liegende Querdehnzahl.

6 Spannungen und Verzerrungen

Durch Linksmultiplikation der Gl. 6-22 mit der zu Θ inversen Matrix

$$\Phi = \Theta^{-1}$$ Gl. 6-23

ergibt sich die Verzerrungs-Spannungs-Relation

$$\varepsilon = \begin{Bmatrix} \varepsilon_x \\ \varepsilon_y \\ \varepsilon_z \\ \gamma_{xy} \\ \gamma_{xz} \\ \gamma_{yz} \end{Bmatrix} = \Phi \cdot \sigma = \frac{1}{E} \cdot \begin{bmatrix} 1 & -\nu & -\nu & 0 & 0 & 0 \\ -\nu & 1 & -\nu & 0 & 0 & 0 \\ -\nu & -\nu & 1 & 0 & 0 & 0 \\ 0 & 0 & 0 & 2\cdot(1+\nu) & 0 & 0 \\ 0 & 0 & 0 & 0 & 2\cdot(1+\nu) & 0 \\ 0 & 0 & 0 & 0 & 0 & 2\cdot(1+\nu) \end{bmatrix} \cdot \begin{Bmatrix} \sigma_x \\ \sigma_y \\ \sigma_z \\ \tau_{xy} \\ \tau_{xz} \\ \tau_{yz} \end{Bmatrix}$$ Gl. 6-24

Liegt ein ebener Deformationszustand mit

$$\varepsilon_{yy} = \gamma_{xy} = \gamma_{yz} = 0$$ Gl. 6-25

vor, vereinfacht sich Gl. 6-22 in der Form

$$\begin{Bmatrix} \sigma_x \\ \sigma_y \\ \sigma_z \\ \tau_{xz} \end{Bmatrix} = \frac{E}{(1+\nu)\cdot(1-2\cdot\nu)} \cdot \begin{bmatrix} 1-\nu & \nu & 0 \\ \nu & \nu & 0 \\ \nu & 1-\nu & 0 \\ 0 & 0 & \frac{1-2\cdot\nu}{2} \end{bmatrix} \cdot \begin{Bmatrix} \varepsilon_x \\ \varepsilon_z \\ \gamma_{xz} \end{Bmatrix}$$ Gl. 6-26

bzw. zu

$$\begin{Bmatrix} \sigma_x \\ \sigma_z \\ \tau_{xz} \end{Bmatrix} = \frac{E}{(1+\nu)\cdot(1-2\cdot\nu)} \cdot \begin{bmatrix} 1 & -\nu & 0 \\ -\nu & 1 & 0 \\ 0 & 0 & 2\cdot(1+\nu) \end{bmatrix} \cdot \begin{Bmatrix} \varepsilon_x \\ \varepsilon_z \\ \gamma_{xz} \end{Bmatrix} \quad \text{und}$$ Gl. 6-27

$$\sigma_y = \frac{\nu \cdot E}{(1+\nu)\cdot(1-2\cdot\nu)} \cdot (\varepsilon_x + \varepsilon_z)$$

Beim Vorliegen eines ebenen Spannungszustands mit

$$\sigma_{yy} = \tau_{xy} = \tau_{yz} = 0$$ Gl. 6-28

vor, vereinfacht sich Gl. 6-24 zu

$$\begin{Bmatrix} \varepsilon_x \\ \varepsilon_y \\ \varepsilon_z \\ \gamma_{xz} \end{Bmatrix} = \frac{1}{E} \cdot \begin{bmatrix} 1 & -\nu & 0 \\ -\nu & -\nu & 0 \\ -\nu & 1 & 0 \\ 0 & 0 & 2\cdot(1+\nu) \end{bmatrix} \cdot \begin{Bmatrix} \sigma_x \\ \sigma_z \\ \tau_{xz} \end{Bmatrix}$$ Gl. 6-29

bzw. zu

$$\begin{Bmatrix} \varepsilon_x \\ \varepsilon_z \\ \gamma_{xz} \end{Bmatrix} = \frac{1}{E} \cdot \begin{bmatrix} 1 & -\nu & 0 \\ -\nu & 1 & 0 \\ 0 & 0 & 2\cdot(1+\nu) \end{bmatrix} \cdot \begin{Bmatrix} \sigma_x \\ \sigma_z \\ \tau_{xz} \end{Bmatrix} \quad \text{und} \quad \varepsilon_y = \frac{-\nu}{E}\cdot(\sigma_x + \sigma_z) \qquad \text{Gl. 6-30}$$

6.3.2 Steifemodul, Elastizitätsmodul und Schubmodul

Der in der Geotechnik normalerweise verwendete Steifemodul E_s wird mittels des Kompressionsversuchs mit praktisch verhinderter Seitendehnung bestimmt (vgl. Abschnitt 0). Er unterscheidet sich somit von dem Elastizitätsmodul E, bei dessen Ermittlung sich die Seitendehnung unbehindert einstellen kann. In beiden Fällen werden in den Probekörpern Hauptspannungszustände erzeugt.

Liegt HOOKEsches Material vor, ergeben sich für den Hauptspannungszustand (vgl. Gl. 6-19) die Dehnungs-Spannungs-Beziehungen

$$\varepsilon_x = \frac{\sigma_x - \nu\cdot(\sigma_y + \sigma_z)}{E}$$

$$\varepsilon_y = \frac{\sigma_y - \nu\cdot(\sigma_x + \sigma_z)}{E} \qquad \text{Gl. 6-31}$$

$$\varepsilon_z = \frac{\sigma_z - \nu\cdot(\sigma_x + \sigma_y)}{E}$$

wenn Gl. 6-24 verwendet wird.

Werden die Randbedingungen des Kompressionsversuchs $\varepsilon_x = \varepsilon_y = 0$ in Gl. 6-31 eingesetzt, ergibt sich nach einigen Umrechnungen die Gleichung für die Beziehung zwischen dem Elastizitätsmodul E und dem Steifemodul E_s

$$E_s = \frac{\sigma_z}{\varepsilon_z} = \frac{E\cdot(1-\nu)}{(1+\nu)\cdot(1-2\cdot\nu)} \qquad \text{Gl. 6-32}$$

Mit dem Schubmodul

$$G = \frac{E}{2\cdot(1+\nu)} \qquad \text{Gl. 6-33}$$

steht der Steifemodul in der Beziehung

$$E_s = \frac{2\cdot G\cdot(1-\nu)}{1-2\cdot\nu} \quad \text{bzw.} \quad G = \frac{E_s\cdot(1-2\cdot\nu)}{2\cdot(1-\nu)} \qquad \text{Gl. 6-34}$$

6.4 Rechnerische Druckspannungen im Baugrund

6.4.1 Eigenlast aus trockenem oder erdfeuchtem Boden

Von trockenem oder erdfeuchtem Boden wird in der Tiefe z die Eigenlast des darüber anstehenden Bodenmaterials vollständig über das Korngerüst abgetragen. Für Berechnungen des

Baugrunds wird die zwischen den einzelnen Körnern des Bodens tatsächlich auftretende Verteilung der vertikalen Spannungen in eine konstante „rechnerische" Spannung umgeformt, die im Weiteren mit $\sigma_z(z)$ bezeichnet wird (siehe Abb. 6-7). Die auch „Verschmierung" genannte Spannungsumformung erfolgt unter Beachtung des Kräftegleichgewichts in vertikaler Richtung.

Bei waagerecht geschichtetem Boden lässt sich die Größe der rechnerischen σ_z-Spannungen analog zu dem für die dritte Schicht (vgl. Abb. 6-8) geltenden Fall der Gleichung

$$\sigma_z = \gamma_1 \cdot z_1 + \gamma_2 \cdot z_2 + \gamma_3 \cdot z_3 = \sum_{i=1}^{3} \gamma_i \cdot z_i \qquad \text{Gl. 6-35}$$

berechnen. Die Wichten des Bodenmaterials in den drei Schichten sind γ_1, γ_2 und γ_3 (vgl. Abb. 6-8).

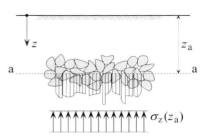

Abb. 6-7 Tatsächlich auftretende und rechnerische („verschmierte") Vertikalspannungen σ_z in der Tiefe z_a bei trockenem oder erdfeuchtem Boden

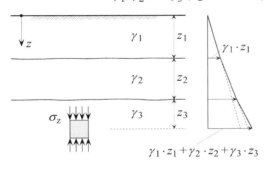

Abb. 6-8 Verlauf der σ_z-Spannungen aus der Bodeneigenlast von waagerecht geschichtetem Boden ($\gamma_1 < \gamma_2 < \gamma_3$)

6.4.2 Totale und effektive Druckspannungen

Werden Druckspannungen des Baugrunds in einer Tiefe z berechnet, die im Grundwasserbereich liegt, ist zwischen „totalen" und „effektiven" Druckspannungen zu unterscheiden. Bei beiden Spannungsarten handelt es sich um rechnerische (verschmierte) Spannungen gemäß Abschnitt 6.4.1, die unter Beachtung des Gleichgewichts der Vertikalkräfte zu ermitteln sind.

In der Schnittebene, die im Grundwasser liegt (vgl. Abb. 6-9), sind hinsichtlich der tatsächlich auftretenden Druckspannungen die im Korngerüst wirkenden (vgl. Abb. 6-7) und die im Wasser wirkenden Spannungen zu unterscheiden. Die Umformung (Verschmierung) beider Anteile liefert die „totalen" Druckspannungen σ_z des Baugrunds. Für den in Abb. 6-9 gezeigten Fall berechnet sich deren Größe zu

$$\sigma_z = \gamma \cdot z_1 + \gamma_r \cdot z_2 \qquad \text{Gl. 6-36}$$

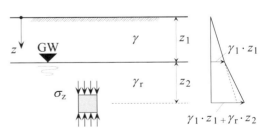

Abb. 6-9 Verlauf der totalen Druckspannungen σ_z im Grundwasserbereich

Dabei sind γ die Wichte des erdfeuchten und γ_r die Wichte des wassergesättigten Bodens.

Werden bei der Umformung zwar die tatsächlich wirkenden Druckspannungen im Korngerüst, nicht aber die im Grundwasser auftretenden berücksichtigt, führt dies zu den „effektiven" Druckspannungen σ'_z des Baugrunds. Bedeutung gewinnen diese Spannungen u. a. bei Setzungsberechnungen, da sie, und nicht die totalen Druckspannungen, für die Zusammendrückung des Korngerüstes „verantwortlich" sind.

Zur Verdeutlichung sei die Kraftübertragungsfläche aus Abb. 6-10 betrachtet. Bei nichtbindigem Boden ergibt sich mit der Summe A_K der in A liegenden Kontaktflächen die Gesamtkraft

$$F = F' + F_u = F' + u \cdot (A - A_K) \qquad \text{Gl. 6-37}$$

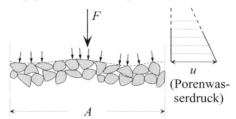

Abb. 6-10 Schnittkräfte in Korngerüst mit Porenwasserdruck (nach [L 127])

Für sehr kleine A_K-Werte liefert die Division von Gl. 6-37 durch A die Beziehungen

$$\frac{F}{A} = \sigma_z = \frac{F'}{A} + \frac{u \cdot A}{A} - \frac{u \cdot A_K}{A} = \sigma'_z + u - \approx 0 \quad \Rightarrow \quad \sigma'_z = \sigma_z - u \qquad \text{Gl. 6-38}$$

Mit der Wichte γ_w des Grundwassers und der Wichte γ' des Bodens unter Auftrieb ergibt sich, analog zu Gl. 6-36, die Gleichung der effektiven Spannungen

$$\sigma'_z = \gamma \cdot z_1 + \gamma_r \cdot z_2 - \gamma_w \cdot z_2 = \gamma \cdot z_1 + (\gamma_r - \gamma_w) \cdot z_2 = \gamma \cdot z_1 + \gamma' \cdot z_2 \qquad \text{Gl. 6-39}$$

Diese in der Tiefe z konstante Spannung ergibt sich durch „Verschmieren" der zwischen den einzelnen Bodenkörnern übertragenen Kräfte.

Bei trockenem und erdfeuchtem Boden sind die effektiven Spannungen identisch mit den totalen Spannungen (vgl. Abb. 6-11).

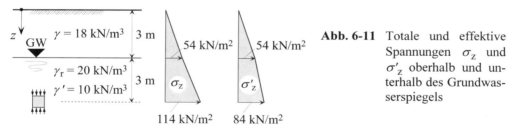

Abb. 6-11 Totale und effektive Spannungen σ_z und σ'_z oberhalb und unterhalb des Grundwasserspiegels

6.5 Vereinfachungen zur Lastausbreitung

Die räumliche Ausdehnung des Baugrunds sowie die Nichtlinearität des Materialverhaltens von Erdstoffen hat dazu geführt, dass diese komplexen Gegebenheiten im Rahmen grober Näherungen häufig durch vereinfachende Modelle bzw. Annahmen beschrieben bzw. erfasst werden.

In Abb. 6-12 ist als Beispiel ein „Walzenmodell" gezeigt, mit dem die Ausbreitung und Verteilung der Linienlast p über die Tiefe z des Baugrunds näherungsweise beschrieben wird. Die Abbildung gilt für den ebenen Deformationsfall ($\varepsilon_y = 0$). Entsprechende Modelle für den allgemeinen dreidimensionalen Fall basieren auf Kugel-Haufwerken.

Für den Fall der Linienlast p, die den Baugrund über ein Streifenfundament der Breite b belastet, treffen KÖGLER/SCHEIDIG [L 143] vereinfachte Annahmen bezüglich der Spannungsverteilung über die Tiefe z (vgl. Abb. 6-13).

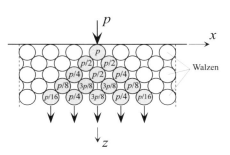

Abb. 6-12 „Walzenmodell" für ebenen Deformationszustand

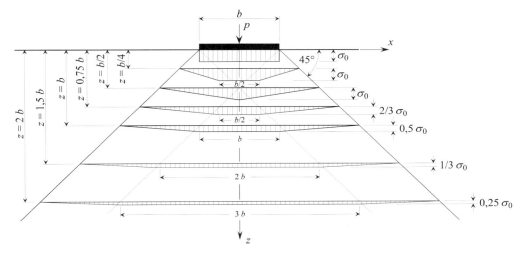

Abb. 6-13 Annahmen zur Spannungsverteilung über die Tiefe z des Baugrunds für dessen Belastung durch eine Streifenlast p (nach [L 143])

Charakteristisch für die vereinfachten Modelle ist u. a. die geradlinige Lastausbreitung (in Abb. 6-13 z. B. unter dem Winkel von 45°). Dass diese allenfalls für einen kleinen Bereich unterhalb des Fundaments gilt, geht aus Abb. 6-14 hervor. Es zeigt Ergebnisse von Versuchen in Freiberg, bei denen mittels Messdosen die Verteilung der vertikalen Normalspannungen in Sandschüttungen unter einem starren Kreisfundament ermittelt wurde. Die Ergebnisse sind vor allem durch das starke „Verflachen" der Spannungsverteilungen mit zunehmender Tiefe gekennzeichnet.

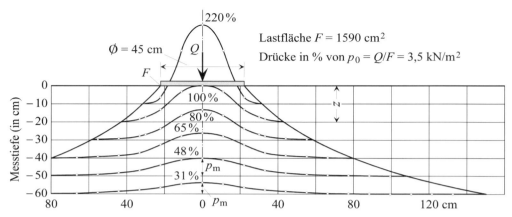

Abb. 6-14 Gemessene Druckausbreitung und Druckverteilung in verschiedenen Tiefen einer Sandschüttung unter einem starren Kreisfundament (nach KÖGLER/SCHEIDIG [L 143])

6.6 Halbraum unter Punktlast *P*

Für die Berechnung der Spannungen und Deformationen des durch eine Punktlast belasteten Baugrunds wurden verschiedene Berechnungsverfahren entwickelt, bei denen der Baugrund durch einen Halbraum beschrieben wird. Diese Verfahren behandeln somit den Fall eines Raums, der hinsichtlich seiner Tiefe (z-Richtung) und seiner seitlichen Ausdehnung (x- und y-Richtung) unbegrenzt ist und durch die Einzellast P auf seiner Oberfläche (Halbraumoberfläche) belastet wird (vgl. Abb. 6-15).

Im Folgenden wird auf die Problemlösungen von BOUSSINESQ und FRÖHLICH eingegangen, die für viele weitergehende Problemlösungen der Bodenmechanik die Ausgangsgleichungen darstellen.

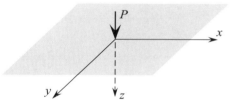

Abb. 6-15 Halbraum mit Einzellast P

6.6.1 Spannungen und Deformationen nach BOUSSINESQ

Von BOUSSINESQ wurden die Spannungen und Deformationen eines Halbraums berechnet, von dem angenommen wird, dass er

▶ gewichtslos
▶ homogen
▶ linear elastisch
▶ isotrop (gleiche Eigenschaften in alle Richtungen)

ist. Während die von BOUSSINESQ angegebenen Gleichungen für die Spannungen und Deformationen des Halbraums die Querdehnzahl v als freien Parameter beinhalten, gelten die im Folgenden aufgeführten Gleichungen nur für den Sonderfall $v = 0,5$ (inkompressibles Material). Dieser Fall, bei dem alle Normalspannungen nur als Druckspannungen auftreten, ist für die Bodenmechanik von besonderer Bedeutung, da Bodenmaterial keine (nichtbindige Böden) oder nur sehr geringe Zugspannungen (bindige Böden) aufnehmen kann.

Mit den geometrischen Beziehungen

$$r = \sqrt{x^2 + y^2}$$
$$R = \sqrt{x^2 + y^2 + z^2}$$
Gl. 6-40

lauten die Gleichungen der im kartesischen x, y, z-Koordinatensystem (Anordnung gemäß Abb. 6-15) definierten Spannungen

$$\sigma_x = \frac{3 \cdot P}{2 \cdot \pi \cdot R^2} \cdot \frac{z \cdot x^2}{R^3} \qquad \sigma_y = \frac{3 \cdot P}{2 \cdot \pi \cdot R^2} \cdot \frac{z \cdot y^2}{R^3} \qquad \sigma_z = \frac{3 \cdot P}{2 \cdot \pi \cdot R^2} \cdot \frac{z^3}{R^3}$$

$$\tau_{xy} = \frac{3 \cdot P}{2 \cdot \pi \cdot R^2} \cdot \frac{x \cdot y \cdot z}{R^3} \qquad \tau_{xz} = \frac{3 \cdot P}{2 \cdot \pi \cdot R^2} \cdot \frac{x \cdot z^2}{R^3} \qquad \tau_{yz} = \frac{3 \cdot P}{2 \cdot \pi \cdot R^2} \cdot \frac{y \cdot z^2}{R^3}$$
Gl. 6-41

wobei für die Schubspannungen gilt

$$\tau_{xy} = \tau_{yx}, \qquad \tau_{xz} = \tau_{zx}, \qquad \tau_{yz} = \tau_{zy}$$
Gl. 6-42

Für die zugehörigen Verschiebungen u (radiale Richtung) und w (axiale Richtung) der radialsymmetrischen Problemstellung gibt BOUSSINESQ die Gleichungen

$$u(r, z) = \frac{P}{4 \cdot \pi \cdot G \cdot R} \cdot \frac{r \cdot z}{R}$$
$$w(r, z) = \frac{P}{4 \cdot \pi \cdot G \cdot R} \cdot \frac{R^2 + z^2}{R^2}$$
Gl. 6-43

an. Die darin verwendete Größe G ist der Schubmodul gemäß Gl. 6-33.

6.6.2 Spannungen nach FRÖHLICH

Die Halbraumlösungen von BOUSSINESQ basieren u. a. auf dem linear-elastischen Halbraummaterial und damit auf einem Stoffgesetz, mit dessen Hilfe Beziehungen zwischen den Spannungen und den Deformationen des Halbraums ermittelt werden können.

Im Gegensatz dazu verzichtet FRÖHLICH in [L 117] auf die Definition eines Stoffgesetzes. Da seine Problembehandlung ausschließlich auf

▶ Gleichgewichtsbedingungen an einer gewichtslosen Halbkugelschale

beruht, können mit dieser Vorgehensweise auch keine Verschiebungen berechnet werden.

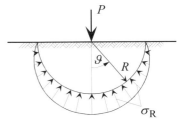

Abb. 6-16 Halbkugelschale mit Verteilung der σ_R-Spannungen nach FRÖHLICH

Der Ermittlung der Spannungen σ_R liegt die Annahme zugrunde, dass

▶ ihre Ausbreitung, vom Lastangriffspunkt ausgehend, geradlinig erfolgt

▶ sie sich über die Halbkugel gemäß dem Ansatz

$$\sigma_R(R,\vartheta) = \frac{C}{R^2} \cdot \cos^{\nu_K-2}\vartheta \qquad (\nu_K = 3, 4, 5, ...) \qquad \text{Gl. 6-44}$$

verteilen.

In Gl. 6-44 stellt C eine freie Konstante und ν_K den „Konzentrationsfaktor" (nach FRÖHLICH auch „Ordnungszahl") dar. Die Wahl unterschiedlicher Zahlenwerte für den Konzentrationsfaktor ν_K erlaubt die Erfassung der Besonderheiten des jeweils vorliegenden Bodens.

Mit der Bedingung, dass alle an der Halbkugel wirkenden Kräfte im Gleichgewicht stehen müssen, ergibt sich die Gleichung

$$\sigma_R(R,\vartheta) = \frac{\nu_K \cdot P}{2 \cdot \pi \cdot R^2} \cdot \cos^{\nu_K-2}\vartheta \qquad (\nu_K = 3, 4, 5, ...) \qquad \text{Gl. 6-45}$$

Die Transformation in das kartesische x, y, z-Koordinatensystem liefert die Spannungsgrößen

$$\sigma_x = \frac{\nu_K \cdot P}{2 \cdot \pi \cdot z^2} \cdot \cos^{\nu_K}\vartheta \cdot \sin^2\vartheta \cdot \cos^2\varphi = \frac{\nu_K \cdot P}{2 \cdot \pi \cdot R^2} \cdot \left(\frac{z}{R}\right)^{\nu_K} \cdot \frac{x^2}{z^2}$$

$$\sigma_y = \frac{\nu_K \cdot P}{2 \cdot \pi \cdot z^2} \cdot \cos^{\nu_K}\vartheta \cdot \sin^2\vartheta \cdot \sin^2\varphi = \frac{\nu_K \cdot P}{2 \cdot \pi \cdot R^2} \cdot \left(\frac{z}{R}\right)^{\nu_K} \cdot \frac{y^2}{z^2}$$

$$\sigma_z = \frac{\nu_K \cdot P}{2 \cdot \pi \cdot z^2} \cdot \cos^{\nu_K}\vartheta \cdot \cos^2\vartheta = \frac{\nu_K \cdot P}{2 \cdot \pi \cdot R^2} \cdot \left(\frac{z}{R}\right)^{\nu_K}$$

$$\tau_{xy} = \frac{\nu_K \cdot P}{2 \cdot \pi \cdot z^2} \cdot \cos^{\nu_K}\vartheta \cdot \sin^2\vartheta \cdot \cos\varphi \cdot \sin\varphi = \frac{\nu_K \cdot P}{2 \cdot \pi \cdot R^2} \cdot \left(\frac{z}{R}\right)^{\nu_K} \cdot \frac{x \cdot y}{z^2}$$

$$\tau_{xz} = \frac{\nu_K \cdot P}{2 \cdot \pi \cdot z^2} \cdot \cos^{\nu_K}\vartheta \cdot \sin\vartheta \cdot \cos\vartheta \cdot \cos\varphi = \frac{\nu_K \cdot P}{2 \cdot \pi \cdot R^2} \cdot \left(\frac{z}{R}\right)^{\nu_K} \cdot \frac{x}{z}$$

$$\tau_{yz} = \frac{\nu_K \cdot P}{2 \cdot \pi \cdot z^2} \cdot \cos^{\nu_K}\vartheta \cdot \sin\vartheta \cdot \cos\vartheta \cdot \sin\varphi = \frac{\nu_K \cdot P}{2 \cdot \pi \cdot R^2} \cdot \left(\frac{z}{R}\right)^{\nu_K} \cdot \frac{y}{z}$$

Gl. 6-46

wobei für die Schubspannungen wieder Gl. 6-42 gilt.

Der Vergleich der Spannungsausdrücke aus Gl. 6-46 mit denen aus Gl. 6-41 zeigt, dass die Lösungen von BOUSSINESQ für inkompressibles Material ($\nu = 0{,}5$) mit denen von FRÖHLICH dann übereinstimmen, wenn der Konzentrationsfaktor zu $\nu_K = 3$ gesetzt wird.

Bezüglich der Wahl von Zahlenwerten für den Konzentrationsfaktor ν_K haben Vergleiche mit Spannungsmessungen ergeben, dass folgende ν_K-Werte sinnvoll sind:
- stark bindige Böden $\nu_K \approx 3$
- nichtbindige Böden $\nu_K \approx 5-7$

Der Einfluss des gewählten ν_K-Werts auf die Verteilung der σ_z-Spannungen in der Tiefe z ist in Abb. 6-17 dargestellt. Es zeigt, dass sich mit abnehmendem Zahlenwert des Konzentrationsfaktors die

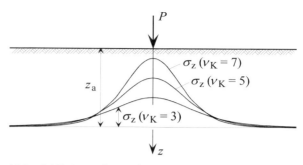

Abb. 6-17 Verteilung der zur Einzellast P gehörenden σ_z-Spannungen in der Tiefe z_a für unterschiedliche Werte des Konzentrationsfaktors ν_K

Spannungsverteilung verflacht. Unter Wahrung des Gleichgewichts der Vertikalkräfte findet eine Umverteilung der Spannungen von innen nach außen statt.

Veränderungen der σ_z-Spannungen bei unterschiedlichen Konzentrationsfaktoren ν_K können auch anhand der σ_z-Isobaren (Linien gleich großer σ_z-Spannungen) aufgezeigt werden. Während die Isobaren von Abb. 6-18 für den gleich groß bleibenden ν_K-Wert gleiche Formen aufweisen, „dehnen" sie sich, bei beibehaltenem σ_z, mit größer werdendem ν_K-Wert in die Tiefe (siehe Abb. 6-19).

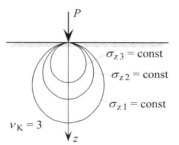
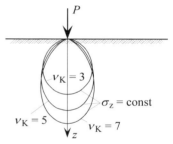

Abb. 6-18 σ_z-Isobaren ($\sigma_{z3} = 2 \cdot \sigma_{z2} = 4 \cdot \sigma_{z1}$)

Abb. 6-19 σ_z-Isobaren ($\nu_K = 3, 5$ und 7)

6.7 Halbraumspannungen infolge einer Linienlast p

Wenn
- die Spannungen im Halbraum unter einer Punktlast P bekannt sind und
- die Halbraumbedingungen von BOUSSINESQ bzw. die Gleichgewichtsbedingungen von FRÖHLICH gelten

können die zu einer Linienlast p (gleichmäßig verteilte Last auf unbegrenzt langer Linie) gehörenden Spannungen des Halbraums (siehe Abb. 6-20) durch Integration ermittelt werden. Ist p parallel zur y-Achse eines kartesischen Koordinatensystems angeordnet, wird

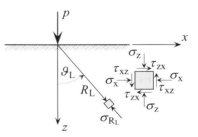

Abb. 6-20 Halbraum unter Linienlast p und Spannungen des ebenen Falls

über die zu dem Lastelement $dp = p \cdot dy$ gehörenden Spannungen integriert. Zu dem sich aus der Integration ergebenden Halbraum-Spannungszustand gehört ein ebener Deformationszustand gemäß Abschnitt 6.2.2.

6.7.1 Spannungen nach BOUSSINESQ

Werden die Spannungsausdrücke aus Gl. 6-41 über y integriert, führt das zu den in der x, z-Ebene wirkenden Spannungen von BOUSSINESQ

$$\sigma_x = \frac{2}{\pi} \cdot \frac{p}{R_L} \cdot \cos\vartheta_L \cdot \sin^2\vartheta_L$$

$$\sigma_z = \frac{2}{\pi} \cdot \frac{p}{R_L} \cdot \cos^3\vartheta_L \qquad \text{Gl. 6-47}$$

$$\tau_{xz} = \tau_{zx} = \frac{2}{\pi} \cdot \frac{p}{R_L} \cdot \cos^2\vartheta_L \cdot \sin\vartheta_L$$

6.7.2 Spannungen nach FRÖHLICH

Die Integration der Beziehungen aus Gl. 6-46 führt zu den in der x, z-Ebene wirkenden Spannungen von FRÖHLICH

$$\sigma_x = f \cdot \frac{p}{R_L} \cdot \cos^{\nu_K - 2}\vartheta_L \cdot \sin^2\vartheta_L$$

$$\sigma_z = f \cdot \frac{p}{R_L} \cdot \cos^{\nu_K}\vartheta_L \qquad \text{Gl. 6-48}$$

$$\tau_{xz} = \tau_{zx} = f \cdot \frac{p}{R_L} \cdot \cos^{\nu_K - 1}\vartheta_L \cdot \sin\vartheta_L$$

Die in Gl. 6-48 angegebenen Faktoren f sind abhängig vom gewählten Konzentrationsfaktor. Ihre Zahlenwerte sind in Tabelle 6-3 aufgeführt.

Tabelle 6-3 Von ν_K abhängige Faktoren f für Spannungsgleichungen von FRÖHLICH

ν_K	1	2	3	4	5	6
f	$\frac{1}{\pi}$	0,5	$\frac{2}{\pi}$	0,75	$\frac{8}{3\cdot\pi}$	$\frac{15}{16}$

Analog zum Fall der Punktlast zeigt der Vergleich von Gl. 6-48 mit Gl. 6-47, dass die Lösungen von BOUSSINESQ (für Querdehnzahl $\nu = 0,5$) mit denen von FRÖHLICH übereinstimmen, wenn $\nu_K = 3$ gilt.

6.8 Halbraumspannungen infolge einer Streifenlast q

Sind
- ▶ die Spannungen im Halbraum unter einer Linienlast p bekannt und
- ▶ gelten die Halbraumbedingungen von BOUSSINESQ bzw. die Gleichgewichtsbedingungen von FRÖHLICH

lassen sich die zu einer Streifenlast q (Last auf unbegrenzt langem Streifen) gehörenden Spannungen des Halbraums durch Integration ermitteln. Ist q parallel zur y-Achse eines kartesischen Koordinatensystems angeordnet, wird über die zu der Linienlast $\mathrm{d}p = q \cdot \mathrm{d}x$ (vgl. Abb. 6-21) gehörenden Spannungen integriert. Die Grenzen für die Integrationsvariable α sind α_1 und α_2. Wie auch im Fall der Linienlast (siehe Abschnitt 6.7) entspricht die Integration einer Überlagerung (Superposition) der Spannungen aus allen Linienlasten $\mathrm{d}p$.

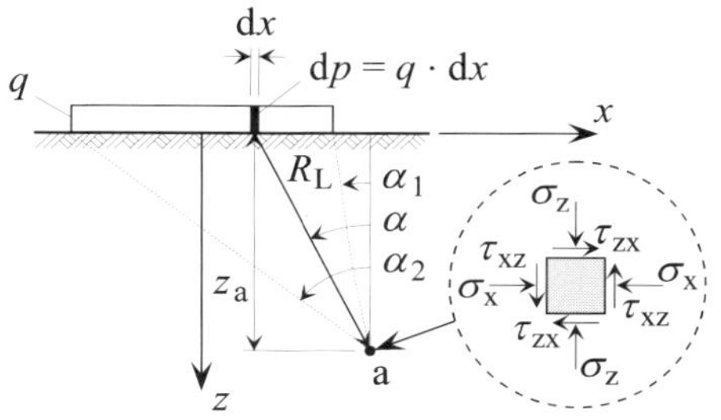

Die durch die Streifenlast q sowie die Linienlasten $\mathrm{d}p$ hervorgerufenen Deformationszustände sind ebene Deformationszustände gemäß Abschnitt 6.2.2.

Abb. 6-21 Halbraum unter Streifenlast q und Spannungen in der x, z-Ebene

Für $\nu_K = 3$ liefert die Integration der Spannungsausdrücke von Gl. 6-48 die Beziehungen

$$\sigma_x = \frac{q}{\pi} \cdot \left[\hat{\alpha}_2 - \hat{\alpha}_1 - \sin(\alpha_2 - \alpha_1) \cdot \cos(\alpha_2 + \alpha_1) \right]$$

$$\sigma_z = \frac{q}{\pi} \cdot \left[\hat{\alpha}_2 - \hat{\alpha}_1 + \sin(\alpha_2 - \alpha_1) \cdot \cos(\alpha_2 + \alpha_1) \right] \qquad \text{Gl. 6-49}$$

$$\tau_{xz} = \tau_{zx} = \frac{q}{\pi} \cdot \sin(\alpha_2 - \alpha_1) \cdot \cos(\alpha_2 + \alpha_1)$$

in denen $\hat{\alpha}_1$ und $\hat{\alpha}_2$ die in Bogenmaß einzusetzenden Winkel α_1 und α_2 (vgl. Abb. 6-21) sind.

6.9 Halbraumspannungen unter schlaffen Rechtecklasten

Für den Fall einer auf der Halbraumoberfläche rechteckförmig verteilten konstanten, vertikalen Flächenlast σ_0 (vgl. Abb. 6-22) werden von SCHULTZE/HORN ([L 120], Kapitel 1.7) u. a. Gleichungen von TÖLKE angegeben, mit denen sich die Normal- und Schubspannungen eines beliebigen Punkts $\{x, y, z\}$ des linear elastisch-isotropen Halbraums berechnen lassen.

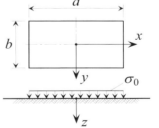

Abb. 6-22 Rechteckförmige, konstante Flächenlast σ_0 auf der Halbraumoberfläche

Mit der Querdehnzahl ν haben die Gleichungen für die Normalspannungen die Form

$$\sigma_x = -\frac{\sigma_0}{2\cdot\pi}\cdot\sum_{i=1}^{4}(-1)^i\cdot\left\{\frac{(x+x_i)\cdot(y+y_i)\cdot z}{\left[(x+x_i)^2+z^2\right]\cdot R_i} - 2\cdot v\cdot\arctan\left[\frac{(x+x_i)\cdot(y+y_i)}{z\cdot R_i}\right]\right.$$

$$\left. -(1-2\cdot v)\cdot\left[\arctan\left(\frac{y+y_i}{x+x_i}\right) - \arctan\left(\frac{(y+y_i)\cdot z}{(x+x_i)\cdot R_i}\right)\right]\right\}$$

$$\sigma_y = -\frac{\sigma_0}{2\cdot\pi}\cdot\sum_{i=1}^{4}(-1)^i\cdot\left\{\frac{(x+x_i)\cdot(y+y_i)\cdot z}{\left[(y+y_i)^2+z^2\right]\cdot R_i} - 2\cdot v\cdot\arctan\left[\frac{(x+x_i)\cdot(y+y_i)}{z\cdot R_i}\right]\right.$$

$$\left. -(1-2\cdot v)\cdot\left[\arctan\left(\frac{x+x_i}{y+y_i}\right) - \arctan\left(\frac{(x+x_i)\cdot z}{(y+y_i)\cdot R_i}\right)\right]\right\} \quad \text{Gl. 6-50}$$

$$\sigma_z = +\frac{\sigma_0}{2\cdot\pi}\cdot\sum_{i=1}^{4}(-1)^i\cdot\left\{\left[\frac{1}{(x+x_i)^2+z^2} + \frac{1}{(y+y_i)^2+z^2}\right]\cdot\frac{(x+x_i)\cdot(y+y_i)\cdot z}{R_i}\right.$$

$$\left. + \arctan\left[\frac{(x+x_i)\cdot(y+y_i)}{z\cdot R_i}\right]\right\}$$

Für die Schubspannungen des ausgewählten Halbraumpunkts gelten die Gleichungen

$$\tau_{xy} = \tau_{yx} = +\frac{\sigma_0}{2\cdot\pi}\cdot\sum_{i=1}^{4}(-1)^i\cdot\left[\frac{z}{R_i} + (1-2\cdot v)\cdot\ln(z+R_i)\right]$$

$$\tau_{xz} = \tau_{zx} = -\frac{\sigma_0}{2\cdot\pi}\cdot\sum_{i=1}^{4}(-1)^i\cdot\frac{(y+y_i)\cdot z^2}{\left[(x+x_i)^2+z^2\right]\cdot R_i} \quad \text{Gl. 6-51}$$

$$\tau_{yz} = \tau_{zy} = -\frac{\sigma_0}{2\cdot\pi}\cdot\sum_{i=1}^{4}(-1)^i\cdot\frac{(x+x_i)\cdot z^2}{\left[(y+y_i)^2+z^2\right]\cdot R_i}$$

Die in Gl. 6-50 und Gl. 6-51 verwendeten Summationsgrößen x_i und y_i können Tabelle 6-4 entnommen werden. Sie stehen mit der ebenfalls verwendeten Größe R_i in der Beziehung

$$R_i^2 = (x+x_i)^2 + (y+y_i)^2 + z^2 \quad \text{Gl. 6-52}$$

i	1	2	3	4
x_i	$-a/2$	$-a/2$	$+a/2$	$+a/2$
y_i	$-b/2$	$+b/2$	$+b/2$	$-b/2$

Tabelle 6-4 Summationsgrößen x_i und y_i für die Gleichungen von TÖLKE

6.10 Spannungen σ_z unter Eckpunkten schlaffer Rechtecklasten

Betrachtet wird der Fall einer konstanten rechteckförmigen Belastung σ_0 der Halbraumoberfläche, wie sie durch „schlaffe Lastbündel" erzeugt werden. Zu diesen gehören z. B. die Eigenlasten von in Lagen geschüttetem Boden oder praktisch schlaffer Fundamentplatten (Platten ohne Biegesteifigkeit EI und Schubsteifigkeit GF_Q).

Für die Ermittlung der σ_z-Spannungen unter den Eckpunkten solcher Belastungen bietet STEINBRENNER in [L 178] die Formel

$$\sigma_z = \frac{\sigma_0}{2 \cdot \pi} \cdot \left\{ \arctan\left[\frac{b}{z} \cdot \frac{a \cdot (a^2 + b^2) - 2 \cdot a \cdot z \cdot (R-z)}{(a^2 + b^2) \cdot (R-z) - z \cdot (R-z)^2}\right] + \frac{b \cdot z}{b^2 + z^2} \cdot \frac{a \cdot (R^2 + z^2)}{(a^2 + z^2) \cdot R} \right\} \quad \text{Gl. 6-53}$$

an, in der R für

$$R = \sqrt{a^2 + b^2 + z^2} \quad \text{Gl. 6-54}$$

steht.

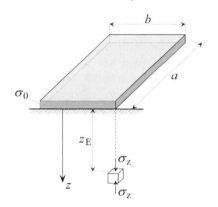

Gl. 6-53 beruht auf dem für Einzellasten P geltenden Ausdruck für σ_z der Gl. 6-47 von BOUSSINESQ. STEINBRENNER gewinnt die Gleichung durch Integration über die auf den differentiellen Teilflächen dA der Grundfläche $A = a \times b$ (vgl. Abb. 6-23) wirkenden Einzellasten $dP = dA \cdot \sigma_0$. Da σ_z aus Gl. 6-47 von der Querdehnzahl ν unabhängig ist, gilt auch Gl. 6-53 für den gesamten Bereich $0 \leq \nu \leq 0{,}5$.

Da Gl. 6-53 auf der Überlagerung (Superposition) von Lastwirkungen basiert (superponiert werden die zu allen Einzellasten dP gehörenden σ_z-Werte), können mit ihrer Hilfe auch kompliziertere Belastungsformen erfasst werden. Darüber hinaus lassen sich mit ihr die σ_z-Größen beliebiger Punkte des Halbraums ermitteln (siehe hierzu Abb. 6-24).

Abb. 6-23 Vertikalspannung σ_z unter einem Eckpunkt einer konstanten rechteckförmigen Flächenbelastung σ_0 der Halbraumoberfläche

Die beiden Fälle aus Abb. 6-24 zeigen die prinzipielle Vorgehensweise der Superposition. Berechnet werden die zu den Belastungen der rechteckförmigen Teilflächen gehörenden σ_z-Werte im Punkt S. Für jede der gewählten Teilflächen

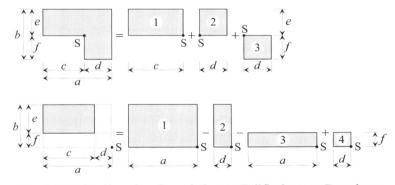

Abb. 6-24 Einteilung in mit σ_0 belastete Teilflächen zur Berechnung der σ_z-Spannungen des in der Tiefe z liegenden Punkts S

muss dabei die Forderung erfüllt sein, dass S unter einem ihrer Eckpunkte liegt. Die durch die tatsächliche Belastung hervorgerufene σ_z-Spannung in Punkt S ergibt sich schließlich aus der algebraischen Addition der aus den Teilflächenbelastungen resultierenden Spannungsanteile.

$$\sigma_{z(S)} = \sum_{i=1}^{n} \sigma_{z(S)i} \qquad \text{Gl. 6-55}$$

Im ersten der beiden Beispiele aus Abb. 6-24 handelt es sich um $n = 3$ Teilflächen mit der Größe $A_1 = a \times e$ der ersten, $A_2 = d \times e$ der zweiten und $A_3 = d \times f$ der dritten Teilfläche. Die von ihnen erzeugten σ_z-Spannungen im Punkt S sind $\sigma_{z(S)1}$, $\sigma_{z(S)2}$ und $\sigma_{z(S)3}$ und können mit Gl. 6-53 berechnet werden. Durch Summation gemäß Gl. 6-55 liefern sie die zur winkelförmigen eigentlichen Lastfläche gehörende Spannung $\sigma_{z(S)}$.

Zur schnellen und einfachen Spannungsermittlung wurde von STEINBRENNER das in Abb. 6-25 gezeigte Nomogramm bereitgestellt. Die von einer Rechtecklast hervorgerufene σ_z-Spannung unter einem ihrer Eckpunkte wird danach berechnet durch

$$\sigma_z = i \cdot \sigma_0 \qquad \text{Gl. 6-56}$$

Der darin verwendete Einflusswert i ist abhängig von dem Verhältnis der Rechteckseiten a und b (beachte: $a \geq b$) und dem der Tiefenlage z des Spannungspunkts zur Rechteckseitenlänge b.

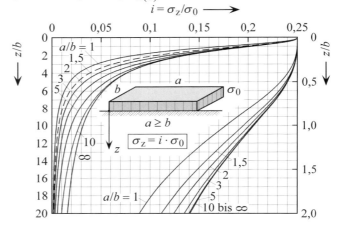

Abb. 6-25 Einflusswerte i für die vertikalen Normalspannungen unter den Eckpunkten schlaffer Rechtecklasten (nach STEINBRENNER)

Zur Ermittlung von i werden die Verhältnisse a/b und z/b bestimmt, danach die zu a/b passende Lösungskurve mit der Ordinate z/b zum Schnitt gebracht und der gesuchte i-Wert auf der Abszisse abgelesen. Passt der berechnete a/b-Wert zu keiner der Lösungskurven, sind entsprechende „Zwischenkurven" zu wählen.

Ein Sonderfall dieser Betrachtung betrifft den charakteristischen Punkt eines rechteckigen Fundaments mit den Abmessungen $a \times b$ ($a \geq b$!!!). An ihm nehmen die Setzungen eines starren und eines schlaffen Fundaments mit gleichen Seitenabmessungen und gleich großen und zentrisch wirkenden Belastungsresultierenden gleich große Werte an (Abschnitt 9.3 und Abb. 9-4). Die Vertikalspannungen in der Tiefe z unter diesem Punkt lassen sich durch

$$\sigma_z = \sigma_0 \cdot i = \frac{\sigma_0}{2 \cdot \pi} \cdot \sum_{n=1}^{n=4} \left[\arctan\left(\frac{a_n \cdot b_n}{z \cdot R_n}\right) + \frac{a_n \cdot b_n \cdot z}{R_n} \cdot \left(\frac{1}{a_n^2 + z^2} + \frac{1}{b_n^2 + z^2}\right) \right] \qquad \text{Gl. 6-57}$$

berechnen. Die einzelnen Größen stehen für

$$R_n = \sqrt{a_n^2 + b_n^2 + z^2}$$
$$a_1 = a_2 = 0{,}87 \cdot a \qquad a_3 = 0{,}87 \cdot b \qquad a_4 = 0{,}13 \cdot a$$
$$b_1 = 0{,}87 \cdot b \qquad b_2 = b_4 = 0{,}13 \cdot b \qquad b_3 = 0{,}13 \cdot a$$

Gl. 6-58

6.11 Einflusswerte für σ_z-Spannungen des Halbraums

Einflusswerte, die auf der Integration der Gleichungen von BOUSSINESQ oder FRÖHLICH basieren, existieren, außer für den Fall des Abschnitts 6.10, u. a. für Linien- und Streifenlasten sowie für rechteckförmige und kreisförmige Lastflächen (schlaffe Lasten).

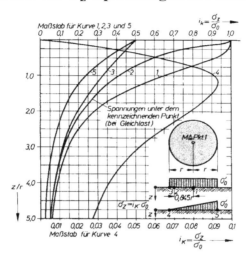

Abb. 6-26 Einflusswerte i_K für die Ermittlung der vertikalen σ_z-Spannungen bei gleichmäßig (Punkte 1, 2, 3) und dreieckförmig (Punkte 4, 5) verteilten schlaffen Kreislasten; gültig für den Konzentrationsfaktor $\nu_K = 3$ (nach GRAßHOFF, NEUMEUER und LORENZ, aus [L 174])

Eine größere Anzahl solcher Lösungen ist z. B. in [L 108] und besonders in [L 182] zusammengestellt. In Abb. 6-26 und Abb. 6-27 sind einige dieser Fälle gezeigt.

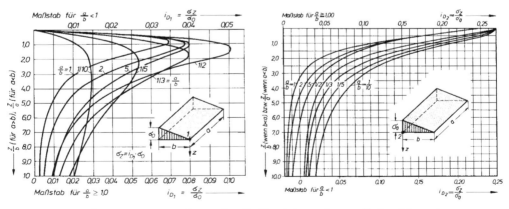

Abb. 6-27 Einflusswerte i_{D1} und i_{D2} für die Ermittlung der vertikalen Normalspannungen unter den Punkten 1 und 2 einer Dreiecklast mit rechteckigem Grundriss; gültig für den Konzentrationsfaktor $\nu_K = 3$ (nach JELINEK, aus [L 174])

6.12 Spannungen σ_z unter beliebigen Lasten

Für den Fall beliebig berandeter schlaffer Vertikalbelastungen der Halbraumoberfläche bietet NEWMARK ein Verfahren an, mit dem die σ_z-Spannungen des Halbraums näherungsweise berechnet werden können.

Dieses Verfahren basiert auf der Gleichung

$$\sigma_z = \sigma_0 \cdot \left\{ 1 - \left[1 + \left(\frac{R}{z} \right)^2 \right]^{-\nu_K/2} \right\}$$ Gl. 6-59

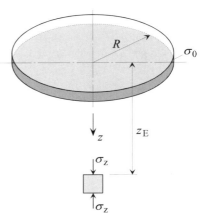

Abb. 6-28 Vertikalspannung σ_z unter dem Mittelpunkt einer konstanten kreisförmigen Flächenbelastung σ_0 der Halbraumoberfläche

für die σ_z-Spannungen unter dem Mittelpunkt einer schlaffen Kreislast σ_0 (siehe Abb. 6-28). Durch Umstellung und Einsetzung von $\nu_K = 3$ ergibt sich aus Gl. 6-59 das für diesen Konzentrationsfaktor geltende Verhältnis von Lastkreisradius R zur Tiefe z

$$\frac{R}{z} = \left[\left(1 - \frac{\sigma_z}{\sigma_0} \right)^{-2/3} - 1 \right]^{1/2}$$ Gl. 6-60

Zahlenwerte dieses Verhältnisses sind in Tabelle 6-5 für ausgewählte σ_z/σ_0-Größen aufgeführt.

Tabelle 6-5 R/z-Größen für vorgegebene Verhältnisse von σ_z/σ_0

σ_z/σ_0	0	0,1	0,2	0,3	0,4	0,5	0,6	0,7	0,8	0,9
R/z	0	0,270	0,400	0,518	0,637	0,776	0,918	1,110	1,387	1,908

Aus Tabelle 6-5 geht z. B. hervor, dass sich die σ_z-Spannung in der Tiefe z unter der Mitte der Kreislast von $0,2 \cdot \sigma_0$ auf $0,3 \cdot \sigma_0$ vergrößert, wenn der Radius der mit σ_0 belegten Lastfläche statt $0,4 \cdot z$ die Größe $0,518 \cdot z$ annimmt.

Werden die kreisförmigen Lastflächen mit den Radien $R_1 = 0,27 \cdot z$, $R_2 = 0,4 \cdot z$, $R_3 = 0,518 \cdot z$, ... (siehe Tabelle 6-5) bei gleicher Mittelpunktlage in eine Zeichnung eingetragen, führt das zu der in Abb. 6-29 gezeigten Situation. In diesem Falle wird z. B. durch die gleichmäßige Belastung σ_0 im Kreis 1 (Radius R_1) die σ_z-Spannung $0,1 \cdot \sigma_0$ in der Tiefe z unter der Mitte der Kreislast hervorgerufen. Wegen der Radialsymmetrie leistet dabei die Belastung in jedem der 20 gleich großen Sektoren des Kreises 1 den Beitrag $0,1/20 \cdot \sigma_0 = 0,005 \cdot \sigma_0$ zur Spannung σ_z.

Wird die Last durch Hinzufügung (Superposition) einer kreisringförmigen Lastfläche so ergänzt, dass als neue Lastfläche der Kreis 2 (Radius R_2) entsteht, erhöht sich dadurch die σ_z-Spannung unter der Kreislastmitte um $0,1 \cdot \sigma_0$ auf $0,2 \cdot \sigma_0$. Wegen der Radialsymmetrie leistet dabei jede der 20 Teilflächen des Kreisringes den Beitrag $0{,}1/20 \cdot \sigma_0 = 0{,}005 \cdot \sigma_0$. Mit der Fortsetzung dieser Betrachtung kann gezeigt werden, dass die gleichmäßige Belastung σ_0 in jeder der $9 \cdot 20 = 180$ Teilflächen der in Abb. 6-29 dargestellten Einflusskarte den Beitrag $0{,}005 \cdot \sigma_0$ zu der Spannung σ_z in der Tiefe z unter der Kreismitte liefert.

Besitzt die gleichmäßige Belastung in einer der Teilflächen nicht die Größe σ_0, sondern den Wert σ_{gl}, beträgt ihr Beitrag zur σ_z-Spannung $0{,}005 \cdot \sigma_{gl}$. Auf dieser Basis können auch Belastungen erfasst werden, die nicht über die gesamte Lastfläche konstant verlaufen. Solche Lasten werden durch „treppenartige" Belastungen nachgebildet, die nur im Bereich der einzelnen Teilflächen konstante Größen aufweisen.

Die Verwendung der Einflusskarte nach NEWMARK verdeutlicht das Beispiel einer geradlinig begrenzten Lastfläche in Abb. 6-29. Da die Spannung σ_z unter ihrem

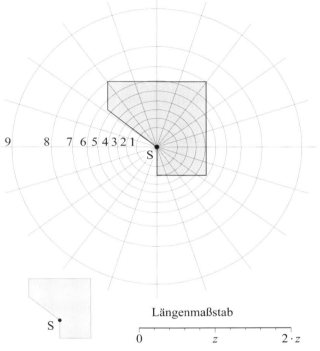

Abb. 6-29 Für $v_K = 3$ geltende Einflusskarte nach NEWMARK zur Ermittlung der σ_z-Spannungen in der Tiefe z unter dem Punkt S

Punkt S zu ermitteln ist, wird, unter Beachtung des von der Tiefe z des Spannungspunkts abhängigen Längenmaßstabes, die Lastfläche so in die Einflusskarte eingezeichnet, dass der Punkt S mit dem Mittelpunkt der Einflusskartenkreise zusammenfällt. Ist die Lastfläche durchgehend mit σ_0 belegt, ergibt sich die gesuchte Spannung σ_z aus $n \cdot 0{,}005 \cdot \sigma_0$, wobei n die durch Auszählung ermittelte Zahl der Einflusskartenteilflächen ist, die mit σ_0 belegt sind (für das Beispiel von Abb. 6-29 ergeben sich $n \approx 62$ und $\sigma_z \approx 0{,}31 \cdot \sigma_0$).

Die Einflusskarte aus Abb. 6-29 lässt sich durch Einteilung in mehr oder weniger Sektoren und durch Verwendung von enger oder weiter gestuften Kreisradien verfeinern oder vergröbern. Die Kartenauswertung erfolgt jeweils für eine bestimmte Untersuchungstiefe z, für die der eingetragene Längenmaßstab und damit die Einzeichnung der Fundamentfläche festzulegen ist. Bei Veränderung der Untersuchungstiefe z ist demzufolge der Längenmaßstab in entsprechender Weise neu festzulegen und die Fundamentfläche in diesem Maßstab erneut einzuzeichnen.

7 Berechnungsgrundlagen der DIN 1054

7.1 Allgemeines

Im Januar 2003 ist die neueste Fassung der DIN 1054 [L 19] als nationale Norm erschienen. Sie basiert auf dem Konzept der Teilsicherheiten und ersetzt nicht nur ihre Normversion vom Nov. 1976 [L 20] nebst dem zugehörigen Beiblatt [L 21], sondern auch Normen wie DIN 4014 [L 25] (Bohrpfähle), DIN 4125 [L 64] (Verpressanker), DIN 4026 [L 45] (Rammpfähle) und teilweise auch DIN 4128 [L 66] (Verpresspfähle).

7.2 Einwirkungen, Beanspruchungen und Widerstände

Bei der Führung der in DIN 1054 geforderten Sicherheitsnachweise sind einerseits
- Einwirkungen und
- Beanspruchungen (Schnittgrößen, Spannungen oder auch Verformungen, die durch Einwirkungen in maßgebenden Bauwerksschnitten sowie in Kontaktflächen zwischen Bauwerk und Baugrund hervorgerufen werden; vgl. DIN 1054, 3.1.1.3 und 6.1.)

und andererseits
- Widerstände (Scherfestigkeiten, Steifigkeiten sowie Sohl-, Erd-, Eindring-, Herauszieh- und Seitenwiderstände)

zu verwenden.

7.2.1 Einwirkungen und Einwirkungskombinationen

Bei den Einwirkungen wird in DIN 1054, 6.1.1 (1) unterschieden zwischen
- Gründungslasten aus einem aufliegenden Tragwerk, die sich aus dessen statischer Berechnung ergeben (z. B. infolge Eigenlasten, Wind, Schnee, Verkehr, ...)
- grundbauspezifischen Einwirkungen (z. B. Eigenlasten von Grundbauwerken, Erddruck, Wasserdruck, Seitendruck und negative Mantelreibung, auf das Grundbauwerk einwirkende Nutzlasten, Wind, Schnee, Eis und Wellenbewegung oder auch Verformungen, die sich etwa infolge der Belastung benachbarten Bodens, infolge von Hangkriechen oder infolge untertägiger Massenentnahme ergeben)
- dynamischen Einwirkungen (auf den Baugrund, auf Verkehrsflächen wirkende Regellasten, aus Baubetrieb, infolge dynamischen Bauwerkslasten, oder auch infolge von Stößen, Druckwellen, Erdbeben, ...).

Bei der Bemessung geotechnischer Bauwerke ist auch die Möglichkeit des gleichzeitigen Auftretens unterschiedlicher Einwirkungen zu berücksichtigen. Gemäß DIN 1054, 6.3.1 unterscheiden sich solche Einwirkungskombinationen (EK) in Form von
- Regel-Kombination EK 1 (umfasst ständige und während der Funktionszeit des Bauwerks regelmäßig auftretende veränderliche Einwirkungen)
- seltene Kombination EK 2 (verbindet Einwirkungen der Regelkombination mit selten sowie einmalig planmäßig auftretenden Einwirkungen)

7 Berechnungsgrundlagen der DIN 1054

- außergewöhnliche Kombination EK 3 (beinhaltet Einwirkungen der Regelkombination und gleichzeitig mögliche außergewöhnliche Einwirkungen, wie sie insbesondere bei Katastrophen oder Unfällen auftreten können).

7.2.2 Widerstände und Sicherheitsklassen

Zur Erfassung der Widerstände (nach DIN 1054, 3.1.1.6 im oder am Tragwerk oder auch im Baugrund auftretende Schnittgrößen bzw. Spannungen, die sich infolge der Festigkeit bzw. Steifigkeit der Baustoffe oder des Baugrunds ergeben) von Boden und Fels dienen nach DIN 1054, 6.2

- Scherfestigkeiten
- Steifigkeiten
- Sohlwiderstände
- Erdwiderstände (passive Erddrücke)
- Eindring- und Herausziehwiderstände von Pfählen, Zuggliedern und Ankerkörpern
- Seitenwiderstände von Pfählen.

Für Widerstände, die im Zuge der Bemessung geotechnischer Bauwerke angesetzt werden, gelten unterschiedliche Sicherheitsansprüche, die abhängig sind von der Dauer und der Häufigkeit der maßgebenden Einwirkungen. Zur Berücksichtigung dieser Ansprüche sind in DIN 1054, 6.3.2 drei Sicherheitsklassen (SK) vorgegeben. Mit ihnen wird unterschieden zwischen Zuständen der Sicherheitsklasse

- SK 1 (während der Funktionszeit des Bauwerks vorhandene Zustände)
- SK 2 (Zustände, die bei der Herstellung oder der Reparatur des Bauwerks oder bei Baumaßnahmen neben dem Bauwerk auftreten; z. B. Baugrubenkonstruktionen)
- SK 3 (Zustände, die während der Funktionszeit des Bauwerks einmalig oder voraussichtlich nie auftreten).

7.3 Charakteristische Werte und Bemessungswerte

Für die Bemessung geotechnischer Bauwerke sind in einem ersten Schritt charakteristische Werte für die Einwirkungen, Beanspruchungen und Widerstände festzulegen, die nach DIN 1054, 3.1.2.2 mit hinreichender Wahrscheinlichkeit weder über- noch unterschritten werden. Charakteristische Werte sind mit dem Index „k" zu kennzeichnen.

In die Bemessungsberechnungen gehen diese Werte erst nach der Multiplikation mit entsprechenden Teilsicherheitsbeiwerten ein. Diese so abgeminderten (günstig wirkende) bzw. erhöhten (ungünstig wirkende) charakteristischen Werten werden Bemessungswerte genannt und mit dem Index „d" gekennzeichnet.

Bezüglich der charakteristischen Werte von Bodenkenngrößen ist auf Abschnitt 5.15 zu verweisen.

7.4 Grenzzustände

Im Rahmen von Sicherheitsnachweisen sind nach der DIN 1054 Grenzzustände der Tragfähigkeit (GZ 1) und der Gebrauchstauglichkeit (GZ 2) zu unterscheiden, wobei der GZ 1 sich

weiter in die Grenzzustände des
- Verlustes der Lagesicherheit (GZ 1A)
- Versagens von Bauwerken und Bauteilen (GZ 1B)
- Verlustes der Gesamtstandsicherheit (GZ 1C)

untergliedert.

Im Einzelnen erfasst der
- GZ 1A das Versagen des Bauwerks durch Gleichgewichtsverlust ohne Bruch (z. B. Aufschwimmen oder hydraulischer Grundbruch). Bei dem diesbezüglichen Sicherheitsnachweis werden die Bemessungswerte (Index d) der günstigen (stabilisierenden; Index stb) und ungünstigen (destabilisierenden; Index dst) Einwirkungen (siehe Abschnitt 7.2) in der Form

$$F_{dst,d} \leq F_{stb,d} \qquad \text{Gl. 7-1}$$

miteinander verglichen
- GZ 1 B das Versagen von Bauteilen bzw. des Bauwerks durch Bruch im Bauwerk oder des stützenden Baugrunds (z. B. Materialversagen von Bauteilen oder Grundbruch, Gleiten und Versagen des Erdwiderlagers), wobei der entsprechende Sicherheitsnachweis die Gegenüberstellung der Bemessungswerte der Beanspruchung und der Widerstände R (siehe Abschnitt 7.2)

$$E_d \leq R_d \qquad \text{Gl. 7-2}$$

verlangt (siehe DIN 1054, 4.3.2 (2) zu den einzelnen Schritten, die bei der Führung des Sicherheitsnachweises zu verlangen sind)
- GZ 1C das Versagen des Baugrunds (ggf. einschließlich auf oder in ihm befindlicher Bauwerke) durch Bruch im Boden oder Fels (z. B. Böschungs- und Geländebruch)
- GZ 2 den Tragwerkszustand, dessen Überschreitung dazu führt, dass die Bedingungen für die Nutzung des Tragwerks nicht mehr erfüllt sind. Dabei ist zu unterscheiden zwischen Grenzzuständen
  ▷ die umkehrbar sind (das Entfernen der maßgebenden Einwirkung setzt die Überschreitung des Grenzzustands zurück)
  ▷ die nicht umkehrbar sind (auch nach dem Entfernen der maßgebenden Einwirkung verbleibt die einmal eingetretene Überschreitung des Grenzzustands).

Bei Nachweisen zu den Grenzzuständen GZ 1B und GZ 1C wird in DIN 1054, 4.3.4 vorausgesetzt, dass das Gesamtsystem (besteht aus Bauwerk und Baugrund) eine genügend große Duktilität (Verformbarkeit) besitzt. Mit dieser Forderung soll sichergestellt werden, dass sich Kräfte im Bauwerk und im Baugrund unschädlich umlagern können.

7.5 Teilsicherheitsbeiwerte und Lastfälle

Im Rahmen der genannten Grenzzustände sind verschiedene Sicherheitsnachweise zu führen, bei denen Teilsicherheitsbeiwerte verwendet werden, die einerseits zu
- Einwirkungen und
- Beanspruchungen

und andererseits zu

▶ Widerständen
gehören (vgl. Tabelle 7-1 und Tabelle 7-2).

Tabelle 7-1 Teilsicherheitsbeiwerte für Einwirkungen und Beanspruchungen

Einwirkung	Formelzeichen	Lastfall		
		LF 1	LF 2	LF 3
GZ 1: Grenzzustand der Tragfähigkeit				
GZ 1A: Grenzzustand des Verlustes der Lagesicherheit				
günstige ständige Einwirkungen	$\gamma_{G,stb}$	0,90	0,90	0,95
ungünstige ständige Einwirkungen	$\gamma_{G,dst}$	1,00	1,00	1,00
Strömungskraft bei günstigem Untergrund	γ_H	1,35	1,30	1,20
Strömungskraft bei ungünstigem Untergrund	γ_H	1,80	1,60	1,35
ungünstige veränderliche Einwirkungen	$\gamma_{Q,dst}$	1,50	1,30	1,00
GZ 1B: Grenzzustand des Versagens von Bauwerken und Bauteilen				
ständige Einwirkungen allgemein [a]	γ_G	1,35	1,20	1,00
ungünstige ständige Einwirkungen	γ_{E0g}	1,20	1,10	1,00
Strömungskraft bei günstigem Untergrund	γ_Q	1,50	1,30	1,00
GZ 1C: Grenzzustand des Verlustes der Gesamtstandsicherheit				
ständige Einwirkungen allgemein	γ_G	1,00	1,00	1,00
ungünstige veränderliche Einwirkungen	γ_Q	1,30	1,20	1,00
GZ 2: Grenzzustand der Gebrauchstauglichkeit				
ständige Einwirkungen	γ_G	1,00	1,00	1,00
veränderliche Einwirkungen	γ_Q	1,30	1,20	1,00

[a] einschließlich ständigem und veränderlichem Wasserdruck.

Die in den Tabellen aufgeführten Lastfälle erfassen mit dem
- ▶ LF 1 „ständige Bemessungssituationen" in Verbindung mit dem Zustand der Sicherheitsklasse SK 1 (siehe Abschnitt 7.2.2)
- ▶ LF 2 „vorübergehende Bemessungssituationen", bei der die anzusetzenden Einwirkungskombinationen (EK) sowohl mit der SK 1 als auch der SK 2 (siehe Abschnitt 7.2.2) in Verbindung stehen können
- ▶ LF 3 „außergewöhnliche Bemessungssituation", deren EK mit der SK 2 oder der SK 3 (siehe Abschnitt 7.2.2) verbunden sein können.

Für Gründungen gilt, dass der
- ▶ LF 1, abgesehen von den Bauzuständen, maßgebend ist für alle ständigen und vorübergehenden Bemessungssituationen des aufliegenden Tragwerks

▶ LF 2 maßgebend ist für vorübergehende Beanspruchungen der Gründung in Bauzuständen des aufliegenden Tragwerks
▶ LF 3 maßgebend ist für außergewöhnliche Bemessungssituationen des aufliegenden Tragwerks, sofern sich diese ungünstig auf die Gründung auswirken.

Tabelle 7-2 Teilsicherheitsbeiwerte für Widerstände

Widerstand	Formelzeichen	Lastfall		
		LF 1	LF 2	LF 3
GZ 1B: Grenzzustand des Versagens von Bauwerken und Bauteilen				
Bodenwiderstände				
Erdwiderstand und Grundbruchwiderstand	γ_{Ep}, γ_{Gr}	1,40	1,30	1,20
Gleitwiderstand	γ_{Gl}	1,10	1,10	1,10
Pfahlwiderstände				
Pfahldruckwiderstand bei Probebelastung	γ_{Pc}	1,20	1,20	1,20
Pfahlzugwiderstand bei Probebelastung	γ_{Pt}	1,30	1,30	1,30
Pfahlwiderstand auf Druck und Zug aufgrund von Erfahrungswerten	γ_{P}	1,40	1,40	1,40
Verpressankerwiderstände				
Widerstand des Stahlzuggliedes	γ_{M}	1,15	1,15	1,15
Herausziehwiderstand des Verpresskörpers	γ_{A}	1,10	1,10	1,10
Widerstände flexibler Bewehrungselemente				
Widerstand des Stahlzuggliedes	γ_{M}	1,40	1,30	1,20
GZ 1C: Grenzzustand des Verlustes der Gesamtstandsicherheit				
Scherfestigkeit				
Reibungsbeiwerte $\tan\varphi'$ des dränierten Bodens	γ_{φ}	1,25	1,15	1,10
Kohäsion c' des dränierten Bodens und Scherfestigkeit c_u des undränierten Bodens	γ_{c}, γ_{cu}	1,25	1,15	1,10
Herausziehwiderstände				
Boden- bzw. Felsnägel, Ankerzugpfähle	γ_{N}, γ_{Z}	1,40	1,30	1,20
Verpresskörper von Verpressankern	γ_{A}	1,10	1,10	1,10
Flexible Bewehrungselemente	γ_{B}	1,40	1,30	1,20

8 Sohldruckverteilung

8.1 Allgemeines

Druckspannungen in der Kontaktfläche von Bauwerk und Baugrund („Sohlfuge" oder „Sohlfläche") sind als Belastungen des Baugrunds und des Bauwerks wirksam. Ihre Verteilung im Sohlflächenbereich beeinflusst u. a. die Größe und den Verlauf

- der Baugrundspannungen und -deformationen (besonders im „Nahbereich" der Sohlfuge)
- der Setzungen des Bauwerks (vgl. Kapitel 9)
- der Schnittlasten und damit die Bemessung der Gründungskonstruktion.

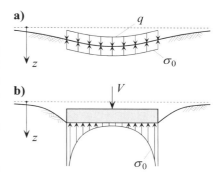

Ein Problem der Sohlspannungsverteilung zeigt Abb. 8-1 für die Steifigkeitsgrenzfälle „schlaffes Lastbündel" und „starre Sohlplatte" (nach BOUSSINESQ). Während die Normalspannungen σ_0 in der Sohlfuge des schlaffen Lastbündels sich immer als „Spiegelbild" der Belastung (z. B. der gleichmäßig verteilten

Abb. 8-1 Sohldruckspannungen σ_0
a) unter schlaffem Fundament (schlaffem Lastbündel) mit $EI = GF_Q = 0$
b) unter starrem Fundament mit $EI = GF_Q = \infty$
(nach BOUSSINESQ)

Belastung q aus Abb. 8-1) ergeben, erweisen sie sich bei der starren Sohlplatte als von der Größe der Last V (hier als Resultierende der auf den Baugrund einwirkenden Fundamentbelastung aufzufassen) und der Sohlflächengröße abhängig.

Dass die Spannungsverteilung unter starren Fundamenten auch von der Lage der Resultierenden abhängig ist, geht aus dem Beispiel eines starren Streifenfundaments (Abb. 8-2) hervor. Der für den linear-elastisch isotropen Halbraum geltende σ_0-Verlauf wird durch Gl. 8-1 erfasst (siehe hierzu [L 12]) und zeigt eine deutliche Asymmetrie mit erhöhten Spannungswerten unter der resultierenden Belastung p.

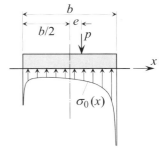

$$\sigma_0(x) = \frac{2 \cdot p}{\pi} \cdot \frac{1 + 8 \cdot \frac{e}{b} \cdot \frac{x}{b}}{2 \cdot \sqrt{b^2 - 4 \cdot x^2}} \quad \text{für} \quad e \leq \frac{b}{4} \qquad \text{Gl. 8-1}$$

Abb. 8-2 Verteilung der Sohldruckspannungen unter ausmittig belastetem starrem Streifenfundament

Aus Abb. 8-1 geht der Einfluss der Steifigkeit der Gründungskonstruktion auf die Sohldruckverteilung hervor. Außer diesen Grenzfällen tritt auch der Fall der „biegeweichen" Flächengründung auf, dessen Sohlspannungsverteilung an den Beispielen aus Abb. 8-3 erkennbar wird. Der Vergleich dieser Abbildung mit Abb. 8-1 zeigt, dass bei biegeweichen Gründungen die Verteilung der Bodenpressungen von der Steifigkeit der Gründungskonstruktion und der Verteilung der einwirkenden Belastungen abhängt (Verlagerung der Sohlspannungen hin zu den Stützen).

Die in Abb. 8-1 gezeigte Sohlspannungsverteilung nach BOUSSINESQ ist vor allem durch die unendlich hohen Spannungen unter den Rändern des starren Fundaments charakterisiert. Im realen Baugrund treten statt dieser unrealistischen Spannungsspitzen reduzierte Größen auf, da Bodenmaterial in der Sohlfuge bei hohen Pressungen plastiziert und sich somit der Aufnahme weiterer Belastungen entzieht. Die Gleichgewichtsbedingung der Vertikallasten erzwingt dabei eine Umverteilung der am Rande „abgebauten" Sohlspannungen in den inneren Sohlflächenbereich (vgl. hierzu Beiblatt 1 zu DIN 4018 [L 32]). Dieser Abflachungseffekt ist in den Spannungsverläufen von Abb. 8-4 zu sehen, deren $\sigma(V_g)$-Verlauf den erreichbaren Höchstwert der Sohldruckspannungen in der Fundamentmitte beinhaltet.

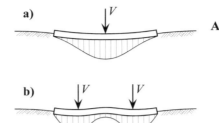

Abb. 8-3 Verteilungen von Bodenpressungen unter biegeweichen Flächengründungen (aus [L 21])

Neben dem Abbau der Spannungsspitzen zeigt Abb. 8-4 außerdem eine Veränderung der Charakteristik der Sohlspannungsverläufe bei zunehmender Fundamentbelastung. Während bei niedriger Belastung die Maximalwerte der Spannungen in der Nähe der Fundamentränder auftreten, verschieben sich diese Größtwerte mit steigender Belastung zur Fundamentmitte hin.

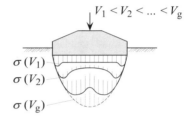

Abb. 8-4 Schema der Entwicklung der Sohldruckspannungen bei wachsender Belastung eines Flächenfundaments (nach [L 21])

8.2 Kennzeichnende Punkte und Linien

In Abb. 8-5 sind die Sohldruckverteilungen dargestellt, wie sie unter einer kreisförmigen schlaffen Belastung und unter einem starren Fundament nach BOUSSINESQ auftreten. Die Vertikallast V entspricht dabei der Resultierenden der gleichmäßig verteilten schlaffen Last q.

Die Überlagerung der im Querschnitt gezeigten Verläufe verdeutlicht, dass die Sohlspannungen beider Fälle in zwei Punkten identisch sind. Ein solcher Punkt wird „kennzeichnender Punkt" oder auch „charakteristischer Punkt" genannt. Bei dem Kreisfundament aus Abb. 8-5 liegen die beiden Punkte auf einer Kreislinie (Radius r_σ), die als „kennzeichnende Linie" oder auch „charakteristische Linie" bezeichnet wird.

Der zum Fall von Kreisfundamenten gehörende Radius r_σ ergibt sich aus der Gleichsetzung der zur schlaffen Belastung q gehörenden Sohldruckspannung $\sigma_{0\,schl} = q$ und der Sohldruckspannung

$$\sigma_{0\,st}(r) = \frac{q \cdot R}{2 \cdot \sqrt{R^2 - r^2}} \qquad \text{Gl. 8-2}$$

unter dem starren Fundament (vgl. hierzu [L 110]). Sein Wert beträgt

$$r_\sigma = R \cdot \sqrt{0{,}75} = 0{,}866 \cdot R \qquad \text{Gl. 8-3}$$

In analoger Weise kann der Verlauf kennzeichnender Linien von anderen Fällen ermittelt werden. Für den Fall des entsprechend belasteten unendlich langen Streifenfundaments der Breite b ergeben sich als kennzeichnende Linien z. B. zwei Parallelen, die zur Fundamentlängsachse jeweils den Abstand

$$a_\sigma = \frac{b}{2} \cdot \sqrt{1 - \frac{4}{\pi^2}} = 0{,}386 \cdot b \qquad \text{Gl. 8-4}$$

aufweisen (siehe auch [L 110]).

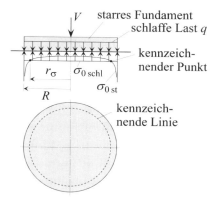

Abb. 8-5 kennzeichnende Punkte auf der kennzeichnenden Linie der Sohldruckspannungen σ_0 unter einem Kreisfundament

8.3 Bodenpressungsverteilungen in der Sohlfuge nach DIN-Normen

8.3.1 DIN-Normen

Die bisherigen Ausführungen zur Sohldruckverteilung haben gezeigt, dass diese durch unterschiedliche Parameter beeinflusst wird. Es liegt deshalb nahe, die Verteilung durch vereinfachte Annahmen zu erfassen. Entsprechende Angaben zur Verteilung von Bodenpressungen in der Sohlfuge finden sich in den auf dem Konzept der Teilsicherheit basierenden Normen

- DIN 1054 [L 19]
- Entwurf DIN 4017 [L 26]
- DIN 4018 [L 31]
- DIN 4019 [L 33].

8.3.2 Gleichmäßige Verteilung nach DIN 1054

Für einfache Fälle erlaubt es die DIN 1054 bei Flach- und Flächengründungen, die Sicherheitsnachweise für die Grenzzustände GZ 1B (Grundbruch- und Gleitsicherheit) und GZ 2 (Gebrauchstauglichkeit bezüglich der zulässigen Lage der Sohldruckresultierenden, der Verschiebungen in der Sohlfläche sowie der Setzungen und der Verdrehungen) zu ersetzen durch die Gegenüberstellung von dem einwirkenden charakteristischen Sohldruck σ_vorh und dem aufnehmbaren Sohldruck σ_zul gemäß DIN 1054, 7.7.2 (nichtbindige Böden) und 7.7.3 (bindige Böden). Voraussetzungen hierfür ist es u. a., dass (vgl. DIN 1054, 7.7.1 (1))

- der Baugrund bis zur Tiefe der 2fachen Fundamentbreite bzw. mindestens 2 m unter der Gründungssohle ausreichende Festigkeit aufweist (Näheres siehe DIN 1054, 7.7.1)
- Geländeoberfläche und Schichtgrenzen annähernd waagerecht verlaufen
- die Neigung der resultierenden charakteristischen Beanspruchung in der Sohlfläche der Bedingung $\tan \delta_E = H_k/V_k \leq 0{,}2$ genügt (H_k, V_k = Beanspruchungskomponenten)
- die zulässige Lage der Resultierenden für den Kippsicherheitsnachweis und den Nachweis der Gebrauchstauglichkeit eingehalten ist
- das Fundament nicht regelmäßig oder überwiegend dynamisch beansprucht wird; in bin-

digen Schichten entsteht kein nennenswerter Porenwasserüberdruck.

Gemäß DIN 1054, 7.7.1 (3) ist eine ausreichende Sicherheit gegen Grundbruch gegeben, wenn die Bedingung

$\sigma_{vorh} \leq \sigma_{zul}$ Gl. 8-5

erfüllt ist.

Die Größe von σ_{zul} lässt sich aus Tabellen des Anhangs A der DIN 1054 entnehmen (siehe hierzu auch Tabellen der Abb. 5-22). Der zu der charakteristischen Beanspruchung V_k in der Sohlfuge gehörende charakteristische Sohldruck σ_{vorh} entspricht bei rechteckigen Fundamenten einem der in Abb. 8-6 dargestellten Fälle. Bei gleicher Beanspruchung V_k und gleichen Fundamentabmessungen b_x und b_y vergrößert sich σ_{vorh} mit zunehmender Größe der Exzentrizitäten e_x und e_y.

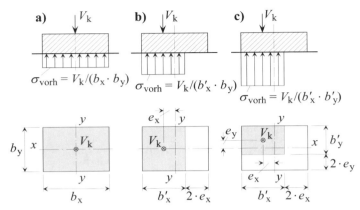

Abb. 8-6 Ermittlung des zur charakteristischen Beanspruchung V_k gehörenden gleichmäßig verteilten charakteristischen Sohldrucks σ_{vorh} gemäß DIN 1054, 7.7.1
a) zentrische Belastung
b) einfach exzentrische Belastung
c) zweifach exzentrische Belastung

8.3.3 Geradlinige Verteilung

Dies gilt auch für die Bestimmungen der DIN 1054 [L 19], nach denen für einfache Fälle (siehe hierzu DIN 1054, 7.7.1) anzunehmen ist, dass der einwirkende charakteristische Sohldruck bei Flachgründungen
  a) gleichmäßig verteilt ist, wenn der Nachweis der zulässigen Bodenpressungen gemäß DIN 1054, 7.7 bzw. der Grundbruchnachweis zu führen ist (siehe DIN 1054, 7.4.2 und E DIN 4017)
  b) geradlinig verteilt sind, wenn die Schnittkräfte des Fundaments zu ermitteln sind bzw. der Setzungsnachweis zu führen ist (siehe DIN 1054, 7.6.3 und auch DIN 4019).

Für die Bemessung biegeweicher Gründungsplatten und Gründungsbalken ist eine Verteilung des charakteristischen Sohldrucks gemäß DIN 4018 [L 31] anzunehmen.

Die anzunehmende geradlinige Verteilung der Sohlspannungen dient zur Führung des Setzungsnachweises (siehe hierzu DIN 4019-1 [L 33], Beiblatt 1 zu DIN 4019-1 [L 34], DIN 4019-2 [L 35] und Beiblatt 1 zu DIN 4019-2 [L 36]) bzw. als Belastungsannahme für die Bemessung des Fundaments. Diese Verteilung führt bei kleinen Lasten zu Fundamentbemessungen, die auf der unsicheren Seite liegen. Mögliche Verteilungsverläufe sind in Abb. 8-7 dargestellt.

8 Sohldruckverteilung

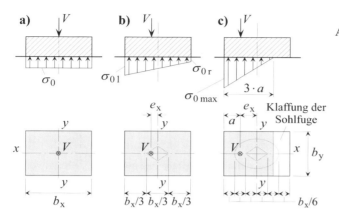

Abb. 8-7 Beispiele für geradlinige Sohlspannungsverläufe und ihre Beeinflussung durch Exzentrizitäten der Resultierenden V gemäß DIN 1054, Abschnitt 4.2
a) mittige Belastung
b) außermittige Belastung mit Kraftschluss über die gesamte Sohlfläche
c) außermittige Belastung mit klaffender Sohlfuge

Die σ_0-Spannungen für einfach außermittige Belastungen V mit der Exzentrizität e_x können mit den folgenden Gleichungen ermittelt werden.

Exzentrizität $e_x = 0$

$$\sigma_0 = \frac{V}{A} = \frac{V}{b_x \cdot b_y} \qquad \text{Gl. 8-6}$$

Exzentrizität $e_x < b_x/6$

$$\sigma_{0l,0r} = \frac{V}{A} \pm \frac{M}{W} = \frac{V}{b_x \cdot b_y} \pm \frac{6 \cdot V \cdot e_x}{b_x^2 \cdot b_y} \qquad \text{Gl. 8-7}$$

Exzentrizität $e_x > b_x/6$

$$\sigma_{0\,max} = \frac{4 \cdot V}{(3 \cdot b_x - 6 \cdot e_x) \cdot b_y} = \frac{2 \cdot V}{3 \cdot a \cdot b_y} \qquad \text{Gl. 8-8}$$

Da der Boden keine Zugspannungen aufnehmen kann, treten bei größeren Exzentrizitäten der Belastung V Klaffungen der Sohlfuge auf (Sohlflächenbereiche ohne Spannungsübertragung). In Abb. 8-7 ist dies für den Fall der einfachen Ausmittigkeit gezeigt.

Für den allgemeinen Fall der resultierenden vertikalen Belastung V eines rechteckigen Fundaments mit Vollquerschnitt gilt, dass keine Klaffung auftritt, wenn V nicht außerhalb der als „Kern" oder auch „1. Kernweite" bezeichneten Zone der Sohlfläche (vgl. Abb. 8-8) liegt. Solche Belastungszustände genügen den drei Bedingungen

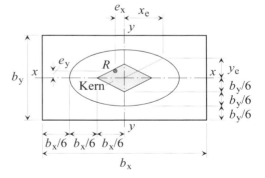

Abb. 8-8 Grundriss eines rechteckigen Fundaments; Bezeichnungen bei zweiachsiger Ausmittigkeit (nach DIN 1054 [L 19])

$$|e_x| + |e_y| \cdot \frac{b_x}{b_y} \leq \frac{b_x}{6} \quad \text{bzw.} \quad |e_x| \cdot \frac{b_y}{b_x} + |e_y| \leq \frac{b_y}{6} \quad \text{bzw.} \quad \frac{|e_x|}{b_x} + \frac{|e_y|}{b_y} \leq \frac{1}{6} \qquad \text{Gl. 8-9}$$

Die Druckspannungsgrößen an den Eck- oder Randpunkten der Sohlfuge können dann mit

$$\sigma_0 = \frac{V}{A} \pm \frac{M_x}{W_x} \pm \frac{M_y}{W_y} = \frac{V}{b_x \cdot b_y} \pm \frac{6 \cdot V \cdot e_y}{b_x \cdot b_y^2} \pm \frac{6 \cdot V \cdot e_x}{b_x^2 \cdot b_y} \qquad \text{Gl. 8-10}$$

berechnet werden.

Liegt die Kraft V zwar außerhalb des Kerns, aber nicht außerhalb des auch als „2. Kernweite" bezeichneten Bereichs, klafft die Sohlfuge bis höchstens zu ihrem Schwerpunkt. Nach SMOLTCZYK kann die Begrenzungslinie dieses Bereichs näherungsweise durch die elliptische Funktion

$$\left(\frac{x_e}{b_x}\right)^2 + \left(\frac{y_e}{b_y}\right)^2 = \frac{1}{9} \qquad \text{Gl. 8-11}$$

erfasst werden (vgl. GRAßHOFF/KANY [L 123], Kapitel 3.2).

Für den Fall zweiseitiger Außermittigkeit der Belastung V und klaffender Sohlfuge (V liegt außerhalb des Kerns) können die maximalen Größen (Eckspannungen $\sigma_{0;E}$) der geradlinig verlaufenden Sohldruckverläufe mit Hilfe des Diagramms von HÜLSDÜNKER [L 130] ermittelt werden (Abb. 8-9).

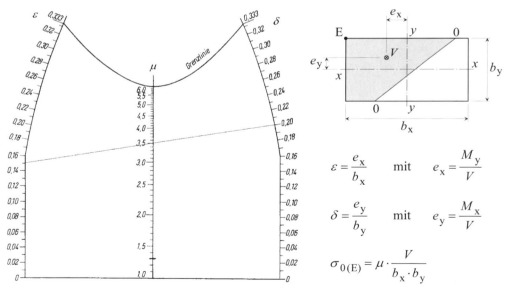

Abb. 8-9 Größte Sohldruckspannung $\sigma_{0(E)}$ unter Rechteckfundamenten bei Belastung mit Momenten in beiden Achsrichtungen (nach HÜLSDÜNKER [L 130])

8 Sohldruckverteilung

Hinweis zu **Abb. 8-9**: Die Ablesegerade darf die Grenzlinie nicht schneiden, wenn die halbe Grundfläche gemäß DIN 1054, Abschn. 4.1.3.1 an der Druckaufnahme teilhaben soll.

Anwendungsbeispiel

Zur Erläuterung des Nomogramms von HÜLSDÜNKER wird ein Fundament mit der

Fundamentfläche $\quad A = b_x \cdot b_y = 2{,}0 \cdot 3{,}0 = 6{,}0 \text{ m}^2$

und der Belastung $\quad V = 700 \text{ kN}$

$M_x = 420 \text{ kN} \cdot \text{m}$

$M_y = 210 \text{ kN} \cdot \text{m}$

betrachtet.

Lösung

Mit den Exzentrizitäten

$$e_x = \frac{M_y}{V} = \frac{210}{700} = 0{,}3 \text{ m} \quad \text{und} \quad e_y = \frac{M_x}{V} = \frac{420}{700} = 0{,}6 \text{ m}$$

berechnen sich die Größen

$$\delta = \frac{e_y}{b_y} = \frac{0{,}6}{3{,}0} = 0{,}2 \quad \text{und} \quad \varepsilon = \frac{e_x}{b_x} = \frac{0{,}3}{2{,}0} = 0{,}15$$

mit denen aus dem Nomogramm

$\mu = 3{,}5$

abgelesen werden kann.

Als größte Sohldruckspannung ergibt sich dann

$$\sigma_{0(E)} = \mu \cdot \frac{V}{A} = 3{,}5 \cdot \frac{700}{6{,}0} = 408{,}3 \text{ kN/m}^2$$

Hinweis: Weitere Lösungsvorschläge für dieses Problem sind z. B. in [L 2] zu finden.

8.4 Sohldruckverteilung unter Flächengründungen nach DIN 4018

Zur Sohldruckverteilung unter Flächengründungen sind in der
- DIN 4018 [L 31] und im
- Beiblatt 1 zu DIN 4018 [L 32]

u. a. Berechnungsverfahren, Erläuterungen und Berechnungsbeispiele zu finden.

Die empfohlenen Verfahren zur Berechnung der Sohldrücke werden in 2 Gruppen aufgeteilt.
1. Vorgegebene Sohldruckverteilungen (siehe DIN 4018, Abschnitt 6.2) mit
    - geradlinig begrenzten Bodenpressungen (s. a. Abschnitt 8.3.3), die anzusetzen sind bei

- ▷ leichten Bauwerken mit
- ▷ hinreichend gleichmäßiger Lastverteilung
- ► Sohldruckverteilungen nach BOUSSINESQ, die anzusetzen sind bei
  - ▷ sehr biegesteifen Bauwerken und
  - ▷ Vorliegen einer unmittelbar unter der Gründungssohle anstehenden tief reichenden Schicht mit annähernd konstantem Steifemodul E_s und
  - ▷ der Schichtdicke $d > b$ (b = Fundamentbreite)
- ► belastungsgleichen Verteilungen der Sohlnormalspannungen, die anzusetzen sind bei
  - ▷ sehr biegeweichen Gründungskonstruktionen, die dem Grenzfall des schlaffen Lastbündels nahe kommen

2. Verformungsabhängige Sohldruckverteilungen (siehe DIN 4018, Abschnitt 6.3) für Fälle, die durch unter 1 genannte Verfahren nur unzureichend erfassbar sind. Hierzu gehören das
- ► Bettungsmodulverfahren (basiert auf Federmodell) mit
  - ▷ Ansatz des Sohldrucks proportional zur zugehörigen Gründungseinsenkung
- ► Steifemodulverfahren (basiert auf Halbraummodell) mit
  - ▷ Übereinstimmung von Durchbiegungsfläche des Gründungskörpers und Setzungsmuldenform des Baugrunds.

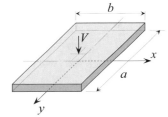

Abb. 8-10 Starre Rechteckplatte auf elastisch-isotropem Halbraum mit zentrischer Belastung V

Bezüglich der geradlinig begrenzten Sohldruckverteilungen sei auf die Ausführungen von Abschnitt 8.3.3 und auf GRAßHOFF/KANY [L 123], Kapitel 3.2 verwiesen. Zu Sohldruckverteilungen unter starren Fundamenten nach BOUSSINESQ sind Lösungen für die Fälle des Streifenfundaments in Abschnitt 8.1 und des Kreisfundaments in Abschnitt 8.2 angegeben. Für zentrisch belastete starre Rechteckplatten kann, mit den Bezeichnungen aus Abb. 8-10, die Näherungsformel von BACHELIER

$$\sigma_0(x,y) = \frac{4 \cdot \sigma_{0m}}{\pi^2 \cdot \sqrt{\left(1 - \frac{4 \cdot x^2}{b^2}\right) \cdot \left(1 - \frac{4 \cdot y^2}{a^2}\right)}} \quad \text{mit} \quad \sigma_{0m} = \frac{V}{a \cdot b} \qquad \text{Gl. 8-12}$$

verwendet werden.

Weitere Ausführungen zu verformungsabhängigen Sohldruckverteilungen sind u. a. in Beiblatt 1 zu DIN 4018 und in [L 123], Kapitel 3.2 zu finden.

9 Setzungen

Setzungen sind Verschiebungen der Oberfläche des Baugrunds in Richtung der Schwerkraft, die durch Änderungen seines Spannungszustands und die damit verbundenen Änderungen seines Deformationszustands hervorgerufen werden (vgl. hierzu Abschnitt 5.12). Verursacht werden diese Änderungen z. B. durch Bauwerkslasten und Grundwasserstandsschwankungen.

In Abb. 9-1 sind zwei charakteristische Setzungsformen dargestellt, wie sie sich unter Fundamenten mit angenommenen Extremalsteifigkeiten (Größe der Biege- und Schubsteifigkeiten beträgt 0 bzw. ∞) ergeben.

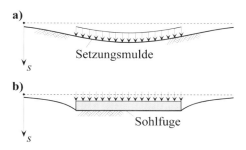

Abb. 9-1 Setzungsformen bei Belastungen durch Fundamente mit Extremalsteifigkeiten
a) schlaffe Fundamente ($EI = GF_Q = 0$)
b) starre Fundamente ($EI = GF_Q = \infty$)

Die Größe und Form der Setzungen werden u. a. beeinflusst durch die Parameter

- Steifemodul E_s des Baugrunds bzw. der einzelnen Bodenschichten
- Lage und Mächtigkeit der Bodenschichten mit besonders geringem Steifemodul E_s
- Größe und Verteilung der Belastung in der Sohlfuge
- Form und Größe der Sohlfläche
- Biegesteifigkeit der Gründungskonstruktion.

9.1 DIN-Normen

Zu Setzungsberechnungen und Setzungsbeobachtungen bei lotrechter, mittiger Belastung sowie bei schräg und bei außermittig wirkender Belastung sind Bestimmungen, Erläuterungen und Berechnungsbeispiele in

- DIN 4019-1 [L 33]
- Beiblatt 1 zu DIN 4019-1 [L 34]
- DIN 4019-2 [L 35]
- Beiblatt 1 zu DIN 4019-2 [L 36]
- DIN 4107 [L 62]

zusammengestellt.

Hinsichtlich der vorgeschlagenen Verfahren zur Setzungsberechnung wird zwischen der Setzungsermittlung mit Hilfe

- geschlossener Formeln (direkte Setzungsberechnung)
- der lotrechten Spannungen im Boden (indirekte Setzungsberechnung)

unterschieden.

9.2 Begriffe

Wird auf einen nicht vorbelasteten Boden eine Belastung plötzlich aufgebracht und als konstant aufrechterhalten, stellt sich eine zeitabhängige Setzungsentwicklung ein, wie sie in Abb. 9-2 gezeigt ist. Einstellen können sich dabei

gleichmäßige Setzungen
   alle Punkte der Baugrundoberfläche setzen sich gleich stark

wie auch

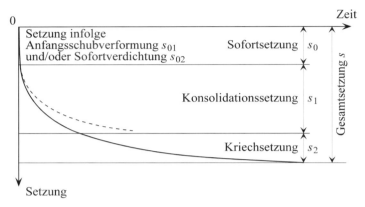

Abb. 9-2 Setzungsanteile bei konstanter, plötzlich auf nicht vorbelasteten Boden aufgebrachter Last (nach [L 108])

ungleichmäßige Setzungen
   die einzelnen Punkte der Baugrundoberfläche setzen sich unterschiedlich stark.

In beiden Fällen treten dabei die folgenden Größen und Beziehungen auf:

Gesamtsetzung

$$s = s_0 + s_1 + s_2 \qquad \text{Gl. 9-1}$$

Summe der Setzungsanteile Sofortsetzung s_0, Konsolidationssetzung s_1 und Kriechsetzung s_2.

Sofortsetzung

$$s_0 = s_{01} + s_{02} \qquad \text{Gl. 9-2}$$

zeitunabhängige Setzung infolge der Anfangsschubverformung s_{01} und/oder der Sofortverdichtung s_{02}.

Setzung infolge einer Anfangsschubverformung s_{01}
   die bei wassergesättigten bindigen Böden gesondert ermittelte Setzung infolge einer sich zu Beginn einer Belastung einstellenden Schubverformung (volumentreue Gestaltänderung).

Setzung infolge von Sofortverdichtung s_{02}
   der bei nicht wassergesättigten Böden unmittelbar nach Lastaufbringung (Zunahme der effektiven Spannungen) auftretende Setzungsanteil.

Konsolidationssetzung s_1
   infolge der Auspressung von Porenwasser und Porenluft nach Lastaufbringung (Zunahme der effektiven Spannungen) zeitlich verzögert auftretender Anteil der Setzung.

Kriechsetzung s_2
   Setzungsanteil bindiger Böden infolge plastischen Fließens des Korngerüstes.

Neben den Setzungen gibt es noch andere lotrechte Verschiebungen der Baugrundoberfläche. Hierzu gehören:

Sackung
Durch Umlagerungen und Verdichtungen des Korngerüstes nichtbindiger Böden hervorgerufene Verschiebung in Richtung der Schwerkraft (Beispiele: Durchnässung feuchter Sande, die zum Verlust der Kapillarkohäsion führt; dynamische Belastung aus Maschinen oder Verkehr mit einhergehender kurzzeitiger Reduzierung der Kontaktkräfte zwischen den Bodenkörnern nichtbindiger Böden).

Senkung
Verschiebung in Richtung der Schwerkraft infolge Materialentzug (Beispiel: eingestürzte, im Untertagebau entstandene, nicht verfüllte Hohlräume).

Erdfall (auch *Tagesbruch* oder *Doline*)
Durchbruch von eingestürzten oder ausgespülten tiefer liegenden Hohlräumen bis an die Erdoberfläche.

Hebung
Lotrechte Verschiebung entgegen der Richtung der Schwerkraft (z. B. durch entlastenden Baugrubenaushub hervorgerufen).

Schrumpfen
Verringerung des Bodenvolumens infolge von Austrocknung.

Schwellen (auch *Quellen*)
Vergrößerung des Bodenvolumens infolge einer Zunahme des Wassergehalts.

9.3 Kennzeichnende Punkte und Linien

In Abb. 9-3 sind die Setzungen dargestellt, wie sie sich im Prinzip unter einem zentrisch belasteten starren Fundament und unter einer gleichmäßig verteilten schlaffen Belastung q einstellen. Die vertikale Belastung V des starren Fundaments entspricht dabei der Resultierenden der schlaffen Last q.

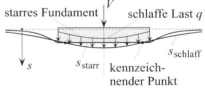

Abb. 9-3 Prinzipskizze für die Lage kennzeichnender Punkte von Setzungen

Die Überlagerung der Setzungsverläufe lässt erkennen, dass die Sohlspannungen beider Fälle in zwei Punkten identisch sind. Ein solcher Punkt wird „kennzeichnender Punkt" oder auch „charakteristischer Punkt" genannt. Bei einem Kreisfundament mit dem Radius R liegen die kennzeichnenden Punkte auf einer Kreislinie, die als „kennzeichnende Linie" oder auch „charakteristische Linie" bezeichnet wird und den Radius

$$r_s = 0{,}845 \cdot R \qquad \text{Gl. 9-3}$$

besitzt.

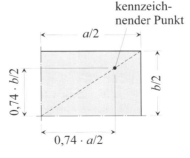

Abb. 9-4 Lage des kennzeichnenden Punkts in Rechteckfundamentviertel

Für den Fall des entsprechend belasteten unendlich langen Streifenfundaments der Breite b ergeben sich als kennzeichnende Linien zwei Parallelen, die zur Fundamentlängsachse jeweils den Abstand

$$a_s = 0{,}370 \cdot b \qquad \text{Gl. 9-4}$$

aufweisen.

Für Rechteckfundamente kann die Lage des häufig in Nomogrammen benutzten kennzeichnenden Punkts der Abb. 9-4 entnommen werden.

9.4 Elastisch-isotroper Halbraum mit Einzellast

Betrachtet wird ein linear-elastischer, isotroper Halbraum, der durch die Einzellast P belastet und verformt wird. Die zu dieser Verformung gehörende vertikale Verschiebung w_A eines in diesem Halbraum liegenden Punkts A zeigt Abb. 9-5. Für beliebige Punktlagen kann die Verschiebung mit der von BOUSSINESQ angegebenen Gleichung

$$w = \frac{P}{4 \cdot \pi \cdot G \cdot R}\left(2 - 2 \cdot \nu + \frac{z^2}{R^2}\right) \qquad \text{Gl. 9-5}$$

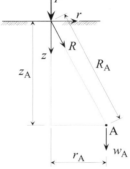

Abb. 9-5 Halbraumpunkt A mit Verschiebung w_A infolge der Einzellast P

ermittelt werden. Der dabei verwendete Schubmodul G lässt sich mit Hilfe der Gl. 6-33 berechnen.

Hinsichtlich der Vertikalverschiebung (Setzung) der Oberfläche des Halbraums, die durch die Einzellast P hervorgerufen wird, ergibt sich nach BOUSSINESQ die in Abb. 9-6 qualitativ gezeigte Form. Ihr radialsymmetrischer Verlauf ist eine Funktion vom Radius r (vgl. Abb. 9-6) und kann durch die Beziehung

$$s(r) = \frac{P \cdot (1 - \nu^2)}{\pi \cdot E \cdot r} \qquad \text{Gl. 9-6}$$

beschrieben werden. Diese ergibt sich nach Einsetzen von Gl. 6-33 in Gl. 9-5 sowie mit $z = 0$ und $R = r$.

Für den Sonderfall $\nu = 0{,}5$ (inkompressibles Material) vereinfacht sich Gl. 9-6 zu

$$s(r) = \frac{3 \cdot P}{4 \cdot \pi \cdot E \cdot r} \qquad \text{Gl. 9-7}$$

Die Lösungen der Gl. 9-6 bzw. der Gl. 9-7 dienen als Basis für die Setzungsberechnung von verschiedenen Belastungsformen des Halbraums mit Hilfe geschlossener Formeln.

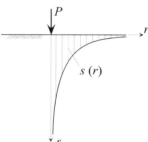

Abb. 9-6 Vertikalverschiebung $s(r)$ der Halbraumoberfläche infolge der Einzellast P

9.5 Elastisch-isotroper Halbraum mit konstanter Rechtecklast σ_0

Für den Fall schlaffer Lasten σ_0 auf der $a \times b$ großen Rechteckfläche der Halbraumoberfläche wird von STEINBRENNER in [L 178] die Gleichung

$$s_{\text{Halbraum}} = \frac{\sigma_0 \cdot (1-\nu^2)}{\pi \cdot E} \cdot \left(a \cdot \ln \frac{b + \sqrt{a^2 + b^2}}{a} + b \cdot \ln \frac{a + \sqrt{a^2 + b^2}}{b} \right) \qquad \text{Gl. 9-8}$$

angegeben, mit der die Setzungen unter den Eckpunkten der Rechteckfläche berechnet werden können. Zu ihrer Herleitung wird von der BOUSSINESQschen Gleichung für die vertikale Verschiebung w_A (Gl. 9-5) eines im Halbraum liegenden Punkts A (vgl. Abb. 9-5) ausgegangen. Die Integration gemäß der Ausführungen in Abschnitt 6.10 führt zur Vertikalverschiebung von Halbraumpunkten, die in beliebigen Tiefen unter einem Eckpunkt der Rechtecklast liegen können. Gl. 9-8 ergibt sich als Verschiebungsdifferenz des an der Halbraumoberfläche und eines in der Tiefe $z = \infty$ liegenden Punkts.

Liegt der zweite Halbraumpunkt in der endlichen Tiefe $z = d$, ergibt sich mit

$$R = \sqrt{a^2 + b^2 + d^2} \qquad \text{Gl. 9-9}$$

als Verschiebungsdifferenz der Ausdruck

$$s = \frac{\sigma_0 \cdot (1-\nu^2)}{\pi \cdot E} \cdot \left(a \cdot \ln \frac{\left(b + \sqrt{a^2 + b^2}\right) \cdot \sqrt{a^2 + d^2}}{a \cdot (b + R)} + b \cdot \ln \frac{\left(a + \sqrt{a^2 + b^2}\right) \cdot \sqrt{b^2 + d^2}}{b \cdot (a + R)} \right)$$

$$+ \frac{\sigma_0 \cdot (1 - \nu - 2 \cdot \nu^2)}{2 \cdot \pi \cdot E} \cdot d \cdot \arctan\left(\frac{a \cdot b}{d \cdot R}\right) \qquad \text{Gl. 9-10}$$

Die Setzung nach Gl. 9-10 kann als Eckpunktsetzung aufgefasst werden, die sich bei schlaffer Rechtecklast auf einer zusammendrückbaren Schicht der Dicke d ergibt. Voraussetzung hierfür ist, dass der Baugrund in einer Tiefe $z > d$ als nicht mehr deformierbar betrachtet werden kann und dass die der Gl. 9-10 zugrunde liegende Spannungsverteilung durch die unterschiedlichen Materialgesetze oberhalb und unterhalb der Tiefe $z = d$ nicht beeinflusst wird.

9.6 Grenztiefe für Setzungsberechnungen

Die Gl. 9-8 liefert für baupraktische Belange unrealistische Setzungsgrößen, da u. a.
- ▶ der reale Baugrund nicht ein unendlich tiefer Halbraum ist
- ▶ der Elastizitätsmodul durch die mit der Tiefe zunehmende Vorbelastung des Baugrunds infolge seiner Eigenlast stark verändert wird
- ▶ die durch die Bauwerkslast hervorgerufenen vertikalen Baugrundspannungen σ_z über die Tiefe z einen asymptotisch gegen null gehenden Verlauf aufweisen (vgl. hierzu Abb. 9-7)

▶ das Bodenmaterial einen „Strukturwiderstand" σ_{st} besitzt, der von σ_z überschritten werden muss, wenn die Widerstände in den Kontaktstellen der Bodenteilchen überwunden werden sollen, um so Verformungen des Bodens herbeizuführen (siehe [L 1]).

Aus den genannten Gründen entstehen die tatsächlich auftretenden Setzungen durch die Zusammendrückungen eines Bereichs mit begrenzter Tiefe. Seine von der Sohlfläche des Gründungskörpers aus gemessene Tiefe wird als „Grenztiefe" d_s bezeichnet. Bodenmaterial unterhalb dieser Tiefe beeinflusst die Größe der Setzung nicht mehr.

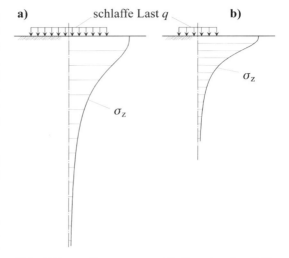

Die Größe der Grenztiefe ist nach ALTES [L 1] abhängig von Bodeneigenschaften wie

▶ Strukturwiderstand
▶ hydraulisches Gefälle, mit dem Porenwasser gerade noch nicht ausgedrückt werden kann („hydraulischer Anfangsgradient")
▶ Überverdichtungsgrad
▶ Zusammendrückbarkeit

Abb. 9-7 σ_z-Spannungsverläufe unter den Mitten $a \times b$ großer schlaffer Rechtecklasten q ($a_a = 2 \cdot a_b$ und $b_a = 2 \cdot b_b$)

und von Belastungsparametern wie

▶ Sohlnormalspannung
▶ Größe und Form der Belastungsfläche (siehe hierzu Abb. 9-7)
▶ Gründungstiefe.

Da in der Literatur verschiedene Möglichkeiten der Grenztiefenfestlegung angegeben werden (vgl. hierzu [L 1]), wird im Folgenden auf den Vorschlag aus DIN 4019-1 eingegangen, wie er für den Fall von homogenem Boden ohne Grundwasser gilt.

Aus Abb. 9-8 geht hervor, dass nach DIN 4019-1 die Grenztiefe d_s dort erreicht wird, wo für die sich aus σ_1 ergebende Vertikalspannung im Baugrund

$$\sigma_{z;\sigma_1}(d_s) = 0{,}2 \cdot \sigma_{\ddot{u}} = 0{,}2 \cdot \gamma \cdot (d + d_s) \quad \text{Gl. 9-11}$$

gilt. Zur Größe der Setzungen trägt nach DIN 4196-1 somit der Teil des Baugrunds nichts mehr bei, in dem die „neuen", durch die Bauwerkslast hervorgerufenen Baugrundspannungen $\sigma_{z;\sigma_1}$ kleiner sind als das 0,2fache des ursprüng-

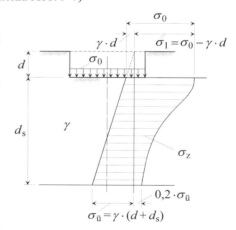

Abb. 9-8 Verlauf von Normalspannungen σ_z im Grenztiefenbereich (Aushub in normalkonsolidiertem Boden)

lich vorhandenen vertikalen Überlagerungsdrucks $\sigma_\text{ü}$ aus der Bodeneigenlast.

Die auf den kennzeichnenden Punkt (siehe Abschnitt 9.3) bezogenen Betrachtungen der DIN 4019-1 gelten für
- den elastisch-isotropen Halbraum mit
- konstantem Steifemodul und
- einer mittleren Sohlspannung σ_0, die wesentlich größer ist als die Überlagerungsspannung $\sigma_\text{ü} = \gamma \cdot d$.

Weitere Fälle der Grenztiefenermittlung (inkl. Beispielrechnungen) sind in [L 11] behandelt. Zusätzliche Bemerkungen zur Grenztiefe und einschlägige Berechnungsbeispiele sind in Beiblatt 1 zu DIN 4019-1 zu finden.

9.7 Halbraum mit konstanter Kreislast σ_0

Analog zur Vorgehensweise von STEINBRENNER in Abschnitt 9.5 wird von FISCHER in [L 110] der Fall der schlaffen Last σ_0 behandelt, die auf einem kreisförmigen Teil (Radius R) der Halbraumoberfläche wirkt.

Aus den Verschiebungen des auf der Halbraumoberfläche liegenden Kreismittelpunkts und eines in der Tiefe $z = d$ darunter liegenden Punkts ergibt sich nach [L 110] die Differenz

$$s_\text{Mitte} = \frac{2 \cdot \sigma_0}{E} \cdot \left[(1 - v^2) \cdot \left(R + d - \sqrt{d^2 + R^2} \right) - \frac{d \cdot (1 + v)}{2} \cdot \left(1 - \frac{d}{\sqrt{d^2 + R^2}} \right) \right] \quad \text{Gl. 9-12}$$

9.8 Grundlagen für Setzungsberechnungen nach DIN 4019-1

Für Setzungsberechnungen zu mittigen, lotrechten Belastungen sind in DIN 4019-1 u. a. Angaben zu erforderlichen Unterlagen, Sohlspannungen, Baugrundspannungen und zur Grenztiefe (siehe hierzu Abschnitt 9.6) zu finden.

9.8.1 Erforderliche Berechnungsunterlagen

Nach DIN 4019-1 gehören zu den für eine Setzungsberechnung erforderlichen Unterlagen u. a.
- allgemeine Bauwerksangaben wie
  - Gründungstiefe
  - Abmessungen und konstruktive Durchbildung
  - Fundamentplan mit Belastungsangaben bezüglich der Größe und, getrennt nach ständigen und kurzfristigen Lasten, dem zeitlichen Verlauf
- Baugrundaufschlüsse und -darstellungen wie
  - Schichtenverzeichnisse
  - Bohr- und Sonderproben
  - Sondierungen und Ergebnisse von Setzungsbeobachtungen an entstehenden und fertigen Bauwerken

- Bodenkenngrößen wie
  - Bodenwichte und
  - aus Labor- und Feldversuchen sowie durch Setzungsbeobachtungen an vergleichbaren Baugrundverhältnissen gewonnene Kenngrößen für die Zusammendrückbarkeit des Bodens
- Maßgebende Rechenwerte
  - die als Mittelwerte für die Setzungsberechnung sachkundig auszuwählen sind aus den ermittelten Kenngrößen für die Zusammendrückbarkeit des Bodens
  - deren Treffsicherheit die Zuverlässigkeit der Setzungsberechnungsergebnisse entscheidend beeinflusst.

9.8.2 Sohl- und Baugrundspannungen

Hinsichtlich der Spannungen in der Sohlfuge und im Baugrund wird in DIN 4019-1 für die Setzungsberechnung angenommen bzw. festgelegt, dass

- die Sohlspannungen infolge der ständigen Lasten und abzüglich des zugehörigen Sohlwasserdrucks gleichmäßig unter dem Gründungskörper verteilt werden
- die Spannungen im Boden durch
  - die Bodeneigenlast (Überlagerungsspannungen vor Aushub der Baugrube unter Berücksichtigung des mittleren Grundwasserstands)
  - den Baugrubenaushub (reduziert im Regelfall die durch die Bauwerkslast hervorgerufene Sohlnormalspannung σ_0 um das Produkt $\gamma \cdot d$ aus Bodendichte γ und Aushubtiefe d) und
  - die Bauwerkslasten

verursacht werden.

9.9 Geschlossene Formeln bei mittiger Last nach DIN 4019-1

Die in DIN 4019-1 vorgesehene Form der Setzungsermittlung bei lotrechten, mittigen Belastungen mit der mittleren Sohlpressung σ_0 (bei einfach verdichtetem Boden um Aushubentlastung verringern, vgl. Beiblatt 1 zu DIN 4019-1) wird beschrieben durch die Grundformel

$$s = \frac{\sigma_0 \cdot b \cdot f}{E_m} \qquad \text{Gl. 9-13}$$

Dabei sind b eine charakteristische Bezugslänge der Sohlfläche (z. B. Rechteckseitenlänge), f ein Setzungsbeiwert (abhängig von Form und Abmessung der Gründungsfläche, der Mächtigkeit der zusammendrückbaren Schicht und der Querdehnzahl ν) und E_m ein mittlerer Zusammendrückungsmodul, der für den gesamten zusammengedrückten Bereich gilt.

Gl. 9-13 gilt in ihrer Allgemeinheit für sehr verschiedene Lastkonfigurationen und Punkte in der Sohlfläche. Sie kann verwendet werden zur

1. Bestimmung des mittleren Zusammendrückungsmoduls E_m bei der Auswertung von Setzungsbeobachtungen (Berechnungsbeispiel in Beiblatt 1 zu DIN 4019-1)
2. Setzungsberechnung, wenn E_m gegeben ist (bei Setzungsbeobachtungen an anderen Bauwerken ermittelte E_m-Werte dürfen nur dann verwendet werden, wenn deren Grün-

dungsflächen gleiche Größenordnungen besitzen und jeweils die gleiche Querdehnzahl zugrunde gelegt werden kann)
3. Setzungsberechnung einheitlicher und geschichteter Böden, wenn die Module E_m für die einzelnen Schichten anderweitig (z. B. aus Tabellen, Sondierungen oder Erfahrungen) bekannt sind (Berechnungsbeispiel siehe Beiblatt 1 zu DIN 4019-1).

Liegen keine Erfahrungswerte (wie etwa aus Setzungsbeobachtungen) für den mittleren Zusammendrückungsmodul E_m vor, kann dieser mit dem z. B. aus Ödometerversuchen stammenden Steifemodul E_s einer beanspruchten Schicht durch

$$E_m = \frac{E_s}{\kappa}$$ Gl. 9-14

berechnet werden. Der dabei verwendete mittlere Korrekturbeiwert κ ist eine von der Bodenart abhängige Größe, für die nach DIN 4019-1 die Werte der Tabelle 9-1 zu verwenden sind.

Bodenart	κ
Sand und Schluff	$\approx 2/3$
einfach verdichteter und leicht überverdichteter Ton	≈ 1
stark überverdichteter Ton	$\approx 0,5$ bis 1

Tabelle 9-1 Mittlere Korrekturbeiwerte κ nach DIN 4019-1

Setzungsfälle, für die geschlossene mathematische Formeln vorliegen, betreffen u. a. starre und schlaffe rechteck- und kreisförmige Fundamente (weitere Fälle siehe z. B. Beiblatt 1 zu DIN 4019-1).

9.9.1 Setzung der Eckpunkte schlaffer, konstanter Rechtecklasten

Eckpunktsetzungen s einer $a \times b$ großen rechteckigen Lastfläche auf einem linear-elastisch isotropen Halbraum mit der Querdehnzahl $v = 0$, die hervorgerufen werden durch die Zusammendrückung einer oberen Halbraumschicht der Dicke z unter der konstanten Last σ_0, können durch die auf der Gl. 9-10 basierenden Beziehung (siehe hierzu [L 108] und [L 138])

$$s = \frac{\sigma_0 \cdot b \cdot f_1}{E_m} = \frac{\sigma_0}{2 \cdot \pi \cdot E_m} \cdot \left[z \cdot \arctan\frac{a \cdot b}{z \cdot R} + a \cdot \ln\left(\frac{R-b}{R+b} \cdot \frac{r+b}{r-b}\right) + b \cdot \ln\left(\frac{R-a}{R+a} \cdot \frac{r+a}{r-a}\right) \right]$$ Gl. 9-15

ermittelt werden. Die in Gl. 9-15 benutzten Größen R und r stehen für

$$R = \sqrt{a^2 + b^2 + z^2} \quad \text{und} \quad r = \sqrt{a^2 + b^2}$$ Gl. 9-16

Die Größe des Beiwerts f_1 in Gl. 9-15 ist von den Abmessungsverhältnissen a/b und z/b abhängig. Einige Funktionsverläufe von f_1 zeigt Abb. 9-9.

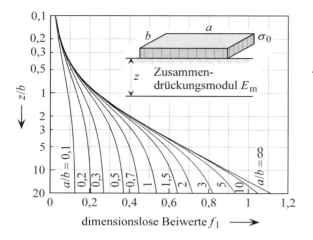

Abb. 9-9 Setzungsbeiwerte f_1 für die Eckpunkte schlaffer rechteckförmiger Gleichlasten σ_0 auf einer nachgiebigen Schicht der Dicke z und der Querdehnzahl $\nu = 0$ nach KANY

Da schlaffe Gründungskörper Setzungsmulden (vgl. Abb. 9-1) hervorrufen, kann die Ermittlung der Setzung von Punkten innerhalb der Lastfläche bedeutsam sein. Die Größe solcher Setzungen lässt sich generell durch die Superposition von Setzungswerten gewinnen, die mit Hilfe von Gl. 9-15 und den Setzungsbeiwerten aus Abb. 9-9 ermittelt wurden. Für den Punkt S in Abb. 9-10 etwa ergibt sich dessen Setzung s_S aus der Summe der Teilsetzungen s_{S1}, s_{S2}, s_{S3} und s_{S4}, die sich einstellen, wenn nur jeweils die Teilfläche 1, 2, 3 oder 4 mit σ_0 belastet ist.

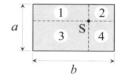

In Analogie zu Abschnitt 6.10 sind diese Betrachtungen auch erweiterbar auf außerhalb der Lastfläche liegende Setzungspunkte sowie auf andere als nur rechteckige Lastflächen.

Abb. 9-10 Setzungspunkt S innerhalb einer rechteckigen Lastfläche

9.9.2 Setzung starrer Rechteckfundamente

Starre Fundamente der Abmessungen $a \times b$ weisen bei homogenem Baugrund und zentrischer Belastung eine über die Sohlfläche konstante Setzung auf (vgl. Abb. 9-1). Für den kennzeichnenden Punkt ist ihre Größe s_K identisch mit der Setzung unter einer schlaffen Gleichlast mit der gleichen Belastungsresultierenden. Dies führt dazu, dass die Setzungsgrößenermittlung z. B. auf der Basis der Formeln und Setzungsbeiwerte aus Abschnitt 9.9.1 erfolgen kann. Die damit verbundene Ermittlung und Summierung von vier Teilsetzungen lässt sich dann mit der Gleichung

$$s_K = \frac{\sigma_0 \cdot b \cdot f_K}{E_m} \qquad \text{Gl. 9-17}$$

zusammenfassen. Als Setzungsbeiwert f_K für die Querdehnzahl $\nu = 0$ dient dabei

$$f_K = \frac{1}{2 \cdot \pi \cdot b} \cdot \sum_{n=1}^{4} \left[\begin{array}{l} z \cdot \arctan \dfrac{a_n \cdot b_n}{z \cdot R_n} + a_n \cdot \ln\left(\dfrac{R_n - b_n}{R_n + b_n} \cdot \dfrac{r_n + b_n}{r_n - b_n}\right) \\ + b_n \cdot \ln\left(\dfrac{R_n - a_n}{R_n + a_n} \cdot \dfrac{r_n + a_n}{r_n - a_n}\right) \end{array} \right] \qquad \text{Gl. 9-18}$$

mit den einzelnen Größen in dem Summenausdruck

$$R_n = \sqrt{a_n^2 + b_n^2 + z^2} \qquad r_n = \sqrt{a_n^2 + b_n^2}$$
$$a_1 = a_2 = 0{,}87 \cdot a \qquad a_3 = 0{,}87 \cdot b \qquad a_4 = 0{,}13 \cdot a \qquad \text{Gl. 9-19}$$
$$b_1 = 0{,}87 \cdot b \qquad b_2 = b_4 = 0{,}13 \cdot b \qquad b_3 = 0{,}13 \cdot a$$

Funktionsverläufe der Setzungsbeiwerte f_K sind in Abb. 9-11 dargestellt.

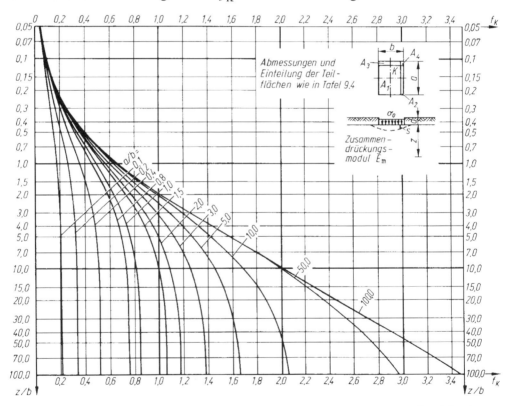

Abb. 9-11 Setzungsbeiwerte f_K für die kennzeichnenden Punkte starrer Rechteckfundamente (mittlere Sohlpressung σ_0) auf einer nachgiebigen Schicht der Dicke z und der Querdehnzahl $\nu = 0$ nach KANY (aus EVB 1993 [L 108])

9.9.3 Setzung von Kreisfundamenten

Setzungen unter kreisförmigen Gleichlasten σ_0, die hervorgerufen werden durch die Zusammendrückung einer unter der Belastung anstehenden Schicht mit der Dicke z und dem mittleren Zusammendrückungsmodul E_m, können für verschiedene Punkte (Kreislinien, da radialsymmetrisches System) mit Hilfe von

$$s = \frac{\sigma_0 \cdot r \cdot f_r}{E_m} \qquad \text{Gl. 9-20}$$

ermittelt werden. r steht in dieser Gleichung für den Radius der Kreislast und f_r für Setzungsbeiwerte ausgewählter Setzungspunkte (Setzungskreise), die von dem Verhältnis z/r abhängig sind. Die Funktionsverläufe für zehn verschiedene Setzungspunkte (Kreismittelpunkt, kennzeichnender Punkt, ...) können der Abb. 9-12 entnommen werden.

Da der Fall des kennzeichnenden Punkts ($x = 0,845 \cdot r$) in den zehn Fällen von Abb. 9-12 enthalten ist, können mit Gl. 9-20 und den Setzungsbeiwerten f_r aus Abb. 9-12 Setzungsfälle von schlaffen und starren Gründungskonstruktionen erfasst werden.

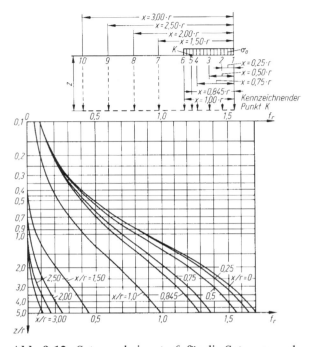

Abb. 9-12 Setzungsbeiwerte f_r für die Setzungspunkte 1 bis 10 (Punkt 5 = kennzeichnender Punkt) innerhalb und außerhalb von schlaffen kreisförmigen Gleichlasten σ_0 auf einer nachgiebigen Schicht der Dicke z und dem mittleren Zusammendrückungsmodul E_m nach LEONHARDT (aus EVB 1993 [L 108])

9.10 Indirekte Setzungsberechnung nach DIN 4019-1

Die indirekte Setzungsberechnung basiert auf den explizit zu ermittelnden Spannungen in den einzelnen Schichten und den dort jeweils geltenden Steifemoduln E_s. Ihre Anwendung unter mittiger Last ist u. a. sinnvoll bei
- geschichtetem Baugrund
- nicht konstantem Steifemodul E_s.

9.10.1 Ablauf der Setzungsermittlung

Zur Ermittlung der Setzungen sind im Labor zunächst Kompressionsversuche mit dem vor Ort entnommenen Probenmaterial der verschiedenen Bodenschichten durchzuführen. Sie liefern die Drucksetzungslinie (vgl. Abb. 9-13) der einzelnen Bodenschichten und die zu den jeweiligen Spannungszuständen gehörenden Steifemodule E_s.

Für die Berechnung der gesuchten Setzung wird
1. der zusammendrückbare Boden im Grenztiefenbereich in eine hinreichende Anzahl von $i = 1, ..., n$ Schichten bzw. Teilschichten der Höhe Δh_i unterteilt
2. für jede der n Teilschichten in ihrer Mitte
   ▶ die effektive vertikale Überlagerungsspannung $\sigma'_{\ddot{u}i}$ vor dem Beginn der Baumaßnahme
   ▶ die effektive Vertikalspannungserhöhung $\Delta\sigma'_{vi}$ infolge der Baumaßnahme
   ▶ der Steifemodul E_{si} (zu $\sigma'_{\ddot{u}i}$ und $\Delta\sigma'_{vi}$ gehörender Sekantenmodul der im Labor gewonnenen Drucksetzungslinie der Teilschicht, vgl. z. B. Abb. 9-13)
   ermittelt

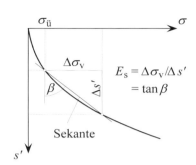

Abb. 9-13 Drucksetzungslinie mit Sekantenmodul E_s

3. die Zusammendrückung jeder der n Teilschichten

$$\Delta s_i = \frac{\Delta\sigma'_{vi}}{E_{si}} \cdot \Delta h_i \qquad \text{Gl. 9-21}$$

berechnet

4. die gesuchte Gesamtsetzung durch Addition aller Teilsetzungen durch

$$s_i = \sum_{i=1}^{n} \Delta s_i = \sum_{i=1}^{n} \frac{\Delta\sigma'_{vi}}{E_{si}} \cdot \Delta h_i \qquad \text{Gl. 9-22}$$

bestimmt.

Werden aus den Drucksetzungslinien der einzelnen Teilschichtenmitten nicht die Steifemodule E_{si}, sondern die zu $\sigma'_{\ddot{u}i}$ und $(\sigma'_{\ddot{u}i} + \Delta\sigma'_{vi})$ gehörenden spezifischen Setzungsgrößen entnommen, stellen deren jeweilige Differenzen die spezifischen Setzungen (Einheitssetzungen) s'_i der Teilschichten dar. Die Zusammendrückung der Teilschicht i kann damit durch

$$\Delta s_i = s'_i \cdot \Delta h_i \qquad \text{Gl. 9-23}$$

und die gesuchte Gesamtsetzung mittels

$$s_i = \sum_{i=1}^{n} \Delta s_i = \sum_{i=1}^{n} s'_i \cdot \Delta h_i \qquad \text{Gl. 9-24}$$

berechnet werden.

Für alle berechneten Setzungen gilt, dass sie ggf. mit mittleren Korrekturbeiwerten κ aus Tabelle 9-1 (Seite 191) zu multiplizieren sind. Diese Korrekturen entfallen in den Fällen, in denen der entsprechende Steifemodul E_s gemäß Gl. 9-14 durch den mittleren Zusammendrückungsmodul E_m ersetzt wurde.

9.10.2 Anwendungsbeispiel aus DIN 4019-1

In Abb. 9-14 ist das Beispiel einer Setzungsberechnung gezeigt. Es stellt einen Sonderfall mit einer einheitlichen Schicht dar, deren Drucksetzungslinie in d) und e) zu sehen ist.

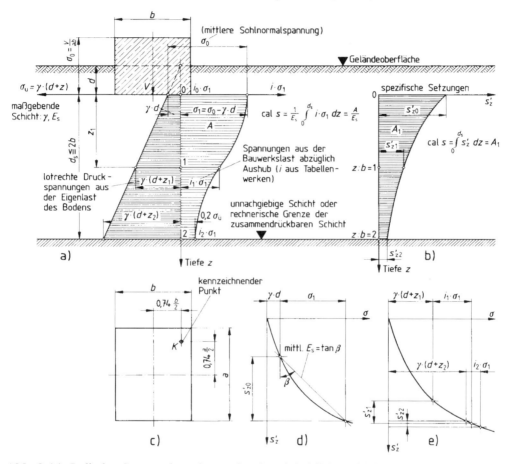

Abb. 9-14 Indirekte Setzungsberechnung für eine einheitliche Schicht nach DIN 4019-1
  a) Druckverteilung im Baugrund aus der Bodeneigenlast und der Bauwerkslast
  b) Verteilung der spezifischen Setzungen aus a) und e)
  c) Lage des kennzeichnenden Punkts
  d) Drucksetzungslinie mit Bestimmung des mittleren Steifemoduls
  e) Drucksetzungslinie mit Ermittlung der spezifischen Setzungen für die Punkte 1 und 2

In einem solchen Fall geht Gl. 9-22 in den Ausdruck von cal s in Abb. 9-14 a) über, wenn Δh_i zu dz gesetzt wird (Summation wird zur Integration) und ein für die gesamte Schichtdicke einheitlicher Steifemodul E_s gewählt werden kann. Wegen der sehr großen Schichtdicke und der sich über sie sehr stark verändernden Werte von $\sigma'_{ü}$ und $\Delta\sigma'_v$ wird als Steifemodul nicht der Sekantenmodul in Schichtmitte, sondern der an der Schichtoberkante gewählt. Die Zweckmäßigkeit dieses Ansatzes wird klar, wenn berücksichtigt wird, dass bei zunehmend tiefer liegenden Schichten sich die $\sigma'_{ü}$-Größen zwar erhöhen (vergrößernde Wirkung), dieser Effekt aber mit sich reduzierenden Werten für $\Delta\sigma'_v$ einhergeht (verkleinernde Wirkung). Die gesuchte Setzung im kennzeichnenden Punkt ergibt sich schließlich als der durch E_s dividierte Inhalt A der Spannungsfläche.

Der „Ersatz" von Δh_i durch dz führt auch dazu, dass die Summation von Gl. 9-24 in die Integration des Ausdrucks für cal s in Abb. 9-14 b) übergeht. Die gesuchte Setzung im kennzeichnenden Punkt ergibt sich in diesem Fall als Inhalt A_1 der spezifischen Setzungsfläche.

Es sei noch darauf hingewiesen, dass die berechneten Setzungen ggf. noch mit κ zu multiplizieren sind und dass die Integrationsergebnisse A bzw. A_1 in sehr einfacher Weise mit Hilfe der Fassformel von KEPLER gewonnen werden können. Letzteres führt dazu, dass die Ermittlung des Spannungs- bzw. spezifischen Setzungsverlaufs auf die Berechnung entsprechender Stützstellenwerte an den Schichträndern und in der Schichtmitte reduziert werden kann.

Weitere Anwendungsbeispiele sind z. B. in Beiblatt 1 zu DIN 4019-1 zu finden.

9.11 Setzungen infolge von Grundwasserabsenkung

Da die Absenkung von Grundwasser den auftriebsfreien Bereich des Baugrunds vergrößert, erhöhen sich die setzungsverursachenden effektiven Spannungen σ'_z im Korngefüge unterhalb des ursprünglichen Grundwasserspiegels (vgl. Abb. 9-15).

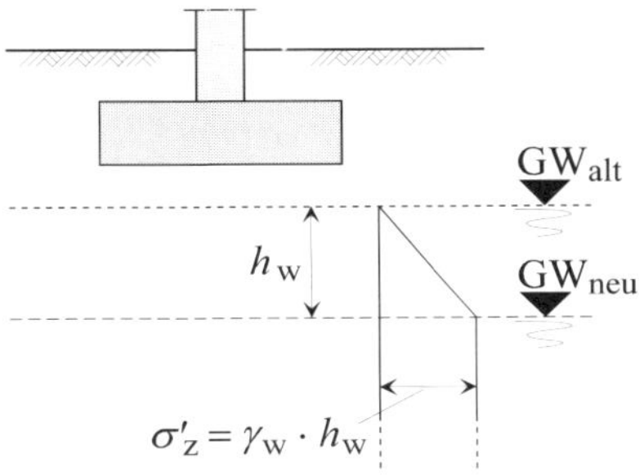

Die Ermittlung der Setzungen infolge einer Grundwasserabsenkung kann mit den üblichen Berechnungsmethoden erfolgen, wenn der besondere Spannungsverlauf und die in der Regel großflächige Wirkung der effektiven Spannungen σ'_z berücksichtigt werden.

Abb. 9-15 Erhöhung der effektiven Spannungen σ'_z infolge Grundwasserabsenkung

Besteht der Baugrund unterhalb des ursprünglichen Grundwasserspiegels aus homogenem Boden, kann die Setzung mit Hilfe des in Abb. 9-16 gezeigten Nomogramms von CHRISTOW ermittelt werden. Seine Verwendung wird mit dem nachfolgenden Anwendungsbeispiel verdeutlicht.

Anwendungsbeispiel

Vorgegebenen Größen:
- Grenztiefe $z_{gr} = 10,0$ m
- Absenktiefe $h_w = 2,0$ m
- mittlerer Steifemodul im Bereich der Grenztiefe ist $E_s = 50$ MN/m²

Gesucht: infolge der Grundwasserabsenkung zu erwartende Setzung.

Lösung

1. Aus Nomogramm (gemäß dem eingetragenen Schlüssel) abgelesene Größe
$s_{w11} = 1,8$ cm

2. Mit Hilfe der nicht dimensionsreinen Setzungsgleichung zu berechnende Setzung

$$s_w = 10 \cdot \frac{s_{w11} \text{ (in cm)}}{E_s \text{ (in MN/m}^2)}$$

$$= 10 \cdot \frac{1,8}{50} = 0,36 \text{ cm}$$

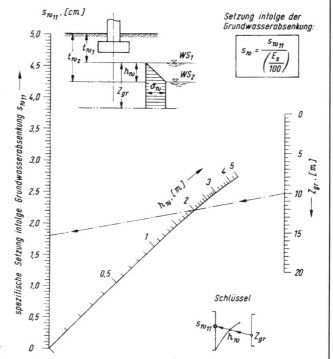

Abb. 9-16 Nomogramm zur Ermittlung der spezifischen Setzungen infolge von Grundwasserabsenkungen (nach CHRISTOW [L 15])

Hinweis: Da von CHRISTOW [L 15] für den Steifemodul E_s die Dimension kp/cm² verwendet wurde, heute aber die Dimension MN/m² üblich ist, muss die Gleichung für s_w aus Abb. 9-16 durch die im 2. Lösungsschritt angegebene Gleichung ersetzt werden.

9.12 Schräge und außermittige Belastungen nach DIN 4019-2

In der für schräg und außermittig wirkende Belastungen geltenden DIN 4019-2 sind für die Setzungsberechnung u. a. Angaben zum Ansatz waagerechter Lasten sowie zu Sohl- und Baugrundspannungen zu finden.

Nach den Ausführungen der DIN 4019-2 zur Grenztiefe darf bei deren Ermittlung vorgegangen werden wie nach DIN 4019-1 (vgl. Abschnitt 9.6), wobei die den Überlagerungsdruck um 20 % überschreitende lotrechte Gesamtspannung mit Hilfe des Mittelwerts der lotrechten Sohlspannungen berechnet wird.

9.12.1 Ansatz waagerechter Lasten und Sohlspannungen

Die für die Setzungsberechnungen maßgebenden waagerechten Lasten, die in der Sohle wirksam sind, dürfen nicht größer angesetzt werden als das Produkt

$$V \cdot \tan \delta_s \qquad \text{Gl. 9-25}$$

aus lotrechter Last V und Reibungswinkel δ_s in der Gründungssohle. Da diese waagerechten Lasten in der Regel nur sehr kleine Setzungen hervorrufen, kann dieser Anteil meist vernachlässigt werden.

Hinsichtlich der Sohldruckverteilung wird zwischen der Setzungsberechnung mit Hilfe geschlossener Formeln und mit Hilfe der lotrechten Spannungen im Baugrund unterschieden. Während beim ersten Verfahren (geschlossene Formeln) eine Sohlspannungsverteilung angenommen wird, wie sie bei starren Gründungskörpern auf dem elastisch-isotropen Halbraum entsteht, dürfen bei der Berechnung mit Hilfe der lotrechten Spannungen im Baugrund die Sohlspannungen geradlinig begrenzt werden (Spannungstrapez oder -dreieck).

Besteht der Baugrund aus einfach verdichtetem Boden, sind die aus der Bauwerkslast sich ergebenden Sohlnormalspannungen ggf. um den Lastanteil $\gamma \cdot d$ des Baugrubenaushubs zu reduzieren (γ = Bodendichte, d = Aushubtiefe). Dies gilt nicht für die in der Sohlfuge ggf. anzusetzenden Schubspannungen aus den waagerechten Lasten, die näherungsweise im gleichen Verhältnis über die Sohlfläche zu verteilen sind wie die nicht abgeminderten lotrechten Sohlspannungen.

9.12.2 Setzungen und Verkantungen bei Verwendung geschlossener Formeln

Die DIN 4019-2 behandelt u. a. den Fall rechteckiger (im Sonderfall quadratischer) oder elliptischer (im Sonderfall kreisförmiger) starrer Gründungskörper auf dem linear-elastisch isotropen Halbraum, die durch exzentrisch angreifende Vertikallasten so belastet sind, dass keine Klaffung der Sohlfuge auftritt. Für die Ermittlung der Gesamtsetzung ihrer Eck- oder Randpunkte ist die Gleichung

$$s = s_m \pm s_x \pm s_y \qquad \text{Gl. 9-26}$$

zu verwenden.

Der zur zentrischen Last gehörende Setzungsanteil s_m (vgl. Abb. 9-17) berechnet sich mit der mittleren Normalspannung σ_0 unter dem Gründungskörper, dem mittleren Zusammendrückungsmodul E_m des Baugrunds (nach DIN 4019-1) und dem Setzungsbeiwert f nach DIN 4019-1 gemäß dem schon aus Gl. 9-13 bekannten Ausdruck

$$s_m = \frac{\sigma_0 \cdot b \cdot f}{E_m} \qquad \text{Gl. 9-27}$$

Mit den Bezeichnungen aus Abb. 9-17 erfassen die beiden übrigen Setzungsanteile den Einfluss des Moments $M_y = V \cdot e_x$ um die y-Achse (Drehung der Gründungsfläche um den Winkel α_y) durch

$$s_x = \tan\alpha_y \cdot \frac{a}{2} = \frac{M_y \cdot f_x}{b^3 \cdot E_m} \cdot \frac{a}{2} \qquad a \geq b \qquad \text{Gl. 9-28}$$

und den Einfluss des Moments $M_x = V \cdot e_y$ um die x-Achse (Drehung der Gründungsfläche um den Winkel α_x) durch

$$s_y = \tan\alpha_x \cdot \frac{b}{2} = \frac{M_x \cdot f_y}{b^3 \cdot E_m} \cdot \frac{b}{2} = \frac{M_x \cdot f_y}{2 \cdot b^2 \cdot E_m} \qquad \text{Gl. 9-29}$$

Die in Gl. 9-28 und Gl. 9-29 verwendeten Größen f_x und f_y sind aus Tafeln entnehmbare Verkantungsbeiwerte für elliptische oder rechteckige Gründungsflächen.

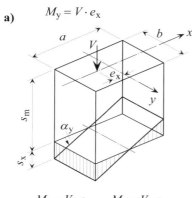

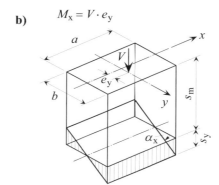

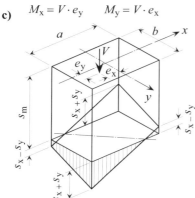

Abb. 9-17 Setzungen und Verkantungen eines rechteckigen starren Gründungskörpers (aus DIN 4019-2) bei einer
a) in Richtung der längeren Seite ausmittigen lotrechten Last
b) in Richtung der kürzeren Seite ausmittigen lotrechten Last
c) in beiden Richtungen ausmittigen lotrechten Last

Tabellen bzw. Nomogramme für die Ermittlung von Verkantungsbeiwerten wurden z. B. von KANY in [L 139] hergeleitet bzw. in [L 140] für den Fall der Querdehnzahl $v = 0$ bereitgestellt. So wird der Setzungsanteil s_A nach [L 139] mit Hilfe von

$$s_A = \frac{2 \cdot M_x \cdot f_{s.A}}{A^2 \cdot E_s} \qquad \text{Gl. 9-30}$$

berechnet. Da diese Größe mit dem Setzungsanteil s_x aus Gl. 9-28 identisch ist (vgl. Abb. 9-17) und dies auch für die Größen M_y und M_x, E_m und E_s sowie a und A aus Gl. 9-28 und Gl. 9-30 gilt, liefern die beiden Gleichungen die Beziehung

$$f_x = \frac{4 \cdot b^3}{a^3} \cdot f_{s.A} \qquad \text{Gl. 9-31}$$

für die in ihnen verwendeten Setzungsbeiwerte. Funktionsverläufe des Setzungsbeiwerts $f_{s.A}$ zur Berechnung der Verkantung $\pm s_A$ sind in Abb. 9-18 dargestellt.

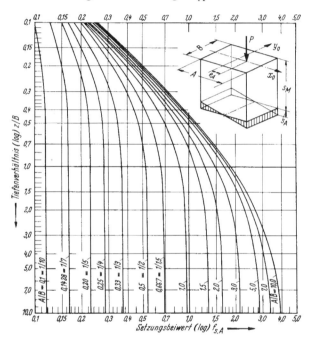

Abb. 9-18 Für Querdehnzahl $\nu = 0$ geltende Funktionsverläufe des Setzungsbeiwerts $f_{s.A}$ zur Berechnung der Verkantung $\pm s_A$ bei in x-Richtung ausmittiger Belastung starrer rechteckiger Fundamente (aus KANY [L 140])

In DIN 4019-2 wird auch die Verkantung starrer Streifenfundamente auf einem linear-elatisch isotropen Halbraum behandelt. Für Schichtdicken $d_s \geq 2 \cdot b$ (siehe Abb. 9-19) wird für den Fall der Querdehnzahl $\nu = 0{,}5$ und der Belastungsexzentrizität $e \leq b/4$ die Gleichung zur Ermittlung der Drehung α

$$\tan \alpha = \frac{m_x}{b^2 \cdot E_m} \cdot f_b = \frac{m_x}{b^2 \cdot E_m} \cdot \frac{12}{\pi} \qquad \text{Gl. 9-32}$$

angegeben.

Gl. 9-32 stellt einen Sonderfall der von MATL in [L 146] vorgestellten Lösung dar. Diese gilt für be-

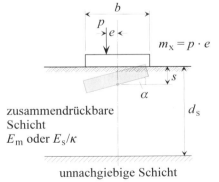

Abb. 9-19 Setzung und Verkantung (Drehung um den Winkel α) eines starren Streifenfundaments

liebige Werte der Querdehnzahl ν und betrifft sowohl die Setzung s als auch die Drehung α. Für die Ermittlung der Drehung α ist nach MATL statt des in Gl. 9-32 verwendeten Setzungsbeiwerts f_b die Größe

$$f_\alpha = \frac{16 \cdot (1-\nu^2)}{\pi} \cdot \sqrt{1-\tan^2\beta} \cdot \left[1 - \frac{1}{2 \cdot (1-\nu)} \cdot \sin^2\beta\right] \qquad \text{Gl. 9-33}$$

zu verwenden. Darin steht β für

$$\beta = \frac{1}{2} \cdot \arctan \frac{b}{d_s} \qquad \text{Gl. 9-34}$$

Abb. 9-20 zeigt mit Hilfe von Gl. 9-33 und Gl. 9-34 ermittelte Funktionsverläufe des Setzungsbeiwerts f_α, wie sie zur Berechnung der Drehung α mit Hilfe von

$$\alpha = \arctan\left(\frac{m_x}{b^2 \cdot E_m} \cdot f_\alpha\right) \qquad \text{Gl. 9-35}$$

verwendet werden können.

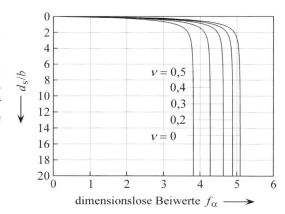

Abb. 9-20 Für Querdehnzahlen $\nu = 0$ bis $\nu = 0{,}5$ geltende Funktionsverläufe des Setzungsbeiwerts f_α zur Berechnung der Drehung α ausmittig belasteter starrer Streifenfundamente nach MATL [L 146]

Weitere geschlossene mathematische Lösungen von Setzungsfällen unter lotrechten ausmittigen Belastungen sind z. B. in [L 110], [L 135] und [L 168] zu finden (vgl. auch Beiblatt 1 zu DIN 4019-2).

Für die Ermittlung der Setzungen und Verkantungen durch horizontale Lasten werden u. a. in [L 137], [L 172] und [L 173] geschlossene Formeln bereitgestellt.

9.12.3 Setzungen und Verkantungen infolge lotrechter Baugrundspannungen

Die der Setzungsermittlung zugrunde liegenden Spannungen im Baugrund sind auf der Basis geradlinig begrenzter Sohldruckverteilungen zu ermitteln. Dabei ist es zweckmäßig, die vorhandene Sohlnormalspannung in Rechtecke und rechtwinklige Dreiecke aufzuteilen. In Abb. 9-21 ist eine solche Aufteilung gezeigt für das Beispiel eines Fundaments auf einer $a \times b$ großen Rechteckfläche unter einer einachsig ausmittigen Belastung V.

Die vertikalen Normalspannungen im Baugrund infolge der rechteckigen lotrechten Sohldruckfiguren (mittige Belastung) sind gemäß DIN 4019-1 (vgl. Abschnitt 9.10) zu ermitteln. Bezüglich ihrer Berechnung bei lotrechten Dreieckslasten sei z. B. auf [L 135] verwiesen. Literaturhinweise hinsichtlich der durch horizontale Belastungen verursachten lotrechten Baugrundspannungen sind in Beiblatt 1 zu DIN 4019-2 (Tabelle 1) zu finden.

Sind alle lotrechten Spannungen im Baugrund bekannt, können die Setzungen gemäß den Ausführungen der DIN 4019-1 berechnet werden (siehe Abschnitt 9.10).

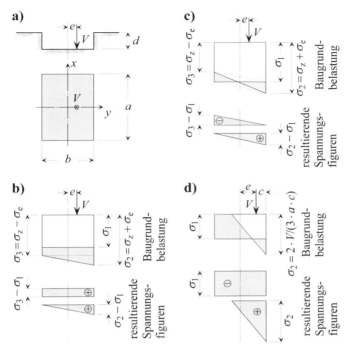

Abb. 9-21 Aufteilung der Baugrundbelastung in Rechtecke und rechtwinklige Dreiecke bei Berücksichtigung der Vorbelastung $\gamma \cdot d$ aus der Aushubeigenlast bei rechteckiger Sohlfläche und einachsiger Exzentrizität (nach DIN 4019-2). $\sigma_z = V/(a \cdot b)$, $\sigma_e = 6 \cdot V \cdot e/(a \cdot b^2)$.
a) Systembezeichnungen
b) $e \leq b/6$ (geschlossene Fuge), Sohlflächenbelastung durchweg größer als Aushubentlastung
c) $e \leq b/6$ (geschlossene Fuge), Sohlflächenbelastung nicht überall größer als Aushubentlastung
d) $b/3 \geq e > b/6$ (klaffende Fuge)

Zur Berechnung der Verkantung starrer Gründungskörper genügt es in der Regel, die Randpunktsetzungen zu ermitteln und diese durch Ebenen auszugleichen. Bei einachsiger Ausmittigkeit in x-Richtung sind z. B. die Setzungen der zwei auf der x-Achse liegenden Randpunkte zu berechnen. Bei zweiachsiger Ausmittigkeit von Rechteckfundamenten ist die Ermittlung der Setzungen für die vier Eckpunkte und der Ausgleich durch eine Ebene sinnvoll.

9.13 Setzungsproblematik bei Hochbauten

Gebäudeschäden, die auf Setzungen zurückzuführen sind, können sehr unterschiedliche Erscheinungsformen und Ursachen haben. Im Folgenden soll deshalb anhand von Beispielen auf einige grundsätzliche Problemstellungen eingegangen werden.

9.13.1 Gegenseitige Beeinflussung

Abb. 9-22 zeigt das prinzipielle Problem langer Gebäude anhand einer sehr vereinfacht angenommenen Lastausbreitung für die Teilbereiche des Gebäudes. Die Überlagerung der durch die Teillasten hervorgerufenen vertikalen Baugrundspannungen führt zu einer Spannungskonzentration in der Gebäudemitte und damit zu der zu erwartenden Setzungsmulde infolge der unterschiedlich starken Stauchung der zusammendrückbaren Schicht.

Die ungleichmäßigen Setzungen im Bereich der Setzungsmulde führen zu Gebäudedeformationen, die ggf. so groß werden können, dass z. B. Schäden in Form von Rissen auftreten.

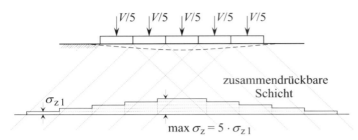

Abb. 9-22 Durchbiegung langer Gebäude infolge der Spannungskonzentration in Gebäudemitte durch Überlagerung von Teillastwirkungen

In Abb. 9-23 wird die gegenseitige Beeinflussung gleichzeitig hergestellter benachbarter Gebäude verdeutlicht. Die vereinfachte Lastausbreitung zeigt, dass unter den sich gegenüberliegenden Kanten der Gebäude infolge der Lastausbreitung höhere Druckspannungen in der weichen Schicht auftreten als unter den Außenkanten der Gebäude. Dies führt dazu, dass sich unter den Innenkanten größere Setzungen ergeben als unter den Außenkanten ($s_i > s_a$) und sich somit die Nachbargebäude gegeneinander neigen.

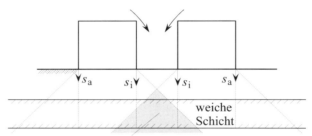

Abb. 9-23 Gegeneinanderneigung benachbarter Gebäude infolge von Druckspannungsüberlagerung in der setzungsempfindlichen Schicht

Der Einfluss benachbarter Fundamente ist nach SCHULTZE/HORN [L 120], Kapitel 1.8 in einer Entfernung $> d_s$ (Tiefe der zusammendrückbaren Schicht) nur noch gering. Eine überschlägige Berechnung der Setzung s in einem untersuchten Punkt kann, unter der Annahme einer vorhandenen unendlich tiefen zusammendrückbaren Schicht, mittels

$$s = \frac{P}{r \cdot \pi \cdot E_s} \qquad \text{Gl. 9-36}$$

erfolgen. In dieser Gleichung erfasst P die Resultierende der Vertikallast des Nachbarfundaments und r den waagerechten Abstand zwischen dem untersuchten Punkt und dem Nachbarfundament.

Den Fall der Errichtung eines Gebäudes unmittelbar neben ein schon bestehendes Bauwerk zeigt Abb. 9-24. Die vereinfachte Lastausbreitung lässt erkennen, dass die durch den Neubau hervorgerufenen Druckspannungen $\sigma_{z,neu}$ auch im Baugrund unterhalb der schon existierenden Bausubstanz wirksam sind und sich dort mit den schon durch das bestehende Bauwerk erzeugten Druckspannungen $\sigma_{z,alt}$ überlagern. Diese Erhöhung führt zu einer weiteren Zusammendrückung der setzungsempfindlichen Schicht und damit zu einer Setzungsvergrößerung in diesem Bereich. Aus der

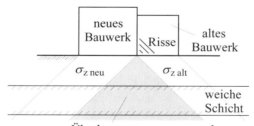

Abb. 9-24 Mögliche Rissbildung in bestehendem Bauwerk infolge der Herstellung eines neuen Gebäudes

Setzungsvergrößerung ergeben sich wiederum eine Schiefstellung des Gebäudes und ggf. Risse über dem Bereich der vergrößerten Setzungen.

Das neue Bauwerk wird auf einem Baugrund errichtet, der unter dem rechten Gebäudeteil durch die alte Bausubstanz vorverdichtet wurde. Da der Baugrund unter dem linken Gebäudeteil nicht vorbelastet ist, setzt sich das neue Bauwerk links stärker als rechts.

9.13.2 Setzungen bei inhomogenem Baugrund

Die Abb. 9-25 zeigt Beispiele für Unregelmäßigkeiten bezüglich der Zusammendrückbarkeit des Baugrunds und damit verbundene mögliche Bauwerksschäden (Risse) infolge der stark unterschiedlichen Setzungen im Gründungsbereich.

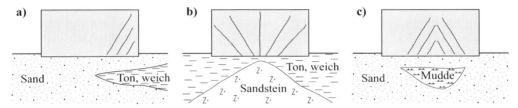

Abb. 9-25 Mögliche Rissbildungen in Gebäuden bei Unregelmäßigkeiten im Baugrund

Da in allen drei Fällen der unterschiedlich mächtige weiche Ton bzw. Faulschlamm besonders stark zusammengedrückt wird, ergeben sich sehr ungleichmäßige Setzungen. Sie können zu Abrissen (Beispiel a)) oder zu Schäden infolge von Sattellagerung (Beispiel b)) bzw. Setzungsmuldenbildung mit starker Krümmung (Beispiel c)) führen.

9.14 Zulässige Setzungsgrößen

Die zulässige Größe von sich einstellenden Setzungen kann durch sehr unterschiedliche Kriterien beeinflusst werden. Hierzu gehören u. a.
- ihre Gleichmäßigkeit (gleichmäßig, ungleichmäßig)
- die Form bei Ungleichmäßigkeit (Verkantung, Mulden- oder Sattellagerung)
- Gebrauchstauglichkeit des Bauwerks (Lagerhalle für Schüttgüter, Labor mit Präzisionsgeräten)
- Schadensfreiheit (Rissefreiheit) des Bauwerks
- Standsicherheit des Bauwerks (z. B. bei turmartigen Bauwerken)
- verwendetes Baumaterial (Beton, Mauerwerk, ...)
- Konstruktionsformen (Rahmen, Scheiben, Einzelfundamente, Plattengründung, ...)
- vorhandener Baugrund (Ton, Sand, ...).

Zur Verdeutlichung sei die gleichmäßige Setzung eines Gebäudes betrachtet. Sie gilt in der Regel zwar als unproblematisch, doch ist bei ihrer Beurteilung nicht nur ihre Wirkung auf das Bauwerk selbst zu beachten, sondern auch auf ggf. vorhandene Anschlussleitungen (Wasserver- und -entsorgung, Telekommunikation, ...).

In DIN 1054 [L 19] werden zulässige Bodenpressungen für auf Streifen- oder Einzelfundamente gegründete Bauwerke angegeben. Ihre Einhaltung gestattet den Verzicht auf die Berechnung der Grundbruchsicherheit und der Setzungen in Regelfällen. Bei nichtbindigem Baugrund können dabei Setzungen auftreten, die bei setzungsempfindlichen Bauwerken und Fundamentbreiten bis 1,5 m ein Maß von ≈ 1 cm und bei breiteren Fundamenten ein Maß von ≈ 2 cm nicht übersteigen (DIN 1054, Abschnitt 4.2.1.1.1). Die entsprechenden Setzungswerte für setzungsunempfindliche Bauwerke sind nach DIN 1054, Abschnitt 4.2.1.2 etwa 2 cm bei Fundamentbreiten bis 1,5 m und wesentlich größere Setzungen bei breiteren Fundamenten. Sind die Bauwerke auf bindigen Böden gegründet, können die Setzungen Größenordnungen von 2 bis 4 cm erreichen (DIN 1054, Abschnitt 4.2.2).

Sind Setzungen z. B. im Hinblick auf die Schadensfreiheit der Bauwerke zu begrenzen, gilt auch für die Bestimmungen der DIN 1054, dass hierfür nicht die absoluten Setzungen, sondern die Setzungsunterschiede maßgebend sind (vgl. z. B. die Ausführungen zu den Abschnitten 4.2.1.1 und 4.2.1.2 in DIN 1054 Beiblatt). Diese sind ein Teil der Gesamtsetzung, die sich gemäß Abb. 9-26 gliedert in

- die für alle Bauwerksteile gleiche (gleichmäßige) Setzung
- die geradlinig verlaufende Verkantung und
- die gekrümmte Setzungsmulde bzw. sattelförmige Setzung (Setzungsunterschied).

Die Darstellung zeigt auch, dass der Setzungsunterschied durch die Winkelverdrehung oder das Biegungsverhältnis erfasst werden kann.

Für die Angabe zulässiger Winkelverdrehungen bei Hochbauten kann die Zusammenstellung aus Abb. 9-27 verwendet werden. Die Zahlenwerte gelten allerdings nur,

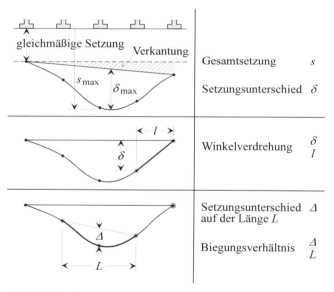

Abb. 9-26 Setzungsanteile nach SOMMER [L 177]

wenn die Setzung Muldenform besitzt, da in Fällen von Sattellagerung Risse schon bei halb so großen Winkeldrehungen auftreten (vgl. SCHULTZE/HORN [L 120], Kapitel 1.8). Nach FRANKE [L 116] sollten die Angaben der Abbildung nur bei Gründungen auf Einzelfundamenten Anwendung finden.

Wird die Winkelverdrehung 1/500 als Schadensgrenze definiert und in Beziehung gesetzt zu der Grenze für erste Risse in tragenden Wänden (Winkelverdrehung 1/300), ergibt sich eine Sicherheit gegen Risse von ≈ 1,5.

Für die Beurteilung von Plattengründungen und sattelförmigen Setzungsverläufen bei Einzelfundamentgründungen schlägt FRANKE in [L 116] das Verfahren von BURLAND u. a. vor, über das SOMMER in [L 177] berichtet und durch Ergebnisse eigener Messungen an Hochhäusern ergänzt.

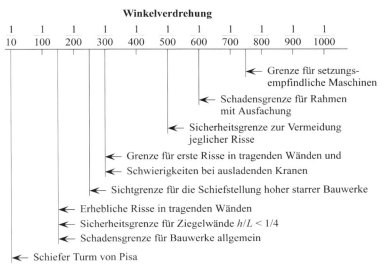

Abb. 9-27 Schadenskriterien für Winkelverdrehungen nach BJERRUM (nach SCHULTZE/HORN [L 120], Kapitel 1.8)

Dieses Verfahren beruht auf statistisch ausgewerteten Beobachtungsergebnissen und theoretischen Betrachtungen am TIMOSHENKO-Balken. Die Beurteilung der Setzungen von Hochbauten geht von dem Biegeverhältnis aus.

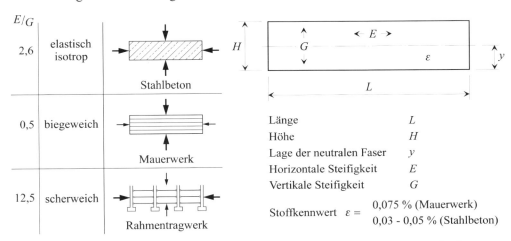

Abb. 9-28 Von BURLAND u. a. untersuchte Tragwerkskonstruktionen (nach SOMMER [L 177])
Verhältnis E/G nach Abb. 9-29

Länge	L
Höhe	H
Lage der neutralen Faser	y
Horizontale Steifigkeit	E
Vertikale Steifigkeit	G

Stoffkennwert ε = 0,075 % (Mauerwerk); 0,03 - 0,05 % (Stahlbeton)

Abb. 9-29 Einflussgrößen, Bauwerksabmessungen, Lage der neutralen Faser, horizontale und vertikale Steifigkeit und kritische Zugdehnung ε

Als Tragwerkskonstruktionen werden Stahlbetonscheiben, Mauerwerk und Rahmentragwerke untersucht (siehe Abb. 9-28). Ihr Verhalten wird beeinflusst durch die Bauwerksabmessungen L und H, die Lage der neutralen Faser, die horizontale (E) und vertikale (G) Steifigkeit und die kritische Zugdehnung ε (vgl. Abb. 9-29). Die in Abb. 9-30 gezeigte Lage der neutralen Faser in Höhe des Fundaments ergibt sich bei Mauerwerk und Sattellagerung wegen der geringen Zugfestigkeit des Mauerwerks gegenüber der Fundamentsteifigkeit.

Mit den aufgeführten Kriterien werden Schadensgrenzen definiert, die der Abb. 9-31 entnommen werden können. Im links vom jeweiligen „Kurvenknick" liegenden Bereich ist die Rissbildung auf die Scherung und im rechts davon liegenden Bereich auf die Biegung zurückzuführen. Die gestrichelt eingetragenen Grenzlinien gehören zur Winkelverdrehung 1/300. Der Kurvenvergleich zeigt deutlich die zum Teil entschieden zu günstigen Werte der Winkelverdrehung gegenüber den Werten von BURLAND.

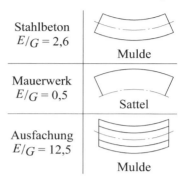

Abb. 9-30 Lage der neutralen Faser (nach SOMMER [L 177]) Verhältnis E/G nach Abb. 9-29

Schließlich sei noch auf die zum Teil erheblichen Unterschiede hingewiesen, die sich im internationalen Schrifttum für zulässige Setzungen finden lassen (siehe hierzu SCHULTZE/ HORN [L 120], Kapitel 1.8).

Die obigen Ausführungen zeigen, dass eine pauschal auf alle Bauwerke anwendbare Begrenzung der zu erwartenden Setzungen nicht angegeben werden kann. Den an der Planung eines Bauwerks Beteiligten bleibt es deshalb nicht erspart, entsprechende Festlegungen für den Einzelfall zu treffen, wobei selbstverständlich die persönlich gewonnenen und die in der Literatur dokumentierten Erfahrungen zu berücksichtigen sind.

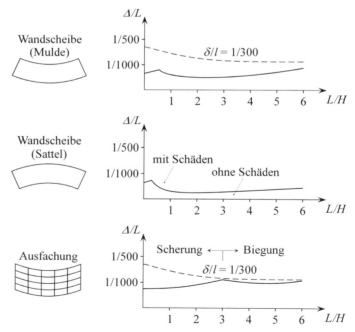

Abb. 9-31 Schadensgrenzen nach BURLAND u. a. (nach SOMMER [L 177]); Verhältnis E/G nach Abb. 9-29.

10 Erddruck

10.1 Allgemeines

Als „Erddruck" werden Spannungen bezeichnet, die in Kontaktflächen von Baukörpern und Baugrund auftreten, soweit diese nicht mindestens ungefähr waagerecht angeordnet sind (in solchen Fällen werden die Spannungen nicht Erddruck, sondern „Sohldruck" genannt).

Grundsätzlich sind zu unterscheiden
- aktiver (angreifender) Erddruck
- passiver Erddruck (Erdwiderstand)
- Erdruhedruck.

Bei der Ermittlung des Erddrucks ist die Scherfestigkeit des Bodens im dränierten Zustand mit φ' und c' und im undränierten Zustand mit c_u anzusetzen. Sind während der Nutzungszeit des berechneten Bauwerks Veränderungen zu erwarten, sind diese in entsprechender Weise zu berücksichtigen. Wird bei der Erddruckberechnung bei weichen bindigen Böden vom undränierten Zustand ausgegangen, darf nach E DIN 4085 an der Wand eine Adhäsion von $a \leq c_u/2$ statt der Wandreibung angesetzt werden, sofern deren Wirksamkeit nachweisbar ist.

10.2 DIN-Normen

Für die Berechnung des Erddrucks sind auf dem Konzept der Teilsicherheit basierende Grundlagen und Erläuterungen in
- DIN 1054 [L 19]
- Entwurf DIN 4085 [L 51]
- DIN V 4085-100 [L 100]
- DIN V ENV 1997-1 [L 102]

zusammengestellt.

Flächen, auf die Erddruck wirkt, werden in E DIN 4085 als „Bauwerkswände" bezeichnet.

10.3 Angaben der E DIN 4085

10.3.1 Begriffe

Erddruckkraft E
Resultierende des Erddrucks.

Erdruhedruck e_0
Durch Bodeneigenlast, Auflasten und sonstige Einwirkungen hervorgerufener Erddruck, der sich einstellt, wenn sich der Baugrund nicht verformt (vgl. Abb. 10-7).

Aktiver Erddruck e_a
Kleinstmöglicher Erddruck (vgl. Abb. 10-7), der durch Bodeneigenlast, Auflasten und sonstige Einwirkungen hervorgerufen wird, wenn sich die Wand und der Boden bis zur

vollständigen Mobilisierung der Scherfestigkeit des Bodens voneinander weg bewegen (siehe Abb. 10-1).

Passiver Erddruck (Erdwiderstand) e_p
Größtmöglicher Erddruck (vgl. Abb. 10-7), der durch Bodeneigenlast, Auflasten und sonstige Einwirkungen mobilisiert wird, wenn sich Wand und Boden bis zur vollständigen Mobilisierung der Scherfestigkeit des Bodens aufeinander zu bewegen (siehe Abb. 10-1).

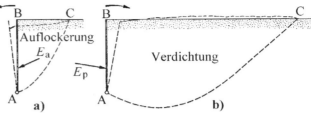

Abb. 10-1 Beispiele für die Ausbildung von aktivem (Erddruckkraft E_a) und passivem (Erddruckkraft E_p) Erddruck (aus [L 142])

a) die Stützwand kippt nach außen, der Boden lockert sich auf, und die Wand erhält aktiven Erddruck

b) die Stützwand wird gegen den Boden gedrückt; dieser wird verdichtet und übt passiven Erddruck aus

Erhöhter aktiver Erddruck e'_a
Erddruck, der kleiner ist als der Erdruhedruck und größer als der aktive Erddruck. Er entsteht, wenn die voneinander weg gerichteten Bewegungen von Boden und Wand nicht ausreichen, um die Scherfestigkeit des Bodens vollständig zu mobilisieren.

Verminderter passiver Erddruck e'_p
Erddruck, der größer ist als der Erdruhedruck und kleiner als der passive Erddruck. Er entsteht, wenn die aufeinander zu gerichteten Bewegungen von Boden und Wand nicht ausreichen, um die Scherfestigkeit des Bodens vollständig zu mobilisieren.

Tabelle 10-1 Wandreibungswinkel (nach E DIN 4085, Anhang A)

Wandflächenbeschaffenheit	Wandreibungswinkel
verzahnt (z. B. wird der Wandbeton so eingebracht, dass eine Verzahnung mit dem angrenzenden Boden entsteht, wie etwa bei Pfahlwänden)	φ'_k
rau (z. B. unbehandelte Stahl-, Beton- oder Holzoberflächen)	$\frac{2}{3} \cdot \varphi'_k$
weniger rau (z. B. Wandabdeckungen aus verwitterungsfesten, plastisch nicht verformbaren Kunststoffplatten)	$\frac{1}{2} \cdot \varphi'_k$
glatt (z. B. schmierige Hinterfüllung oder Dichtungsschicht, die keine Schubkräfte übertragen kann)	$0°$
φ'_k = charakteristischer Wert des Reibungswinkels des dränierten Bodens	

Verdichtungserddruck
Zum aktiven Erddruck bzw. zum Erdwiderstand aus Bodeneigenlast sich zusätzlich einstellender Erddruck, der sich infolge eines lagenweise verdichteten Einbaus des Hinterfüllbodens einstellt.

Silodruck e_S
Der Erddruck, der sich einstellt, wenn der Bodenkörper hinter einer Wand räumlich so begrenzt ist, dass der Erddruck auf die Wand kleiner ist als bei einem unbegrenzten Erdkörper.

Wandreibungswinkel
Der zwischen Wand und Boden mobilisierte Reibungswinkel (vgl. Tabelle 10-1).

Neigungswinkel des Erddrucks δ
Der Winkel zwischen der Erddruckrichtung und der Wandnormalen (vgl. Tabelle 10-2).

Tabelle 10-2 Neigungswinkel δ des Erddrucks *⁾ (nach E DIN 4085, Anhang B)

Spannungszustand im Boden	Neigungswinkel δ des Erddrucks
aktiver Zustand	je nach Art der Wandbewegung $\varphi/2 \ldots \varphi/3$
Ruhedruckzustand	parallel zur Geländeoberfläche
teilweise mobilisierter passiver Zustand	Im Gebrauchszustand kann nur ein Teil des passiven Erddrucks als Reaktion des Baugrunds mobilisiert werden. Seine Richtung hängt weitgehend vom jeweiligen Beanspruchungszustand ab (vgl. nachstehende Beispiele). Die Möglichkeit des Gleichgewichts mit dem jeweils angenommenen Winkel δ_p ist in jedem Fall rechnerisch nachzuweisen.

*⁾ Die angegebenen Werte gelten nur unter der Voraussetzung, dass die Beschaffenheit der Wand die Übertragung von Reibungskräften zulässt und die Wand in der Lage ist, wandparallele Kräfte abzutragen.

Hinweis: der Neigungswinkel δ des Erddrucks hängt ab von
- dem Spannungszustand im Boden
- der Relativbewegung zwischen Boden und Bauwerk
- der Scherfestigkeit in der Kontaktfläche (Wandreibungswinkel, Tabelle 10-1)
- von der Fähigkeit der Wand, wandparallele Kräfte abzutragen.

10.3.2 Erforderliche Unterlagen

Für die Berechnung von Erddrücken sind nach E DIN 4085 Kenntnisse erforderlich über
- Art, Abmessungen und Herstellung des Bauwerks

- Geländeverlauf
- Baugrundverhältnisse
- Kenngrößen des anstehenden Bodens und/oder des Hinterfüllmaterials sowie die Art des Einbaus
- Art und Beschaffenheit der an den Boden angrenzenden Bauwerkswand
- Art, Größe und Lage von Oberflächenlasten, Fundamentlasten von benachbarten Bauwerken sowie auf das Bauwerk einwirkende nutzungsbedingte Lasten wie etwa Kranlasten, Eisdruck und Pollerzug
- Wasserstände und Strömungsverhältnisse im Umfeld des Bauwerks
- dynamischen Einflüsse aus Maschinen etc.

10.3.3 Allgemeines zur Erddruckermittlung

Abhängig von dem Zustand des Bodens sind für die Erddruckermittlung nach E DIN 4085 als Scherparameter die Größen φ' und c' (dränierter Boden) bzw. c_u (undränierter Boden) zu verwenden. Sind während der Nutzungszeit des zu berechnenden Bauwerks Veränderungen des Baugrundzustands zu erwarten, sind diese in entsprechender Weise zu berücksichtigen. Stehen weiche bindige Böden an und wird bei der Erddruckberechnung ein undränierter Zustand angenommen, darf an der Wand statt der Wandreibung eine Adhäsion

$$a \leq \frac{c_u}{2} \qquad \text{Gl. 10-1}$$

angesetzt werden, wenn deren Wirksamkeit nachgewiesen werden kann.

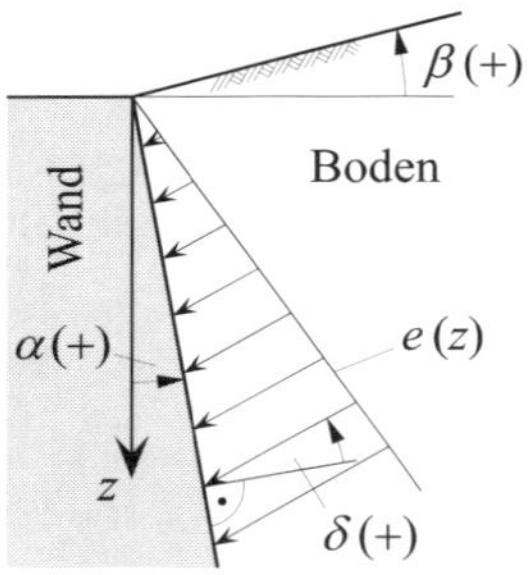

Gemäß E DIN 4085, 6.1 können die Erddruckberechnungen auf der Basis ebener, gekrümmter oder aus ebenen Abschnitten zusammengesetzter Gleitflächen erfolgen. Maßgebend ist jeweils die Gleitfläche, zu der die größte aktive bzw. die kleinste passive Erddruckkraft gehört.

Für die Berechnung der über die Tiefe z (vgl. Abb. 10-2) sich einstellenden horizontalen Komponente (Index h) des Erddrucks infolge der Eigenlast des Bodens (Index g) wird in E DIN 4085, 6.1 die Gleichung

$$e_{xgh}(z) = \gamma \cdot z \cdot K_{xgh} \qquad \text{Gl. 10-2}$$

Abb. 10-2 Vorzeichenregeln für die Winkel α, β und δ (nach E DIN 4085)

angegeben. In ihr steht x für den aktiven (Index a) und den passiven (Indes p) Bruchzustand sowie für den Erdruhedruck (Index 0). Die Größen γ und K_{xgh} erfassen die Wichte des Bodens und den jeweiligen Erddruckbeiwert.

Ist der anstehende Boden homogen, die Erddruckverteilung dreiecksförmig und hat die Wand die Höhe h, berechnet sich die zu dem jeweiligen Erddruck gehörende horizontale Komponente der Erddruckkraft E_{xg} mit dem Wandneigungswinkel α, dem Geländeneigungswinkel β und dem Neigungswinkel des Erddrucks δ (siehe Abb. 10-2) zu

$$E_{xgh} = \frac{e_{xgh}(z=h)}{2} \cdot h = \frac{1}{2} \cdot \gamma \cdot h^2 \cdot K_{xgh} = E_{xg} \cdot \cos(\alpha + \delta) \qquad \text{Gl. 10-3}$$

Die zugehörige vertikale Komponente hat dann die Größe

$$E_{xgv} = E_{xgh} \cdot \tan(\alpha + \delta) = \frac{1}{2} \cdot \gamma \cdot h^2 \cdot K_{xgh} \cdot \tan(\alpha + \delta) \qquad \text{Gl. 10-4}$$

und die Erddruckkraft selbst die Größe

$$E_{xg} = \frac{1}{2} \cdot \gamma \cdot h^2 \cdot K_{xg} = \frac{E_{xgh}}{\cos(\alpha + \delta)} = \frac{1}{2 \cdot \cos(\alpha + \delta)} \cdot \gamma \cdot h^2 \cdot K_{xgh} \qquad \text{Gl. 10-5}$$

Für die Erddruckbeiwerte ergibt sich daraus die Beziehung

$$K_{xg} = \frac{K_{xgh}}{\cos(\alpha + \delta)} \qquad \text{bzw.} \qquad K_{xgh} = K_{xg} \cdot \cos(\alpha + \delta) \qquad \text{Gl. 10-6}$$

10.4 Erdruhedruck

Voraussetzung für die Existenz von Erdruhedruck ist ein Zustand des Bodens, in dem keine Veränderungen des gewachsenen Bodengefüges stattfinden (Ruhezustand).

10.4.1 Unbelastetes horizontales Gelände

Wird horizontales Gelände, das nur durch die Bodeneigenlast (Wichte des Bodens = γ) belastet ist, durch den linear-elastisch isotropen Halbraum idealisiert, sind die vertikalen und horizontalen Normalspannungen Hauptspannungen. Auf eine vertikale Ebene in einem solchen Gelände wirken deshalb als Erdruhedruck keine Schubspannungen, sondern nur Normalspannungen σ_x.

Nach der linearen Elastizitätstheorie besteht in der Tiefe d zwischen σ_x und der vertikalen Hauptspannung σ_z die Beziehung

$$\sigma_x = \frac{\nu}{1-\nu} \cdot \sigma_z = K_0 \cdot \sigma_z = K_0 \cdot \gamma \cdot d \qquad \text{Gl. 10-7}$$

Versuche zur Bestimmung des Erdruhedruckbeiwerts K_0 haben gezeigt, dass für die effektiven Spannungen in normalkonsolidiertem Lockergestein vor allem die Gleichung

$$\sigma'_x = \sigma'_z \cdot K_0 = \sigma'_z \cdot (1 - \sin \varphi') \qquad \text{Gl. 10-8}$$

zu sehr brauchbaren Ergebnissen führt (siehe z.B. FRANKE [L 112], GUDEHUS [L 120], Kapitel 1.10 und KÉZDI [L 142]).

Der Erdruhedruckbeiwert nach Gl. 10-8 hängt nicht von der Kohäsion, sondern nur vom effektiven Reibungswinkel φ' ab. Der Erdruhedruck σ'_x ist in homogenem Boden (γ und φ' konstant) somit dreiecksförmig und in horizontal geschichtetem Boden (γ und φ' schichtweise konstant) über die einzelnen Schichten linear verteilt (vgl. Abb. 10-3).

Mit Gl. 10-8 ermittelte Erddrücke lassen sich u. a. bei unbewegten Wänden (z. B. Schlitzwände) ansetzen. Wird die Wand in normalkonsolidierten bindigen Boden eingebaut, verspannt dieser zunächst, kann sich aber ggf. (abhängig von der Viskosität des Bodenmaterials) wieder bis zum Ruhedruck entspannen.

Die Angabe des Erdruhedrucks bei Böden im unterkonsolidierten Zustand (weiche Ablagerungen mit annähernd konstantem c_u-Wert) ist nur in grober Form möglich. Nach GUDEHUS [L 120], Kapitel 1.10 hat sich, bei Verwendung der totalen Spannungen σ_x und σ_z, das Verhältnis

$$\frac{\sigma_x}{\sigma_z} \approx 0{,}85 \text{ bis } 0{,}95 \quad \text{Gl. 10-9}$$

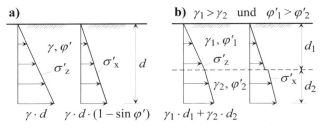

Abb. 10-3 Verlauf des Erdruhedrucks σ'_x in normalkonsolidiertem Boden
a) Boden ohne Schichtung
b) Boden mit horizontaler Schichtung

bewährt (von FRANKE [L 112] wird als ungünstigster Wert die Größe 1,0 angegeben).

In überkonsolidierten (vorbelasteten) Böden können erheblich größere Erdruhedrücke auftreten als in normalkonsolidierten, wobei ihre Größe durch den passiven Erddruck begrenzt ist. Der Grund hierfür liegt in der horizontalen „Vorspannung", die vor allem in Fällen geologischer Vorbelastung (z. B. Gletscher der Eiszeit) großflächig entstanden ist, so dass von einer vollständigen Entspannung nicht ausgegangen werden darf.

Nach GUDEHUS [L 120], Kapitel 1.10 lassen sich die Ergebnisse durchgeführter Kompressionsversuche mit Seitendruckmessung für Böden mit der größten ehemaligen effektiven Vertikalspannung σ'_v und der aktuellen wirksamen Spannung σ'_{vz} mit der Formel

$$\frac{\sigma'_x}{\sigma'_z} = K_0 \cdot \left(\frac{\sigma'_v}{\sigma'_z}\right)^m = (1 - \sin \varphi') \cdot \left(\frac{\sigma'_v}{\sigma'_z}\right)^m \quad \text{Gl. 10-10}$$

erfassen. Der Exponent m liegt für Sand zwischen 0,4 (lockere Lagerung) und 0,7 (dichte Lagerung) und für Ton zwischen 0,4 (leicht plastisch) und 0,5 (ausgeprägt plastisch).

Zur Frage, ob die Erddruckbelastung einer in überkonsolidiertem Baugrund hergestellten Wand mit Hilfe der Gl. 10-9 oder der Gl. 10-10 zu berechnen ist, gibt es derzeit unterschiedliche Auffassungen. Während nach GUDEHUS [L 120], Kapitel 10.1 nicht auszuschließen ist, dass sich der erhöhte Seitendruck nach der Störung des Spannungszustands durch den Wandeinbau wieder aufbaut, darf der Erdruhedruck nach FRANKE [L 112] wie für den Erstbelastungszustand berechnet werden.

10.4.2 Unbelastetes geneigtes Gelände

Für Gelände, das unter dem Winkel $\beta \leq \varphi$ geneigt ist (vgl. Abb. 10-4) und nur durch die Bodeneigenlast beansprucht wird, liegen nach GUDEHUS [L 120], Kapitel 1.10 derzeitig nur wenige Messergebnisse vor. Zu diesen gehört die Arbeit von E. FRANKE [L 115], in der für Neigungswinkel $0 < \beta < \varphi$ die Gleichung

$$K'_{0h} = f(\varphi, \beta) = 1 - \sin\varphi + (\cos\varphi - 1 + \sin\varphi) \cdot \frac{\beta}{\varphi} \qquad \text{Gl. 10-11}$$

angegeben wird, die durch Versuche mit kohäsionslosen Böden (Sanden) gewonnen wurde. Sie erlaubt die Berechnung der horizontalen Komponente des Erdruhedrucks auf eine lotrechte Ebene in der Tiefe $z = d$ mittels der Beziehung

$$\sigma_x(d) = K'_{0h} \cdot \gamma \cdot d \qquad \text{Gl. 10-12}$$

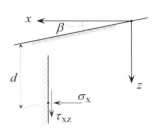

Abb. 10-4 Spannungen in der Tiefe d auf lotrechte Ebene bei geneigter Geländeoberfläche

und ist die lineare Interpolation zwischen dem Erdruhedruckbeiwert $1 - \sin\varphi$ für ebenes Gelände (siehe Gl. 10-8) und dem für $\beta = \varphi$ geltenden Wert $\cos\varphi$. Die zugehörige vertikale Komponente des Erdruhedrucks kann mit Hilfe von

$$\tau_{xz}(d) = K'_{0h} \cdot \gamma \cdot d \cdot \tan\beta = K'_{0v} \cdot \gamma \cdot d \qquad \text{Gl. 10-13}$$

berechnet werden.

Eine weitere Gleichung für K'_{0h} wird z. B. von D. FRANKE [L 112] angegeben. Sie hat die Form

$$K'_{0h} = (1 - \sin\varphi) \cdot \left[1 - \sin\varphi + \frac{\sin^2\varphi + (1 - 2 \cdot \sin\varphi) \cdot \sin^2\beta}{\sin\varphi - \sin^2\beta} \right] \qquad \text{Gl. 10-14}$$

und gilt für den Bereich $-\varphi \leq \beta \leq \varphi$. Die vertikale Erdruhedruckkomponente lässt sich auch hier mit dem Beiwert

$$K'_{0v} = K'_{0h} \cdot \tan\beta \qquad \text{Gl. 10-15}$$

berechnen. Die Herleitung von Gl. 10-14 erfolgt auf der Grundlage theoretischer Betrachtungen. In diese Gruppe gehören z. B. auch die Untersuchungen von PATZSCHKE [L 158] und GÜNTHER [L 125], [L 126].

10.4.3 Erdruhedruck nach E DIN 4085

Erforderlich ist der Ansatz des Erdruhedrucks z. B. bei
- auf Fels gegründeten, massiven Stützmauern
- geschlossenen Tunnelquerschnitten
- steifen Seitenwänden von Trogbauwerken
- Leitungsquerschnitten.

Nach E DIN 4085 ist mit Erdruhedruck immer dann zu rechnen, wenn
- keine Wandbewegungen bzw.
- keine Verformungen des Bodens

auftreten.

Die in der Norm angegebenen Formeln für die Erdruhedrücke und die Erdruhedruckkräfte basieren auf der Annahme der Erstbelastung des Bodens, in dem der Erdruhedruck auftritt. Das bedeutet, dass bei bindigem Boden φ den Reibungswinkel der Gesamtscherfestigkeit darstellt und die Kohäsion den Wert $c = 0$ besitzt. Darüber hinaus ist bei geneigtem Gelände

($\beta > 0$) für den Neigungswinkel des Erdruhedrucks δ_0 die Beziehung $\delta_0 \leq \beta$ einzuhalten (bei $\beta < 0$ ist immer $\delta_0 = 0$ zu setzen).

Ist der anstehende Boden überkonsolidiert, können sich Erdruhedruckwerte einstellen, die größer sind als die mit den nachstehenden Formeln ermittelten Größen.

Bei homogenem Boden darf die Horizontalkomponente (Index h) des Erdruhedrucks infolge von Bodeneigenlast (Index g) mit

$$e_{0gh}(z) = z \cdot \gamma \cdot K_{0gh} \qquad \text{Gl. 10-16}$$

angesetzt werden (vgl. die für $\alpha = \beta = \delta_0 = 0$ geltende Abb. 10-5). Bei einer Wand der Höhe h hat dann die zu dem dreiecksförmig verteilten Erddruck gehörende Horizontalkomponente der Erdruhedruckkraft (E_0) pro lfdm die Größe

$$E_{0gh}(h) = \frac{e_{0gh}(z=h) \cdot h}{2} = \frac{1}{2} \cdot \gamma \cdot h^2 \cdot K_{0gh} \qquad \text{Gl. 10-17}$$

Die entsprechende vertikale Komponente berechnet sich zu

$$E_{0gv}(h) = E_{0gh}(h) \cdot \tan(\alpha + \delta_0) \qquad \text{Gl. 10-18}$$

Der in Gl. 10-16 und Gl. 10-17 verwendete Erdruhedruckbeiwert lässt sich mit

$$K_{0gh} = K_1 \cdot f \cdot \frac{1 + \tan\alpha_1 \cdot \tan\beta}{1 + \tan\alpha_1 \cdot \tan\delta_0} \qquad \text{Gl. 10-19}$$

ermitteln, wobei die Größen K_1, α_1 und f durch

$$K_1 = \frac{\sin\varphi - \sin^2\varphi}{\sin\varphi - \sin^2\beta} \cdot \cos^2\beta$$

$$\tan\alpha_1 = \sqrt{\frac{1}{\frac{1}{K_1} + \tan^2\beta}} \qquad \text{Gl. 10-20}$$

$$f = 1 - |\tan\alpha \cdot \tan\beta|$$

definiert sind.

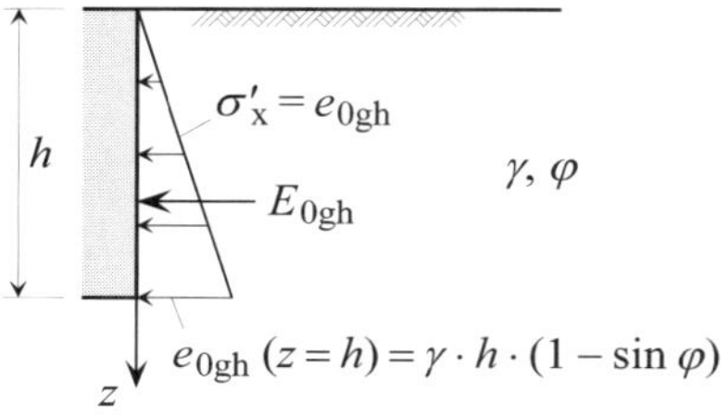

Abb. 10-5 Erdruhedruck e_{0gh} und Erdruhedruckkraft E_{0gh} bei horizontalem Gelände ($\beta = 0$) ohne Auflast, lotrechter Wandrückseite ($\alpha = 0$) und dem Neigungswinkel des Erdruhedrucks $\delta_0 = 0$

$\sigma'_x = e_{0gh}$

$e_{0gh}(z=h) = \gamma \cdot h \cdot (1 - \sin\varphi)$

Für Sonderfälle mit ebenem Gelände ($\beta = 0$) sowie mit ebenem Gelände und senkrechter Wandrückseite ($\alpha = \beta = 0$) gelten

$$K_1 = 1 - \sin\varphi \qquad \tan\alpha_1 = \sqrt{1 - \sin\varphi} \qquad f = 1$$

$$K_{0gh} = \frac{1 - \sin\varphi}{1 + \sqrt{1 - \sin\varphi} \cdot \tan\delta_0} \qquad \text{Gl. 10-21}$$

Da gemäß Tabelle 10-2 $\delta_0 = \beta$ zu setzen ist, vereinfacht sich der Ausdruck für den Erdruhedruckbeiwert zu (wie beim Beispiel der Abb. 10-5)

$$K_{0gh} = K_{0g} = 1 - \sin\varphi \qquad \text{Gl. 10-22}$$

Wird der Baugrund nicht nur durch dessen Eigenlast, sondern auch durch eine gleichmäßig verteilte vertikale Flächenlast p_v beansprucht, die auf einem quasi unendlich breiten Streifen ($b \geq h \cdot \cot \varphi$) eingeprägt ist, vergrößert sich die Horizontalkomponente des Erdruhedrucks um

$$e_{0ph} = p_v \cdot K_{0ph} \quad \text{mit} \quad K_{0ph} = \frac{\cos \alpha \cdot \cos \beta}{\cos(\alpha - \beta)} \cdot K_{0gh} \qquad \text{Gl. 10-23}$$

Da dieser Druck bei homogenem Boden gleichmäßig über die Wandhöhe verteilt ist, ergibt sich die horizontale Komponente der Erdruhedruckkraft pro lfdm einer Wand der Höhe h zu

$$E_{0ph} = p_v \cdot h \cdot K_{0ph} \qquad \text{Gl. 10-24}$$

In Fällen, in denen auch vertikale Punkt-, Linien- und Streifenlasten auf der Geländeoberfläche einwirken, darf der entsprechende Zuwachs der Erdruhedruckkraft näherungsweise durch proportionale Umrechnung der zum entsprechenden aktiven Zustand gehörenden Erddruckkraft in Form von

$$E_{0Vh} = E_{aVh} \cdot \frac{K_{0gh}}{K_{agh}} \qquad \text{Gl. 10-25}$$

ermittelt werden. Die jeweiligen Verteilungen des aktiven Erddrucks sind auch für den Erdruhedruck beizubehalten (vgl. Abschnitt 10.9.4 und insbesondere Tabelle 10-7).

10.5 Wirkungen der Stützwandbewegung

Kann die durch den Erddruck belastete Wand als starre Konstruktion betrachtet werden, sind ihre Bewegungsmöglichkeiten durch drei Grundformen beschreibbar, durch die passiver oder aktiver Erddruck hervorgerufen wird (siehe Abb. 10-6). Bewegungen ausgeführter starrer Wände sind in der Regel Kombinationen dieser Grundbewegungen.

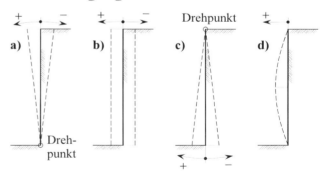

Abb. 10-6 Grundformen der Wandbewegung mit positivem Drehsinn (+) für aktiven und negativem Drehsinn (−) für passiven Erddruck (nach E DIN 4085)
a) Drehung um Fußpunkt
b) Parallelbewegung (Drehpunkt liegt im Unendlichen)
c) Drehung um Kopfpunkt
d) Durchbiegung

10.5.1 Erddruckkräfte

Die Richtung (Vorzeichen) der Wandbewegung bestimmt neben dem Bodenverhalten (Auflockerung oder Verdichtung) vor allem die Größe des Erddrucks. In Abb. 10-7 ist dieser Zusammenhang für die Größe der Erddruckkraft E dargestellt. Die Abbildung zeigt, dass die Extremalwerte E_a der aktiven und E_p der passiven Erddruckkraft erst bei hinreichend großen

Wandbewegungen erreicht werden, wobei die erforderliche Wandbewegung zur Aktivierung von E_a wesentlich kleiner ist als die zur Aktivierung von E_p.

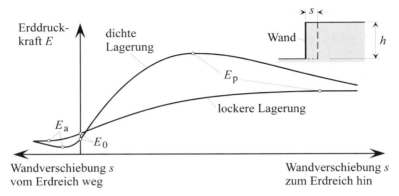

Abb. 10-7 Zusammenhang von Erddruckkraft E und Wandbewegung y, mit aktiver (E_a) und passiver (E_p) Erddruckkraft sowie Erdruhedruckkraft E_0 (nach E DIN 4085)

Der Kurvenverlauf und die Größe der erforderlichen Bewegungen werden bei bindigen Böden von der Konsistenz und bei nichtbindigen Böden von der Lagerungsdichte beeinflusst. Abb. 10-8 zeigt diese Abhängigkeit im Bereich positiver Wandbewegungen (Auflockerung) für verschieden gelagerte nichtbindige Böden.

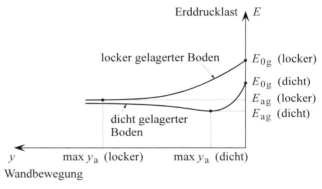

10.5.2 Bruchfiguren

Die in Abb. 10-1 gezeigte Auflockerung bzw. Verdichtung des hinter der Wand anstehen-

Abb. 10-8 Erddruckkräfte für verschieden gelagerte nichtbindige Böden bei positiver Wandbewegung (nach [L 53])

den Bodens setzt voraus, dass dessen Gefüge durch Überwindung seiner Scherfestigkeit verändert wird. Die Form dieses plastischen Versagens (Bruchverhaltens) ist abhängig von der Art der Wandbewegung und weist in der Regel entweder die Form eines Linienbruches oder die eines Zonenbruches auf. Neben diesen Grundfällen sind auch Kombinationen aus Linien- und Zonenbruch möglich.

Nach [L 53] gilt als grober Anhalt, dass
- ▶ bei einem unter der Wand liegenden Drehpunkt ein Flächenbruch auftritt
- ▶ ein Linienbruch dann entsteht, wenn der Drehpunkt über der Wandmitte liegt
- ▶ zu einem auf der unteren Wandhälfte liegenden Drehpunkt ein kombinierter Bruch gehört.

In Abb. 10-9 sind die Bruchfiguren für zwei Fälle positiver Wandbewegungen (Wand bewegt sich vom Erdreich weg) dargestellt. Die tatsächlich gekrümmt verlaufenden Gleitflächen werden dabei vereinfacht durch Geraden bzw. Spirale oder Kreis beschrieben.

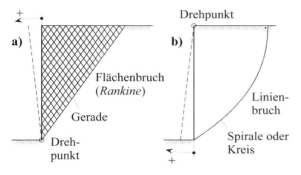

Abb. 10-9 Bruchfiguren bei verschiedenen positiven Bewegungen der Wand (nach [L 53])
a) Drehung um Fußpunkt
b) Drehung um Kopfpunkt

10.6 Zonenbruch nach RANKINE

Bei Zonenbrüchen nach der Theorie von RANKINE ist die Spannungsverteilung des nur durch die Bodeneigenlast beanspruchten Halbraums unter den Voraussetzungen zu ermitteln, dass es sich bei dem Boden

- um kohäsionsloses, homogenes und isotropes Material handelt, das
- sich entsprechend der Fließbedingung nach MOHR-COULOMB des ebenen Falls

$$\frac{\sigma_z + \sigma_x}{2} \cdot \sin\varphi = \pm \sqrt{\left(\frac{\sigma_z - \sigma_x}{2}\right)^2 + \tau_{xz}^2} \quad \text{Gl. 10-26}$$

im gesamten Halbraumbereich in einem Bruchzustand befindet, von dem angenommen wird, dass er durch eine gleichmäßige Auflockerung oder eine gleichmäßige Verdichtung hervorgerufen wird.

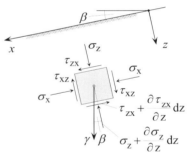

Abb. 10-10 Spannungszustand und Elementeigenlast γ in der x,z-Ebene des Halbraums mit unter β geneigter unbelasteter Oberfläche

Die Übertragung von Gl. 10-26 in die Hauptspannungen σ_1 und σ_3 führt zu der Fließbedingungsdarstellung

$$\sigma_1 - \sigma_3 = (\sigma_1 + \sigma_3) \cdot \sin\varphi \quad \text{Gl. 10-27}$$

Eine besonders einfache Lösung der Problemstellung ergibt sich für den Halbraum mit horizontaler Oberfläche (Böschungswinkel $\beta = 0$). In diesem Fall ist die dann lotrechte Spannung σ_z eine Hauptspannung mit

$$\sigma_z(z) = \gamma \cdot z = \sigma_{1 \text{ oder } 3} \quad \text{Gl. 10-28}$$

Aus Abb. 10-11 geht hervor, dass σ_z im aktiven Fall des aufgelockerten Bodens die größere ($\sigma_z = \sigma_1$) und im passiven Fall des verdichteten Bodens die kleinere ($\sigma_z = \sigma_3$) der beiden Hauptspannungen σ_1 und σ_3 repräsentiert.

Der Abb. 10-11 kann auch der Neigungswinkel $\vartheta = 45° + \varphi/2$ der Gleitflächen gegenüber der kleineren (σ_3) der beiden Hauptspannungen entnommen werden. Im aktiven Fall bedeutet dies, dass dieser Winkel von den Gleitflächen und der Halbraumoberfläche eingeschlossen wird (siehe Abb. 10-12). Im passiven Fall aus Abb. 10-13 wird ϑ von den Gleitflächen und lotrechten Ebenen eingeschlossen (gegen die Halbraumoberfläche sind die Gleitflächen um den Winkel $45° - \varphi/2$ geneigt).

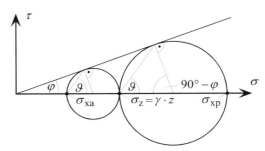

Abb. 10-11 MOHRsche Spannungskreise für den aktiven (linker Kreis) und den passiven (rechter Kreis) Bruchzustand im Halbraum mit horizontaler Oberfläche

Unter Berücksichtigung der trigonometrischen Beziehung

$$\tan^2\left(\frac{\alpha}{2}\right) = \frac{1-\cos\alpha}{1+\cos\alpha} \qquad \text{Gl. 10-29}$$

ergibt sich aus Gl. 10-27 im aktiven Zustand der horizontale Erddruck

$$\sigma_{xa} = \sigma_3 = \sigma_z \cdot \frac{1-\sin\varphi}{1+\sin\varphi} = \gamma \cdot h \cdot \tan^2\left(\frac{\pi}{4} - \frac{\varphi}{2}\right) \qquad \text{Gl. 10-30}$$

mit der zugehörigen Erddruckkraft pro lfdm (siehe Abb. 10-12)

$$E_a = \gamma \cdot \frac{h^2}{2} \cdot \tan^2\left(\frac{\pi}{4} - \frac{\varphi}{2}\right) \qquad \text{Gl. 10-31}$$

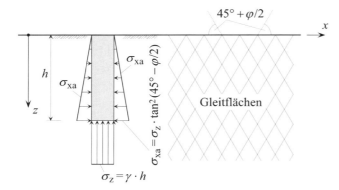

Abb. 10-12 Spannungen, Erddruckkräfte E_a und Gleitrichtungen bei horizontalem Gelände ($\beta = 0$) im aktiven Fall (Auflockerung des Bodenmaterials) nach der RANKINE-Theorie

Im passiven Zustand kann die Größe des horizontalen Erddrucks

$$\sigma_{xp} = \sigma_1 = \sigma_z \cdot \frac{1+\sin\varphi}{1-\sin\varphi} = \gamma \cdot h \cdot \tan^2\left(\frac{\pi}{4} + \frac{\varphi}{2}\right) \qquad \text{Gl. 10-32}$$

und die Größe der entsprechenden Erddruckkraft pro lfdm mit

$$E_p = \gamma \cdot \frac{h^2}{2} \cdot \tan^2\left(\frac{\pi}{4} + \frac{\varphi}{2}\right) \qquad \text{Gl. 10-33}$$

berechnet werden (siehe Abb. 10-13).

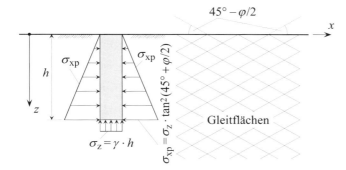

Abb. 10-13 Spannungen, Erddruckkräfte E_p und Gleitrichtungen bei horizontalem Gelände ($\beta = 0$) im passiven Fall (Verdichtung des Bodenmaterials) nach der RANKINE-Theorie

Ist das Gelände unter dem Winkel $0 < \beta \leq \varphi$ geneigt, ergeben sich nach der RANKINE-Theorie Gleitflächen und Hauptspannungsrichtungen, deren Neigungswinkel gegenüber der Horizontalen für den aktiven Fall in Abb. 10-14 dargestellt sind. Zahlenmäßig können der Gleitflächenneigungswinkel ε_a mit Hilfe von

$$\varepsilon_a = \frac{1}{2} \cdot \left(\beta + \varphi + \arccos \frac{\sin \beta}{\sin \varphi} \right)$$ Gl. 10-34

und der Neigungswinkel ψ_a der Hauptspannung σ_1 (größere der beiden Hauptspannungen) mit Hilfe von

$$\psi_a = \varepsilon_a + \frac{\pi}{4} - \frac{\varphi}{2}$$ Gl. 10-35

berechnet werden.

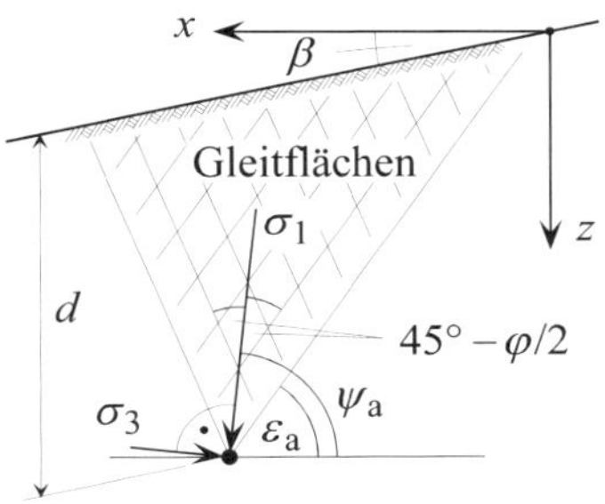

Da alle Gleitflächen mit der Richtung der Hauptspannung σ_1 den Winkel $45° - \varphi/2$ einschließen und die Hauptspannungen σ_1 und σ_3 normal zueinander stehen, sind mit ψ_a alle Gleitflächen und alle Hauptspannungen bezüglich ihrer Neigung festgelegt (zur graphischen Lösung vgl. z. B. [L 183]).

Für den passiven Zustand lassen sich die entsprechenden Winkel durch

$$\varepsilon_p = \frac{1}{2} \cdot \left(\beta + \varphi - \arccos \frac{\sin \beta}{\sin \varphi} \right)$$ Gl. 10-36

und

$$\psi_p = \varepsilon_p + \frac{\pi}{4} - \frac{\varphi}{2}$$ Gl. 10-37

berechnen.

Abb. 10-14 Neigung der Gleitrichtungen und Hauptspannungen σ_1 und σ_3 bei geneigtem (Winkel β) Gelände im aktiven Fall nach der RANKINE-Theorie

Zur Ermittlung der Hauptspannungen des aktiven Falls in der Tiefe d (siehe Abb. 10-14) dienen die Gleichungen

$$\sigma_1 = f(d) = d \cdot \gamma \cdot \frac{1+\sin\varphi}{1+\sin\left(\arccos\dfrac{\cos\varphi}{\cos\beta}\right)}$$

$$\sigma_3 = f(d) = d \cdot \gamma \cdot \frac{1-\sin\varphi}{1+\sin\left(\arccos\dfrac{\cos\varphi}{\cos\beta}\right)}$$

Gl. 10-38

und zur Berechnung im passiven Fall die Beziehungen

$$\sigma_1 = f(d) = d \cdot \gamma \cdot \frac{1+\sin\varphi}{1+\sin\left(-\arccos\dfrac{\cos\varphi}{\cos\beta}\right)}$$

$$\sigma_3 = f(d) = d \cdot \gamma \cdot \frac{1-\sin\varphi}{1+\sin\left(-\arccos\dfrac{\cos\varphi}{\cos\beta}\right)}$$

Gl. 10-39

Die Normalspannung σ_α und die Schubspannung τ_α, die bei einer Bodenschichtdicke d auf eine unter dem Winkel α (Vorzeichen beachten) geneigte gedachte Wand wirken (siehe Abb. 10-15), können nach GUDEHUS [L 120], Kapitel 1.10 mit

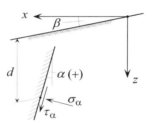

Abb. 10-15 Bezeichnungen für Spannungsberechnung in der Tiefe d bei geneigter Oberfläche

$$\sigma_{ma,mp}(d) = \frac{\sigma_{1a,1p} + \sigma_{3a,3p}}{2} = \frac{d \cdot \gamma}{1+\sin\left(-\arccos\dfrac{\cos\varphi}{\cos\beta}\right)}$$

Gl. 10-40

$$\sigma_{aa,ap}(d) = \sigma_{ma,mp}(d) \cdot \left[1+\sin\varphi \cdot \cos(2 \cdot \psi_{a,p} + 2 \cdot \alpha)\right]$$

Gl. 10-41

und

$$\tau_{\alpha a,\alpha p}(d) = \sigma_{ma,mp}(d) \cdot \sin\varphi \cdot \sin(2 \cdot \psi_{a,p} + 2 \cdot \alpha)$$

Gl. 10-42

berechnet werden. Wird die Geländeoberfläche durch eine auf die Grundrissfläche bezogene Oberflächenlast q belastet, ist die Spannungsermittlung nach Gl. 10-41 und Gl. 10-40 nicht mit $\sigma_{ma,mp}$ aus Gl. 10-39, sondern mit der Größe

$$\sigma_{ma,mp}(d,q) = \frac{\sigma_{1a,1p}(d) + \sigma_{3a,3p}(d)}{2} + q \cdot \frac{\cos\beta}{\cos\varphi}$$

Gl. 10-43

durchzuführen.

Die obigen Gleichungen zeigen, dass die auf ebene Flächen wirkenden Spannungen linear mit der Tiefe zunehmen. Bei einem prismatischen Element mit lotrechten Seitenwänden ergibt sich bei unbelasteter Geländeoberfläche über die Dicke d eine Spannungssituation, wie sie in Abb. 10-16 gezeigt ist. Ist eine auf die Grundrissfläche bezogene Auflast q vorhanden, hat der Erddruck keinen dreiecksförmigen, sondern einen trapezförmigen Verlauf.

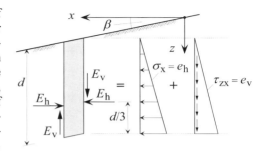

Die größte horizontale Erddruckkomponente e_h, die auf die Seitenwände des prismatischen Körpers wirkt, tritt in der Tiefe d am unteren Rand des Körpers auf. Ihre Größe im aktiven bzw. im passiven Fall berechnet sich mit der

Abb. 10-16 Erddruckkräfte und Erddruckverteilung auf die lotrechten Seitenwände eines prismatischen Körpers bei unbelastetem geneigtem Gelände nach der RANKINE-Theorie

Gl. 10-40 (unbelastete Oberfläche) bzw. der Gl. 10-43 (durch q belastete Oberfläche) zu

$$e_{ha,hp} = \sigma_{ma,mp} \cdot \left[1 + \sin\varphi \cdot \cos(2 \cdot \psi_{a,p})\right] \qquad \text{Gl. 10-44}$$

Die zugehörige vertikale Erddruckkomponente beträgt

$$e_{va,vp} = \sigma_{ma,mp} \cdot \sin\varphi \cdot \sin(2 \cdot \psi_{a,p}) \qquad \text{Gl. 10-45}$$

Für den Erddruck und die Erddruckkräfte gilt, dass die auf die eine Seitenfläche wirkenden Größen den Größen, die auf die andere Seitenfläche wirken gleich groß und entgegengesetzt gerichtet sind, da sie in einem Halbraum unabhängig sein müssen von der Lage der Schnittebene.

Die Erddruckkräfte E_h und E_v sind Resultierende der über die Tiefe d verteilten horizontalen und vertikalen Erddruckkomponenten e_h und e_v. Werden sie z. B. pro lfdm Seitenfläche berechnet, stellen sie das Volumen von Spannungskörpern mit der Dicke 1 m dar, deren Querschnittsform ein Dreieck (unbelastete Oberfläche wie in Abb. 10-16) oder ein Trapez (durch q belastete Oberfläche) ist. Für den unbelasteten Fall ergibt sich somit für die horizontale Erddruckkraftkomponente pro lfdm

$$E_{ha,hp}(d) = \frac{1}{2} \cdot d \cdot 1 \cdot e_{ha,hp}(d) = \frac{d \cdot 1}{2} \cdot \frac{d \cdot \gamma \cdot \left[1 + \sin\varphi \cdot \cos(2 \cdot \psi_{a,p})\right]}{1 + \sin\left(-\arccos\dfrac{\cos\varphi}{\cos\beta}\right)} \qquad \text{Gl. 10-46}$$

und für die vertikale Komponente der Erddruckkraft

$$E_{va,vp}(d) = \frac{1}{2} \cdot d \cdot 1 \cdot e_{va,vp}(d) = \frac{d \cdot 1}{2} \cdot \frac{d \cdot \gamma \cdot \sin\varphi \cdot \sin(2 \cdot \psi_{a,p})}{1 + \sin\left(-\arccos\dfrac{\cos\varphi}{\cos\beta}\right)} \qquad \text{Gl. 10-47}$$

10.7 Linienbruch nach COULOMB

Das Verfahren von COULOMB zur Ermittlung des Erddrucks bei eingetretenem Linienbruch zählt zu den „kinematischen Methoden" (Bruchmechanismen mit Scherversagen in diskreten Gleitflächen, auf denen sich vereinfachte monolithische Bruchkörper verschieben können; für die Gleitflächenlage ist durch Variation der jeweils ungünstigste Fall zu finden). Bei dieser besonders einfachen Vorgehensweise wird vorausgesetzt, dass

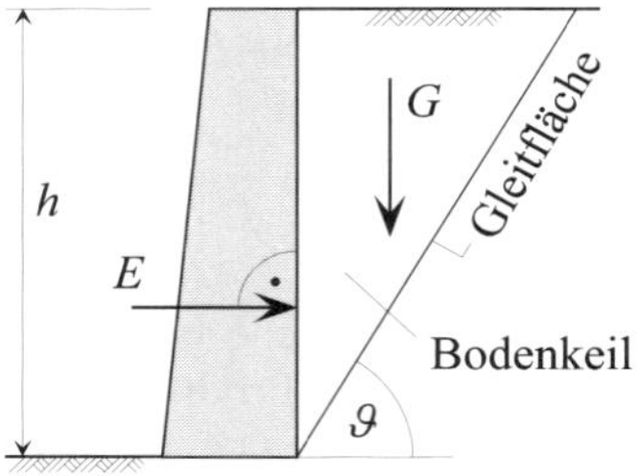

- der Boden sich in einem ebenen Verformungszustand befindet
- der Boden kohäsionslos ist
- die Rückseite der Stützwand lotrecht ist
- die Erdoberfläche hinter der Stützmauer waagerecht verläuft
- zwischen rückseitiger Mauerfläche und Boden keine Reibung auftritt
- sich infolge der Wandbewegung eine ebene Gleitfläche bildet, auf der der Boden als keilförmiger Monolith rutscht
- sich unter dem Winkel ϑ die Gleitfuge einstellt, zu der die extremale Erddruckkraft E gehört
- in der Gleitfuge die größtmögliche trockene Reibung nach der Grenzbedingung von COULOMB ($\tau = \sigma \cdot \tan\varphi$) wirkt
- das Momentengleichgewicht ($\Sigma M = 0$) der am Monolithen angreifenden Kräfte nur im Sonderfall nach RANKINE (linear zunehmender Erddruck, siehe Abb. 10-12 und Abb. 10-13) erfüllt wird.

Abb. 10-17 Modell zur Erddruckermittlung nach COULOMB

Die Abb. 10-17 zeigt mit der unter dem Winkel ϑ geneigten Gleitfuge des monolithischen Bodenkeils, der Eigenlast G und der von der Wand auf den Boden ausgeübten Erddruckkraft E die Grundelemente für die Erddruckermittlung nach COULOMB.

10.7.1 Aktiver Erddruck

Die aktive Erddruckkraft E_a gehört zu einer vom Erdreich weg gerichteten Wandbewegung. Der Bodenkeil rutscht in diesem Fall auf der unter dem Winkel ϑ_a geneigten Gleitfläche nach unten, wobei die resultierende Reibkraft $T = N \cdot \tan\varphi$ aktiviert wird.

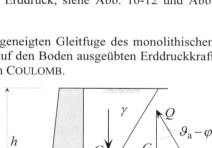

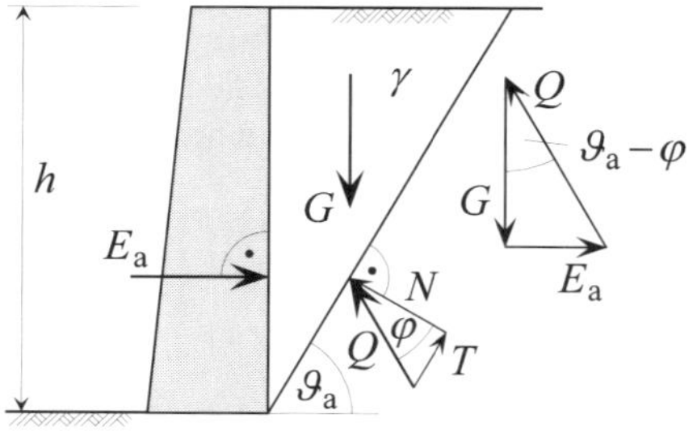

Abb. 10-18 zeigt die Kräfte, die in diesem Fall auf den Bodenkeil wirken und sich, wegen des erforderlichen Gleichgewichts der horizontalen und vertikalen Kräfte, zu einem Krafteck schließen müssen.

Abb. 10-18 Bestimmung der aktiven Erddruckkraft E_a nach COULOMB

Da ein ebener Deformationszustand vorausgesetzt wird, kann die Eigenlast G für eine aus dem System Wand und Erdreich herausgeschnittene „Systemscheibe" der Dicke 1 (Dimension gleich der für die Wandhöhe h wählen) berechnet werden. Sie beträgt

$$G = 1 \cdot \frac{h^2}{2} \cdot \gamma \cdot \cot \vartheta_a = \frac{h^2 \cdot \gamma}{2 \cdot \tan \vartheta_a} \qquad \text{Gl. 10-48}$$

Mit dem Krafteck aus Abb. 10-18 ergibt sich für die beiden übrigen Kräfte

$$E_a = G \cdot \tan(\vartheta_a - \varphi) = \frac{h^2 \cdot \gamma \cdot \tan(\vartheta_a - \varphi)}{2 \cdot \tan \vartheta_a} = \frac{h^2 \cdot \gamma \cdot Z(\vartheta_a)}{2 \cdot N(\vartheta_a)}$$

$$Q = \frac{G}{\cos(\vartheta_a - \varphi)} = \frac{h^2 \cdot \gamma \cdot \cot \vartheta_a}{2 \cdot \cos(\vartheta_a - \varphi)} \qquad \text{Gl. 10-49}$$

Der bisher noch unbekannte Neigungswinkel ϑ_a der Gleitfläche ergibt sich aus der Forderung, dass zu ihm die größte aktive Erddruckkraft E_a gehören muss ($E_a = \max E_a$). Für den vorliegenden Fall bedeutet dies die Lösung der Extremalwertaufgabe (siehe hierzu Gl. 10-49)

$$\frac{\partial E_a}{\partial \vartheta_a} = \frac{h^2 \cdot \gamma}{2} \cdot \frac{Z'(\vartheta_a) \cdot N(\vartheta_a) - Z(\vartheta_a) \cdot N'(\vartheta_a)}{N^2(\vartheta_a)} = 0 \qquad \text{Gl. 10-50}$$

und damit der Bestimmungsgleichung

$$Z'(\vartheta_a) \cdot N(\vartheta_a) = Z(\vartheta_a) \cdot N'(\vartheta_a) = \frac{\tan \vartheta_a}{\cos^2(\vartheta_a - \varphi)} = \frac{\tan(\vartheta_a - \varphi)}{\cos^2 \vartheta_a} \qquad \text{Gl. 10-51}$$

Neben der trivialen Lösung ($\varphi = 0$) liefert Gl. 10-51 den gesuchten Gleitflächenwinkel

$$\vartheta_a = \frac{\pi}{4} + \frac{\varphi}{2} \qquad \text{Gl. 10-52}$$

und die dazugehörende maximale aktive Erddruckkraft pro lfdm Wand

$$E_a = G \cdot \tan(\vartheta_a - \varphi) = \frac{h^2 \cdot \gamma}{2} \cdot \tan^2\left(\frac{\pi}{4} - \frac{\varphi}{2}\right) \qquad \text{Gl. 10-53}$$

10.7.2 Passiver Erddruck

Die passive Erddruckkraft E_p gehört zu einer zum Erdreich hin gerichteten Wandbewegung. Der Bodenkeil wird in diesem Fall auf der unter dem Winkel ϑ_p geneigten Gleitfläche nach oben geschoben, wobei die resultierende Reibkraft $T = N \cdot \tan \varphi$ aktiviert wird.

Abb. 10-19 zeigt die Kräfte, die in diesem Fall auf den Bodenkeil wirken und sich, wegen des erforderlichen Gleich-

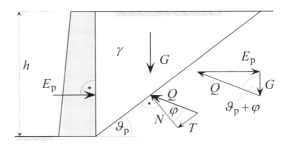

Abb. 10-19 Bestimmung der passiven Erddruckkraft E_p nach COULOMB

gewichts der horizontalen und vertikalen Kräfte, zu einem Krafteck schließen müssen.

Zur Ermittlung des unbekannten Neigungswinkels ϑ_p der Gleitfläche dient die Forderung, dass zu ihm die kleinste passive Erddruckkraft E_p gehören muss ($E_p = \min E_p$). Die hierzu gehörende Extremalwertaufgabe ist analog zu der aus Abschnitt 10.7.1 zu formulieren. Ihre Lösung ergibt den Gleitflächenwinkel

$$\vartheta_p = \frac{\pi}{4} - \frac{\varphi}{2}$$ Gl. 10-54

und die dazugehörende minimale passive Erddruckkraft der „Systemscheibe" (siehe Abschnitt 10.7.1)

$$E_p = G \cdot \tan(\vartheta_p + \varphi) = \frac{h^2 \cdot \gamma}{2} \cdot \tan^2\left(\frac{\pi}{4} + \frac{\varphi}{2}\right)$$ Gl. 10-55

10.8 Verallgemeinerung der Erddrucktheorie von COULOMB

Basierend auf dem Ansatz von COULOMB, erlaubt die Lösung von MÜLLER-BRESLAU [L 155] als Verallgemeinerung (siehe Abb. 10-20), dass

▶ die Geländeoberfläche geneigt sein kann ($\beta \neq 0$)
▶ eine gleichmäßig verteilte Flächenlast p_v auf der Geländeoberfläche vorhanden sein kann
▶ die Wand geneigt sein kann ($\alpha \neq 0$)
▶ zwischen dem Erdkeil und der Rückseite der Wand Schubspannungen übertragen werden können, so dass der resultierende Erddruck mit der Wandnormalen den aus Erfahrung bekannten Reibungswinkel δ einschließt.

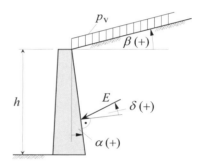

Abb. 10-20 Systemverallgemeinerungen von MÜLLER-BRESLAU

Auf Erfahrungen beruhende Wandreibungswinkel δ werden z. B. in E DIN 4085 angegeben (siehe Tabelle 10-1).

10.8.1 Aktiver Erddruck nach MÜLLER-BRESLAU

In Analogie zu den Ausführungen aus Abschnitt 10.7.1 ergeben sich am abrutschenden Bodenkeil Kräfte, die sich aus Gleichgewichtsgründen zu einem Krafteck schließen müssen (siehe Abb. 10-21). Aus diesem Krafteck ergibt sich für die aktive Erddruckkraft pro lfdm Wand

$$E_a = G \cdot \frac{\sin(\vartheta_a - \varphi)}{\sin(\vartheta_a - \varphi + \psi)}$$ Gl. 10-56

Die maximale aktive Erddruckkraft ergibt

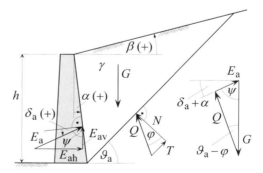

Abb. 10-21 Kräfte beim aktiven Erddruck nach MÜLLER-BRESLAU

sich nach Lösung der zu Gl. 10-56 gehörenden Extremalwertaufgabe $\partial E_a / \partial \vartheta_a = 0$ durch

$$E_a = \frac{\gamma \cdot h^2}{2} \cdot K_a \qquad \text{Gl. 10-57}$$

mit dem Erddruckbeiwert

$$K_a = \frac{1}{\cos(\delta_a + \alpha)} \cdot \frac{\cos^2(\varphi - \alpha)}{\cos^2 \alpha \cdot \left[1 + \sqrt{\frac{\sin(\varphi + \delta_a) \cdot \sin(\varphi - \beta)}{\cos(\delta_a + \alpha) \cdot \cos(\alpha - \beta)}}\right]^2} = \frac{1}{\cos(\delta_a + \alpha)} \cdot K_{ah} \qquad \text{Gl. 10-58}$$

Für den Fall einer auf die Grundrissfläche bezogenen vorhandenen Flächenlast p_v ändert sich der Gleitfugenwinkel ϑ_a nicht. Statt der Gl. 10-57 ist dann

$$E_a = \gamma' \cdot \frac{h^2}{2} \cdot K_a = \left[\gamma + \frac{2 \cdot p_v}{h} \cdot \frac{\cos \alpha \cdot \cos \beta}{\cos(\alpha - \beta)}\right] \cdot \frac{h^2}{2} \cdot K_a \qquad \text{Gl. 10-59}$$

zu verwenden. Im Sonderfall horizontalen Geländes (Oberflächenneigungswinkel $\beta = 0$) gilt

$$E_a = \gamma' \cdot \frac{h^2}{2} \cdot K_a = \left(\gamma + \frac{2 \cdot p_v}{h}\right) \cdot \frac{h^2}{2} \cdot K_a \qquad \text{Gl. 10-60}$$

Die horizontale und vertikale Komponente von E_a werden berechnet durch

$$E_{ah} = E_a \cdot \cos(\delta_a + \alpha) = \frac{\gamma \cdot h^2}{2} \cdot K_{ah} \qquad \text{oder} \qquad E_{ah} = \frac{\gamma' \cdot h^2}{2} \cdot K_{ah} \qquad \text{Gl. 10-61}$$
$$E_{av} = E_a \cdot \sin(\delta_a + \alpha) = E_{ah} \cdot \tan(\delta_a + \alpha)$$

10.8.2 Passiver Erddruck nach MÜLLER-BRESLAU

Die zum Erdreich hin gerichtete Wandbewegung erzeugt am nach oben geschoben Bodenkeil Kräfte, die sich aus Gleichgewichtsgründen zu einem Krafteck schließen müssen (siehe Abb. 10-22). Für den passiven Erddruck kann aus dem Krafteck die pro lfdm Wand geltende Beziehung

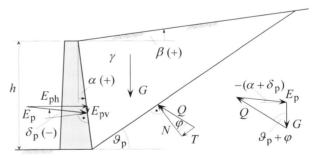

Abb. 10-22 Kräfte beim passiven Erddruck nach MÜLLER-BRESLAU

$$E_p = \frac{G \cdot \sin(\vartheta_p + \varphi)}{\cos(\vartheta_p + \varphi - \alpha - \delta_p)} \qquad \text{Gl. 10-62}$$

abgelesen werden (Vorzeichen von δ_p beachten). Aus Gl. 10-62 ergibt sich nach Lösung der zugehörigen Extremalwertaufgabe ($\partial E_p / \partial \vartheta_p = 0$) die minimale passive Erddruckkraft

$$E_p = \frac{\gamma \cdot h^2}{2} \cdot K_p \qquad \text{Gl. 10-63}$$

mit dem Erddruckbeiwert (Vorzeichen von δ_p beachten)

$$K_p = \frac{1}{\cos(\delta_p + \alpha)} \cdot \frac{\cos^2(\varphi + \alpha)}{\cos^2\alpha \cdot \left[1 - \sqrt{\frac{\sin(\varphi - \delta_p) \cdot \sin(\varphi + \beta)}{\cos(\delta + \alpha) \cdot \cos(\alpha - \beta)}}\right]^2} = \frac{1}{\cos(\delta_p + \alpha)} \cdot K_{ph} \qquad \text{Gl. 10-64}$$

Für den Fall einer vorhandenen Flächenlast p_v ändert sich der Gleitfugenwinkel ϑ_p nicht. Die Berechnung der passiven Erddruckkraft erfolgt dann nicht mit Gl. 10-63, sondern mittels

$$E_p = \gamma' \cdot \frac{h^2}{2} \cdot K_p = \left[\gamma + \frac{2 \cdot p_v}{h} \cdot \frac{\cos\alpha \cdot \cos\beta}{\cos(\alpha - \beta)}\right] \cdot \frac{h^2}{2} \cdot K_p \qquad \text{Gl. 10-65}$$

Für horizontales Gelände (Neigungswinkel der Oberfläche $\beta = 0$) vereinfacht sich der Ausdruck zu

$$E_p = \gamma' \cdot \frac{h^2}{2} \cdot K_p = \left(\gamma + \frac{2 \cdot p_v}{h}\right) \cdot \frac{h^2}{2} \cdot K_p \qquad \text{Gl. 10-66}$$

Die horizontale und vertikale Komponente von E_p werden, bei Beachtung des Vorzeichens von δ_p, berechnet durch

$$E_{ph} = E_p \cdot \cos(\alpha + \delta_p) = \frac{\gamma \cdot h^2}{2} \cdot K_{ph} \quad \text{oder} \quad E_{ph} = \frac{\gamma' \cdot h^2}{2} \cdot K_{ph}$$
$$E_{pv} = -E_p \cdot \sin(\alpha + \delta_p) = -E_{ph} \cdot \tan(\alpha + \delta_p) \qquad \text{Gl. 10-67}$$

10.8.3 Aktiver Erddruck bei Böden mit Kohäsion

Weist das Erdreich hinter der Wand Kohäsion auf, stellt sich beim aktiven Erddruck ein Neigungswinkel ϑ_a der Gleitfläche ein, dessen Größe bei beliebigen Wand- und Oberflächenneigungen auch von der Kohäsion abhängig ist (siehe hierzu GROß [L 118]). Diese Abhängigkeit gilt nicht für den Fall der Winkelbeziehung $\delta_a = -\beta$, was bei horizontalem Gelände und senkrechter Wand zu der in Abb. 10-23 gezeigten Situation führt.

Für den Fall aus Abb. 10-23 ergibt sich als Neigungswinkel ϑ_a der Gleitfläche die vom kohäsionslosen Boden bekannte Größe

$$\vartheta_a = \frac{\pi}{4} + \frac{\varphi}{2} \qquad \text{Gl. 10-68}$$

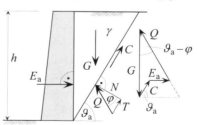

Abb. 10-23 Aktive Erddruckkraft E_a für den Fall $\alpha = \beta = \delta_a = 0$

Mit dieser Größe und der durch die Kohäsion in der Gleitfläche (Länge = $h/\sin\vartheta_a$) bewirkten Kraft

$$C = c \cdot l = \frac{c \cdot h}{\sin \vartheta_a} \qquad \text{Gl. 10-69}$$

ergibt sich die gegenüber Gl. 10-53 reduzierte Erddruckkraft E_a pro lfdm Wand anhand von Abb. 10-23 zu

$$E_a = \gamma \cdot \frac{h^2}{2} \cdot \tan^2\left(\frac{\pi}{4} - \frac{\varphi}{2}\right) - 2 \cdot c \cdot h \cdot \tan\left(\frac{\pi}{4} - \frac{\varphi}{2}\right) \qquad \text{Gl. 10-70}$$

10.8.4 Passiver Erddruck bei Böden mit Kohäsion

Steht kohäsives Bodenmaterial hinter der Wand an, stellt sich beim passiven Erddruck ein Gleitflächenneigungswinkel ϑ_p ein, dessen Größe bei beliebigen Wand- und Oberflächenneigungen von der Kohäsion abhängt (siehe hierzu GROß [L 118]).

Für den in Abb. 10-24 gezeigten Sonderfall gilt, wie im Falle des aktiven Erddrucks, dass die Größe von ϑ_p durch die Kohäsion nicht beeinflusst wird. Sie besitzt deshalb den Wert

$$\vartheta_p = \frac{\pi}{4} - \frac{\varphi}{2} \qquad \text{Gl. 10-71}$$

Mit dieser Größe und der durch die Kohäsion in der Gleitfläche (Länge $h/\sin\vartheta_p$) bewirkten Kraft

$$C = c \cdot l = \frac{c \cdot h}{\sin \vartheta_p} \qquad \text{Gl. 10-72}$$

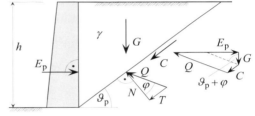

Abb. 10-24 Passive Erddruckkraft E_p für den Fall $\alpha = \beta = \delta_p = 0$

ergibt sich die gegenüber Gl. 10-55 vergrößerte Erddruckkraft E_p pro lfdm Wand anhand von Abb. 10-24 zu

$$E_p = \gamma \cdot \frac{h^2}{2} \cdot \tan^2\left(\frac{\pi}{4} + \frac{\varphi}{2}\right) + 2 \cdot c \cdot h \cdot \tan\left(\frac{\pi}{4} + \frac{\varphi}{2}\right) \qquad \text{Gl. 10-73}$$

10.9 Aktiver Erddruck gemäß E DIN 4085

Soll sich z. B. bei locker gelagerten nichtbindigen Böden hinter einer Bauwerkswand aktiver Erddruck (vgl. auch Abschnitt 10.9.2) einstellen, muss nach E DIN 4085, Anhang B der Tangens des Drehwinkels

- bei einer Fußpunktdrehung der Wand den Wert 0,004 bis 0,005
- bei einer Kopfpunktdrehung der Wand den Wert 0,008 bis 0,01

erreicht haben. Weitere Fälle können der Tabelle 10-3 entnommen; aus ihr geht auch hervor, dass die erforderlichen Bewegungen kleiner werden, wenn die Böden dichter gelagert sind.

Dass bei Dauerbauwerken das sich Einstellen von aktivem Erddruck auch von der Nachgiebigkeit der Stützkonstruktion abhängig ist, macht Tabelle 10-4 deutlich. Danach tritt aktiver Erddruck (vgl. auch Abschnitt 10.9.2) nur bei nachgiebigen Stützkonstruktionen auf; der Einsatz von wenig nachgiebigen bis unnachgiebigen Stützkonstruktionen führt zu Erddruckansätzen mit erhöhten aktiven Erddrücken bis hin zum Erdruhedruck. Über den Erdruhedruck hinausgehende Erddrücke (z. B. bei gegen den anstehenden Boden gerichteten Bewegungen des Bauwerks infolge Wärmeausdehnungen) werden durch die Tabelle 10-4 nicht erfasst.

Tabelle 10-3 Anhaltswerte (gelten für $\alpha = \beta = 0°$) für die zur Erzeugung des aktiven Erddrucks erforderlichen Wandbewegungen s_a und die Verteilung des Erddrucks e_{agh} aus Bodeneigenlast für verschiedene Wandbewegungsarten (nach E DIN 4085, Anhang B)

Art der Wandbewegung	Erddruckkraft E_{agh}		vereinfachte Erddruckverteilung
	bezogene Wandbewegung s_a/h		
	lockere Lagerung	dichte Lagerung	
a) Drehung um den Wandfuß	0,004 bis 0,005	0,001 bis 0,002	E^a_{agh}, $h/3$
b) parallele Bewegung	0,002	0,0005 bis 0,001	$E^b_{agh} = E^a_{agh}$, $0,4 \cdot h$, $(2/3) \cdot e^a_{agh}$
c) Drehung um den Wandkopf	0,008 bis 0,01	0,002 bis 0,005	$E^c_{agh} = E^a_{agh}$, $h/2$, $0,5 \cdot e^a_{agh}$
d) Durchbiegung	0,004 bis 0,005	0,001 bis 0,002	$E^d_{agh} = E^a_{agh}$, $h/2$, $0,5 \cdot e^a_{agh}$

Analog zu den in Tabelle 10-4 aufgeführten Erddruckansätzen für Dauerbauwerke, werden in Tabelle 10-5 Erddruckansätze für temporäre Stützkonstruktionen angegeben. Danach tritt aktiver Erddruck (vgl. auch Abschnitt 10.9.2) nur bei nicht gestützten oder nachgiebig gestützten und nicht vorgespannten Stützkonstruktionen auf; eine Umlagerung des Erddrucks tritt bei wenig nachgiebig gestützten Konstruktionen ein. Für alle weiter aufgeführten Fälle der Tabelle 10-5 ist erhöhter aktiver Erddruck anzusetzen, der bei unnachgiebiger Stützung (die auf die Stützkraft bei Endaushub bezogene Vorspannung beträgt mindestens 100 %) bis zum Erdruhedruck ansteigen kann.

Tabelle 10-4 Erddruckansätze in Abhängigkeit von der Nachgiebigkeit der Stützkonstruktion bei Dauerbauwerken (nach E DIN 4085, Anhang A)

Zeile	Nachgiebigkeit der Stützkonstruktion	Konstruktion (Beispiele)	Erddruckansatz
1	nachgiebig	Stützwände, die während ihrer gesamten Nutzungszeit geringe Verformungen in Richtung der Erddruckbelastung ausführen können und dürfen (z. B. Uferwände, auf Lockergestein gegründete Gewichtsmauern).	aktiver Erddruck
2	wenig nachgiebig	Stützwände nach Zeile 1, bei denen während ihrer Nutzungszeit Verformungen in Richtung der Erddruckbelastung unerwünscht sind und die gegen den ungestörten Boden hergestellt worden sind.	erhöhter aktiver Erddruck $$E'_{ah} = \frac{3}{4} \cdot E_{ah} + \frac{1}{4} \cdot E_{0h}$$
3	annähernd unnachgiebig	Stützwände, die auf Grund ihrer Konstruktion unter der Erddruckbelastung anfänglich geringfügig nachgeben, sich dann aber nicht mehr verformen können oder dürfen (z. B. Kellerwände und Stützwände, die in Bauwerke einbezogen sind und von diesen zusätzlich gestützt werden, stehender Schenkel von Winkelstützwänden).	erhöhter aktiver Erddruck im Normalfall: $$E'_{ah} = \frac{1}{2} \cdot E_{ah} + \frac{1}{2} \cdot E_{0h}$$ in Ausnahmefällen: $$E'_{ah} = \frac{1}{4} \cdot E_{ah} + \frac{3}{4} \cdot E_{0h}$$
4	unnachgiebig	Stützwände, die auf Grund ihrer Konstruktion weitgehend unnachgiebig sind (z. B. auf Festgestein gegründete Stützmauern als ebene Systeme und auf Lockergestein gegründete Stützwände als räumliche Systeme wie Brückenwiderlager mit biegesteif angeschlossenen Parallel-Flügelmauern).	erhöhter aktiver Erddruck $$E'_{ah} = \frac{1}{4} \cdot E_{ah} + \frac{3}{4} \cdot E_{0h}$$ bis Erdruhedruck

Tabelle 10-5 Erddruckansätze in Abhängigkeit von der Nachgiebigkeit der Stützung bei Baugrubenwänden oder anderen temporären Stützkonstruktionen (nach E DIN 4085, Anhang A)

Nachgiebigkeit der Stützung (Stützkonstruktion)	Konstruktion (Beispiele)	Vorspannung auf die Stützkraft bei Erdaushub bezogen	Erddruckansatz
nicht gestützt oder nachgiebig gestützt	Wand ohne obere Stützung (Steifen, Anker) oder mit nachgiebiger Stützung (z. B. Anker nicht oder nur gering vorgespannt).	–	aktiver Erddruck
wenig nachgiebig gestützt	Steifen kraftschlüssig verkeilt – bei Spundwänden – bei Trägerbohlwänden Verpressanker	$\cong$ 30 % $\cong$ 60 % 80 % ... 100 %	umgelagerter aktiver Erddruck
annähernd unnachgiebig gestützt	Steifen – bei mehrfach ausgesteiften Spundwänden, ausgesteiften Ortbetonwänden – bei mehrfach ausgesteiften Trägerbohlwänden Verpressanker	$\geq$ 30 % $\geq$ 60 % $\geq$ 100 %	erhöhter aktiver Erddruck im Normalfall: $E'_{ah} = \frac{1}{2} \cdot E_{ah} + \frac{1}{2} \cdot E_{0h}$ in Ausnahmefällen: $E'_{ah} = \frac{1}{4} \cdot E_{ah} + \frac{3}{4} \cdot E_{0h}$
unnachgiebig	Wände, die für einen abgeminderten oder für den vollen Erdruhedruck bemessen worden und deren Stützungen entsprechend vorgespannt sind. Wenn Anker zusätzlich in einer unnachgiebigen Felsschicht verankert sind oder wesentlich länger sind, als rechnerisch erforderlich ist. Steifen Anker	 $\geq$ 100 % > 100 %	erhöhter aktiver Erddruck $E'_{ah} = \frac{1}{4} \cdot E_{ah} + \frac{3}{4} \cdot E_{0h}$ bis Erdruhedruck

10.9.1 Voraussetzungen der Berechnungsformeln

Zur Ermittlung der Grenzwerte für die aktiven Erddruckkräfte werden in E DIN 4085, Abschnitt 6.3 Formeln bereitgestellt, die auf den Theorien von COULOMB und MÜLLER-BRESLAU beruhen. Für sie wird vorausgesetzt, dass

▶ die Wandrückseite (Kontaktfläche zum Baugrund) eben ist
▶ der hinter der Wand anstehende Baugrund homogen ist und nur durch seine Eigenlast belastet wird
▶ die Geländeoberfläche eben ist
▶ die sich einstellenden Gleitflächen eben sind
▶ diejenige Gleitfläche maßgebend ist, für die die Gesamterddruckkraft am größten ist
▶ die Richtung des Erddrucks durch den Neigungswinkel δ_a vorgegeben wird
▶ sich die Wand um ihren Fußpunkt dreht.

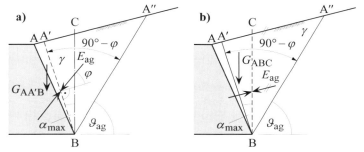

Abb. 10-25 Gleitflächenwinkel beim aktiven Bruchzustand, mit den Gleitflächen A″B und den Gegengleitflächen A′B (nach E DIN 4085)
a) Ansatz der Erddruckkraft in der Gleitfläche A′B
b) Ansatz der Erddruckkraft oberflächenparallel im Vertikalschnitt B-C, wenn sich die Gleitfläche A′B vollständig ausbilden kann. Andernfalls ist der Ansatz der Erddruckkraft in der vertikalen Schnittebene nur eine Näherung

Die Erddruckkraftberechnung auf der Basis der vorausgesetzten ebenen Gleitflächen ist nach E DIN 4085 für aktiven Erddruck nur für begrenzte Wertebereiche des Wandneigungswinkels α zulässig. Mit dem Grenzwinkel (φ = Reibungswinkel des Bodens, ϑ_{ag} = Gleitflächenwinkel aus Eigenlast des Bodens)

$$\alpha_{max} = \vartheta_{ag} - \varphi \quad \text{mit } \vartheta_{ag} \text{ für } \alpha = 0 \text{ und } \delta_a = \beta \qquad \text{Gl. 10-74}$$

ergeben sich die Gültigkeitsbereiche zu

Neigungswinkel des Erddrucks $\delta_a \geq 0°$
$\quad -20° \leq \alpha < -10° \quad$ für $\quad 0° \leq \beta \leq \varphi \quad$ und
$\quad -10° \leq \alpha \leq \alpha_{max} \quad$ für $\quad -\varphi \leq \beta \leq \varphi \qquad$ Gl. 10-75

Neigungswinkel des Erddrucks $\delta_a < 0°$
$\quad -20° \geq \alpha \leq \alpha_{max} \quad$ für $\quad -\varphi \leq \beta \leq \tfrac{2}{3} \cdot \varphi$

Der Winkel α_{max} ist der Winkel zwischen der Gegengleitfläche A′B und der Vertikalen (vgl. Abb. 10-25). Das Vorzeichen des in der Gl. 10-75 zu berücksichtigenden Erddruckneigungswinkels δ_a ist von der Relativbewegung zwischen Wand und Boden abhängig. In der Regel bewegt sich der Boden stärker nach unten als die Wand (Neigungswinkel $\delta_a \geq 0°$). Werden

Stützkonstruktionen z. B. durch große Vertikalkräfte belastet, können sie sich so stark setzen, dass ein negativer Neigungswinkel des Erddrucks anzusetzen ist.

Können die Bedingungen aus Gl. 10-75 nicht erfüllt werden, ist mit gekrümmten oder gebrochenen Gleitflächen zu rechnen (siehe hierzu auch [L 113] und [L 186]).

10.9.2 Formeln für Erddrücke und Erddruckkräfte aus Bodeneigenlast

Für die Berechnung der auf die Wandlänge bezogenen Erddruckkräfte E (Angabe in kN pro lfdm Wand) werden in E DIN 4085, Abschnitt 5.2 Formeln bereitgestellt, deren Indizes nachstehende Bedeutung haben:
- a aktive Wirkung
- g verursacht durch Bodeneigenlast
- h horizontal gerichtet
- v vertikal gerichtet

Betrachtet wird eine Wand mit
- ▶ dem Wandneigungswinkel α (Angabe in °)
- ▶ der lotrechten Höhe h (Angabe in m) und
- ▶ dem Neigungswinkel des aktiven Erddrucks δ_a (Angabe in °)

hinter der Bodenmaterial mit
- ▶ der Wichte γ des Bodens (Angabe in kN/m^3)
- ▶ dem Reibungswinkel φ des Bodens (Angabe in °) und
- ▶ dem Geländeoberflächenneigungswinkel β (Angabe in °)

ansteht. Für diesen Fall lautet die Gleichung zur Ermittlung der über die Tiefe z dreiecksförmig verteilten horizontalen Komponenten der aktiven Erddrucks infolge der Bodeneigenlastwirkung

$$e_{agh}(z) = \gamma \cdot z \cdot K_{agh} \qquad \text{Gl. 10-76}$$

und für die horizontalen und vertikalen Komponenten der aktiven Erddruckkraft pro lfdm Wand infolge der Bodeneigenlastwirkung

$$E_{agh} = \frac{e_{agh}(z=h)}{2} = \frac{h^2}{2} \cdot \gamma \cdot K_{agh} \quad \text{und} \quad E_{agv} = E_{agh} \cdot \tan(\alpha + \delta_a) \qquad \text{Gl. 10-77}$$

Der in Gl. 10-76 und Gl. 10-77 verwendete Erddruckbeiwert K_{agh} kann mittels

$$K_{agh} = \frac{\cos^2(\varphi - \alpha)}{\cos^2\alpha \cdot \left[1 + \sqrt{\frac{\sin(\varphi + \delta_a) \cdot \sin(\varphi - \beta)}{\cos(\alpha - \beta) \cdot \cos(\alpha + \delta_a)}}\right]^2} = K_{ag} \cdot \cos(\alpha + \delta_a) \qquad \text{Gl. 10-78}$$

berechnet werden. Einige dieser Beiwerte sind für diskrete Werte des Reibungswinkels φ, des Wandneigungswinkels α, des Geländeneigungswinkels β und des Neigungswinkels des Erddrucks δ_a in Tabelle 10-6 zusammengestellt. Eine Auswahl von Verläufen der von φ und δ_a abhängigen Funktion K_{agh} ($\alpha = \beta = 0$ gesetzt) ist in der Abb. 10-26 dargestellt.

Tabelle 10-6 Erddruckbeiwerte K_{agh} für ebene Gleitflächen und diskrete Werte des Reibungswinkels φ, des Neigungswinkels δ_a der Erddrücke sowie des Wand- und des Geländeneigungswinkels α und β

φ' (in °)	α (in °)	K_{agh}							
		$\delta_a = 0$		$\delta_a = \frac{1}{2}\cdot\varphi'$		$\delta_a = \frac{2}{3}\cdot\varphi'$		$\delta_a = \varphi'$	
		$\beta = 0°$	$\beta = 10°$	$\beta = 0°$	$\beta = 10°$	$\beta = 0°$	$\beta = 10°$	$\beta = 0°$	$\beta = 10°$
15,0	0	0,5888	0,7038	0,5387	0,6646	0,5249	0,6535	0,5000	0,6330
	−10	0,5311	0,6336	0,4881	0,5996	0,4764	0,5901	0,4558	0,5730
17,5	0	0,5376	0,6320	0,4869	0,5882	0,4729	0,5758	0,4478	0,5531
	−10	0,4761	0,5578	0,4338	0,5210	0,4224	0,5108	0,4022	0,4925
20,0	0	0,4903	0,5692	0,4400	0,5231	0,4261	0,5102	0,4011	0,4865
	−10	0,426	0,4923	0,3853	0,4548	0,3744	0,4445	0,3549	0,4260
22,5	0	0,4465	0,5129	0,3974	0,4664	0,3839	0,4533	0,3593	0,4292
	−10	0,3804	0,4345	0,3419	0,3978	0,3316	0,3878	0,3131	0,3697
25,0	0	0,4059	0,4621	0,3587	0,4162	0,3457	0,4033	0,3218	0,3794
	−10	0,3387	0,3831	0,3029	0,3482	0,2933	0,3386	0,2760	0,3213
27,5	0	0,3682	0,4159	0,3234	0,3715	0,3109	0,3590	0,2879	0,3357
	−10	0,3008	0,3372	0,2678	0,3045	0,2590	0,2956	0,2429	0,2793
30,0	0	0,3333	0,3737	0,2911	0,3315	0,2794	0,3195	0,2574	0,2969
	−10	0,2662	0,2959	0,2363	0,2660	0,2282	0,2578	0,2134	0,2426
32,5	0	0,3010	0,3351	0,2617	0,2954	0,2506	0,2841	0,2297	0,2625
	−10	0,2346	0,2589	0,2078	0,2318	0,2005	0,2243	0,1869	0,2104
35,0	0	0,2710	0,2998	0,2347	0,2629	0,2244	0,2523	0,2046	0,2317
	−10	0,2059	0,2256	0,1821	0,2014	0,1755	0,1947	0,1632	0,1820
37,5	0	0,2432	0,2674	0,2100	0,2335	0,2005	0,2237	0,1818	0,2042
	−10	0,1797	0,1956	0,1589	0,1743	0,1531	0,1684	0,1420	0,1570
40,0	0	0,2174	0,2377	0,1874	0,2069	0,1786	0,1978	0,1610	0,1795
	−10	0,1560	0,1687	0,1379	0,1502	0,1328	0,1450	0,1229	0,1348

Die Betrachtung der Tabellenwerte lässt erkennen, dass die K_{agh}-Werte bei zunehmender Größe der Geländeneigungswinkel β größer werden. Die Größe der K_{agh}-Werte verringert sich hingegen bei zunehmender Größe der Reibungswinkel φ und der Neigungswinkel δ_a der Erddrücke bzw. bei abnehmender Größe der Wandneigungswinkel α (vgl. hierzu auch Abb. 10-26).

Die zu der horizontalen und vertikalen Komponente gehörende resultierende aktive Erddruckkraft ergibt sich aus

$$E_{ag} = \frac{E_{agh}}{\cos(\alpha + \delta_a)} = \frac{h^2 \cdot \gamma}{2} \cdot K_{ag} = \frac{h^2 \cdot \gamma}{2} \cdot \frac{K_{agh}}{\cos(\alpha + \delta_a)} \qquad \text{Gl. 10-79}$$

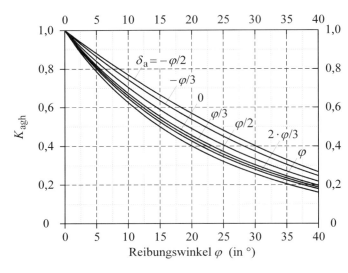

Abb. 10-26 Erddruckbeiwerte K_{agh} (aktiver Erddruck) für ebene Gleitflächen und für $\alpha = \beta = 0$ (nach E DIN 4085, Anhang B)

Zur Berechnung des Neigungswinkels der Gleitfläche, die sich beim aktiven Erddruck aus Bodeneigenlast einstellt, dient die Gleichung

$$\vartheta_{ag} = \varphi + \text{arccot}\left[\tan(\varphi - \alpha) + \frac{1}{\cos(\varphi - \alpha)} \cdot \sqrt{\frac{\sin(\varphi + \delta_a) + \cos(\alpha - \beta)}{\sin(\varphi - \beta) \cdot \cos(\alpha + \delta_a)}}\right] \qquad \text{Gl. 10-80}$$

Für Sonderfälle mit $\alpha = \beta = \delta_a = 0$ vereinfachen sich die Ausdrücke für K_{agh} und ϑ_{ag} zu

$$K_{agh} = \frac{1 - \sin\varphi}{1 + \sin\varphi} = \tan^2\left(45° - \frac{\varphi}{2}\right) \quad \text{und} \quad \vartheta_{ag} = 45° + \frac{\varphi}{2} \qquad \text{Gl. 10-81}$$

10.9.3 Verteilung des Erddrucks aus Bodeneigenlast

Während die Größe der Resultierenden E_a des aktiven Erddrucks (Erddruckkraft) von der Wandneigung α, der Neigung β der Geländeoberfläche, dem Reibungswinkel φ und dem Neigungswinkel des Erddrucks δ_a abhängt, ist ihre Lage und damit die Verteilung des Erddrucks abhängig von der Art der Bewegung der ebenen Wand. So stellt sich z. B. die dreiecksförmige Verteilung nach RANKINE beim aktiven Erddruck (siehe Abb. 10-27) nur bei Fußpunktdrehungen der Wand ein; für alle übrigen Wandbewegungen ergeben sich aus der Bodeneigenlast Erddruckverteilungen, die von der dreiecksförmigen Verteilung abweichen (vgl. Tabelle 10-3).

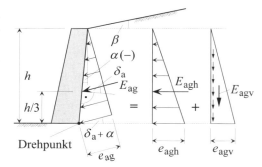

Abb. 10-27 Aktiver Erddruck e_{ag} und Erddruckkraft E_{ag} aus Bodeneigenlast bei Fußpunktdrehung und Zerlegung in ihre Vertikal- und Horizontalkomponenten

Die in Abb. 10-28 gezeigten Erddruckverteilungen lassen erkennen, dass die nach E DIN 4085 rechnerisch anzusetzenden Verteilungen mehr oder weniger grobe Vereinfachungen der wirklich zu erwartenden Verteilungen darstellen. Die in den Abbildungen verwendete Erddruckgröße e_{agh} ist der Maximalwert der horizontalen Erddruckkomponente bei dreiecksförmiger Verteilung, die zur Fußpunktdrehung der Wand gehört. Ihre Größe ist auf die Vertikalebene bezogen und ergibt sich aus

$$e_{agh} = \frac{2}{h} \cdot E_{agh} = h \cdot \gamma \cdot K_{agh} \qquad \text{Gl. 10-82}$$

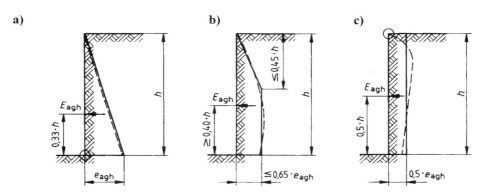

Abb. 10-28 Aktive Erddrücke aus Bodeneigenlast bei verschiedenen, zum Erdreich gerichteten Wandbewegungen nach [L 53] (———— rechnerische; ------- tatsächliche)
a) Drehung um Fußpunkt b) Parallele Bewegung c) Drehung um Kopfpunkt

Zwischen dem Erddruck e_{ag} und seinen horizontalen und vertikalen Komponenten e_{agh} und e_{agv} gelten die Beziehungen (siehe hierzu Abb. 10-29)

$$e_{ag} = h \cdot \gamma \cdot K_{ag} = \frac{e_{agh}}{\cos(\alpha + \delta_a)}$$

$$= h \cdot \gamma \cdot \frac{K_{agh}}{\cos(\alpha + \delta_a)} = \frac{e_{agv}}{\sin(\alpha + \delta_a)} \qquad \text{Gl. 10-83}$$

bzw.

$$e_{agh} = e_{ag} \cdot \cos(\alpha + \delta_a)$$
$$e_{agv} = e_{ag} \cdot \sin(\alpha + \delta_a) \qquad \text{Gl. 10-84}$$

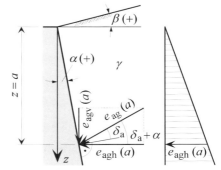

Abb. 10-29 Bezeichnungen für die Berechnung des aktiven Erddrucks (nach E DIN 4085)

Für Stützkonstruktionen mit nicht ebenen Wandflächen oder für gestütztes Erdreich mit nicht ebener Geländeoberfläche oder für oberflächenparallel geschichteten Boden werden in E DIN 4085, 6.3.1.2 Näherungen zur Erddruckberechnung angegeben, die für Fußpunktdrehungen der Wände gelten. Sollten andere Wandbewegungsarten (z. B. Kopfpunktdrehung) vorliegen, darf der jeweilige Erddruck gemäß der Tabelle 10-3 umgelagert werden; eine Umlagerung bei weichen bindigen oder locker gelagerten nichtbindigen Böden ist allerdings nicht zulässig.

Beispiele für die näherungsweise Bestimmung des Erddrucks sind in Abb. 10-30 für Stützkonstruktionen mit gebrochenen Wandflächen und in Abb. 10-31 für Wände mit Rücksprüngen (z. B. Winkelstützwände) dargestellt. Abb. 10-31 lässt erkennen, dass der Erddruck entweder auf der Fläche ABCD oder als Näherung gemäß Abb. 10-25 b) im Schnitt DE angesetzt werden darf.

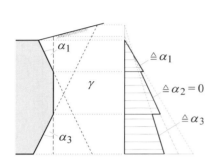

Abb. 10-30 Näherungsweise Ermittlung des aktiven Erddrucks bei gebrochener Wandfläche und Fußpunktdrehung (nach E DIN 4085)

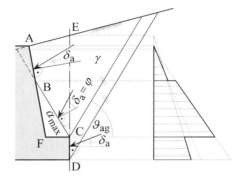

Abb. 10-31 Näherungsweise Ermittlung des aktiven Erddrucks bei einem Rücksprung in der Wand und Fußpunktdrehung (nach E DIN 4085)

Für den Fall einer nicht ebenen Geländeoberfläche gibt Abb. 10-32 eine Näherung der Erddruckermittlung an. Wie schon bei den Fällen mit nicht ebenen Wandflächen wird auch hier der Erddruck bereichsweise berechnet, wobei der einzelne Bereich wie im Falle einer ebenen Wandfläche behandelt wird.

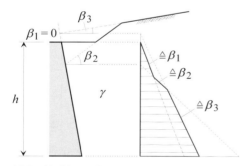

Abb. 10-32 Näherungsweise Ermittlung des aktiven Erddrucks bei nicht ebener Geländeoberfläche und Fußpunktdrehung (nach E DIN 4085)

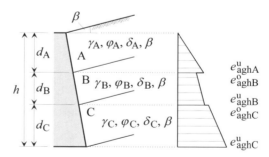

Abb. 10-33 Näherungsweise Ermittlung des aktiven Erddrucks bei oberflächenparallel geschichtetem Boden und einer Fußpunktdrehung der Wand (nach E DIN 4085)

In Fällen, in denen hinter der Wand oberflächenparallel geschichteter Boden ansteht, kann die Erddruckverteilung näherungsweise Schicht für Schicht gemäß Abb. 10-33 ermittelt werden.

Die am unteren Rand (oberer Index u) und am oberen Rand (oberer Index o) der einzelnen Schichten auftretenden Erddrücke begrenzen den linearen Erddruckverlauf in der jeweiligen Schicht und berechnen sich mit Gl. 10-85, aus der entnommen werden kann, dass die Größe der Differenz der Erddrücke zwischen unterem und oberem Rand benachbarter Schichten (sprunghafter Wechsel an den Schichtgrenzen) von der Differenz der zu den Schichten gehörenden Erddruckbeiwerte abhängt und dass die überlagernden Schichten jeweils als Auflast der überlagerten Schicht angesetzt werden.

$$\begin{aligned}
e_{aghA}^{u} &= \gamma_A \cdot d_A \cdot K_{aghA} \\
e_{aghB}^{o} &= \gamma_A \cdot d_A \cdot K_{aghB} \\
e_{aghB}^{u} &= (\gamma_A \cdot d_A + \gamma_B \cdot d_B) \cdot K_{aghB} \\
e_{aghC}^{o} &= (\gamma_A \cdot d_A + \gamma_B \cdot d_B) \cdot K_{aghC} \\
e_{aghC}^{u} &= (\gamma_A \cdot d_A + \gamma_B \cdot d_B + \gamma_C \cdot d_C) \cdot K_{aghC}
\end{aligned}$$

Gl. 10-85

10.9.4 Vertikale Flächen- und Linienlasten auf ebener Geländeoberfläche

Eine auf die Grundrissfläche bezogene gleichmäßig verteilte Belastung p_v, die auf die hinter der Bauwerkswand anstehende Geländeoberfläche einwirkt, mobilisiert in homogenem Boden einen Erddruck (Index p), der näherungsweise durch eine gleichförmige Verteilung erfasst werden kann (vgl. Abb. 10-34). Mit dem Erddruckbeiwert

$$K_{ap} = K_{ag} \cdot \frac{\cos\alpha \cdot \cos\beta}{\cos(\alpha - \beta)}$$

Gl. 10-86

lautet die Gleichung zur Berechnung der entsprechenden Erddruckkraft pro lfdm Wand infolge der Belastung p_v

$$E_{ap} = h \cdot e_{ap} = h \cdot p_v \cdot K_{ap}$$

Gl. 10-87

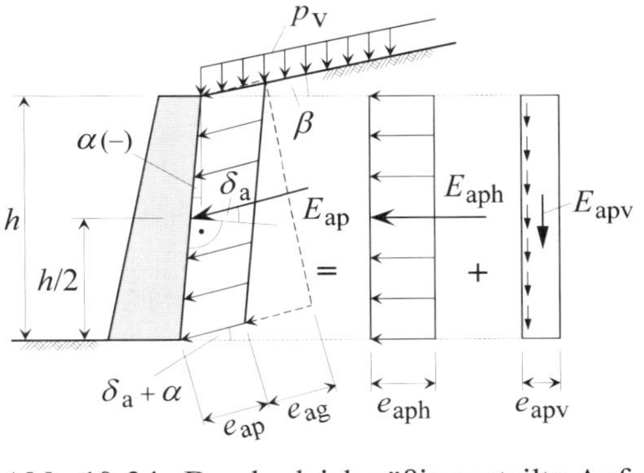

Zur Ermittlung der horizontalen und vertikalen Komponenten der Erddruckkräfte des aktiven und passiven Erddrucks dienen der Erddruckbeiwert

$$K_{aph} = K_{agh} \cdot \frac{\cos\alpha \cdot \cos\beta}{\cos(\alpha - \beta)}$$

Gl. 10-88

sowie die beiden Gleichungen

$$E_{aph} = p_v \cdot h \cdot K_{aph} = p_v \cdot h \cdot K_{agh} \cdot \frac{\cos\alpha \cdot \cos\beta}{\cos(\alpha - \beta)}$$

Gl. 10-89

und

Abb. 10-34 Durch gleichmäßig verteilte Auflast p_v mobilisierter aktiver Erddruck e_{ap} mit Erddruckkraft E_{ap} und ihre Zerlegung in die Vertikal- und Horizontalkomponenten (--- gleichzeitig wirkender aktiver Erddruck aus Bodeneigenlast bei Drehung um Fußpunkt)

$$E_{apv} = E_{aph} \cdot \tan(\delta_a + \alpha) = p_v \cdot h \cdot K_{aph} \cdot \tan(\delta_a + \alpha)$$
$$= p_v \cdot h \cdot K_{agh} \cdot \frac{\cos\alpha \cdot \cos\beta \cdot \tan(\delta_a + \alpha)}{\cos(\alpha - \beta)} \qquad \text{Gl. 10-90}$$

Die horizontalen und vertikalen Komponenten des durch die Auflast p_v hervorgerufenen Erddrucks haben, bezogen auf die Vertikalebene, die Größen

$$e_{aph} = \frac{1}{h} \cdot E_{aph} = p_v \cdot K_{agh} \cdot \frac{\cos\alpha \cdot \cos\beta}{\cos(\alpha - \beta)} \qquad \text{Gl. 10-91}$$

und

$$e_{apv} = \frac{1}{h} \cdot E_{apv} = p_v \cdot K_{agh} \cdot \frac{\cos\alpha \cdot \cos\beta \cdot \tan(\delta_a + \alpha)}{\cos(\alpha - \beta)} \qquad \text{Gl. 10-92}$$

Die obigen Gleichungen gelten sowohl für die Fälle von Flächenlasten p_v, die sich hinter der Wand unbegrenzt ausdehnen als auch für Belastungen, die von der Wand bis zum Austritt der unter dem Winkel ϑ_{ag} geneigten Gleitfläche reichen (vgl. auch Tabelle 10-7). Liegt die Belastung p_v außerhalb des Bereichs zwischen Wand und dem Austritt der unter dem Winkel φ geneigten Fläche (vgl. Abb. 10-35) beeinflusst sie den Erddruck auf die Wand nicht mehr. Erddrücke, die zu Flächenlasten

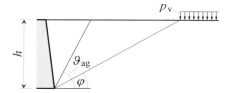

Abb. 10-35 Lage der den Erddruck auf die Wand nicht beeinflussenden Belastung p_v

p_v gehören, die in dem Bereich zwischen dem Austritt der unter den Winkeln ϑ_{ag} und φ geneigten Gleitflächen liegen, sind nach Tabelle 10-7, Zeile 3 zu berechnen.

Parallel zur Wand verlaufende Linienlasten V und Streifenlasten p_v' auf der Geländeoberfläche erzeugen bereichsweise Erhöhungen der durch die Bodeneigenlast hervorgerufenen Erddrücke. Ihre näherungsweise Erfassung ist u. a. von der Lastgröße abhängig, da große Lasten „eigene" Gleitflächen, so genannte „Zwangsgleitflächen", erzwingen können (vgl. WEIẞENBACH [L 185]).

Kann davon ausgegangen werden, dass der Ersatz einer unregelmäßigen Belastung durch eine über die Länge der Gleitkeiloberfläche gleichmäßig verteilte Belastung p_v'' einigermaßen vertretbar ist (siehe als Beispiel Abb. 10-36) und dass sich mit der Bodenwichte γ und der Wandhöhe h

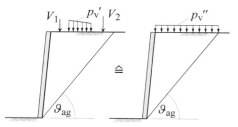

Abb. 10-36 Äquivalent von unregelmäßiger und gleichmäßig verteilter Belastung p_v''

$$p_v'' \leq \frac{\gamma \cdot h}{4} \qquad \text{Gl. 10-93}$$

ergibt, dürfen nach GUDEHUS [L 127] der Erddruck und die Erddruckkraft infolge von p_v' näherungsweise gemäß Abschnitt 10.9.4 berechnet werden.

Für größere Belastungen ergeben sich durch die angegebene Vorgehensweise zu geringe Erddrücke im oberflächennahen Bereich. Handelt es sich bei den Wänden um nicht gestützte Konstruktionen, lassen sich Erddruckverteilungen annehmen, wie sie z. B. von WEIẞENBACH in [L 185] vorgeschlagen werden. So kann etwa für eine Linienlast V die aktive Erddruckverteilung gemäß Abb. 10-37 angenommen werden, wenn durch die Lastgröße keine Gleitfläche erzwungen wird (Zwangsgleitfläche) und somit die Neigung ϑ_{ag} der Erddruckgleitfläche aus der Eigenlast des Bodens nicht verändert wird. Die Abmessungen h_{fo} und h_f ergeben sich dann aus

$$h_{fo} = b_V \cdot (\tan \varphi - \tan \beta)$$
$$h_f = b_V \cdot (\tan \vartheta_{ag} - \tan \varphi)$$

Gl. 10-94

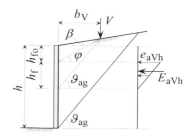

Abb. 10-37 Horizontalkomponenten von Erddruck und Erddruckkraft infolge der Linienlast V bei Fußpunktdrehung der Wand (nach WEIẞENBACH [L 185])

und die maximale horizontale Erddruckkomponente und die zugehörige Erddruckkraft aus

$$e_{aVh} = \frac{2}{h_f} \cdot E_{aVh} = \frac{2}{h_f} \cdot V \cdot \frac{\sin(\vartheta_{ag} - \varphi) \cdot \cos \delta_a}{\cos(\vartheta_{ag} - \varphi - \delta_a)}$$

Gl. 10-95

Besitzt die Wand einen Wandneigungswinkel $\alpha \neq 0°$, ist Gl. 10-95 durch

$$e_{aVh} = \frac{2}{h_f} \cdot E_{aVh} = \frac{2}{h_f} \cdot V \cdot \frac{\sin(\vartheta_{ag} - \varphi) \cdot \cos(\alpha + \delta_a)}{\cos(\vartheta_{ag} - \alpha - \delta_a - \varphi)}$$

Gl. 10-96

zu ersetzen.

Nach Gl. 10-96 kann die Erddruckkraft E_{avh} auch dann berechnet werden, wenn sie durch eine kurze Streifenlast (kann wie Punktlast behandelt werden) hervorgerufen wird, und wenn die über die Länge l^r (vgl. Abb. 10-38) sich erstreckende Ersatzstreifenlast in eine entsprechende Linienlast V umgerechnet wurde. E_{avh} darf in einem solchen Fall über die Länge l^r gleichmäßig verteilt werden. Innerhalb von l^r wirkt dann pro lfdm Wandlänge die Größe

$$E^r_{aVh} = E_{aVh} \cdot \frac{l}{l^r}$$

Gl. 10-97

Hinsichtlich der Verteilung des entsprechenden Erddrucks ist auf Abb. 10-37 zu verweisen.

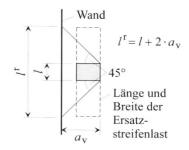

Abb. 10-38 Lastverteilungsbereich einer kurzen Streifenlast und Abmessungen einer Ersatzstreifenlast in der Draufsicht (nach E DIN 4085)

Weitere Möglichkeiten zur Erfassung der Beeinflussung des Erddrucks sind außer bei WEIẞENBACH [L 185] z. B. in EAB [L 106] und in der nachstehenden Tabelle 10-7 zu finden.

Tabelle 10-7 Größe der Erddruckkraft aus Streifen- oder Linienlasten E_{aVh} bzw. E_{aph} und die Verteilung des Erddrucks (nach E DIN 4085, Anhang B)

Zeile	Art der Auflast	Größe der Erddruckkraft E_{aVh} bzw. E_{aph}	Erddruckverteilung bei Wandbewegung a) nach Tabelle 10-3 [a]
1		$E_{aph} = h \cdot e_{aph}$ $e_{aph} = p_v \cdot K_{aph}$	
2		$V = p_v \cdot b$ für $\vartheta_a = \vartheta_{ag}$ gilt: ϑ_a nach Gl. 10-80 E_{aVh} nach Gl. 10-96 für $\vartheta_a \neq \vartheta_{ag}$ gilt: das Maximum von E_{aVh} ist durch Variation von ϑ_a zu ermitteln	$h'_f = \dfrac{2 \cdot E_{aVh}}{e_{aph}} - h_f$ für $h'_f \leq 0$ gilt: $e_{aph} = \dfrac{2 \cdot E_{aVh}}{h_f}$

Fortsetzung der Tabelle auf der nächsten Seite

Fortsetzung der Tabelle 10-7

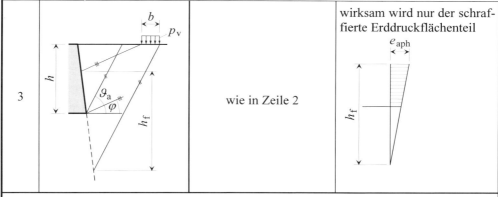

3		wie in Zeile 2	wirksam wird nur der schraffierte Erddruckflächenteil

a Bei Wandbewegungen b), c) und d) nach Tabelle 10-3 ist die Erddruckkraft E_{aVh} innerhalb des Wandbereichs h_f gleichmäßig zu verteilen.

Anwendungsbeispiel

Für die in Abb. 10-39 gezeigte Ortbetonwand mit lotrechter Wandfläche ($\alpha = 0$) und horizontaler Geländeoberfläche ($\beta = 0$) ist der aktive Erddruck zu ermitteln. Der Berechnung ist die Annahme zugrunde zu legen, dass die Wand eine Fußpunktdrehung ausführt.

Lösung

Für raue Wandbeschaffenheit gilt nach Tabelle 10-1

$$\delta = \delta_a = \frac{2}{3} \cdot \mathrm{cal}\, \varphi'_k$$

Erddruckbeiwerte

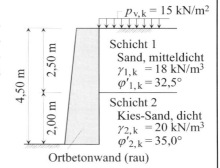

Abb. 10-39 System und Materialkenngrößen für die Erddruckberechnung

Mit $\alpha = 0$, $\beta = 0$ und $\delta_a = \tfrac{2}{3} \cdot \mathrm{cal}\, \varphi'_k$ ergeben sich aus Tabelle 10-6 die Werte

$K_{agh,1} = 0{,}2506$
$K_{agh,2} = 0{,}2244$

Charakteristische Erddruckkräfte auf Wand (Gl. 10-77, Gl. 10-89 und Gl. 10-90)
Schicht 1

$$E_{ah,1,k} = E_{agh,1,k} + E_{aph,1,k} = 0{,}5 \cdot \gamma_{1,k} \cdot h_1^2 \cdot K_{agh,1} + p_v \cdot h_1 \cdot K_{agh,1}$$
$$= 0{,}5 \cdot 18 \cdot 2{,}5^2 \cdot 0{,}2506 + 15 \cdot 2{,}5 \cdot 0{,}2506 = 14{,}10 + 9{,}40 = 23{,}50 \text{ kN/lfdm}$$

Kraftangriff von $E_{ah,1,k}$ über der Sohlfuge = $(14{,}10 \cdot 2{,}83 + 9{,}40 \cdot 3{,}25)/23{,}50 = 3{,}00$ m

$$E_{av,1,k} = E_{agv,1,k} + E_{apv,1,k} = E_{agh,1,k} \cdot \tan\delta_{a,1} + E_{aph,1,k} \cdot \tan\delta_{a,1}$$
$$= 14{,}10 \cdot \tan(\tfrac{2}{3} \cdot 32{,}5°) + 9{,}40 \cdot \tan(\tfrac{2}{3} \cdot 32{,}5°) = 5{,}60 + 3{,}73 = 9{,}33 \text{ kN/lfdm}$$

Schicht 2
$$q = p_v + \gamma_{1,k} \cdot h_1 = 15 + 18 \cdot 2{,}5 = 60 \text{ kN/m}^2$$
$$E_{ah,2,k} = E_{agh,2,k} + E_{aqh,2,k} = 0{,}5 \cdot \gamma_{2,k} \cdot h_2^2 \cdot K_{agh,2} + q \cdot h_2 \cdot K_{agh,2}$$
$$= 0{,}5 \cdot 20 \cdot 2{,}0^2 \cdot 0{,}2244 + 60 \cdot 2{,}0 \cdot 0{,}2244 = 8{,}98 + 26{,}93 = 35{,}91 \text{ kN/lfdm}$$

Kraftangriff von $E_{ah,2}$ über der Sohlfuge = $(8{,}98 \cdot 2{,}0/3 + 26{,}93 \cdot 1{,}0)/35{,}91 = 0{,}92$ m
$$E_{av,2,k} = E_{agv,2,k} + E_{aqv,2,k} = E_{agh,2,k} \cdot \tan\delta_{a,2} + E_{aqh,2,k} \cdot \tan\delta_{a,2}$$
$$= 8{,}98 \cdot \tan(\tfrac{2}{3} \cdot 35°) + 26{,}93 \cdot \tan(\tfrac{2}{3} \cdot 35°) = 3{,}87 + 11{,}62 = 15{,}49 \text{ kN/lfdm}$$

Charakteristische Erddruckgrößen (Gl. 10-82, Gl. 10-85, Gl. 10-91 und Gl. 10-92)

Schicht 1 (oben und unten)
$$e_{ah,1,k}^o = e_{aph,1,k}^o = \frac{E_{aph,1}}{h_1} = \frac{9{,}40}{2{,}5} = 3{,}76 \text{ kN/m}^2$$

$$e_{ah,1,k}^u = e_{agh,1,k}^u + e_{aph,1,k}^u = 2 \cdot \frac{E_{agh,1}}{h_1} + \frac{E_{aph,1}}{h_1}$$
$$= 2 \cdot \frac{14{,}10}{2{,}5} + \frac{9{,}40}{2{,}5} = 11{,}28 + 3{,}76 = 15{,}04 \text{ kN/m}^2$$

$$e_{av,1,k}^o = e_{apv,1,k}^o = \frac{E_{apv,1}}{h_1} = \frac{3{,}73}{2{,}5} = 1{,}49 \text{ kN/m}^2$$

$$e_{av,1,k}^u = e_{agv,1,k}^u + e_{apv,1,k}^u = 2 \cdot \frac{E_{agv,1}}{h_1} + \frac{E_{apv,1}}{h_1}$$
$$= 2 \cdot \frac{5{,}60}{2{,}5} + \frac{3{,}73}{2{,}5} = 4{,}48 + 1{,}49 = 5{,}97 \text{ kN/m}^2$$

Schicht 2 (oben und unten)
$$e_{ah,2,k}^o = e_{aqh,2,k}^o = \frac{E_{aqh,2}}{h_2} = \frac{26{,}93}{2{,}0} = 13{,}47 \text{ kN/m}^2$$

$$e_{ah,2,k}^u = e_{agh,2,k}^u + e_{aqh,2,k}^u = 2 \cdot \frac{E_{agh,2}}{h_2} + \frac{E_{aqh,2}}{h_2}$$
$$= 2 \cdot \frac{8{,}98}{2{,}0} + \frac{26{,}93}{2{,}0} = 8{,}98 + 13{,}47 = 22{,}45 \text{ kN/m}^2$$

$$e_{av,2,k}^o = e_{aqv,2,k}^o = \frac{E_{aqv,2}}{h_2} = \frac{11{,}62}{2{,}0} = 5{,}81 \text{ kN/m}^2$$

$$e^u_{av,2,k} = e^u_{agv,2,k} + e^u_{aqv,2,k} = 2 \cdot \frac{E_{agv,2}}{h_2} + \frac{E_{aqv,2}}{h_2}$$

$$= 2 \cdot \frac{3{,}87}{2{,}0} + \frac{11{,}62}{2{,}0} = 3{,}87 + 5{,}81 = 9{,}68 \text{ kN/m}^2$$

Alle berechneten Erddruckgrößen sind in Abb. 10-40 dargestellt.

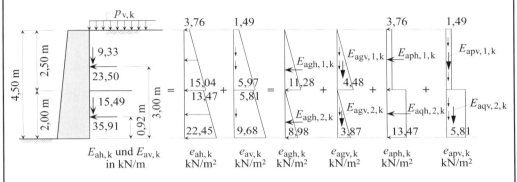

Abb. 10-40 Ergebnisdarstellung des Anwendungsbeispiels

10.9.5 Erddruckanteil aus Kohäsion

Die Berechnung des Erddruckanteils aus Kohäsion basiert auf den Gleichungen aus dem Beitrag „Grundbaumechanik" von OHDE in [L 131]. Darin wird davon ausgegangen, dass sich eine ebene Gleitfläche einstellt, die mit der Horizontalen den Neigungswinkel

$$\vartheta_a = 45° + \frac{1}{2} \cdot (\varphi + \delta_a - \alpha + \beta) \qquad \text{Gl. 10-98}$$

einschließt. Weiterhin wird unterstellt, dass
- die Kohäsion in der gesamten Gleitfläche die gleiche Größe c aufweist
- der Einfluss der Kohäsion getrennt von dem Eigenlast-Erddruck berechnet werden kann (siehe hierzu Abschnitt 10.8.3).

Für eine Wand der Höhe h ergibt sich damit pro lfdm die Horizontalkomponente des Erddruckkraftanteils infolge von Kohäsion zu

$$E_{ach} = -h \cdot c \cdot K_{ach} \qquad \text{Gl. 10-99}$$

(aktive Erddruckkraft E_{ach} ist Zugkraft!), wobei der Erddruckbeiwert mit

$$K_{ach} = \frac{2 \cdot \cos\varphi \cdot \cos(\alpha - \beta) \cdot \cos(\alpha + \delta_a)}{[1 + \sin(\varphi + \alpha + \delta_a - \beta)] \cdot \cos\alpha}$$

$$= \frac{2 \cdot \cos\varphi \cdot \cos\beta \cdot (1 + \tan\alpha \cdot \tan\beta) \cdot \cos(\alpha + \delta_a)}{1 + \sin(\varphi + \alpha + \delta_a - \beta)} \qquad \text{Gl. 10-100}$$

berechnet werden kann. Einige dieser Beiwerte sind für diskrete Werte des Reibungswinkels φ, des Wandneigungswinkels α, des Geländeneigungswinkels β und des Neigungswinkels des Erddrucks δ_a in Tabelle 10-8 zusammengestellt. Eine Auswahl von Verläufen der von φ und δ_a abhängigen Funktion K_{agh} ($\alpha = \beta = 0$ gesetzt) ist in der Abb. 10-41 dargestellt.

Tabelle 10-8 Erddruckbeiwerte K_{ach} für ebene Gleitflächen und diskrete Werte des Reibungswinkels φ, des Neigungswinkels δ_a der Erddrücke sowie des Wand- und des Geländeneigungswinkels α und β

φ' (in °)	α (in °)	K_{ach}							
		$\delta_a = 0$		$\delta_a = \frac{1}{2} \cdot \varphi'$		$\delta_a = \frac{2}{3} \cdot \varphi'$		$\delta_a = \varphi'$	
		$\beta = 0°$	$\beta = 10°$	$\beta = 0°$	$\beta = 10°$	$\beta = 0°$	$\beta = 10°$	$\beta = 0°$	$\beta = 10°$
15,0	0	1,535	1,750	1,385	1,551	1,337	1,488	1,244	1,369
	−10	1,750	1,989	1,587	1,765	1,535	1,696	1,434	1,565
17,5	0	1,466	1,662	1,307	1,451	1,256	1,385	1,156	1,259
	−10	1,662	1,874	1,490	1,641	1,435	1,569	1,329	1,433
20,0	0	1,400	1,577	1,234	1,358	1,180	1,290	1,075	1,159
	−10	1,577	1,766	1,400	1,528	1,344	1,455	1,234	1,316
22,5	0	1,336	1,496	1,165	1,272	1,109	1,202	1,000	1,068
	−10	1,496	1,664	1,317	1,424	1,259	1,350	1,146	1,210
25,0	0	1,274	1,418	1,100	1,192	1,043	1,121	0,930	0,985
	−10	1,418	1,567	1,239	1,328	1,181	1,255	1,066	1,114
27,5	0	1,214	1,343	1,038	1,117	0,981	1,046	0,865	0,908
	−10	1,343	1,475	1,166	1,240	1,107	1,167	0,991	1,026
30,0	0	1,155	1,271	0,980	1,047	0,922	0,976	0,804	0,837
	−10	1,271	1,387	1,097	1,157	1,038	1,085	0,922	0,945
32,5	0	1,097	1,201	0,924	0,981	0,866	0,910	0,746	0,770
	−10	1,201	1,303	1,031	1,080	0,974	1,009	0,857	0,871
35,0	0	1,041	1,134	0,871	0,918	0,813	0,848	0,692	0,708
	−10	1,134	1,223	0,969	1,008	0,913	0,939	0,796	0,802
37,5	0	0,986	1,069	0,820	0,859	0,762	0,790	0,640	0,650
	−10	1,069	1,146	0,911	0,940	0,855	0,873	0,738	0,738
40,0	0	0,9326	1,006	0,772	0,803	0,714	0,735	0,591	0,596
	−10	1,006	1,073	0,854	0,876	0,800	0,811	0,684	0,679

Die Betrachtung der Tabellenwerte lässt erkennen, dass die K_{ach}-Werte bei zunehmender Größe der Geländeneigungswinkel β bzw. bei abnehmender Größe der Wandneigungswinkel α größer werden. Die Größe der K_{ach}-Werte verringert sich hingegen bei zunehmender Größe der Reibungswinkel φ' und der Neigungswinkel δ_a der Erddrücke (vgl. hierzu auch Abb. 10-41).

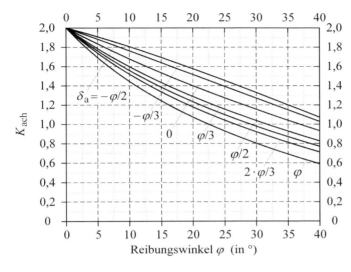

Abb. 10-41 Erddruckbeiwerte K_{ach} (aktiver Erddruck) für ebene Gleitflächen und für $\alpha = \beta = 0$ (nach E DIN 4085, Anhang B)

Wird die Scherfestigkeit an undränierten Bodenproben bestimmt, sind die Kohäsion $c = c_u$ und der Reibungswinkel $\varphi = 0$ zu verwenden. In solchen Fällen hat der Erddruckbeiwert bei senkrechter Wand und horizontalem Gelände die Größe (vgl. Abb. 10-41)

$$K_{ach} = 2 \qquad \text{Gl. 10-101}$$

Mit Gl. 10-99 ergibt sich für die gesamte Erddruckkraft pro lfdm Wand

$$E_{ac} = \frac{E_{ach}}{\cos(\alpha + \delta_a)} = -h \cdot c \cdot K_{ac} = -h \cdot c \cdot \frac{K_{ach}}{\cos(\alpha + \delta_a)} \qquad \text{Gl. 10-102}$$

und ihre vertikale Komponente

$$E_{acv} = E_{ach} \cdot \tan(\alpha + \delta_a) \qquad \text{Gl. 10-103}$$

Der durch die Kohäsion bewirkte Erddruck ist bei homogenem Boden über die Wandhöhe gleichmäßig verteilt. Seine auf die Vertikalebene bezogene horizontale Komponente steht mit der horizontalen Erddruckkraft in der Beziehung

$$e_{ach} = \frac{1}{h} \cdot E_{ach} \qquad \text{Gl. 10-104}$$

Ein Beispiel ist für aktiven Erddruck in Abb. 10-42 gezeigt.

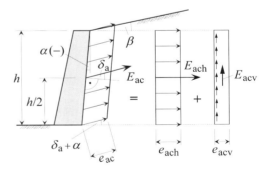

Abb. 10-42 Aktiver Erddruck e_{ac} und Erddruckkraft E_{ac} aus Kohäsion und ihre Zerlegung in die Vertikal- und Horizontalkomponenten

Nimmt der Erddruck im oberen Bereich der Wand aufgrund des Kohäsionseinflusses sehr kleine Werte an, wird nach E DIN 4085, 6.3.1.4 in der Regel der Mindesterddruck maßgebend, der bei der Berechnung von Stützkonstruktionen nicht unterschritten werden darf. Dieser anzusetzende Erddruck ergibt sich bei der Annahme einer Scherfestigkeit für $\varphi = 40°$ und $c = 0$ und infolge der Eigenlast des Bodens bei Beibehaltung der geometrischen Größen und der Erddruckneigung.

Der Beiwert für die Berechnung des Mindesterddrucks berechnet sich mit

$$K^*_{agh} = K_{agh}(\varphi = 40°) \qquad \text{Gl. 10-105}$$

In Fällen in denen $p_v \cdot K_{aph} - c \cdot K_{ach} \leq 0$ gilt, ist der Mindesterddruck entsprechend Abb. 10-43 bis zur Tiefe

$$z^* = \frac{c \cdot K_{ach} - p_v \cdot K_{aph}}{\gamma \cdot (K_{agh} - K^*_{agh})} \qquad \text{Gl. 10-106}$$

anzusetzen. Darüber hinaus ist auch für tiefer liegende Schichten zu prüfen, ob der Mindesterddruck maßgebend ist.

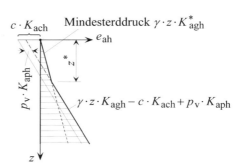

Abb. 10-43 Anzusetzender Mindesterddruck (nach E DIN 4085)

Mit dem Bereich des Bodens, in dem Kohäsion angesetzt werden sollte, beschäftigen sich u. a. GUDEHUS in [L 120], Kapitel 10.1, WEIßENBACH in [L 185] und KÉZDI in [L 142]. Bezüglich der Überlagerung der Erddrücke aus Bodeneigenlast und Kohäsion siehe z. B. EAB [L 106].

10.10 Passiver Erddruck gemäß E DIN 4085

Für die Ermittlung des passiven Erddrucks werden in der Regel gekrümmte oder entsprechende, aus ebenen Gleitflächenabschnitten zusammengesetzte Gleitflächen angenommen (vgl. Abb. 10-44). Nur für den Sonderfall, in dem $\alpha = \beta = \delta_p = 0$ gilt, werden den Berechnungen in E DIN 4085, Abschnitt 6.5 ebene Gleitflächen mit den Neigungswinkeln

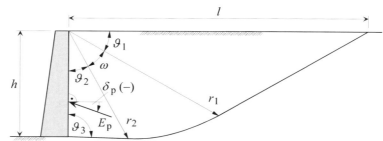

Abb. 10-44 Gleitflächenform für passiven Erddruck bei $\alpha = \beta = 0$ (nach E DIN 4085 und SOKOLOVSKII [L 176])

$$\vartheta_{pg} = 45° - \frac{\varphi}{2} \qquad \text{Gl. 10-107}$$

zugrunde gelegt.

Maßgebend ist jeweils die Gleitfläche, für die die passive Erddruckkraft am kleinsten ist.

Soll sich z. B. bei locker gelagerten nichtbindigen Böden hinter einer Wand passiver Erddruck einstellen, muss nach E DIN 4085

▶ die bezogene Wandbewegung (s_p/h) bei paralleler Bewegung der Wand einen Wert von 0,05 bis 0,1 erreicht haben (vgl. Tabelle 10-9)

was dem 2,5 bis 5fachen der Wandbewegung entspricht, die, bei sonst gleichen Bedingungen, zur Erzeugung aktiven Erddrucks erforderlich ist (vgl. Tabelle 10-3).

Tabelle 10-9 Anhaltswerte (gelten für $\alpha = \beta = 0°$) für die zur Erzeugung des passiven Grenzzustands erforderlichen Wandbewegungen s_p und die Verteilung des Erddrucks e_{pgh} aus Bodeneigenlast für verschiedene Wandbewegungsarten (nach E DIN 4085, Anhang B)

Art der Wandbewegung	Erddruckkraft E_{pgh}		vereinfachte Erddruckverteilung
	bezogene Wandbewegung s_p/h		
	lockere Lagerung	dichte Lagerung	
a) Drehung um den Wandfuß	0,07 bis 0,25	0,05 bis 0,10	quadratische Parabel $E_{pgh}^a = \frac{2}{3} \cdot E_{pgh}^b$ $0,5 \cdot e_{pgh}^b$
b) parallele Bewegung	0,05 bis 0,10	0,03 bis 0,06	$E_{pgh}^b = \frac{1}{2} \cdot \gamma \cdot h^2 \cdot K_{pgh}$ e_{pgh}^b
c) Drehung um den Wandkopf	0,06 bis 0,15	0,05 bis 0,06	quadratische Parabel $E_{pgh}^c = E_{pgh}^b$ ($\varphi=0°$) $E_{pgh}^c = 0,7 \cdot E_{pgh}^b$ ($\varphi=40°$) $1,5 \cdot e_{pgh}^b$ ($\varphi=0°$) $1,05 \cdot e_{pgh}^b$ ($\varphi=40°$) Für Zwischenwerte von φ kann geradlinig interpoliert werden!

10.10.1 Formeln für Erddrücke und Erddruckkräfte infolge Bodeneigenlast

Für die Berechnung der auf die Wandlänge bezogenen Erddruckkräfte E (Angabe in kN pro lfdm Wand) werden in E DIN 4085, Abschnitt 6.5 Formeln bereitgestellt, deren Indizes nachstehende Bedeutung haben:

p   passive Wirkung
g   verursacht durch Bodeneigenlast
c   verursacht durch Kohäsion
h   horizontal gerichtet
v   vertikal gerichtet

Betrachtet wird eine Wand mit
- dem Wandneigungswinkel α (Angabe in °)
- der lotrechten Höhe h (Angabe in m) und
- dem Wandreibungswinkel δ (Angabe in °)

hinter der homogenes Bodenmaterial mit
- der Wichte γ des Bodens (Angabe in kN/m^3)
- dem Reibungswinkel φ des Bodens (Angabe in °) und
- dem Neigungswinkel β der Geländeoberfläche β (Angabe in °)

ansteht. Für diesen Fall lautet, bei Parallelbewegung der Wand, die Gleichung zur Ermittlung der horizontalen Komponenten des dreiecksförmig verteilten passiven Erddrucks (vgl. Tabelle 10-9) infolge der Bodeneigenlastwirkung

$$e_{pgh}(z) = z \cdot \gamma \cdot K_{pgh} \qquad \text{Gl. 10-108}$$

die Gleichung der entsprechenden vertikalen Erddruckkomponente

$$e_{pgv}(z) = e_{pgh}(z) \cdot \tan(\alpha + \delta_p) = z \cdot \gamma \cdot K_{pgh} \cdot \tan(\alpha + \delta_p) \qquad \text{Gl. 10-109}$$

die Gleichung des zu der horizontalen und vertikalen Komponente gehörenden resultierenden Erddrucks

$$e_{pg}(z) = \frac{e_{pgh}(z)}{\cos(\alpha + \delta_p)} = \frac{z \cdot \gamma \cdot K_{pgh}}{\cos(\alpha + \delta_p)} \qquad \text{Gl. 10-110}$$

die Gleichung der zugehörigen und für die Wandhöhe h geltenden horizontalen Erddruckkraftkomponente pro lfdm Wand (der obere Index b verweist auf die Wandbewegungsart b der Tabelle 10-9)

$$E_{pgh}^{b} = \frac{e_{pgh}(h) \cdot h}{2} = \frac{\gamma \cdot h^2 \cdot K_{pgh}}{2} \qquad \text{Gl. 10-111}$$

die Gleichung der entsprechenden vertikalen Erddruckkraftkomponente pro lfdm Wand

$$E_{pgv}^{b} = E_{pgh}^{b} \cdot \tan(\alpha + \delta_p) = \frac{\gamma \cdot h^2 \cdot K_{pgh}}{2} \cdot \tan(\alpha + \delta_p) \qquad \text{Gl. 10-112}$$

und die Gleichung der zu der horizontalen und vertikalen Komponente gehörenden resultierenden Erddruckkraft pro lfdm Wand

$$E_{pg}^{b} = \frac{E_{pgh}^{b}}{\cos(\alpha + \delta_p)} = \frac{\gamma \cdot h^2}{2} \cdot K_{pg} = \frac{\gamma \cdot h^2}{2} \cdot \frac{K_{pgh}}{\cos(\alpha + \delta_p)} \qquad \text{Gl. 10-113}$$

Im Sonderfall einer ebenen Gleitfläche ($\alpha = \beta = \delta_p = 0$) kann der in Gl. 10-108 bis Gl. 10-113 verwendete Erddruckbeiwert zur Erfassung der Wirkung der Bodeneigenlast mittels

$$K_{pgh} = \frac{1 + \sin \varphi}{1 - \sin \varphi}$$
$$= \tan^2\left(45° + \frac{\varphi}{2}\right) \qquad \text{Gl. 10-114}$$

berechnet werden (vgl. Abb. 10-45). Die Gleitfläche ist dabei gegen die Horizontale um den Winkel (Neigungswinkel)

$$\vartheta_p = 45° - \frac{\varphi}{2} \qquad \text{Gl. 10-115}$$

geneigt.

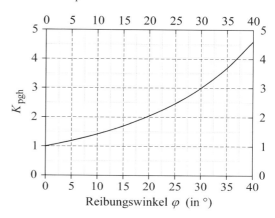

Abb. 10-45 Erddruckbeiwerte K_{pgh} (passiver Erddruck) für ebene Gleitflächen und für $\alpha = \beta = \delta_p = 0$

Da die Berechnung des passiven Erddrucks mit ebenen Gleitflächen bei Abweichungen von diesem Sonderfall zu große Werte liefert, müssen im Regelfall Erddruckbeiwerte verwendet werden, die auf gekrümmten oder aus ebenen Abschnitten zusammengesetzten Gleitflächen basieren. Für Gleitflächenformen, wie der in Abb. 10-44 dargestellten werden in E DIN 4085 Erddruckbeiwerte für den passiven Erddruck berechnet. Abb. 10-47 zeigt K_{pgh}-Verläufe für Wände mit senkrechter Rückwand ($\alpha = 0$) und horizontalem Gelände ($\beta = 0$). Gut zu erkennen ist die Zunahme der Größe der K_{pgh}-Werte mit wachsendem Reibungswinkel φ und abnehmendem Neigungswinkel δ_p der Erddrücke.

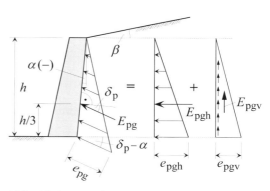

Abb. 10-46 Passiver Erddruck e_{pg} und Erddruckkraft E_{pg} aus Bodeneigenlast bei Parallelverschiebung und Zerlegung in Vertikal- und Horizontalkomponenten

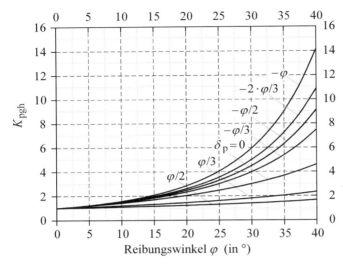

Abb. 10-47 Erddruckbeiwerte K_{pgh} (passiver Erddruck) für $\alpha = \beta = 0$ und für zusammengesetzte Gleitflächen nach SOKOLOVSKII [L 176] und PREGL [L 161] (nach E DIN 4085, Anhang B)

Erfährt die Wand statt der den Gl. 10-108 bis Gl. 10-113 zugrunde liegenden Parallelverschiebung eine Drehung um den Fußpunkt (Wandbewegungsart a in Tabelle 10-9), ist für den Fall $\alpha = \beta = 0$ die Horizontalkomponente der Erddruckkraft pro lfdm Wand näherungsweise mit

$$E_{pgh}^{a} = \frac{2}{3} \cdot E_{pgh}^{b} = \frac{\gamma \cdot h^2}{3} \cdot K_{pgh} \qquad \text{Gl. 10-116}$$

die entsprechende vertikale Erddruckkraftkomponente pro lfdm Wand mit

$$E_{pgv}^{a} = \frac{2}{3} \cdot E_{pgh}^{b} \cdot \tan(\alpha + \delta_p) = \frac{\gamma \cdot h^2 \cdot K_{pgh}}{3} \cdot \tan(\alpha + \delta_p) \qquad \text{Gl. 10-117}$$

und die zu der horizontalen und vertikalen Komponente gehörende resultierende Erddruckkraft pro lfdm Wand mit

$$E_{pg}^{a} = \frac{2}{3} \cdot \frac{E_{pgh}^{b}}{\cos(\alpha + \delta_p)} = \frac{\gamma \cdot h^2}{3} \cdot K_{pg} = \frac{\gamma \cdot h^2}{3} \cdot \frac{K_{pgh}}{\cos(\alpha + \delta_p)} \qquad \text{Gl. 10-118}$$

zu berechnen. Die Verteilungsform des zugehörigen Erddrucks entspricht in diesem Fall näherungsweise einer quadratischen Parabel (vgl. Tabelle 10-9).

Dreht die Wand nicht um den Fuß-, sondern um den Kopfpunkt (Wandbewegungsart c in Tabelle 10-9), ist für den Fall $\alpha = \beta = 0$ die Horizontalkomponente der Erddruckkraft pro lfdm Wand näherungsweise mit

$$E_{pgh}^{c} = E_{pgh}^{b} = 1{,}0 \cdot \frac{\gamma \cdot h^2}{2} \cdot K_{pgh} \qquad \text{für} \quad \varphi = 0°$$

$$E_{pgh}^{c} = 0{,}7 \cdot E_{pgh}^{b} = 0{,}7 \cdot \frac{\gamma \cdot h^2}{2} \cdot K_{pgh} \qquad \text{für} \quad \varphi = 40°$$

Gl. 10-119

zu berechnen (für Zwischenwerte des Reibungswinkels φ darf geradlinig interpoliert werden). Die Verteilung des zugehörigen Erddrucks folgt in diesem Fall näherungsweise einer quadratischen Parabel (vgl. Tabelle 10-9).

Die Ermittlung der zugehörigen vertikalen Erddruckkraftkomponente und der zu den Komponenten gehörenden resultierenden Erddruckkraft pro lfdm Wand kann in Analogie zur Gl. 10-117 und zur Gl. 10-118 erfolgen.

10.10.2 Vertikale Flächenlasten auf ebener Geländeoberfläche

Liegt eine auf die Grundrissfläche bezogene gleichmäßig verteilte vertikale Belastung p_v, der als eben vorausgesetzten Geländeoberfläche hinter der Bauwerkswand vor, wird, in Analogie zum aktiven Erddruckfall, in homogenem Boden eine Erddruckkraft mobilisiert, deren horizontale Komponente pro lfdm Wand mit

$$E_{pph} = p_v \cdot h \cdot K_{pph} \qquad \text{Gl. 10-120}$$

deren vertikale Komponente pro lfdm Wand mit

$$E_{ppv} = E_{pph} \cdot \tan(\delta_p + \alpha) = p_v \cdot h \cdot K_{pph} \cdot \tan(\delta_p + \alpha) \qquad \text{Gl. 10-121}$$

und die selbst pro lfdm Wand mit

$$E_{pp} = \frac{E_{pph}}{\cos(\alpha + \delta_p)} = p_v \cdot h \cdot K_{pp} = p_v \cdot h \cdot \frac{K_{pph}}{\cos(\alpha + \delta_p)} \qquad \text{Gl. 10-122}$$

berechnet werden kann. Die horizontalen und vertikalen Komponenten des durch die Auflast p_v hervorgerufenen Erddrucks haben, bezogen auf die Vertikalebene, die Größen

$$e_{pph} = \frac{1}{h} \cdot E_{pph} = p_v \cdot K_{pph} \qquad \text{Gl. 10-123}$$

und

$$e_{ppv} = \frac{1}{h} \cdot E_{ppv} = p_v \cdot K_{pph} \cdot \tan(\delta_p + \alpha) \qquad \text{Gl. 10-124}$$

Die Größe des resultierenden Erddrucks selbst ergibt sich zu

$$e_{pp} = \frac{1}{h} \cdot E_{pp} = \frac{1}{h} \cdot \frac{E_{pph}}{\cos(\alpha + \delta_p)} = p_v \cdot \frac{K_{pph}}{\cos(\alpha + \delta_p)} \qquad \text{Gl. 10-125}$$

Liegt im jeweiligen Fall eine Gleitflächenform wie z. B. die in Abb. 10-44 dargestellte vor, kann bezüglich der oben verwendeten Erddruckbeiwerte K_{pph} auf die in E DIN 4085 berechneten Werte zurückgegriffen werden. Abb. 10-47 zeigt K_{pph}-Verläufe für Wände mit senkrechter Rückwand ($\alpha = 0$) und horizontalem Gelände ($\beta = 0$). Gut zu erkennen ist die Zunahme der Größe der K_{pph}-Werte mit wachsendem Reibungswinkel φ und abnehmendem Neigungswinkel δ_p der Erddrücke.

Für den Sonderfall ebener Gleitflächen und $\alpha = \beta = \delta_p = 0$ gilt mit K_{pgh} aus Gl. 10-114

$$K_{pph} = K_{pgh} \qquad \text{Gl. 10-126}$$

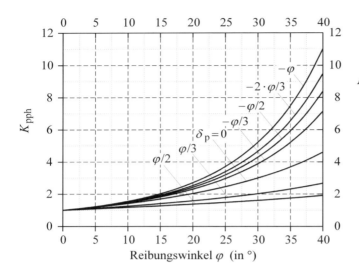

Abb. 10-48 Erddruckbeiwerte K_{pph} (passiver Erddruck) für $\alpha = \beta = 0$ und für zusammengesetzte Gleitflächen nach SOKOLOVSKII [L 176] und PREGL [L 161] (nach E DIN 4085, Anhang B)

10.10.3 Erddruckanteil aus Kohäsion

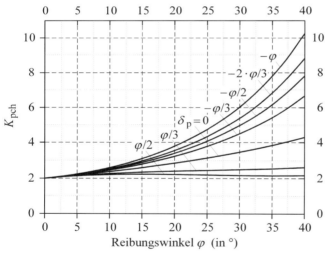

Abb. 10-49 Erddruckbeiwerte K_{pch} (passiver Erddruck) für $\alpha = \beta = 0$ und für zusammengesetzte Gleitflächen nach SOKOLOVSKII [L 176] und PREGL [L 161] (nach E DIN 4085, Anhang B)

Bei Bauwerkswänden in kohäsiven Böden wird der auf sie einwirkende passive Erddruck durch die Wirkung der Kohäsion c vergrößert. Für eine Wand der Höhe h ergibt sich pro lfdm Wand die Horizontalkomponente des Erddruckkraftanteils infolge von Kohäsion zu

$$E_{pch} = c \cdot h \cdot K_{pch} \qquad \text{Gl. 10-127}$$

wobei der Erddruckbeiwert K_{pch} im Sonderfall, in dem $\alpha = \beta = \delta_p = 0$ gilt, durch

$$K_{pch} = \frac{2 \cdot \cos \varphi}{1 - \sin \varphi} = 2 \cdot \sqrt{K_{pgh}} = 2 \cdot \sqrt{\frac{1 + \sin \varphi}{1 - \sin \varphi}} \qquad \text{Gl. 10-128}$$

berechnet werden kann. Wird von Gleitflächenformen wie z. B. der in Abb. 10-44 dargestellten ausgegangen, wird K_{pch} durch Größen erfasst, deren Funktionsverläufe z. B. in Abb. 10-49 für $\alpha = \beta = 0$ (senkrechte Wandflächen und horizontales Gelände) dargestellt sind.

Mit Gl. 10-127 ergibt sich für die gesamte Erddruckkraft pro lfdm Wand

$$E_{pc} = \frac{E_{pch}}{\cos(\alpha + \delta_p)} = h \cdot c \cdot K_{pc} = h \cdot c \cdot \frac{K_{pch}}{\cos(\alpha + \delta_p)} \qquad \text{Gl. 10-129}$$

und für ihre vertikale Komponente

$$E_{pcv} = E_{pch} \cdot \tan(\delta_p + \alpha) \qquad \text{Gl. 10-130}$$

Der durch die Kohäsion bewirkte Erddruck ist bei homogenem Boden über die Wandhöhe gleichmäßig verteilt. Seine auf die Vertikalebene bezogene horizontale Komponente steht mit der horizontalen Erddruckkraft in der Beziehung

$$e_{pch} = \frac{1}{h} \cdot E_{pch} = c \cdot K_{pch} \qquad \text{Gl. 10-131}$$

Für die zugehörige Vertikalkomponente gilt

$$e_{pcv} = \frac{1}{h} \cdot E_{pcv} = \frac{1}{h} \cdot E_{pch} \cdot \tan(\delta_p + \alpha) = c \cdot K_{pch} \cdot \tan(\delta_p + \alpha) \qquad \text{Gl. 10-132}$$

und für den resultierenden Erddruck selbst

$$e_{pc} = \frac{1}{h} \cdot E_{pc} = \frac{1}{h} \cdot \frac{E_{pch}}{\cos(\alpha + \delta_p)} = c \cdot K_{pc} = c \cdot \frac{K_{pch}}{\cos(\alpha + \delta_p)} \qquad \text{Gl. 10-133}$$

10.11 Grafische Bestimmung des Erddrucks nach CULMANN

Steht hinter der Stützkonstruktion Gelände an, dessen Oberfläche uneben ist und das ggf. durch ungleichmäßig verlaufende Auflasten belastet wird, ist es nach wie vor sinnvoll, grafische Methoden einzusetzen, mit deren Hilfe die Neigung der ebenen Gleitfläche und die zugehörige Erddruckkraft rasch ermittelt werden können.

Von den in früheren Zeiten verwendeten unterschiedlichen grafischen Verfahren zur Erddruckermittlung wird heute vor allem das Verfahren von CULMANN angewendet, mit dem die Erddruckkraft und der Gleitflächenwinkel bestimmt werden können.

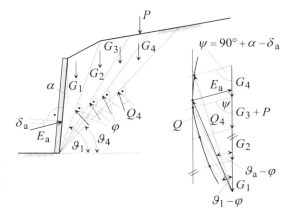

Abb. 10-50 Grafische Bestimmung der aktiven Erddruckkraft E_a und des Gleitflächenwinkels ϑ_a mit Hilfe von Kraftecken

Beim aktiven Erddruckfall basiert die Vorgehensweise auf dem Krafteck von Abb. 10-21, wobei der hinter der Wand anstehende Boden in einzelne, etwa gleich große Keile eingeteilt wird (vgl. Abb. 10-50). Danach ist das Gewicht dieser Keile einschließlich der zugehörigen Oberflächenlasten (im Fall von Abb. 10-50 ist dies die Linienlast P) bestimmt, was zu den Größen G_1, G_2, $G_3 + P$, ..., G_i führt.

Ausgehend von der Annahme, dass es sich bei der Trennfläche von zwei Erdkeilen um die maßgebliche Gleitfuge handelt, kann zu jeder der Ebenen (in der Darstellung sind es Linien) ein Krafteck gezeichnet werden, aus dem die zugehörigen Größen der aktiven Erddruckkraft, der Resultierenden Kraft Q in der Gleitfläche und der Neigungswinkel der Gleitfläche ablesbar sind. Werden die Endpunkte der Kraftgrößen Q_1, Q_2, ..., Q_i durch eine Kurve verbunden, ergibt sich die gesuchte maximale aktive Erddruckkraft E_a als die zum Scheitelpunkt dieser Kurve gehörende Erddruckkraft.

Neben der maximalen Erddruckkraft E_a ist auch der Winkel ($\vartheta_a - \varphi$) ablesbar. Aus ihm ergibt sich, mit dem bekannten Reibungswinkel φ, der Neigungswinkel ϑ_a der maßgeblichen Gleitfuge.

Die eigentliche Erddruckermittlung nach CULMANN (siehe Abb. 10-51) ergibt sich, wenn das Krafteck mit den Kräften E, G ($G_1 + G_2 + G_3 + P + ... + G_i$) und Q im Uhrzeigersinn um den Winkel (90° – φ) gedreht und mit seiner Spitze „A" in den Fußpunkt der Wand verschoben wird. G fällt dann mit der Böschungslinie zusammen, die mit der Horizontalen den Winkel φ einschließt und die Neigung der Kraft Q ist ϑ_a, d. h., die Wirkungslinie von Q liegt in der Gleitfläche. Da diese spezielle Lage von G und Q für alle angenommenen Gleitfugen gilt, können die gesuchten Erddruckgrößen wie folgt ermittelt werden.

Begonnen wird mit der Auftragung von Geraden, die von den einzelnen Endpunkten der auf der Böschungslinie liegenden Kräfte G_1, G_2, ..., G_i ausgehen und mit der Böschungslinie den bekannten Winkel ψ einschließen. Ihre Schnitte mit den entsprechenden Trennungslinien der jeweiligen Erdkeile stellen die Endpunkte der Kraftvektoren Q_1, Q_2, ..., Q_i dar, die vom Punkt A ausgehen und sich mit den jeweils zugehörigen Teilgrößen von E und G zu den geneigten Kraftecken schließen. Werden diese Kraftvektorendpunkte durch eine Kurve verbunden, ergibt sich die gesuchte maximale aktive Erddruckkraft E_a als die zum Scheitelpunkt der Kurve gehörende Erddruckkraft. Der Neigungswinkel ϑ_a der maßgeblichen Gleitfuge ist aus der grafischen Lösung direkt ablesbar.

Von MINNICH und STÖHR ist analog zum Verfahren von CULMANN ein analytisches Rechenverfahren entwickelt worden, das

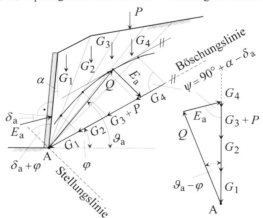

Abb. 10-51 Grafische Bestimmung der aktiven Erddruckkraft E_a, der zugehörigen Gleitflächenresultierenden Q und des Gleitflächenwinkels ϑ_a nach CULMANN

von den Autoren als „G_0-Methode" bezeichnet wird (siehe [L 148], [L 149], [L 150], [L 151], [L 152] und [L 153]). Dieses Verfahren ist anwendbar für aktiven und passiven Erddruck mit und ohne Kohäsion, wobei Linienlasten und unterschiedliche Bodenschichtungen erfasst werden können.

10.12 Verdichtungserddruck und Silodruck

Wird Boden lagenweise eingebaut und intensiv verdichtet, baut sich ein Erddruck auf, dessen Größe über die des Erddrucks aus der Eigenlast des Bodens hinausgeht.

10.12.1 Aktiver Verdichtungserddruck gemäß E DIN 4085

Wird die Verdichtung mit Vibrationsplatten der Breite b_p durchgeführt, darf eine Erddruckerhöhung gemäß der Abb. 10-52 angenommen werden. Die Abbildung zeigt, dass bei nachträglicher Belastung der Oberfläche des verdichteten Bodens die Erddruckanteile infolge der Bodeneigenlast und der Oberflächenlast überlagert werden. Der Verdichtungserddruck bleibt in solchen Fällen nur in dem Umfang wirksam, wie er den Erddruck übersteigt, der sich infolge der Oberflächenlast ergibt.

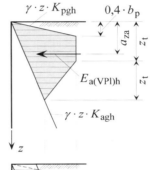

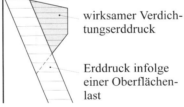

Abb. 10-52 Verteilung des aktiven Verdichtungserddrucks bei Verdichtung mit Vibrationsplatten (nach E DIN 4085)

$z_t \approx 1{,}3 \cdot b_p$

Die Erhöhung der Erddruckkraft darf näherungsweise berechnet werden mit Hilfe von

$$E_{a(VPl)h} = (0{,}7 \cdot K_{pgh} - 1{,}7 \cdot K_{agh}) \cdot \gamma \cdot b_p^2 \quad \text{mit} \quad K_{pgh} \text{ für } \delta_p = 0 \qquad \text{Gl. 10-134}$$

und ihr Abstand zur Geländeoberkante mittels

$$a_{za} = \frac{0{,}8 \cdot K_{pgh} - 2{,}2 \cdot K_{agh}}{0{,}7 \cdot K_{pgh} - 1{,}7 \cdot K_{agh}} \cdot b_p \qquad \text{Gl. 10-135}$$

Die Verteilung der Erddruckerhöhung kann der Abb. 10-52 entnommen werden.

10.12.2 Verdichtungserdruhedruck gemäß DIN V 4085-100

Wird die Verdichtung mit Vibrationsplatten der Breite b_p durchgeführt, darf die Erhöhung der Erddruckkraft näherungsweise mit Hilfe von

$$E_{0(\text{VPl})h} = 0{,}08 \cdot \left(\frac{K_{\text{pgh}}}{1-\sin\varphi} - 1 \right) \cdot \gamma \cdot b_p^2 \cdot K_{\text{pgh}} \qquad \text{Gl. 10-136}$$

und ihr Abstand zur Geländeoberkante sowie die Höhe z_K, über die der Erddruck wirksam ist mittels

$$a_{z0} = 0{,}1333 \cdot \left(\frac{K_{\text{pgh}}}{1-\sin\varphi} + 1 \right) \cdot b_p \qquad \text{und} \qquad z_K = 0{,}4 \cdot \frac{K_{\text{pgh}}}{1-\sin\varphi} \cdot b_p \qquad \text{Gl. 10-137}$$

berechnet werden. Die Verteilung der Erddruckerhöhung kann der Abb. 10-53 a) entnommen werden.

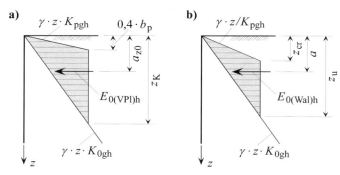

Werden zur Verdichtung des Bodens Walzen (statische Walzen oder Rüttelwalzen) eingesetzt, verteilt sich die Erddruckerhöhung gemäß Abb. 10-53 b). Mit der Größe p, die bei statischen Walzen die Belastung je Längeneinheit der Bandage und bei Rüttelwalzen eine Zusammensetzung aus der Eigenlast und der Zentrifugalkraft darstellt, darf die zugehörige Erddruckkraft näherungsweise mit

Abb. 10-53 Verteilung des Verdichtungserdruhedrucks nach DIN V 4085-100
a) bei Verdichtung mit Vibrationsplatten
b) bei Verdichtung mit Walzen

$$E_{0(\text{Wal})h} = \frac{p}{\pi \cdot (1-\sin\varphi)} \qquad \text{Gl. 10-138}$$

berechnet werden. Als geometrische Größen zur Erfassung der Verteilung des Erdruhedrucks sind zu verwenden

$$z_{\text{cr}} = \sqrt{\frac{2 \cdot p \cdot (1-\sin\varphi)^2}{\pi \cdot \gamma \cdot (2\cdot\sin\varphi - \sin^2\varphi)}} \qquad \text{und} \qquad z_u = \frac{z_{\text{cr}}}{(1-\sin\varphi)^2} \qquad \text{Gl. 10-139}$$

Mit der Größe z_{cr} ergibt sich auch der Abstand der Erdruhedruckkraft von der Geländeoberfläche zu

$$a = \frac{z_{\text{cr}}}{3} \cdot \left(1 + \frac{1}{(1-\sin\varphi)^2} \right) \qquad \text{Gl. 10-140}$$

10.12.3 Silodruck gemäß E DIN 4085

Ist der Hinterfüllbereich von Stützbauwerken begrenzt, tritt ggf. Silodruck auf. Dies gilt z. B. bei dicht vor steilen Felsböschungen hergestellten Stützkonstruktionen und bei gestaffelten oder nebeneinander angeordneten Stützbauwerken. Die Hinterfüllung übt dabei einen Erddruck auf die Stützkonstruktion aus, der kleiner ist als der gesamte Erddruck nach COULOMB. Die Horizontalkomponente dieses Silodrucks ergibt sich zu

$$e_{Sh} = \frac{\gamma \cdot b}{2 \cdot \tan \delta} \cdot \left[1 - e^{\left(-2 \cdot K_{Sh} \cdot \frac{z}{b} \cdot \tan \delta\right)} \right] \qquad \text{Gl. 10-141}$$

mit

$$K_{Sh} = \frac{e_{Sh}}{\sigma_z} \qquad \text{und} \qquad \sigma_z < \gamma \cdot z \qquad \text{Gl. 10-142}$$

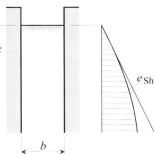

Bei unnachgiebigen Wänden ist $K_{Sh} = K_{0gh}$ zu setzen. Ist davon auszugehen, dass zwischen den Wänden der aktive Zustand herrscht, ist mit $K_{Sh} = K_{agh}$ zu rechnen. Wegen der Setzungen zwischen den Wänden gilt für den Neigungswinkel des Erddrucks $\delta > 0$.

Abb. 10-54 Silodruck im verfüllten Zwischenraum der Breite b (nach E DIN 4085)

10.13 Zwischenwerte des Erddrucks

Erddrücke, die nicht den Sonderfällen aktiver Erddruck, Erdruhedruck oder passiver Erddruck entsprechen, sind nach E DIN 4085 Abschnitt 7.1 als Zwischenwerte einzustufen (vgl. hierzu Tabelle 10-4 und Tabelle 10-5). Sie treten auf, wenn die für die Sonderfälle zu fordernden Bedingungen nicht eingehalten sind oder wenn sich diese Bedingungen ändern.

Nach E DIN 4085 sind Zwischenwerte des Erddrucks näherungsweise durch Interpolation zwischen den Fällen aktiver Erddruck – Erdruhedruck bzw. Erdruhedruck – passiver Erddruck zu berechnen.

10.13.1 Erddruck zwischen aktivem Erddruck und Erdruhedruck

Ist einerseits mit einem Erddruck zu rechnen, der größer ist als der aktive Erddruck und liegen andererseits die zu Erdruhedruck gehörenden Bedingungen nicht vor, darf die Erddruckkraft E'_a im Bereich $E_a < E_0$ mit

$$E'_a = E_a \cdot \mu + E_0 \cdot (1 - \mu) \qquad \text{Gl. 10-143}$$

berechnet werden. Für die jeweils zu wählende Größe von μ muss $0 \leq \mu \leq 1$ gelten. Für die Neigungsbeiwerte des Erddrucks, die der Berechnung von E_a und E_0 zugrunde gelegt werden gilt in der Regel $\delta_a \neq \delta_0$.

10.13.2 Erddruck zwischen Erdruhedruck und passivem Erddruck

In diesen Bereich fallender Erddruck kann etwa für parallele Wandbewegungen durch

$$E'_{pgh} = (E_{pgh} - E_{0gh}) \cdot \left[1 - \left(1 - \frac{s}{s_p}\right)^{1,6} \right]^{0,65} + E_{0gh} \qquad \text{Gl. 10-144}$$

berechnet werden. Darin stehen s für die tatsächliche Wandverschiebung und s_p für die Wandverschiebung zur Erzeugung von E_p nach Tabelle 10-9; die s_p-Größen können bei nichtbindigen Böden unter Wasser um das 1,5 bis 2fache größer sein.

11 Grundbruch

11.1 Allgemeines

Werden flach gegründete Fundamente wachsenden Vertikallasten V unterworfen, können sich Lastsetzungsdiagramme ergeben, wie sie in Abb. 11-1 dargestellt sind. Die dabei erreichten Grenzlasten sind mit einem Versagenszustand des Baugrunds verbunden, der als „Grundbruch" bezeichnet wird.

In diesem Zustand wird der Scherwiderstand des Bodens in mehr oder weniger ausgeprägten Gleitbereichen überwunden, die sich in dem durch das Fundament belasteten Baugrund ausgebildet haben (siehe Abb. 11-2). Das aus Fundament und Bodenkörper bestehende System befindet sich dann in einem instabilen Gleichgewicht, wobei der Boden schollenförmig zur Seite hin herausgeschoben wird.

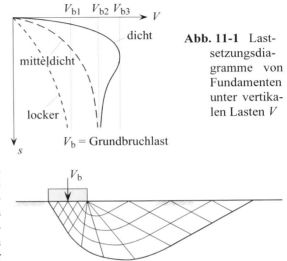

Abb. 11-1 Lastsetzungsdiagramme von Fundamenten unter vertikalen Lasten V

Abb. 11-2 Gleitflächen beim Grundbruch

11.2 DIN-Normen

Für die Berechnung des Grundbruchs von lotrecht und mittig sowie schräg und außermittig belasteten Flachgründungen sind auf dem Konzept der Teilsicherheit basierende Grundlagen, Erläuterungen und Beispiele in

- DIN 1054 [L 19]
- Entwurf DIN 4017 [L 26]
- Entwurf DIN 4017 Beiblatt 1 [L 27]
- DIN V ENV 1997-1 [L 102]

zusammengestellt.

11.3 Begriffe

Grundbruch
  Durch die Gründungskörperbelastung hervorgerufener Zustand des Baugrunds, in dem in begrenzten Gleitbereichen die Scherfestigkeit des Bodens überwunden wird.

Bruchlast
  Belastung in der Sohlfuge, die beim Eintritt des Grundbruchs vom Gründungskörper auf den Baugrund übertragen wird.

11.4 Einflussgrößen und Modelle des Versagenszustands

Die Größe der Bruchlast wird u. a. beeinflusst durch Parameter wie
- Scherfestigkeit τ des Bodens (bestimmt durch Kohäsion c und Reibungswinkel φ)
- Gründungstiefe d
- Fundamentbreite b.

Zur theoretischen Beschreibung des Versagenszustands wird davon ausgegangen, dass
- sich der gesamte mit dem Fundament bewegende Boden im plastischen Zustand befindet, d. h., in jedem Punkt dieses Bereichs ist die Fließbedingung erfüllt (Zonenbruch)
- der sich mit dem Fundament bewegende Bodenbereich ein Monolith ist oder auch durch mehrere monolithische Elemente modelliert wird (Beispiel: Kinematische-Element-Methode von GUßMANN [L 120], Kapitel 1.11), d. h., die Fließbedingung ist nur in der Gleitebene erfüllt.

11.5 Theorie von PRANDTL

Von PRANDTL wurde in [L 160] eine Theorie entwickelt, die auch in der E DIN 4017 noch in Teilen berücksichtigt wird.

11.5.1 Voraussetzungen

Die nach der Theorie von PRANDTL ermittelbaren Grundbruchspannungen σ_{0f} gelten unter den Voraussetzungen, dass gemäß Abb. 11-3

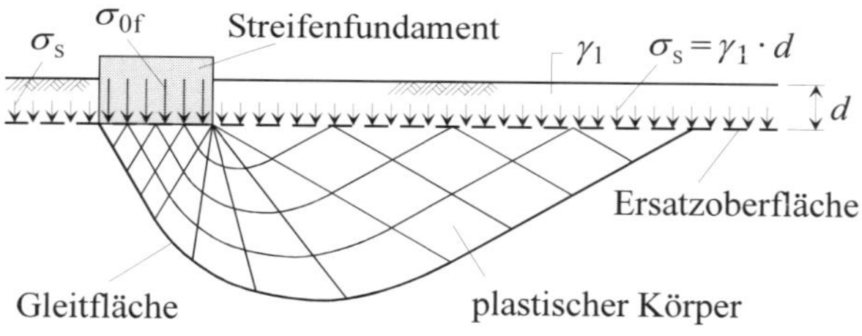

- der Grundbruch unter einer konstanten, vertikalen Streifenlast auftritt (ebener Deformationszustand)
- in der Fundamentsohle keine Schub-, sondern nur die konstante Normalspannung σ_{0f} wirkt, die somit eine Hauptspannung ist
- eine durch die Gründungssohle gehende Ersatzoberfläche des Halbraums so angenommen werden kann, dass
  - der Bruch nur bis in deren Höhe geht und
  - der darüber liegende Boden der Wichte γ_1 als seitliche, schlaffe Auflast und Hauptspannung der Größe $\sigma_s = \gamma_1 \cdot d$ anzusehen ist
- die Eigenlast des homogenen und isotropen Bodens unterhalb der Gründungssohle vernachlässigt werden kann
- der plastische Körper durch eine Gleitfläche gegen den übrigen Halbraum abgegrenzt wird.

Abb. 11-3 Durch Streifenfundamentlast σ_{0f} und Bodenauflast σ_s belasteter plastischer Körper

Der plastische Körper gliedert sich in die drei Teilbereiche (vgl. Abb. 11-4)

- aktiver RANKINE-Bereich (mit der vertikal gerichteten großen Hauptspannung σ_{0f})
- passiver RANKINE-Bereich (mit der vertikal gerichteten kleinen Hauptspannung σ_s)
- Übergangsbereich, der den aktiven RANKINE-Bereich mit dem passiven RANKINE-Bereich verbindet.

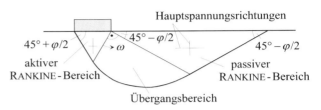

Abb. 11-4 Bereiche des plastizierten Erdkörpers

11.5.2 Spannungs- und Winkelbeziehungen in den RANKINE-Bereichen

Für die in dem aktiven und dem passiven RANKINE-Bereich des plastizierten Erdkörpers herrschenden Spannungen wird angenommen, dass sie, mit den Hauptspannungen $\sigma_1 > \sigma_3$ (vgl. Abb. 11-5), die Fließbedingung von MOHR

$$\sigma_1 - \sigma_3 = 2 \cdot c \cdot \cos\varphi + (\sigma_1 + \sigma_3) \cdot \sin\varphi \qquad \text{Gl. 11-1}$$

befriedigen.

Mit der großen Hauptnormalspannung $\sigma_1 = \sigma_{0f}$ des aktiven RANKINE-Bereichs (vgl. Abb. 11-4), ergibt sich aus Gl. 11-1 die für diesen Bereich geltende Beziehung

$$\sigma_3 = \frac{\sigma_{0f} \cdot (1 - \sin\varphi) - 2 \cdot c \cdot \cos\varphi}{1 + \sin\varphi} \qquad \text{Gl. 11-2}$$

Das Einsetzen der kleinen Hauptnormalspannung $\sigma_3 = \sigma_s$ des passiven RANKINE-Bereichs (siehe Abb. 11-4) in Gl. 11-1 liefert die für diesen Bereich geltende Beziehung

$$\sigma_1 = \frac{\sigma_s \cdot (1 + \sin\varphi) + 2 \cdot c \cdot \cos\varphi}{1 - \sin\varphi} \qquad \text{Gl. 11-3}$$

Der Neigungswinkel der Gleitflächen gegen die Wirkungsrichtung der kleinen Hauptspannungen ergibt sich zu

$$\vartheta = \frac{180° - (90° - \varphi)}{2} = 45° + \frac{\varphi}{2} \qquad \text{Gl. 11-4}$$

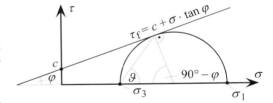

Abb. 11-5 MOHRscher Spannungskreis bei bindigem Boden

(vgl. auch Abschnitt 10.6). Für die vertikal bzw. horizontal gerichteten Hauptspannungen der RANKINE-Bereiche in Abb. 11-4 bedeutet dies, dass ϑ im aktiven Bereich der Winkel der Gleitflächenneigung gegen die Horizontale und im passiven Bereich der Winkel der Gleitflächenneigung gegen die Vertikale ist.

11.5.3 Bedingungen im Übergangsbereich (PRANDTL-Bereich)

Die mit Gl. 11-4 bestimmbaren Neigungen der konjugierten Gleitflächen führen beim mit σ_{0f} belasteten aktiven RANKINE-Bereich zu einer keilförmigen Form, deren Abmessungen bekannt sind bzw. sich leicht ermitteln lassen. Im Falle des passiven RANKINE-Bereichs liegt nur eine Grenzlinie, nicht aber die Größe des Bereichs fest.

Bezüglich des Spannungszustands in dem Übergangsbereich (PRANDTL-Bereich) vom aktiven zum passiven RANKINE-Bereich ist zu fordern, dass

- er die Gleichgewichtsbedingungen befriedigt und von der Tiefe unterhalb der Gründungssohle nicht beeinflusst wird
- er die Fließbedingung von MOHR aus Gl. 11-1 erfüllt
- der Übergang seiner Hauptspannungen in die Hauptspannungen der RANKINE-Bereiche hinsichtlich Größe und Richtung stetig verläuft.

Abb. 11-6 Konjugierte Gleitflächen im aktiven und im passiven RANKINE-Bereich

Da die großen Hauptspannungen des aktiven und des passiven RANKINE-Bereichs unterschiedliche Richtungen und Größen haben, muss im PRANDTL-Bereich das Hauptspannungskreuz, bei gleichzeitiger Änderung der Hauptspannungsgrößen, so gedreht werden, dass an den Übergängen zu den RANKINE-Bereichen seine Ausrichtungen mit denen der RANKINE-Bereiche übereinstimmen.

Für die Gleitflächen des PRANDTL-Bereichs bedeuten diese Bedingungen, dass

- die konjugierten Gleitflächenscharen sich unter den Winkeln $90° \pm \varphi$ schneiden müssen
- eine Schar der konjugierten Gleitflächen an die Begrenzungsflächen des aktiven und des passiven RANKINE-Bereichs stetig differenzierbar anschließen muss.

11.5.4 Grundbruchformel nach PRANDTL (Lösung für den Übergangsbereich)

Zur Erfüllung der in Abschnitt 11.5.3 genannten Bedingungen führt PRANDTL in Zylinderkoordinaten die AIRYsche Spannungsfunktion

$$F = \frac{r^2}{2} \cdot f(\psi) \qquad \text{Gl. 11-5}$$

ein. Die Radiuskoordinate ist r und die an der Grenzlinie zum passiven RANKINE-Bereich beginnende Winkelkoordinate wird mit ψ bezeichnet (vgl. Abb. 11-7). Der Ursprung des Koordinatensystems liegt im Eckpunkt A des Streifenfundaments.

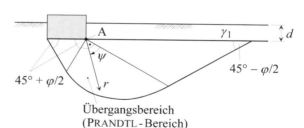

Abb. 11-7 Koordinaten ψ und r für die Spannungsfunktion im PRANDTL-Bereich

Mit den sich aus Gl. 11-5 ergebenden Normal- und Schubspannungen im Zylinderkoordinatensystem (vgl. Abb. 6-1)

$$\sigma_r = \frac{1}{r^2} \cdot \frac{\partial^2 F}{\partial \psi^2} + \frac{1}{r} \cdot \frac{\partial F}{\partial r} \qquad \sigma_t = \frac{\partial^2 F}{\partial r^2} \qquad \tau = -\frac{\partial}{\partial r} \cdot \left(\frac{1}{r} \cdot \frac{\partial F}{\partial \psi} \right) \qquad \text{Gl. 11-6}$$

ergibt sich eine Differentialgleichung für f(ψ), deren Lösung (vgl. hierzu [L 160]), unter Berücksichtigung der in Abschnitt 11.5.3 aufgeführten Bedingungen, zu der Gleichung für die Sohlnormalspannung in der Gründungsfuge beim Grundbruch

$$\sigma_{0f} = \sigma_s \cdot \frac{1+\sin\varphi}{1-\sin\varphi} \cdot e^{\pi \cdot \tan\varphi} + c \cdot \left(\frac{1+\sin\varphi}{1-\sin\varphi} \cdot e^{\pi \cdot \tan\varphi} - 1\right) \cdot \cot\varphi \qquad \text{Gl. 11-7}$$

führt.

Mit den Größen (N_d und N_c werden Tragfähigkeitsbeiwerte genannt)

$$\sigma_s = \gamma_1 \cdot d \qquad N_d = \frac{1+\sin\varphi}{1-\sin\varphi} \cdot e^{\pi \cdot \tan\varphi} \qquad N_c = \left(\frac{1+\sin\varphi}{1-\sin\varphi} \cdot e^{\pi \cdot \tan\varphi} - 1\right) \cdot \cot\varphi \qquad \text{Gl. 11-8}$$

ergibt sich die Grundbruchgleichung von PRANDTL

$$\sigma_{0f} = \gamma_1 \cdot d \cdot N_d + c \cdot N_c \qquad \text{Gl. 11-9}$$

Abb. 11-8 zeigt die beiden konjugierten Gleitflächenscharen des PRANDTL-Bereichs. Die eine Schar wird durch logarithmische Spiralen und die andere durch Geraden beschrieben, die von dem im Eckpunkt des Fundaments liegenden Pol der Spirale strahlenförmig ausgehen. Die beiden Gleitflächenscharen schließen Winkel der Größe 90° ± φ ein.

Bezüglich der mathematischen Erfassung der Spiralform diene das Beispiel der zu r_0 (vgl. Abb. 11-8) gehörenden Spirale. Sie genügt der Gleichung

$$r = r(\omega) = r_0 \cdot e^{\text{arc}\,\omega \cdot \tan\varphi} \qquad \text{Gl. 11-10}$$

wobei ω den Winkel zwischen der Grenzlinie zum aktiven RANKINE-Bereich und der entsprechenden Zylinderkoordinate r erfasst (siehe Abb. 11-8).

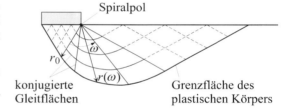

Abb. 11-8 Verläufe der konjugierten Gleitflächen im PRANDTL-Bereich

11.6 Verfahren von BUISMAN

Zu den Voraussetzungen des Verfahrens von BUISMAN gehört u. a., dass
- der Gleitkörper dem von PRANDTL entspricht
- die Eigenlast (Wichte γ_2) des Bodens unterhalb der Gründungssohle berücksichtigt wird.

Um den Einfluss der Breite b des Streifenfundaments auf die Größe der Grundbruchlast zu erfassen, wird eine Bedingung eingeführt, in die sowohl die Fundamentbreite b als auch die Wichte γ_2 eingeht. Diese Bedingung betrifft das Momentengleichgewicht am PRANDTL-Bereich, für dessen Spiralpol (Punkt A in Abb. 11-9 a)) die Gleichgewichtsbedingung lautet

$$\sum M_A = 0 \quad \Rightarrow \quad \frac{\sigma_{0f} \cdot b^2}{2} + M_1 - M_2 - M_3 = 0 \qquad \text{Gl. 11-11}$$

In ihr sind

M_1 = Moment aus Q_1 infolge der Eigenlast G_1 des aktiven RANKINE-Bereichs

M_2 = Moment aus der Eigenlast G_2 des PRANDTL-Bereichs (die Resultierende Q_2 der Gleitflächenspannungen, die gegen die Gleitflächennormale um den Winkel φ geneigt ist, erbringt keinen Momentenanteil um den Punkt A, da dieser identisch ist mit dem Pol der logarithmischen Spirale)

M_3 = Moment aus Q_3 infolge der Eigenlast G_3 des passiven RANKINE-Bereichs und infolge von σ_s

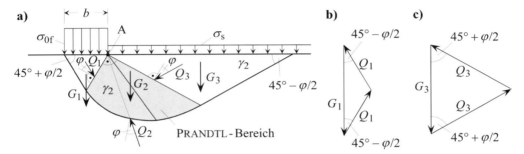

Abb. 11-9 Plastischer Körper und Kraftecke beim Verfahren nach BUISMAN bei nichtbindigem Boden
    a) Durch Streifenfundamentlast σ_{0f} und Bodenauflast σ_s belasteter plastischer Körper
    b) Krafteck zum Gleichgewicht bei Eigenlast des aktiven RANKINE-Bereichs
    c) Krafteck zum Gleichgewicht bei Eigenlast des passiven RANKINE-Bereichs

Die Auflösung von Gl. 11-11 nach σ_{0f} und die Gleichsetzung gemäß

$$\sigma_{0f} = 2 \cdot \frac{M_2 + M_3 - M_1}{b^2} = \gamma_2 \cdot b \cdot N_b \qquad \text{Gl. 11-12}$$

liefert einen Ausdruck, mit dem die Formel von PRANDTL (Gl. 11-9) ergänzt wird, so dass die Grundbruchgleichung die Form

$$\sigma_{0f} = \gamma_1 \cdot d \cdot N_d + c \cdot N_c + \gamma_2 \cdot b \cdot N_b \qquad \text{Gl. 11-13}$$

annimmt. Gl. 11-13 stellt eine Näherung dar, da bei diesem Verfahren auf die Suche nach der ungünstigsten Gleitfuge verzichtet wird und statt dessen vereinfachend ein Rückgriff auf die Gleitlinie von PRANDTL erfolgt. Darüber hinaus wird der Breitentherm einer Formel superponiert, die nur zum Teil auf den gleichen Grundlagen basiert.

11.7 Grundbruchsicherheit nach DIN 1054 und E DIN 4017

Die Ausführungen des Entwurfs der DIN 4017 betreffen die Berechnung des Grundbruchwiderstands von Flachgründungen. Die dadurch erfassten Fundamente mit der Breite b und der Einbindetiefe d können lotrecht oder auch schräg, mittig oder auch außermittig belastet sein (vgl. Abb. 11-10).

Bei Einbindetiefe-Breite-Verhältnissen von

$\dfrac{d}{b} \leq 2$ Gl. 11-14

kann die Geländeoberfläche
- waagerecht oder auch
- geneigt (die lange Fundamentseite muss dann etwa parallel zu den Höhenlinien des Geländes verlaufen und die horizontale Komponente T der Resultierenden der Einwirkungen etwa parallel zur kurzen Seite des Fundaments gerichtet sein)

sein. Bei Verhältnissen $(d/b) > 2$ liegen die Ergebnisse auf der sicheren Seite, wenn mit $(d/b) = 2$ gerechnet wird.

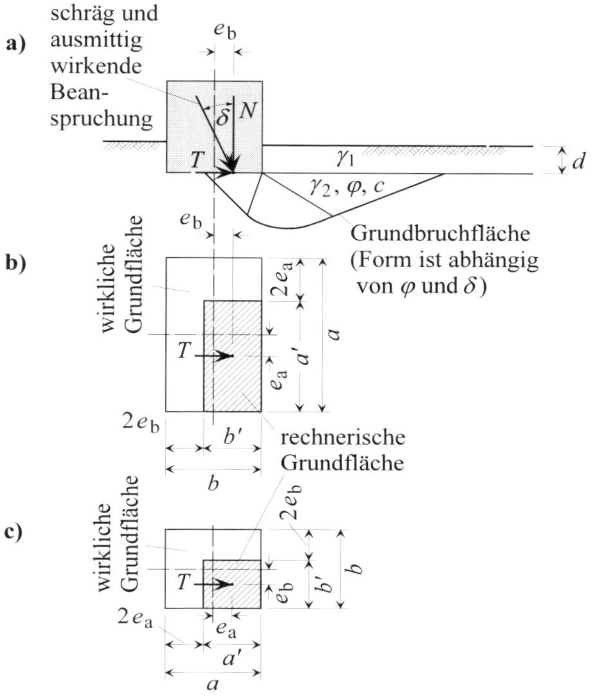

Bezüglich der Eigenschaften des im Grundbruchbereich anstehenden Bodens ist für die Berechnung des Grundbruchwiderstands zu fordern, dass
- nichtbindige Böden (Böden ohne plastische Eigenschaften) Lagerungsdichten
  ▷ $D > 0{,}2$ (bei Ungleichförmigkeitszahlen $U \leq 3$) und
  ▷ $D > 0{,}3$ (bei Ungleichförmigkeitszahlen > 3)
  aufweisen, was, gemäß dem Entwurf der DIN 1055-2, mindestens einer geringen Festigkeit entspricht
- bindige Böden (Böden mit plastischen Eigenschaften) Konsistenzzahlen $I_C > 0{,}5$ besitzen (mindestens weiche Konsistenz).

Abb. 11-10 Grundbruch unter einem in Richtung der kurzen Seite b schräg und über beide Achsen ausmittig belasteten Fundament bei einheitlicher Schichtung im Bereich des Gleitkörpers (mit b' wird immer die kürzere Seitenlänge bezeichnet)
a) Querschnitt, b) Grundriss, T parallel zu b', c) Grundriss, T parallel zu a'

Die angegebenen Verfahren basieren auf der Annahme, dass die Scherparameter in jeder der durch den Bruch betroffenen Bodenschichten richtungsunabhängig sind. Darüber hinaus gelten sie für starre Fundamente.

Ist der durch den Bruch betroffene Boden geschichtet, darf er wie homogener Baugrund behandelt werden, wenn die Werte der Reibungswinkel der einzelnen Schichten um nicht mehr als 5° vom gemeinsamen arithmetischen Mittelwert abweichen (zur Mittelwertbildung der Bodenkenngrößen sind die einzelnen Schichtparameter entsprechend ihrem Einfluss auf den Grundbruchwiderstand gewichtet zu erfassen). Bei Nichterfüllung dieser Forderung werden besondere Untersuchungen verlangt (z. B. Verfahren der Plastizitätstheorie, Modellversuche oder Probebelastungen).

11.7.1 Anwendungserfordernisse

Die Führung von Nachweisen der Grundbruchsicherheit ist nur dann erforderlich, wenn
- sie in DIN 1054 verlangt wird oder
- die zulässigen Sohldrücke in einfachen Fällen nach DIN 1054 überschritten werden.

Besonders bedeutsam ist die Grundbruchberechnung bei
- Gründungskörpern mit geringer Gründungstiefe oder -breite
- Böden mit geringem Scherwiderstand.

Zur Durchführung einer Grundbruchberechnung sind als Unterlagen erforderlich:
- Angaben zur allgemeinen Durchbildung des Bauwerks
- Abmessungen und Tiefe des Gründungskörpers
- Baugrundaufschlüsse gemäß der einschlägigen DIN-Normen
- Kenngrößen des Baugrunds, vor allem der Scherfestigkeit des Bodens im Bereich der Gleitfläche (bei bindigen Böden für den nicht konsolidierten Anfangs- und den konsolidierten Endzustand).

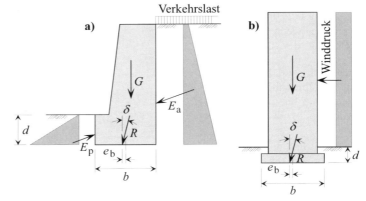

11.7.2 Einwirkungen

Die bei Grundbruchberechnungen zu berücksichtigenden Einwirkungen sind (vgl. Abb. 11-11 und Abb. 11-12)

Abb. 11-11 Beispiele für schräg und außermittig belastete Flachgründungen
a) durch Eigenlast G sowie durch aktive (E_a) und passive (E_p) Erdruckkraft belastete Stützmauer
b) durch Eigenlast G und Winddruck belastetes Hochhaus

- oberhalb der Oberkante des Gründungskörpers eingeprägte Lasten (z. B. der Winddruck in Abb. 11-11)
- die Eigenlast des Gründungskörpers (in Abb. 11-12 die Eigenlast G_1 des Grundkörpers und die dazugehörigen Lasten G_2 aus der Erd- und G_w aus der Wasserauflast)
- die Belastung aus dem Sohlwasserdruck (nicht immer identisch mit dem Auftrieb, wie z. B. aus Abb. 11-12 ersichtlich)
- Lasten aus Erddruck (vgl. Abb. 11-11) und seitlichem Wasserdruck

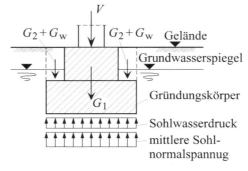

Abb. 11-12 Einwirkungen für eine Grundbruchberechnung (nach [L 29])

11 Grundbruch

- sonstige Lasten am Gründungskörper; vor allem die zur Sohlfläche parallel wirkende Bodenreaktionskomponente B_k an der Stirnseite des Fundaments (darf nach DIN 1054, 7.4.2 höchstens so groß sein wie die charakteristische Beanspruchung T_k in der Sohlfläche bzw. höchstens mit der Größe

$$B_k = 0{,}5 \cdot E_{p,k} \qquad \text{Gl. 11-15}$$

angesetzt werden)
- ggf. zusätzliche Massenkräfte wie z. B. Strömungskräfte und dynamische Lasten.

Tabelle 11-1 Teilsicherheitsbeiwerte der DIN 1054 für die Grundbruchsicherheit (GZ 1B: Grenzzustand des Versagens von Bauwerken und Bauteilen)

| Teilsicher- | Lastfall | | |
heitsbeiwert	LF 1	LF 2	LF 3
γ_G	1,35	1,20	1,00
γ_Q	1,50	1,30	1,00
γ_{Ep}, γ_{Gr}	1,40	1,30	1,20

Sind alle charakteristischen Beanspruchungen rechtwinklig zur Sohlfläche des Gründungskörpers bekannt und in den ständigen Anteil $N_{G,k}$ sowie den ungünstigen veränderlichen Anteil $N_{Q,k}$ aufgeteilt, kann der zugehörige Bemessungswert für den Grenzzustand GZ 1B mit den entsprechenden Teilsicherheitsbeiwerten aus Tabelle 11-1 durch

$$N_d = N_{G,k} \cdot \gamma_G + N_{Q,k} \cdot \gamma_Q \qquad \text{Gl. 11-16}$$

berechnet werden.

11.7.3 Grundbruchwiderstände

Für die rechnerische Erfassung normal zur Sohlfläche wirkender charakteristischer Grundbruchwiderstände von Rechteck- und Quadratfundamenten wird im Entwurf DIN 4017 die Gleichung

$$R_{n,k} = a' \cdot b' \cdot (\ \underbrace{\gamma_2 \cdot b' \cdot N_b}_{\text{Gründungsbreite}} + \underbrace{\gamma_1 \cdot d \cdot N_d}_{\text{Gründungstiefe}} + \underbrace{c \cdot N_c}_{\text{Kohäsion}}\ ) \qquad \text{Gl. 11-17}$$

mit

$$\begin{aligned} N_b &= N_{b0} \cdot \nu_b \cdot i_b \cdot \lambda_b \cdot \xi_b \\ N_d &= N_{d0} \cdot \nu_d \cdot i_d \cdot \lambda_d \cdot \xi_d \\ N_c &= N_{c0} \cdot \nu_c \cdot i_c \cdot \lambda_c \cdot \xi_c \end{aligned} \qquad \text{Gl. 11-18}$$

angegeben. Die in Gl. 11-17 und in Gl. 11-18 verwendeten Größen sind (vgl. Abb. 11-10)

- a' = rechnerische Länge eines Gründungskörpers (in m), der in Richtung der Seite a ausmittig belastet ist (bei fehlender Ausmittigkeit gilt $a' = a$, bei Streifenfundamenten gilt: $a = 1$ lfdm)
- b' = rechnerische Breite eines Gründungskörpers (in m), der in Richtung der Seite b ausmittig belastet ist (bei fehlender Ausmittigkeit gilt $b' = b$ und immer $b' \leq a'$ bzw. $b \leq a$)
- d = geringste Gründungstiefe unter Geländeoberfläche bzw. unter Oberkante Kellersohle (in m)

c = Kohäsion des Bodens (in kN/m²), die, abhängig von den jeweiligen baulichen Gegebenheiten, mit c' oder c_u zu vereinbaren ist

γ_1 = Wichte des Bodens (gewichteter Mittelwert) oberhalb der Gründungssohle (in kN/m³)

γ_2 = Wichte des Bodens unterhalb der Gründungssohle (in kN/m³)

N_{b0} = Tragfähigkeitsbeiwert für den Einfluss der Gründungsbreite b

N_{d0} = Tragfähigkeitsbeiwert für den Einfluss der seitlichen Auflast $\gamma_1 \cdot d$

N_{c0} = Tragfähigkeitsbeiwert für den Einfluss der Kohäsion c

ν_b = Formbeiwert für den Einfluss der Gründungsbreite b

ν_d = Formbeiwert für den Einfluss der Tiefe d

ν_c = Formbeiwert für den Einfluss der Kohäsion c

i_b = Lastneigungsbeiwert für den Einfluss der Gründungsbreite b

i_d = Lastneigungsbeiwert für den Einfluss der Tiefe d

i_c = Lastneigungsbeiwert für den Einfluss der Kohäsion c

λ_b = Geländeneigungsbeiwert für den Einfluss der Gründungsbreite b

λ_d = Geländeneigungsbeiwert für den Einfluss der Tiefe d

λ_c = Geländeneigungsbeiwert für den Einfluss der Kohäsion c

ξ_b = Sohlneigungsbeiwert für den Einfluss der Gründungsbreite b

ξ_d = Sohlneigungsbeiwert für den Einfluss der Tiefe d

ξ_c = Sohlneigungsbeiwert für den Einfluss der Kohäsion c

Die Lastneigungsbeiwerte nehmen für den Lastneigungswinkel $\delta = 0°$ jeweils die Größe 1 an. Entsprechendes gilt für die Geländeneigungsbeiwerte beim Geländeneigungswinkel $\beta = 0°$ und für die Sohlneigungsbeiwerte beim Sohlneigungswinkel $\alpha = 0°$.

Ist der charakteristische Grundbruchwiderstand $R_{n,k}$ bekannt, ergibt sich der zugehörige Bemessungswert mit dem Teilsicherheitsbeiwert γ_{Gr} aus Tabelle 11-1 zu

$$R_{n,d} = \frac{R_{n,k}}{\gamma_{Gr}} \qquad \text{Gl. 11-19}$$

11.7.4 Tragfähigkeits- und Formbeiwerte

Zur Erfassung des Einflusses von seitlicher Auflast (Index d), Gründungsbreite (Index b) und Kohäsion (Index c) werden in Gl. 11-17 bzw. in Gl. 11-18 die Tragfähigkeitsbeiwerte

$$N_{d0} = e^{\pi \cdot \tan \varphi} \cdot \tan^2\left(45° + \frac{\varphi}{2}\right) \qquad \text{(nach Prandtl)}$$

$$N_{b0} = (N_{d0} - 1) \cdot \tan \varphi \qquad \text{Gl. 11-20}$$

$$N_{c0} = \frac{N_{d0} - 1}{\tan \varphi}$$

verwendet. In Abb. 11-13 ist ihr von φ abhängiger Verlauf gezeigt (bei Böden im dränierten Zustand ist φ mit φ' und bei Böden im undränierten Zustand mit $\varphi = 0$ zu vereinbaren), Tabelle 11-2 gibt für diskrete φ-Größen entsprechende Zahlenwerte an.

Tabelle 11-2 Tragfähigkeitsbeiwerte N_{c0}, N_{d0} und N_{b0} (nach E DIN 4017)

φ	N_{c0}	N_{d0}	N_{b0}
0°	5,0	1,0	0
5°	6,5	1,5	0
10°	8,5	2,5	0,5
15°	11,0	4,0	1,0
20°	15,0	6,5	2,0
22,5°	17,5	8,0	3,0
25°	20,5	10,5	4,5
27,5°	25	14	7
30°	30	18	10
32,5°	37	25	15
35°	46	33	23
37,5°	58	46	34
40°	75	64	53
42,5°	99	92	83

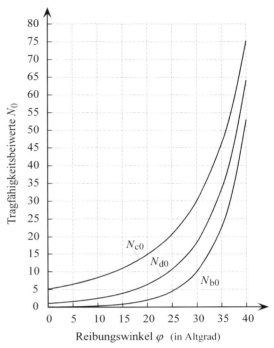

Abb. 11-13 Tragfähigkeitsbeiwerte N_{c0}, N_{d0} und N_{b0} in Abhängigkeit vom Reibungswinkel φ (nach E DIN 4017)

Zur Erfassung des Einflusses der Grundrissform der Fundamente auf die Grundbuchwiderstände werden für gängige Fundamentgrundrisse die Formbeiwerte der Tabelle 11-3 bereitgestellt.

Tabelle 11-3 Formbeiwerte gängiger Fundamentgrundrisse (nach E DIN 4017)

Grundrissform	v_b	v_d	v_c ($\varphi \neq 0$)	v_c ($\varphi = 0$)
Streifen	1,0	1,0	1,0	1,0
Rechteck	$1 - 0{,}3 \cdot \dfrac{b'}{a'}$	$1 + \dfrac{b'}{a'} \cdot \sin\varphi$	$\dfrac{v_d \cdot N_{d0} - 1}{N_{d0} - 1}$	$1 + 0{,}2 \cdot \dfrac{b'}{a'}$
Quadrat/Kreis	0,7	$1 + \sin\varphi$	$\dfrac{v_d \cdot N_{d0} - 1}{N_{d0} - 1}$	1,2

11.7.5 Lastneigungsbeiwerte

Mit den Lastneigungsbeiwerten i_b, i_d und i_c wird der Einfluss

- des Lastneigungswinkels δ der schräg zur Lotrechten auf die Sohlfläche wirkenden resultierenden Beanspruchung ($\tan \delta = T/N$, vgl. Abb. 11-14)
- der Richtung von der parallel zur Sohlfläche wirkenden Komponente T der resultierenden Beanspruchung (vgl. Abb. 11-15)

berücksichtigt. Bezüglich der Positivdefinition von δ sei auf Abb. 11-14 hingewiesen (δ ist positiv, wenn sich der entstehende Gleitkörper in Richtung von T verschiebt). Hinsichtlich seiner Größe wird vorausgesetzt, dass $\delta < \varphi$ gilt.

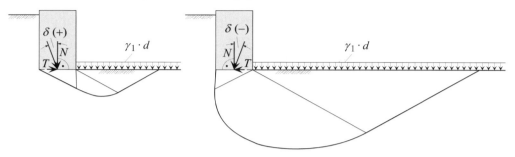

Abb. 11-14 Vorzeichenregel für den Lastneigungswinkel δ (nach E DIN 4017)

In E DIN 4017, 7.2.4 sind bei der Ermittlung der Lastneigungsbeiwerte zwei Fälle zu unterscheiden.

Fall 1: $\varphi > 0$ und $c \geq 0$

In diesem Fall sind zur Ermittlung des Grundbruchwiderstands alle Neigungsbeiwerte erforderlich. Für positive Lastneigungswinkel $\delta > 0$ gilt (alle Winkel mit der Dimension ° verwenden)

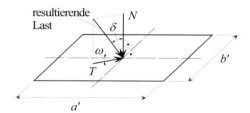

$$i_b = (1 - \tan\delta)^{m+1}$$
$$i_d = (1 - \tan\delta)^m$$
$$i_c = \frac{i_d \cdot N_{d0} - 1}{N_{d0} - 1}$$

Gl. 11-21

Abb. 11-15 Definition des Winkels ω bei schräg angreifender resultierender Last

und für negative Lastneigungswinkel $\delta < 0$

$$i_b = (1 - 0{,}04 \cdot \delta)^{0{,}64 + 0{,}028 \cdot \varphi}$$
$$i_d = (1 - 0{,}0244 \cdot \delta)^{0{,}03 + 0{,}04 \cdot \varphi}$$
$$i_c = \frac{i_d \cdot N_{d0} - 1}{N_{d0} - 1}$$

Gl. 11-22

Die in Gl. 11-21 und Gl. 11-22 verwendete Größe m berechnet sich aus

$$m = m_a \cdot \cos^2\omega + m_b \cdot \sin^2\omega$$

Gl. 11-23

und

$$m_a = \frac{2 + \dfrac{a'}{b'}}{1 + \dfrac{a'}{b'}} \quad \text{und} \quad m_b = \frac{2 + \dfrac{b'}{a'}}{1 + \dfrac{b'}{a'}} \qquad \text{Gl. 11-24}$$

Für die Sonderfälle der parallel zu einer der beiden Grundrissseiten wirkenden Beanspruchung T gilt

$m = m_a$ für T parallel zur längeren Seite a'

$m = m_b$ für T parallel zur kürzeren Seite b' Gl. 11-25

Fall 2: $\varphi = 0$ und $c > 0$

Da in diesem Fall, wegen $\tan \varphi = 0$, $N_{b0} = 0$ (siehe Gl. 11-20) und damit $N_b = 0$ (siehe Gl. 11-18) gilt, wird der Grundbruchwiderstand R_n durch die Gründungsbreite nicht beeinflusst. Zur Bestimmung der beiden verbleibenden Beiwerte für Kohäsion und Gründungstiefe gelten

$$i_c = 0{,}5 + 0{,}5 \cdot \sqrt{1 - \frac{T}{a' \cdot b' \cdot c}}$$

$$i_d = 1 \qquad \text{Gl. 11-26}$$

11.7.6 Geländeneigungsbeiwerte

Mit den Geländeneigungsbeiwerten λ_d, λ_b und λ_c wird der Einfluss des Geländeneigungswinkels β (siehe Abb. 11-16) auf den Grundbruchwiderstand erfasst. Für ihre Berechnung wird in E DIN 4017, 7.2.5 vorausgesetzt, dass $\beta < \varphi$ gilt und dass die Längsachse des jeweiligen Gründungskörpers etwa parallel zur Böschungskante verläuft.

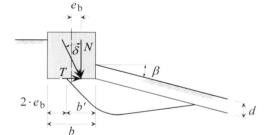

Abb. 11-16 Größen beim Grundbruch unter einem schräg und ausmittig belasteten Streifenfundament in geneigtem Gelände (nach E DIN 4017)

Für die Ermittlung der Beiwerte ist zu unterscheiden zwischen den folgenden beiden Fällen.

Fall 1: $\varphi > 0$ und $c \geq 0$

Für die Berechnung der Beiwerte sind in diesem Fall als Gleichungen zu verwenden (alle Winkel mit der Dimension ° einsetzen)

$$\lambda_b = (1 - 0{,}5 \cdot \tan \beta)^6$$

$$\lambda_d = (1 - \tan \beta)^{1,9}$$

$$\lambda_c = \frac{N_{d0} \cdot e^{-0{,}0349 \cdot \beta \cdot \tan \varphi'} - 1}{N_{d0} - 1} \qquad \text{Gl. 11-27}$$

Fall 2: $\varphi = 0$ und $c > 0$

Für diesen Fall gilt

$$\lambda_c = 1 - 0{,}4 \cdot \tan \beta \qquad \text{Gl. 11-28}$$

Es ist darauf hinzuweisen, dass die vorstehenden Geländeneigungsbeiwerte nicht in die DIN V ENV 1997-1 (Eurocode 7) aufgenommen wurden, da dieser Fall dort als ein Sonderfall des Böschungsbruchs behandelt wird (siehe hierzu auch [L 167]).

11.7.7 Sohlneigungsbeiwerte

Die Erfassung des Einflusses der unter dem Winkel α (siehe Abb. 11-17) geneigten Sohlfläche erfolgt mit Hilfe der Sohlneigungsbeiwerte (alle Winkel mit der Dimension ° verwenden). Für ihre Ermittlung sind wieder zwei Fälle zu unterscheiden.

Fall 1: $\varphi > 0$ und $c \geq 0$

Die Beiwerte dieses Falls berechnen sich mit

$$\xi_b = \xi_d = \xi_c = e^{-0{,}045 \cdot \alpha \cdot \tan \varphi'} \qquad \text{Gl. 11-29}$$

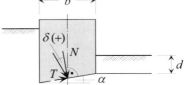

Fall 2: $\varphi = 0$ und $c > 0$

Die in diesem Fall zu verwendenden Beiwerte sind

$$\xi_d = 1{,}0 \quad \text{und} \quad \xi_c = 1 - 0{,}0068 \cdot \alpha \qquad \text{Gl. 11-30}$$

Abb. 11-17 Größen für die Berücksichtigung geneigter Sohlflächen (nach E DIN 4017)

Der Sohlneigungswinkel α ist positiv, wenn sich der für den Fall anzunehmende Gleitkörper in Richtung der Horizontalkomponente N_h von N (rechtwinklig zur Sohlfläche gerichtete Komponente der resultierenden Beanspruchung) verschiebt (in Abb. 11-18 ist dies der Fall). Bei Verschiebungen in die entgegengesetzte Richtung ist α negativ. Bestehen Zweifel bezüglich der Vorzeichenzuweisung, sind beide Gleitkörper zu untersuchen, die sich mit den unterschiedlichen Vorzeichen von α ergeben.

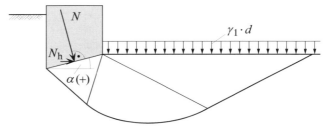

Abb. 11-18 Sohlneigungswinkel α mit positivem Vorzeichen (nach E DIN 4017)

Aus den gleichen Gründen wie bei den Geländeneigungsbeiwerten wurde auch bei den Sohlneigungsbeiwerten auf eine Aufnahme in den Eurocode 7 verzichtet (vgl. [L 167]).

11.7.8 Berücksichtigung von Bermenbreiten

Zur Berücksichtigung der Gegebenheiten einer Berme mit der Breite s ist, unter Beachtung von Abb. 11-19, der Nachweis der Sicherheit gegen Grundbruch mit zwei verschiedenen charakteristischen Grundbruchwiderständen $R_{n,k}$ gemäß Gl. 11-17 zu führen.

11 Grundbruch

Im ersten Fall erfolgt die Ermittlung von $R_{n,k}$ statt mit der Einbindetiefe d mit der Ersatzeinbindetiefe

$$d' = d + 0{,}8 \cdot s \cdot \tan \beta \qquad \text{Gl. 11-31}$$

und im zweiten Fall ist $R_{n,k}$ mit der Einbindetiefe d und dem Winkel $\beta = 0°$ zu berechnen. Für den Nachweis der Grundbruchsicherheit gemäß Abschnitt 11.7.10 ist der kleinere der beiden $R_{n,k}$-Werte zu verwenden.

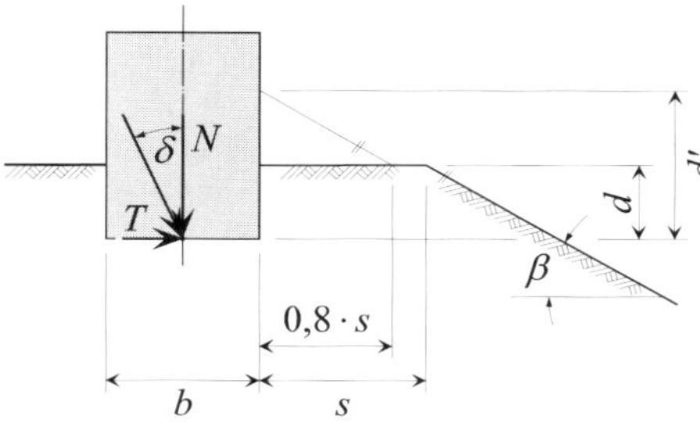

11.7.9 Durchstanzen

Wenn der Baugrund aus einer festen nichtbindigen (kohäsionslosen) Schicht besteht, die unterlagert wird von gesättigtem bindigem Boden und eine Dicke d_1 aufweist, die geringer ist als die zweifache Breite b eines auf ihr gegründeten Fundaments (vgl. Abb. 11-20), ist der Grundbruchwiderstand nach der Durchstanzbedingung zu ermitteln. Die zu diesem Widerstand gehörende Ersatzfundamentfläche $a' \times b'$ auf der bindigen Schicht ergibt sich aus der Grundfläche $a \times b$ des ursprünglichen Fundaments und einem angenommenen Lastverteilungswinkel in der Deckschicht von $7°$ gegen die Lotrechte (vgl. Abb. 11-20). Außer dieser Ersatzfundamentfläche ist zur Ermittlung des Grundbruchwiderstands die Dicke d_1 der Deckschicht als Einbindetiefe, deren Wichte γ als Wichte des Bodens oberhalb der Gründungssohle und die Bodenkenngrößen der unterlagernden Schicht als Kenngrößen des Bodens unterhalb der Gründungssohle zu verwenden. Für den zugehörigen Grundbruchnachweis sind die Beanspruchungen in der Sohlfläche des ursprünglichen Fundaments sowie die Eigenlast der Deckschicht als Einwirkung zu berücksichtigen.

Abb. 11-19 Größen für die Berücksichtigung einer Bermenbreite (nach E DIN 4017)

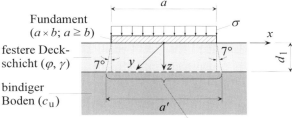

Abb. 11-20 Fundament auf geschichtetem Untergrund (nach E DIN 4017)

11.7.10 Nachweis der Grundbruchsicherheit

Ausreichende Grundbruchsicherheit besteht nach DIN 1054, 7.5.2 unter der Voraussetzung, dass für den Grenzzustand GZ 1B die Bedingung

$$N_d \leq R_{n,d} \qquad \text{Gl. 11-32}$$

erfüllt ist. Bezüglich der Bemessungswerte N_d und $R_{n,d}$ sei auf Abschnitt 11.7.2 und Abschnitt 11.7.3 verwiesen.

Für den Nachweis der Grundbruchsicherheit sind die maßgebenden (das ungünstigste Verhältnis gemäß Gl. 11-32 erzeugenden) Kombinationen von ständigen und ungünstigen veränderlichen Einwirkungen zu berücksichtigen, insbesondere die Kombination

- der größten Normalkraft $N_{k,max}$ und der zugehörigen größten Tangentialkraft $T_{k,max}$
- der kleinsten Normalkraft $N_{k,min}$ und der zugehörigen größten Tangentialkraft $T_{k,max}$.

Erfasst der Grundbruchsicherheitsnachweis die schnelle Belastung gesättigter bindiger Böden, ist er mit dem Scherparameter c_u des undränierten Zustands zu führen.

Anwendungsbeispiel

Für das Fundament der Abb. 11-21, das

- 80 cm tief und in überkonsolidiertem Geschiebemergel eingebunden ist
- beim niedrigsten Wasserstand 30 cm in das Grundwasser eintaucht
- im Lastfall LF 1 durch den charakteristischen Wert der Beanspruchung $V_{Ü,k}$ aus dem konstruktiven Überbau belastet ist
- eine charakteristische Wichte von
  $\gamma_{b,k} = 24$ kN/m³
  aufweist

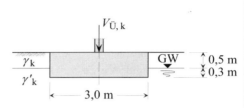

Abb. 11-21 Querschnitt eines im Grundriss quadratischen Fundaments, das in das Grundwasser eintaucht

ist die zulässige Größe von $V_{Ü,d}$ für den Fall zu ermitteln, dass die Grundbruchsicherheit im Grenzzustand GZ 1B einzuhalten ist.

Die für die Berechnung anzusetzenden charakteristischen Bodenkonstanten sind

Wichte des Bodens über dem Grundwasserspiegel	$\gamma_k = 22$ kN/m³
Wichte des Bodens unter dem Grundwasserspiegel	$\gamma'_k = 12$ kN/m³
effektiver Reibungswinkel des Bodens	$\varphi'_k = 30°$
effektive Kohäsion des Bodens	$c'_k = 25$ kN/m²

Lösung

1. Tragfähigkeits- und Formbeiwerte

Aus der Tabelle 11-2 ergeben sich mit $\varphi = \varphi'_k = 30°$ die Tragfähigkeitsbeiwerte

$N_{b0} = 10,0$
$N_{d0} = 18,0$
$N_{c0} = 30,0$

und aus Tabelle 11-3 sowie den Abmessungen des quadratischen Fundaments die Formbeiwerte

$\nu_d = 1,0 + \sin \varphi'_k = 1,0 + \sin 30° = 1,5$
$\nu_b = 0,7$
$\nu_c = \dfrac{\nu_d \cdot N_{d0} - 1,0}{N_{d0} - 1,0} = \dfrac{1,5 \cdot 18 - 1,0}{18 - 1,0} = 1,53$

2. Charakteristischer Grundbruchwiderstand und zugehöriger Bemessungswert

Mit der charakteristischen Wichte (gewichteter Mittelwert)

$$\gamma_{1,k} = \frac{0,5 \cdot \gamma_k + 0,3 \cdot \gamma'_k}{0,5 + 0,3} = \frac{0,5 \cdot 22,0 + 0,3 \cdot 12,0}{0,5 + 0,3} = \frac{14,6}{0,8} = 18,25 \text{ kN/m}^2$$

sowie $c_k = c'_k = 25$ kN/m² und den Größen aus Gl. 11-18

$$N_b = N_{b0} \cdot v_b \cdot i_b \cdot \lambda_b \cdot \xi_b = 10,0 \cdot 0,7 \cdot 1,0 \cdot 1,0 \cdot 1,0 = 7,0$$
$$N_d = N_{d0} \cdot v_d \cdot i_d \cdot \lambda_d \cdot \xi_d = 18,0 \cdot 1,5 \cdot 1,0 \cdot 1,0 \cdot 1,0 = 27,0$$
$$N_c = N_{c0} \cdot v_c \cdot i_c \cdot \lambda_c \cdot \xi_c = 30,0 \cdot 1,53 \cdot 1,0 \cdot 1,0 \cdot 1,0 = 45,9$$

berechnet sich der charakteristische Grundbruchwiderstand gemäß Gl. 11-7 zu

$$\begin{aligned}R_{n,k} &= a' \cdot b' \cdot (\gamma_{2,k} \cdot b' \cdot N_b + \gamma_{1,k} \cdot d \cdot N_d + c_k \cdot N_c) \\ &= a \cdot b \cdot (\gamma_{2,k} \cdot b \cdot N_b + \gamma_{1,k} \cdot d \cdot N_d + c_k \cdot N_c) \\ &= 3,0 \cdot 3,0 \cdot (12 \cdot 3,0 \cdot 7,0 + 18,25 \cdot 0,8 \cdot 27,0 + 25,0 \cdot 45,9) = 16143 \text{ kN}\end{aligned}$$

Mit ihm und dem zum Lastfall LF 1 gehörenden Teilsicherheitsbeiwert $\gamma_{Gr} = 1,40$ (Tabelle 11-1) ergibt sich als Bemessungswert des Grundbruchwiderstands (Gl. 11-19)

$$R_{n,d} = \frac{R_{n,k}}{\gamma_{Gr}} = \frac{16143}{1,40} = 11531 \text{ kN}$$

3. Zulässiger Bemessungswert der Beanspruchung aus dem konstruktiven Überbau

Für den zulässigen Bemessungswert der Beanspruchungen rechtwinklig zur Sohlfläche des Fundaments (Gl. 11-32) gilt

$$N_d = R_{n,d} = 11531 \text{ kN}$$

Er setzt sich zusammen aus dem Bemessungswert der Beanspruchung $V_{d,\ddot{U}}$ aus dem konstruktiven Überbau, dem Bemessungswert der als ständige Einwirkung (Teilsicherheitsbeiwert $\gamma_G = 1,35$ aus Tabelle 11-1) zu behandelnden Auftriebskraft (siehe DIN 1054, 10.3.2)

$$A_d = A_k \cdot \gamma_G = 3,0 \cdot 3,0 \cdot 0,3 \cdot \gamma_w \cdot \gamma_G = 2,7 \cdot 10,0 \cdot 1,35 = 36,5 \text{ kN}$$

und dem Bemessungswert der Fundamenteigenlast

$$V_{F,d} = V_{F,k} \cdot \gamma_G = 3,0 \cdot 3,0 \cdot 0,8 \cdot \gamma_{b,k} \cdot \gamma_G = 7,2 \cdot 24,0 \cdot 1,35 = 233,3 \text{ kN}$$

Die zulässige Größe des Bemessungswerts der Beanspruchung aus dem konstruktiven Überbau im Lastfall LF 1 beträgt damit

$$V_{\ddot{U},d} = N_d + A_d - V_{F,d} = 11531 + 36,5 - 233,3 = 11334 \text{ kN}$$

11.7.11 Abmessungen von Gleitkörpern unter Streifenfundamenten

Näherungsformeln zur Konstruktion des unterhalb eines Streifenfundaments anzunehmenden Gleitkörperquerschnitts sind im Anhang A der E DIN 4085 zu finden. Für den einfachen Fall zentrisch und lotrecht belasteter Streifenfundamente kann die Länge l des Gleitkörpers (vgl. Abb. 11-22) näherungsweise mit Hilfe von

$$l = b \cdot F_L = b \cdot \frac{\cos\left(45° - \frac{\varphi_k}{2}\right)}{\cos\left(45° + \frac{\varphi_k}{2}\right)} \cdot e^{(\pi/2) \cdot \tan\varphi_k} \qquad \text{Gl. 11-33}$$

ermittelt werden. Die Größe d_s (vgl. Abb. 11-22) lässt sich mit der Näherung

$$l = b \cdot F_D = b \cdot \frac{\cos\left(15° + \frac{\varphi_k}{2}\right)}{2 \cdot \cos\left(45° + \frac{\varphi_k}{2}\right)} \cdot e^{(\pi/3) \cdot \tan\varphi_k} \qquad \text{Gl. 11-34}$$

berechnen. Diskrete Werte der Funktionen F_L und F_D sind in Tabelle 11-4 zusammengestellt.

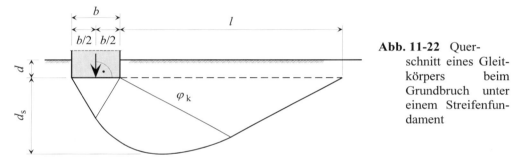

Abb. 11-22 Querschnitt eines Gleitkörpers beim Grundbruch unter einem Streifenfundament

Tabelle 11-4 Werte zur Berechnung von Abmessungen des Gleitkörperquerschnitts unter Streifenfundamenten

φ_k (in °)	0,0	5,0	10,0	15,0	20,0	22,5	25,0	27,5	30,0	32,5	35,0	37,5	40,0	42,5	45,0
F_L	1,00	1,25	1,57	1,99	2,53	2,87	3,27	3,73	4,29	4,96	5,77	6,77	8,01	9,59	11,6
F_D	0,68	0,77	0,88	1,00	1,16	1,25	1,35	1,46	1,59	1,73	1,90	2,10	2,33	2,61	2,95

12 Gleiten und Kippen

12.1 Gleiten

Im Allgemeinen sind Bauwerke nicht nur vertikalen, sondern auch horizontalen Belastungen T (z. B. aus Wind und/oder Erddruck) unterworfen. Die Abtragung dieser Lasten in den Baugrund erfolgt bei Flach- und Flächengründungen über Gleitwiderstände R_t in den Sohlfugen ihrer Fundamente und unter Umständen über Erdwiderstände E_p, die sich vor den Fundamenten aufbauen (vgl. Abb. 12-1). Ist die waagerechte Komponente T der in der Sohlfläche eines Fundaments abzutragenden resultierenden Kraft betragsmäßig größer als die Summe aus aktivierbarer Scher- und Erdwiderstandskraft, tritt Gleiten des Fundaments und damit des Bauwerks bzw. Bauwerkteils auf.

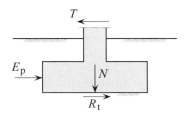

Abb. 12-1 Gleiten von Fundamenten

Das Gleiten von Bauwerken ist nicht nur auf die Überschreitung der Scherfestigkeit in der Sohlfuge (Grenzschicht B-C in Abb. 12-2 a)) beschränkt. Gleiten liegt auch dann vor, wenn die durch geringe Scherfestigkeit gekennzeichnete kritische Fuge unterhalb der Fundamentsohle liegt (z. B. Schicht D-E in Abb. 12-2 b)). Der durch die Bruchfläche C-E-D-A charakterisierte Versagenszustand stellt einen Übergang zu einer Sonderform des Grundbruches (Kapitel 11) dar.

Generell ist davon auszugehen, dass ein reiner Gleitvorgang in der Regel nur dann auftritt, wenn der Fundamentkörper eine geringe Einbindetiefe in den Baugrund und eine glatte Sohlfuge aufweist.

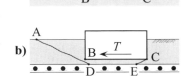

Abb. 12-2 Beispiele zur Definition des Gleitens; die Fuge B-C kann auch geneigt sein (nach [L 21])

12.1.1 DIN-Norm

Bedingungen, die beim Nachweis der Gleitsicherheit von flach gegründeten Fundamenten zu beachten sind, können
► DIN 1054 [L 19]
entnommen werden.

12.1.2 Gleitsicherheit von Flach- und Flächengründungen nach DIN 1054

Zu den Tragfähigkeitsnachweisen von Bauwerken gehört auch der Gleitsicherheitsnachweis für die Fundamente, sofern es sich bei ihnen um Flachgründungen handelt. Nach DIN 1054, 7.5.3 ist eine ausreichende Sicherheit gegen Gleiten gegeben, wenn der Bemessungswert T_d der Beanspruchung parallel zur Sohlfläche der Bedingung

$$T_d \leq R_{t,d} + E_{p,d}$$
Gl. 12-1

genügt. Die in dieser Gleichung zusätzlich enthaltenen Größen sind der Bemessungswert $R_{t,d}$ des Gleitwiderstands und der ggf. heranziehbare Bemessungswert $E_{p,d}$ des parallel zur Fundamentsohlfläche an der Stirnseite des Fundaments anzusetzenden Erdwiderstands. Für Bauzustände oder spätere, zeitlich begrenzte Maßnahmen, bei denen der Erdwiderstand E_p vorübergehend entfällt, darf mit den verbleibenden Größen der Nachweis gemäß Gl. 12-1 für den Lastfall 2 geführt werden.

Die Größe von T_d berechnet sich aus dem ständigen Anteil $T_{G,k}$ und dem veränderlichen Anteil $T_{Q,k}$ der charakteristischen Beanspruchung mittels

$$T_d = T_{G,k} \cdot \gamma_G + T_{Q,k} \cdot \gamma_Q \qquad \text{Gl. 12-2}$$

γ_G bzw. γ_Q erfassen in der Gleichung die zum Grenzzustand des Versagens von Bauwerken und Bauteilen (GZ 1B) gehörenden Teilsicherheitsbeiwerte für die ständigen bzw. die ungünstigen veränderlichen Einwirkungen (siehe Tabelle 12-1). Weist die Beanspruchung Komponenten in x- und y-Richtung auf, gilt

$$T_d = \sqrt{T_{d,x}^2 + T_{d,y}^2} \qquad \text{Gl. 12-3}$$

wobei $T_{d,x}$ und $T_{d,y}$ analog zu Gl. 12-2 zu ermitteln sind.

Tabelle 12-1 Teilsicherheitsbeiwerte der DIN 1054 für die Gleitsicherheit (GZ 1B: Grenzzustand des Versagens von Bauwerken und Bauteilen)

Der Bemessungswert des Gleitwiderstands berechnet sich mit dem in der Sohlfläche verfügbarem charakteristischen Gleitwiderstand $R_{t,k}$ und dem Teilsicherheitsbeiwert γ_{Gl} des Gleitwiderstands im Grenzzustand GZ 1B (siehe Tabelle 12-1) zu

| Teilsicher- | Lastfall | | |
heitsbeiwert	LF 1	LF 2	LF 3
γ_G	1,35	1,20	1,00
γ_Q	1,50	1,30	1,00
γ_{Ep}	1,40	1,30	1,20
γ_{Gl}	1,10	1,10	1,10

$$R_{t,d} = \frac{R_{t,k}}{\gamma_{Gl}} \qquad \text{Gl. 12-4}$$

wobei für die Ermittlung von $R_{t,k}$ nach DIN 1054, 7.4.3 drei Fälle zu unterscheiden sind. Danach ergibt sich dieser charakteristische Widerstand

▶ bei rascher Beanspruchung eines wassergesättigten Bodens (Anfangszustand) aus

$$R_{t,k} = A \cdot c_{u,k} \qquad \text{Gl. 12-5}$$

▶ bei vollständiger Konsolidierung des Bodens (Endzustand) aus

$$R_{t,k} = N_k \cdot \tan \delta_{S,k} \qquad \text{Gl. 12-6}$$

▶ bei vollständiger Konsolidierung des Bodens (Endzustand), wenn die Bruchfläche durch den Boden verläuft (z. B. bei Anordnung eines Fundamentsporns) aus

$$R_{t,k} = N_k \cdot \tan \varphi'_k + A \cdot c'_k \qquad \text{Gl. 12-7}$$

In Gl. 12-5, Gl. 12-6 und Gl. 12-7 verwendete Größen sind

A = für die Kraftübertragung maßgebende Sohlfläche (bei exzentrisch angreifender vertikaler Last ist A so zu verkleinern, dass der Lastangriffspunkt in den Schwerpunkt der reduzierten Fläche fällt)

$c_{u,k}$ = der charakteristische Wert der Scherfestigkeit des undränierten Bodens

N_k = die rechtwinklig zur Sohlfläche bzw. Bruchfläche gerichtete Komponente der charakteristischen Beanspruchung in der Sohlfläche bzw. in der Bruchfläche, berechnet aus der ungünstigsten Kombination senkrechter und waagerechter Einwirkungen

$\delta_{S,k}$ = der charakteristische Wert des Sohlreibungswinkels

φ'_k = der charakteristische Wert des Reibungswinkels des Bodens in der Bruchfläche durch den Boden

c'_k = der charakteristische Wert der Kohäsion des Bodens in der Bruchfläche durch den Boden

Wird der Sohlreibungswinkel nicht eigens ermittelt, darf er bei Ortbetonfundamenten mit $\delta_{S,k} = \varphi'_k$ angesetzt werden, jedoch den Wert $\delta_{S,k} = 35°$ nicht überschreiten. Bei vorgefertigten Fundamenten ist er auf $\delta_{S,k} = \frac{2}{3} \cdot \varphi'_k$ abzumindern, es sei denn, die Fertigteile werden im Mörtelbett verlegt.

Der größte zulässige Bemessungswert des Erdwiderstands berechnet sich mit dem an der Stirnseite des Fundaments verfügbarem und parallel zur Sohlfläche wirkendem charakteristischen Erdwiderstand $E_{p,k}$ und dem Teilsicherheitsbeiwert γ_{Ep} des Erdwiderstands im Grenzzustand GZ 1B (siehe Tabelle 12-1) zu

$$E_{p,d} = \frac{E_{p,k}}{\gamma_{Ep}} \qquad \text{Gl. 12-8}$$

Der Ansatz dieser Größe zur Verminderung der Gleitgefahr setzt voraus, dass (vgl. auch Abschnitt 12.1.3)

▶ für die gesamte Einwirkungsdauer der horizontalen Beanspruchung T ausgeschlossen werden kann, dass der Erdwiderstand weder vorübergehend noch dauerhaft abgemindert oder aufgehoben wird (z. B. durch die Herstellung von Gräben für Leitungen)

▶ die zur Aktivierung des Erdwiderstandes erforderlichen Verschiebungen die Standsicherheit und die Nutzungsfähigkeit des Bauwerks nicht unzulässig beeinträchtigen.

Anwendungsbeispiel

Für das in Abb. 12-3 gezeigte Einzelfundament aus Ortbeton ist dessen Gleitsicherheit ohne Ansatz des Erdwiderstands an seiner Stirnseite nach DIN 1054 für den Lastfall LF 1 im Grenzzustand GZ 1B nachzuweisen. Für den Nachweis sind die Materialkennwerte des nicht gesättigten Verwitterungslehms (L) sowie die Beanspruchungen in der Sohlfläche $N_k = 220$ kN (aus ständigen Einwirkungen) und $T_k = 38$ kN (aus Wind; ungünstige veränderliche Einwirkungen) zu verwenden.

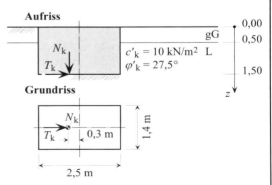

Abb. 12-3 Beanspruchung in der Sohlfuge eines rechteckigen Einzelfundaments aus Ortbeton

Lösung

1. Charakteristischer Wert und Bemessungswert des Gleitwiderstands

Für den unter der Sohlfläche anstehenden Lehm ergibt sich mit dem für Ortbetonfundamente geltenden Wert $\delta_{S,k} = \varphi'_k = 27{,}5°$ der charakteristische Wert des Gleitwiderstands

$$R_{t,k} = N_k \cdot \tan\delta_{S,k} = 220 \cdot \tan 27{,}5° = 114{,}5 \text{ kN}$$

und daraus, mit dem zum Lastfall LF 1 gehörendem Teilsicherheitsbeiwert $\gamma_{Gl} = 1{,}10$ für den Gleitwiderstand im Grenzzustand GZ 1B, der Bemessungswert des Gleitwiderstands

$$R_{t,d} = \frac{R_{t,k}}{\gamma_{Gl}} = \frac{114{,}5}{1{,}1} = 104{,}1 \text{ kN}$$

2. Bemessungswert der Beanspruchung

Der Bemessungswert der Beanspruchung berechnet sich mit der ungünstigsten veränderlichen Einwirkung $T_k = T_{Q,k} = 38$ kN aus Wind und dem beim Lastfall LF 1 zugehörigen Teilsicherheitsbeiwert $\gamma_Q = 1{,}50$ im Grenzzustand GZ 1B zu

$$T_d = T_{Q,k} \cdot \gamma_Q = 38 \cdot 1{,}50 = 57{,}0 \text{ kN}$$

3. Nachweis der Gleitsicherheit und Ausnutzungsgrad

Da im vorliegenden Fall (Erdwiderstand an der Stirnfläche des Fundaments wird nicht angesetzt) gemäß DIN 1054, 7.5.3 die Beziehung

$$T_d = 57{,}0 \text{ kN} < R_{t,d} + E_{p,d} = 104{,}1 + 0{,}0 = 104{,}1 \text{ kN}$$

gilt, ist die Sicherheit gegen Gleiten mit dem Ausnutzungsgrad

$$\mu = \frac{T_d}{R_{t,d}} = \frac{57{,}0}{104{,}1} = 0{,}55$$

nachgewiesen.

12.1.3 Gebrauchstauglichkeit nach DIN 1054

Bei horizontal belasteten Flach- und Flächengründungen ist nicht nur der Nachweis der Gleitsicherheit nach DIN 1054, 7.5.3, sondern auch der Nachweis der Gebrauchstauglichkeit nach DIN 1054, 7.6.2 zu führen. Letzterer verlangt, dass in den Sohlflächen der Fundamente keine unzuträglichen Verschiebungen auftreten.

Der Nachweis gilt als erbracht, wenn für den Gleitsicherheitsnachweis gemäß Gl. 12-1
- ▶ der Ansatz des Erdwiderstands $E_{p,d}$ nicht erforderlich ist
- ▶ bei mindestens mitteldicht gelagertem nichtbindigen bzw. mindestens steifem bindigen Boden und voll angesetztem Gleitwiderstand $R_{t,k}$ das Gleichgewicht der charakteristischen Kräfte parallel zur Sohlfläche mit einem Erdwiderstand $< 0{,}3 \cdot E_{p,k}$ herstellbar ist.

Der Nachweis, dass in den Sohlflächen der Fundamente keine unzuträglichen Verschiebungen auftreten (Standsicherheit und Gebrauchstauglichkeit des Bauwerks werden nicht unzu-

lässig beeinträchtigt) ist für alle die Lastfälle zu erbringen, bei denen die genannten Bedingungen nicht eingehalten werden und somit
- der Erdwiderstand höher als oben angegeben in Ansatz gebracht wird oder
- der Boden den oben genannten Anforderungen nicht entspricht.

12.1.4 Maßnahmen bei nicht erfüllter Gleitsicherheit

Ist die Gleitsicherheit nicht erfüllt, können als Maßnahmen u. a. erwogen werden:
- Vergrößerung der Vertikalkräfte (bei einer Stützmauer z. B. durch ihre Verbreiterung)
- Verringerung der Horizontalkräfte (bei einer Stützmauer z. B. durch Anordnung einer Kragplatte auf der Mauerrückseite, vgl. Abb. 12-4)
- Verbesserung der Baugrundeigenschaften, insbesondere die Erhöhung des Winkels der inneren Reibung, durch Maßnahmen wie Bodenaustausch, Einrütteln usw.
- geneigte Anordnung der Gründungsfuge
- Vergrößerung des Erdwiderstands durch tiefere Gründung (in Sonderfällen).

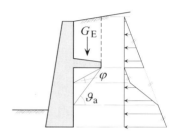

Abb. 12-4 Reduzierung des horizontalen Erddrucks und Erhöhung der Vertikallast durch bergseitige Konsole

12.2 Kippen

Wie das Gleiten gehört auch das Kippen von Gründungskörpern zu den Stabilitätsproblemen, bei denen infolge des Deformationsverhaltens des Baugrunds unkontrolliert große Verschiebungen bzw. Drehungen des Bauwerks auftreten können.

Die Frage, ob ein Bauwerk kippt, lässt sich über das Verhältnis von Stand- zu Kippmoment nur dann eindeutig beantworten, wenn die sich gegeneinander drehenden Körper starr sind. Dies gilt in der Regel mit guter Näherung bei auf Fels gegründeten Bauwerken bzw. bei entsprechenden Nachweisen in Arbeitsfugen. Bei Gründungen auf Lockergestein hingegen stellt sich das Kippversagen infolge fortschreitender Plastizierung des Bodens unter dem am stärksten beanspruchten Sohlflächenbereich ein. Da sich in solchen Fällen die Druckspannungen bei zunehmender Sohlflächendrehung und damit wachsender Sohlfugenklaffung auf einen immer kleiner werdenden Randbereich der Gründungsfläche konzentrieren, geht der Kippvorgang mit einem fortschreitenden Grundbruch (Kapitel 11) einher.

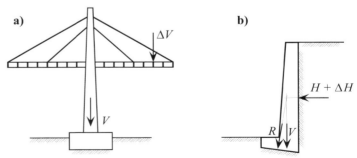

Abb. 12-5 Beispiele für kippempfindliche Flächengründungen (nach [L 21])

Da die Kippsicherheit von Systemen wie die aus Abb. 12-5 durch Unwägbarkeiten bei der Ermittlung der angreifenden Kräfte stark beeinflusst werden kann, empfiehlt sich eine entsprechende Beurteilung anhand von Zusatzkräften ΔV oder ΔH, die zum Umkippen führen würden.

Dass die Kippsicherheit von Fundament und Bauwerk nicht identisch sein muss, lässt sich leicht am Beispiel von auf Einzelfundamenten gegründeten Turmbauwerken erkennen (siehe Abb. 12-6).

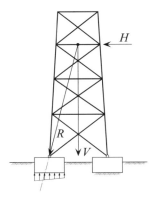

Abb. 12-6 Kippempfindliches Bauwerk auf kippsicherer Flächengründung (nach [L 21])

12.2.1 DIN-Normen

Beim Kippsicherheitsnachweis von Fundamenten und Bauwerken zu beachtende Bedingungen sind in den auf dem Konzept der Teilsicherheit basierenden Normen
- DIN 1054 [L 19]
- Entwurf DIN 4017 [L 26]

zu finden.

12.2.2 Kippsicherheit von Flach- und Flächengründungen nach DIN 1054

Da bei Flach- und Flächengründungen auf bindigen und nichtbindigen Böden die Lage der Kippkante unbekannt ist, darf nach DIN 1054, 7.5.1 die Sicherheit gegen den Gleichgewichtsverlust durch (GZ 1A) Kippen von Fundamenten
- in den Lastfällen LF 1 und LF 2 als gegeben angesehen werden, wenn die maßgebende Sohldruckresultierende (gehört zur ungünstigsten Kombination ständiger und ungünstig veränderlicher Einwirkungen) nicht außerhalb der 2. Kernweite angreift; ein Klaffen der Sohlfuge ist damit höchstens bis zum Schwerpunkt der Sohlfläche zugelassen. Die Erfüllung dieser Forderung verlangt bei einem Fundament mit der Grundrissform eines
  ▷ rechteckigen Vollquerschnitts, dass die Sohldruckresultierende nicht außerhalb der durch die Ellipse

$$\left(\frac{x_e}{b_x}\right)^2 + \left(\frac{y_e}{b_y}\right)^2 = \frac{1}{9} \qquad \text{Gl. 12-9}$$

  begrenzten Fläche angreift (vgl. Abb. 8-8).
  ▷ kreisförmigen Vollquerschnitts mit dem Durchmesser $2 \cdot r$, dass der Angriffspunkt der Sohldruckresultierenden nicht außerhalb des Kreises mit dem Radius

$$r_e = 0{,}59 \cdot r \qquad \text{Gl. 12-10}$$

  liegt

▸ im Lastfall LF 3 als gewährleistet betrachtet werden, wenn die Grundbruchsicherheit gemäß DIN 1054, 7.5.2 (vgl. Abschnitt 11.7.10) nachgewiesen wurde.

Hinweis: Sinngemäß dürfen die genannten Regelungen ggf. auch auf Fels angewendet werden. Alternativen hierzu werden in DIN 1054, 7.5.1 (4) angegeben.

Ergeben sich unzulässig große Exzentrizitäten der Sohldruckresultierenden, kann z. B. das Fundament verbreitert werden. Reicht die Grundbruchsicherheit nicht aus, kann darüber hinaus auch die Gründungstiefe vergrößert werden.

Anwendungsbeispiel

Im Lastfall LF 1 wurde für ein auf nichtbindigem Boden gegründetes quadratisches Fundament der Seitenlänge $a = 1,6$ m eine der Bemessung zugrunde zu legende Sohldruckresultierende berechnet, die zur Fundamentmitte die Exzentrizitäten $e_x = 0,4$ m und $e_y = 0,1$ m aufweist. Für dieses Fundament ist der Nachweis der Sicherheit gegen Kippen im Grenzzustand GZ 1B nach DIN 1054, 7.5 zu führen.

Lösung

Nach DIN 1054 ist die Kippsicherheit eines Fundaments mit der Grundfläche $a \times a$ im Lastfall LF 1 gewährleistet, wenn die Lage der Sohldruckresultierenden ein Klaffen der Sohlfuge bis höchstens zum Sohlflächenschwerpunkt herbeiführt.

Diese Bedingung ist im vorliegenden Fall erfüllt, da sich mit den Exzentrizitäten

$$x_e = e_x = 0,4 \text{ m} \qquad \text{und} \qquad y_e = e_y = 0,1 \text{ m}$$

für die Ellipsengleichung (Gl. 12-9)

$$\left(\frac{x_e}{a}\right)^2 + \left(\frac{y_e}{a}\right)^2 = \left(\frac{0,4}{1,6}\right)^2 + \left(\frac{0,1}{1,6}\right)^2 = 0,0664 < \frac{1}{9}$$

ergibt (Resultierende greift nicht außerhalb der 2. Kernweite an). Der Ausnutzungsgrad μ hinsichtlich der zulässigen Ausmittigkeit der Resultierenden berechnet sich mit Hilfe der Gleichung

$$\left(\frac{0,4}{\mu \cdot 1,6}\right)^2 + \left(\frac{0,1}{\mu \cdot 1,6}\right)^2 = \frac{1}{9}$$

zu

$$\mu = \frac{3}{1,6} \cdot \sqrt{0,4^2 + 0,1^2} = 0,77$$

12.2.3 Gebrauchstauglichkeit nach DIN 1054

Sind Flach- und Flächengründungen auf nichtbindigen und bindigen Böden ständigen Einwirkungen unterworfen, darf in ihrer Sohlfuge keine Klaffung auftreten. Diese Bedingung ist erfüllt, wenn die Sohldruckresultierende nicht außerhalb der 1. Kernweite (auch „Kern" genannt) liegt (vgl. Abb. 8-8).

Wird die genannte Exzentrizitäts-Bedingung eingehalten, darf angenommen werden, dass sich für Bauwerke keine unzuträglichen Verdrehungen ergeben, wenn sie auf Einzel- und/oder Streifenfundamenten gegründet sind, die ihre Lasten auf mindestens mitteldicht gelagerten nichtbindigen bzw. steifen bindigen Boden abtragen.

Muss damit gerechnet werden, dass ungleichmäßige Setzungen der Gründung oder von Gründungsteilen zu Schäden am Bauwerk selbst oder an dessen Umgebung führen, sind die Verdrehungen in Anlehnung an DIN 1054, 7.6.3 zu berechnen.

12.2.4 Ungleichmäßige Setzungen bei hohen Bauwerken

Die vor Eintritt ungleichmäßiger Setzungen vorhandene Kippsicherheit von Bauwerken mit hoch liegendem Schwerpunkt bzw. hoch liegendem Angriffspunkt der lotrechten Lastresultierenden vermindert sich, wenn die Setzungen eine Schwerpunktverschiebung des Bauwerks bzw. des Angriffspunktes der lotrechten Lastresultierenden und damit eine Vergrößerung der Exzentrizität der maßgebenden Sohldruckresultierenden hervorrufen.

In den genannten Fällen war bisher, gemäß DIN 4019-2 [L 35], Abschnitt 7, neben dem Grundbruchsicherheitsnachweis, auch der Nachweis der Sicherheit gegen Instabilität zu führen (vgl. auch [L 154], Seite 259). Da diese Norm noch auf dem Globalsicherheitskonzept beruht, kann hier nur darauf hingewiesen werden, dass derzeit ein auf dem Konzept der Teilsicherheiten basierender Entwurf zur DIN 4019 erarbeitet wird, mit dessen Veröffentlichung noch im Jahr 2004 zu rechnen ist (vgl. Abschnitt 15.2.2). Es ist zu erwarten, dass in diesem Entwurf das Instabilitätsproblem gemäß dem Teilsicherheitskonzept behandelt wird.

13 Gelände- und Böschungsbruch

13.1 Allgemeines

Übergänge zwischen Geländeoberflächen mit unterschiedlichen Höhenlagen können z. B. als
- Böschungen (siehe Abb. 13-1 a)) oder
- durch Stützbauwerke gesicherte Geländesprünge (siehe Abb. 13-1 b))

ausgeführt werden.

Abb. 13-1 Beispiele zur konstruktiven Gestaltung von Übergängen zwischen verschieden hohen Geländeoberflächen
a) Böschung
b) durch Schwergewichtsmauer gesicherter Geländesprung

Hinsichtlich der Standsicherheit solcher Konstruktionen muss u. a. mit hinreichender Sicherheit gewährleistet sein, dass kein Böschungs- bzw. Geländebruch eintritt (vgl. Abb. 13-2).

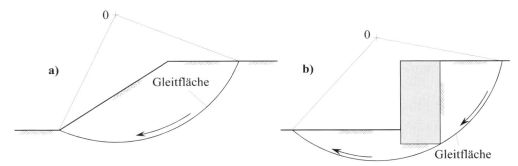

Abb. 13-2 Beispiele für ebene Bruchmechanismen nach E DIN 4084
a) Böschungsbruch
b) Geländebruch

13.2 DIN-Normen

Für die Berechnung der Standsicherheit von Böschungen, Hängen, Dämmen und Geländesprüngen werden in
- E DIN 4084 [L 48]
- DIN 1054 [L 19]

u. a. Berechnungsgrundlagen und Berechnungsverfahren angegeben, die den ebenen Fall beim Abrutschen auf angenommenen Gleitflächen betreffen (die Verfahren gelten auch für Fälle, in denen sich die Erdkörper ohne Bildung von Gleitflächen allein durch Scherzonen verformen).

Die Normen gelten für den Nachweis der Gesamtstandsicherheit im Grenzzustand GZ 1C von
- Böschungen und Hängen in Lockergestein (unabhängig von ihrer Gestalt), die nicht oder nur durch eine Oberflächenabdeckung gesichert sind
- nicht verankerten Stützbauwerken in Form von Gewichtsstützwänden (z. B. Schwergewichtsmauern, Winkelstützwände, Raumgitterkonstruktionen, Stützkonstruktionen aus Gabionen sowie nicht gestützte und im Boden eingespannte Wände wie Spundwände, Bohrpfahlwände, Schlitzwände, Trägerbohlwände), die zusammen mit dem Boden des abgestützten Geländesprungs als Ganzes verschoben werden oder abrutschen
- einfach oder mehrfach durch Anker bzw. Zugpfähle verankerten Stützwänden, die durch ihre Fußeinbindung waagerechte und senkrechte Kräfte in den Baugrund übertragen können (z. B. Spundwände, Bohrpfahlwände, Schlitzwände, Trägerbohlwände), die im Grenzzustand GZ 1 zusammen mit dem von den Zuggliedern erfassten Boden oder auf Gleitflächen, die einen Teil der Zugglieder schneiden, abrutschen.

Nach DIN 1054, 10.6.9 (2) ist der Nachweis der Gesamtstandsicherheit bei Gewichtsstützwänden insbesondere dann zu erbringen, wenn besondere Gegebenheiten das Auftreten eines Geländebruchs fördern, wie z. B.
- eine Rückseite der Wand, die stark zum Erdreich hin geneigt ist
- Gelände, das hinter der Wand ansteigt und/oder vor der Wand abfällt
- innerhalb des Wandfußes anstehender Boden mit geringer Tragfähigkeit
- besonders große Lasten, die im Bereich steiler möglicher Gleitflächen wirken.

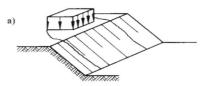
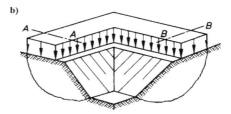
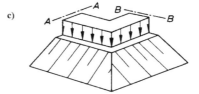

Von E DIN 4084 nicht erfasst werden z. B. räumliche Böschungsbruchfälle, wie sie etwa in Abb. 13-3 gezeigt sind. Wird ihre Standsicherheit dennoch mit Hilfe der ebenen Betrachtungsweise behandelt, liegt nach Beiblatt 1 zu DIN 4084 [L 50] das entsprechende Ergebnis für den Fall aus Abb. 13-3 a) auf der sicheren Seite. Wird bei Eckböschungen gemäß Abb. 13-3 b) und Abb. 13-3 c) der ebene Nachweis für die Schnittebenen A–A und B–B geführt, liegt das Ergebnis für den Fall der einspringenden Ecke (Abb. 13-3 b)) wiederum auf der sicheren Seite, während es für den Fall der ausspringenden Ecke (Abb. 13-3 c)) wahrscheinlich etwas auf der unsicheren Seite liegt.

Abb. 13-3 Beispiele für räumliche Böschungsbruchfälle (aus [L 50])

13.3 Begriffe

Geländesprung
natürlich oder künstlich entstandene Stufe im Gelände, mit oder ohne Stützbauwerk.

Böschung
Erdkörper mit einer durch Abtrag oder Auffüllen künstlich hergestellten geneigten Geländeoberfläche.

Hang
Erdkörper mit einer natürlich entstandenen geneigten Geländeoberfläche.

Stützkonstruktion
Konstruktion zur Sicherung eines Geländesprungs, einer Böschung oder eines Hangs.

Geländebruch
das Abrutschen eines Erdkörpers an einer Böschung, einem Hang oder an einem Geländesprung, ggf. einschließlich des Stützbauwerks und eines Teils des dieses umgebenden Erdreichs infolge Ausschöpfens des Scherwiderstands des Bodens und evtl. vorhandener Bauteile. Der rutschende Erdkörper kann sich dabei selbst verformen oder als annähernd starrer Körper abrutschen.

Böschungsbruch
Bezeichnung eines Geländebruchs, wenn es sich um eine Böschung handelt.

Hangrutschung
Bezeichnung eines Geländebruchs, wenn es sich um einen Hang handelt.

Bruchmechanismus
bewegliches System aus Scherzonen und Gleitkörpern bei einem Gelände- oder Böschungsbruch oder bei einer Hangrutschung.

Gleitkörper
auf einer Gleitfläche rutschender Erdkörper mit oder ohne Stützkonstruktion.

Scherzone
Bereich, in dem beim Gelände- oder Böschungsbruch Scherverformungen im Grenzzustand des Bodens stattfinden.

Scherfuge
dünne flächenhafte Scherzone.

Gleitfläche (auch *Gleitfuge*)
vereinfacht als Fläche angenommene Scherzone oder Scherfuge im Boden.

Gleitlinie
Schnittfuge der Gleitfläche mit der betrachteten Schnittebene.

Rechnerisches Grenzgleichgewicht
Gleichgewicht zwischen den Bemessungswerten der Einwirkungen und den mit dem Ausnutzungsgrad μ multiplizierten Bemessungswiderständen.

Ausnutzungsgrad μ des Bemessungswiderstands
Verhältnis des für das Gleichgewicht erforderlichen Widerstands zum Bemessungswert des Widerstands.

Selbstspannendes Zugglied
Zugglied das durch eine angenommene Bewegung des untersuchten Bruchmechanismus gedehnt wird.

13.4 Erforderliche Unterlagen für Berechnungen nach E DIN 4084

Für Geländebruchberechnungen nach E DIN 4084 sind als Unterlagen bereitzustellen:
1. Angaben über die
   - Abmessungen, die konstruktive Ausbildung und die Baustoffe der Stützkonstruktion bzw. der Böschung
   - Wasserstände und die Strömungsverhältnisse in der Bauwerksumgebung
   - anzusetzenden Einwirkungen
2. Baugrundaufschlüsse nach den einschlägigen DIN-Normen im Bereich der möglichen Bruchmechanismen und über bereits existierende Gleitflächen
3. bodenmechanische Kenngrößen der im Bereich der Bruchmechanismen anstehenden Bodenschichten
   - Wichten γ und Scherparameter φ' und c' des konsolidierten Zustands (für Endstandsicherheit) bzw. Scherparameter c_u des nicht konsolidierten Zustands (für Anfangsstandsicherheit)
   - Porenwasserüberdruck bei konsolidierenden bindigen Böden
   - bei bindigen Böden ggf. die Restscherfestigkeit (Scherfestigkeit nach sehr großer Verschiebung, siehe DIN 18137-1 [L 83]).

13.5 Sonderfall der ebenen Gleitfläche

Ebene Gleitflächen treten in der Natur nur in Sonderfällen auf, wie z. B. bei der geologischen Situation von Abb. 13-4 a)).

In solchen Fällen ergeben sich in der oberen Grenzschicht der Störzone Spannungen, deren resultierende Größen in Abb. 13-4 b)) dargestellt sind. Die Eigenlast des oberhalb der Störzone liegenden Erdkeils (Einwirkung) bewirkt in der Grenzschicht Normal- und Schubspannungen, deren Resultierende normal ($\perp$) und parallel ($\parallel$) zur Grenzschicht angeordnet

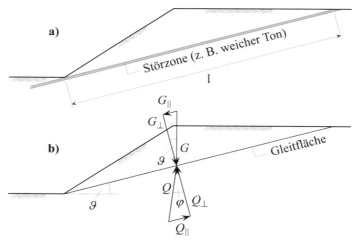

Abb. 13-4 Beispiel für eine ebene Gleitfläche (Länge l)
a) Lage einer Störzone
b) resultierende Kräfte in der Gleitfläche bei einem Bodenmaterial ohne Kohäsion

sind. Die Größen dieser Resultierenden sind

$$G_\perp = G \cdot \cos \vartheta$$
$$G_\parallel = G \cdot \sin \vartheta$$
Gl. 13-1

und stellen Beanspruchungen normal und parallel zur Gleitfläche dar.

Bewirkt die Beanspruchung infolge der Eigenlast ein Schubversagen in der Grenzschicht (Grenzschicht der Störzone wird zur Gleitfläche), würden, bei kohäsionslosem Bodenmaterial, als maximale Reaktionskräfte die Größen

$$Q_\perp = G_\perp$$
$$Q_\parallel = Q_\perp \cdot \tan \varphi = G_\perp \cdot \tan \varphi = G \cdot \cos \vartheta \cdot \tan \varphi$$
Gl. 13-2

in der Grenzschicht aktiviert. Parallel zur Gleitfläche wirkt von ihnen die Größe $Q_\parallel$ der Beanspruchung $G_\parallel$ (Aktionskraft) als Widerstand entgegen.

Gl. 13-1 und Gl. 13-2 erlauben über das Verhältnis der Kräfte parallel zur Gleitfuge eine Sicherheitsdefinition in Form der Definition eines Ausnutzungsgrades

$$\mu = \frac{\text{vorh. treibende Kraft}}{\text{max. haltende Kraft}} = \frac{G \cdot \sin \vartheta}{G \cdot \cos \vartheta \cdot \tan \varphi} = \frac{\tan \vartheta}{\tan \varphi} \qquad \mu \leq 1$$
Gl. 13-3

Gl. 13-3 macht deutlich, dass ein Gleiten des Erdkörpers erst dann eintritt, wenn die vorhandene treibende Kraft die Größe der maximalen haltenden Kraft annimmt ($\vartheta = \varphi$ bzw. $\mu = 1$) und dass das Gleiten verhindert wird, solange die vorhandene treibende Kraft kleiner ist als die maximale haltende Kraft ($\vartheta = \varphi$ bzw. $\mu < 1$).

Würde G gemäß DIN 1054 dem charakteristischen Wert der Einwirkungen entsprechen, ergäben sich als parallel zur Gleitfläche wirkende charakteristische Werte der Beanspruchung und der Widerstände

$$E_k = G \cdot \sin \vartheta$$
$$R_k = G \cdot \cos \vartheta \cdot \tan \varphi$$
Gl. 13-4

und mit den zum Grenzzustand des Verlustes der Gebrauchstauglichkeit GZ 1C gehörenden Teilsicherheitsbeiwerten γ_G der Einwirkung (siehe Tabelle 7-1) und γ_φ der Widerstände (siehe Tabelle 7-2) als Ausnutzungsgrad

$$\mu = \frac{E_d}{R_d} = \frac{E_k \cdot \gamma_G}{R_k \cdot \gamma_\varphi} = \frac{\gamma_G \cdot G \cdot \sin \vartheta}{\gamma_\varphi \cdot G \cdot \cos \vartheta \cdot \tan \varphi} = \frac{\gamma_G}{\gamma_\varphi} \cdot \frac{\tan \vartheta}{\tan \varphi} \qquad \mu \leq 1$$
Gl. 13-5

Weist das Bodenmaterial über die Länge l der Gleitfuge Kohäsion mit der konstanten Größe c auf, gilt, mit der Eigenlast G pro lfdm Böschung, die Gleichung

$$Q_\parallel = c \cdot l \cdot 1\,\text{m} + Q_\perp \cdot \tan \varphi = c \cdot l \cdot 1 + G_\perp \cdot \tan \varphi = c \cdot l \cdot 1 + G \cdot \cos \vartheta \cdot \tan \varphi$$
Gl. 13-6

In ihr ist $Q_\parallel$ der parallel zur Grenzfläche wirkende Widerstand in Form der Scherspannungsresultierenden pro lfdm Böschung. Der Ausnutzungsgrad ist in diesem Fall definiert durch

$$\mu = \frac{\text{vorh. treibende Kraft}}{\text{max. haltende Kraft}} = \frac{G \cdot \sin\vartheta}{c \cdot l \cdot 1\,\text{m} + G \cdot \cos\vartheta \cdot \tan\varphi} \qquad \mu \leq 1 \qquad \text{Gl. 13-7}$$

Für die in Gl. 13-6 und Gl. 13-7 verwendeten Scherparameter c und φ sind die Größen c' und φ' zu setzen, wenn der Sicherheitsnachweis für den konsolidierten Zustand (Endstandsicherheit) zu führen ist. Erfolgt der Nachweis für den nicht konsolidierten Zustand (Anfangsstandsicherheit), ist der Parameter c_u zu verwenden.

Würden wieder die Begriffe der DIN 1054 berücksichtigt, ergäben sich, analog zu Gl. 13-5

$$\mu = \frac{E_d}{R_d} = \frac{\gamma_G \cdot G \cdot \sin\vartheta}{\gamma_\varphi \cdot G \cdot \cos\vartheta \cdot \tan\varphi + \gamma_c \cdot c \cdot l \cdot 1\,\text{m}} \qquad \mu \leq 1 \qquad \text{Gl. 13-8}$$

Wird die gerade Gleitfläche als Grenzfall einer zylindrischen Gleitfläche verstanden, deren Radius $r \to \infty$ beträgt, lässt sich die Definition des Ausnutzungsgrades bzw. der Sicherheit aus Gl. 13-3 bzw. Gl. 13-7 durch

$$\mu = \frac{\text{vorh. treibende Kraft} \cdot r_\infty}{\text{max. haltende Kraft} \cdot r_\infty} = \frac{\text{Moment der vorh. treibenden Kraft}}{\text{Moment der max. haltenden Kraft}} \qquad \mu \leq 1 \qquad \text{Gl. 13-9}$$

verallgemeinern.

13.6 Lamellenverfahren (schwedische Methode)

Dieses sehr einfache Verfahren kann sowohl bei homogenem als auch bei geschichtetem Baugrund angewendet werden. Bei ihm wird als Versagensmechanismus eine starre Bruchscholle angenommen, die auf einer kreiszylindrischen Gleitfläche abrutscht. Der Bruchkörper wird in n möglichst gleich breite vertikale Lamellen zerlegt (vgl. Abb. 13-5 a)). Bei geschichtetem Boden ist die Zerlegung so vorzunehmen, dass jedes zu einer Lamelle gehörende Teilstück der Gleitfuge in nur einer Bodenschicht liegt und somit konstante Größen für den effektiven Reibungswinkel φ' und die effektive Kohäsion c' aufweist.

Um im Bereich der einzelnen Lamellen die gekrümmte Gleitfuge näherungsweise durch ihre Tangente ersetzen zu können, ist die Anzahl der Lamellen so groß zu wählen, dass hinreichend geringe Lamellenbreiten entstehen. Für diesen Fall wird bei der schwedischen Methode die in Abb. 13-5 b) gezeigte Kräftesituation in dem Gleitfugenteilstück der i-ten Lamelle angesetzt. Resultierende Kräfte der zwischen den einzelnen Lamellen wirkenden Spannungen (z. B. aus Erddruck) und horizontale Oberflächenbelastungen bleiben bezüglich der Ermittlung der Normalspannungen in der Gleitfläche unberücksichtigt.

Für die i-te Lamelle liefert die Gleichgewichtsforderung normal zur Gleitfuge die Gleichung

$$Q_{i\perp} = (G_i + P_i) \cdot \cos\vartheta_i \qquad \text{Gl. 13-10}$$

für die Normalkomponente der Reaktionskraft. In der Gleichung ist G_i die sich aus der Lamellenhöhe h_i und der Wichte γ_i ergebende Eigenlast der Lamelle und P_i die Resultierende der vertikalen Lamellenbelastung.

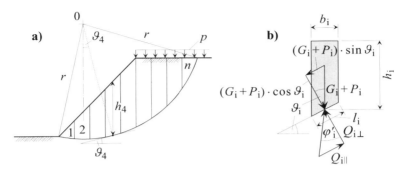

Abb. 13-5 Bruchmechanismus bei der schwedischen Methode
    a) in n Lamellen aufgeteilter starrer Bruchkörper mit kreiszylindrischer Gleitfläche
    b) i-te Lamelle mit resultierenden Kräften bei kohäsionslosem Bodenmaterial in der Gleitfuge (Gleitfugenlänge l_i)

Beginnt das System auf Schub zu versagen (Bruchscholle rutscht auf der Gleitfläche ab), gilt, bei kohäsionslosem Gleitfugenmaterial, die Beziehung

$$\tan\varphi'_i = \frac{Q_{i\|}}{Q_{i\perp}}$$
                                    Gl. 13-11

Mit Gl. 13-10 ergibt sich aus ihr die maximale Resultierende der im Gleitflächenanteil der i-ten Lamelle aktivierten Schubspannungen („rückhaltende Kraft")

$$Q_{i\|} = (G_i + P_i)\cdot\cos\vartheta_i\cdot\tan\varphi'_i$$
                              Gl. 13-12

die der parallel zur Gleitfläche wirkenden Beanspruchung $(G_i + P_i)\cdot\sin\vartheta$ („antreibende Kraft") als Widerstand entgegen wirkt.

Weist das Bodenmaterial über die Länge l_i des Gleitfugenteils der Lamelle Kohäsion mit der konstanten Größe c'_i auf, ist, mit der Eigenlast G_i und dem Lastanteil P_i pro lfdm Lamelle, der Widerstand (rückhaltende Kraft) aus Gl. 13-12 durch

$$\begin{aligned}Q_{i\|} &= c'_i\cdot l_i\cdot 1\,\text{m} + (G_i + P_i)\cdot\cos\vartheta_i\cdot\tan\varphi'_i\\ &= c'_i\cdot\frac{b_i\cdot 1\,\text{m}}{\cos\vartheta_i} + (G_i + P_i)\cdot\cos\vartheta_i\cdot\tan\varphi'_i\end{aligned}$$
            Gl. 13-13

zu ersetzen.

Werden um den Mittelpunkt „0" des Gleitkreises (siehe Abb. 13-5 a)) die Summe der Momente aus den Beanspruchungen (antreibenden Kräften)

$$(G_i + P_i)_\| = (G_i + P_i)\cdot\sin\vartheta_i$$
                              Gl. 13-14

und die Summe der Momente aus den Widerständen $Q_{i\|}$ (rückhaltenden Kräften) gebildet (die normal zur Gleitfläche gerichteten Komponenten der antreibenden und rückhaltenden Kräfte liefern keine Beiträge, da ihre Wirkungslinien durch den Mittelpunkt des Gleitkreises gehen), lässt sich über deren Verhältnis, in Analogie zur Gl. 13-3, eine Sicherheit gegen den Böschungsbruch in Form des Ausnutzungsgrades

$$\mu = \frac{\sum_{i=1}^{n} \text{vorh. antreibende Momente}}{\sum_{i=1}^{n} \text{max. rückhaltende Momente}} = \frac{\sum_{i=1}^{n} (G_i + P_i)_{\parallel} \cdot r}{\sum_{i=1}^{n} Q_{i\parallel} \cdot r}$$

$$= \frac{\sum_{i=1}^{n} (G_i + P_i)_{\parallel}}{\sum_{i=1}^{n} Q_{i\parallel}} = \frac{\sum_{i=1}^{n} \text{vorh. antreibende Kräfte}}{\sum_{i=1}^{n} \text{max. rückhaltende Kräfte}} \qquad \mu \leq 1 \qquad \text{Gl. 13-15}$$

definieren.

Für erdfeuchte nichtbindige Böden hat Gl. 13-15 die Form

$$\mu = \frac{\sum_{i=1}^{n} (G_i + P_i) \cdot \sin \vartheta_i}{\sum_{i=1}^{n} (G_i + P_i) \cdot \cos \vartheta_i \cdot \tan \varphi'_i} \qquad \mu \leq 1 \qquad \text{Gl. 13-16}$$

Handelt es sich bei den Böden in den Gleitfugenabschnitten der Lamellen um kohäsive Materialien (mit den Kohäsionsgrößen c'_i), die keine Porenwasserdrücke aufweisen, ist Gl. 13-16 durch

$$\mu = \frac{\sum_{i=1}^{n} (G_i + P_i) \cdot \sin \vartheta_i}{\sum_{i=1}^{n} \left[(G_i + P_i) \cdot \cos \vartheta_i \cdot \tan \varphi'_i + c'_i \cdot \frac{b_i}{\cos \vartheta_i} \right]} \qquad \mu \leq 1 \qquad \text{Gl. 13-17}$$

zu ersetzen.

Sind die kohäsiven Böden in den Gleitfugenabschnitten zusätzlich Porenwasserdrücken (u_i = Porenwasserdruck aus anstehendem Grundwasser, Δu_i = Porenwasserüberdruck infolge von Konsolidation des Bodens) ausgesetzt, lautet die Gleichung für den Ausnutzungsgrad

$$\mu = \frac{\sum_{i=1}^{n} (G_i + P_i) \cdot \sin \vartheta_i}{\sum_{i=1}^{n} \left\{ c'_i \cdot \frac{b_i}{\cos \vartheta_i} + \left[(G_i + P_i) \cdot \cos \vartheta_i - (u_i + \Delta u_i) \cdot \frac{b_i}{\cos \vartheta_i} \right] \cdot \tan \varphi'_i \right\}} \qquad \mu \leq 1 \qquad \text{Gl. 13-18}$$

Bei der schwedischen Methode sind mehrere Gleitflächen versuchsweise durch den Boden zu legen. Für jede dieser Gleitflächen ist der Ausnutzungsgrad μ zu ermitteln. Maßgebend ist schließlich die Gleitfuge, zu der der größte Ausnutzungsgrad und damit die kleinste Sicherheit gehört.

13.7 Berechnungen nach E DIN 4084

13.7.1 Grenzzustand, Einwirkungen und Widerstände

Für alle Nachweise der Sicherheit gegen Geländebruch ist der Grenzzustand des Verlustes der Gesamtstandsicherheit GZ 1C gemäß DIN 1054 zu betrachten.

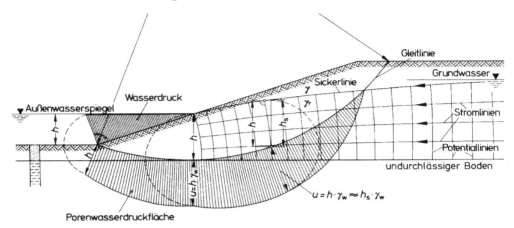

Abb. 13-6 Strömungsnetz, Wasserdruck und Porenwasserdruck bei einer Böschung (aus [L 49])

Bei den anzusetzenden Einwirkungen handelt es sich nach E DIN 4084 vor allem um
- die Eigenlast des Gleitkörpers und der Stützkonstruktion
- Lasten in oder auf den Gleitkörper, sofern sie ungünstig wirken (die Bruchgefahr erhöhen)
- Kräfte vorgespannter Zugglieder, sofern sie nicht selbstspannend sind aber günstig wirken (die Bruchgefahr vermindern); als Kräfte sind die Festlegekräfte F_{A0} anzusetzen
- Porenwasserdrucklasten und sonstige Wasserdrücke auf die Gleit- und Begrenzungsflächen des Gleitkörpers (vgl. Abb. 13-6)
- in den Massenschwerpunkten der Gleitkörper angreifende Erdbebenkräfte.

Ansetzbare Widerstände sind
- die Scherparameter φ und ggf. c des Bodens (bei bindigen Böden ist entweder der zur Anfangsstandsicherheit gehörende Parameter c_u oder die Parameter φ' und c' des dränierten Bodens (Endstandsicherheit) zugrunde zu legen)
- Kräfte in Zugliedern, Dübeln, Pfählen und Steifen, wobei für jeden Bruchmechanismus zu prüfen ist, ob die in diesen Bauteilen wirkenden Kräfte günstig oder ungünstig gerich-

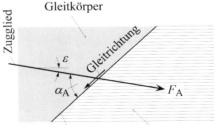

Abb. 13-7 Winkel α_A zwischen Zugglied und Gleitrichtung des Bruchmechanismus im Schnittpunkt von äußerer Gleitlinie und Zugglied (nach E DIN 4084)

tet sind (ein Zugglied z. B. wirkt in ungünstiger Richtung, wenn der Winkel α_A zwischen der Zuggliedachse und der Gleitrichtung des Bruchmechanismus im Schnittpunkt von äußerer Gleitlinie und Zugglied größer ist als 90°; vgl. Abb. 13-7 und Abb. 13-8)

▶ Scherwiderstände bei Stützkonstruktionen und Bauteilen, die, wie im Beispiel der Abb. 13-8, durch die Gleitfläche geschnitten werden (anzusetzen ist der Bemessungswert des Scherwiderstands der jeweiligen Stützkonstruktion bzw. des jeweiligen Bauteils, der an der Gleitlinie und entgegen der Bewegungsrichtung des Gleitkörpers übertragbar ist, d. h. von der Stützkonstruktion bzw. dem Bauteil entweder als Schnittkraft aufgenommen oder von diesen auf den Boden ober- bzw. unterhalb der Gleitlinie als Kraft abgetragen werden kann; maßgebend ist der kleinere Wert).

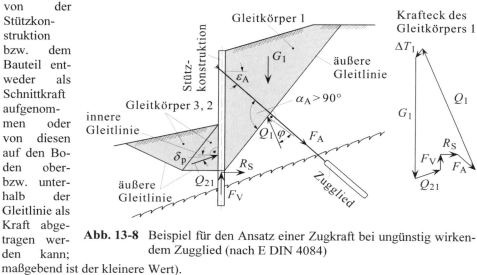

Abb. 13-8 Beispiel für den Ansatz einer Zugkraft bei ungünstig wirkendem Zugglied (nach E DIN 4084)

13.7.2 Arten der Bruchmechanismen und besondere Bedingungen

Für die Nachweise der Sicherheit müssen in einem ersten Schritt alle die Bruchmechanismen in Betracht gezogen werden, die in dem jeweiligen Fall in Frage kommen können. Die letztendlich als wesentlich erkannten Bruchmechanismen müssen rechnerisch behandelt werden. Nach E DIN 4084 ist zu unterscheiden zwischen

a) einem Gleitkörper mit
   ▶ gerader Gleitlinie (vgl. Abb. 13-9)
   ▶ kreisförmiger Gleitlinie
   ▶ beliebiger einsinnig gekrümmter Gleitlinie

b) zusammengesetzten Bruchmechanismen mit mehreren Gleitkörpern und geraden Gleitlinien (vgl. Abb. 13-11); Bruchmechanismen mit gekrümmten Gleitlinien werden in E DIN 4084 nicht behandelt.

In Bruchmechanismen auftretende Scherzonen sind bei Berechnungen nach E DIN 4084 durch starre Gleitkörper und Gleitlinien zu ersetzen. Werden Sicherheitsnachweise sowohl mit Scherparametern des dränierten Bodens als auch mit Parametern des undränierten Bodens geführt, können unterschiedliche Bruchmechanismen maßgebend sein.

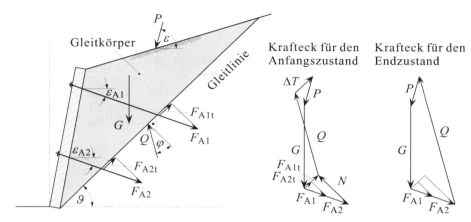

Abb. 13-9 Beispiel für einen Gleitkörper mit einer geraden Gleitlinie bei einer verankerten Wand ohne Einbindung in den Untergrund (gemäß E DIN 4084)

Da sich die zu den Normalkomponenten der Ankerkräfte gehörenden Reibungswiderstände erst im Zuge der Konsolidierung aufbauen, ergibt sich hier beim Krafteck des Anfangszustands eine erforderliche haltende Zusatzkraft ΔT und damit eine nicht ausreichende Sicherheit (N = Normalkraft in der Gleitfläche infolge aller Ankerkräfte).

Beim Krafteck für den Endzustand ergibt sich Gleichgewicht zwischen den Rechenwerten der Einwirkungen und der Widerstände.

Zu den besonderen Bedingungen gehört, dass bei Böschungen, die in kohäsiven Böden hergestellt wurden und längere Standzeiten aufweisen, Zugrisse mit einer Tiefe von

$$h_c^* = \frac{2 \cdot c'}{\gamma \cdot \tan\left(45° - \frac{\varphi'}{2}\right)}$$

Gl. 13-19

zu berücksichtigen sind. Können sich diese Risse mit Wasser füllen, sind entsprechende Wasserdrücke anzusetzen (vgl. Abb. 13-10). Die Rissentstehung lässt sich auf Zugspannungen zurückführen, die sich infolge der geneigten Oberfläche und der Inanspruchnahme der Kohäsion ergeben und die der Boden auf Dauer nicht aufnehmen kann.

Schon existierende Gleitflächen sind bei den Sicherheitsnachweisen zu berücksichtigen.

Bei Böschungen mit Grundwasseraustritten ist der Grenzzustand auch mit böschungsparallelen Gleitlinien in den Austrittsbereichen zu untersuchen.

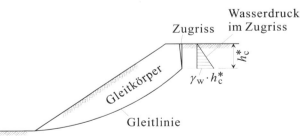

Abb. 13-10 Beispiel für eine Böschung mit Zugriss in kohäsivem Boden (gemäß E DIN 4084)

13.7.3 Bruchmechanismen mit einem Gleitkörper oder zusammengesetzt

Bei
- ▶ Böschungen, die in homogenen oder annähernd homogenen Böden hergestellt wurden und bei denen keine konstruktiven Elemente mitwirken
- ▶ Geländesprüngen mit mächtigem, weichem Untergrund

genügt es, einen Gleitkörper mit kreisförmiger Gleitlinie anzunehmen. Bei Böschungen, die in nichtbindigen Böden mit ebener Oberfläche hergestellt wurden, sind auch böschungsparallele gerade Gleitlinien zu untersuchen.

Durch den Fußpunkt der Böschung verläuft die Gleitfläche des jeweils untersuchten Gleitkörpers nur bei einer unbelasteten Böschung, die in dräniertem Boden (auch unterhalb des Böschungsfußpunktes) hergestellt wurde. In allen anderen Fällen sind tief liegende Gleitkreise zu untersuchen, deren Austrittspunkte vor dem Böschungsfuß liegen.

Bei Böschungen in homogenen nichtbindigen Böden ohne Wasserdruck oder vollständig unter Wasser und ohne sonstige Einwirkungen stellt die Böschungsoberfläche die ungünstigste Gleitfläche dar.

Bei Geländesprüngen mit Stützbauwerken und bei Böschungen mit mitwirkenden konstruktiven Elementen sind gerade Gleitlinien und zusammengesetzte Bruchmechanismen mit geraden Gleitlinien zu untersuchen. Die Mechanismen sollten auf der aktiven Seite in der Regel mindestens zwei Gleitkörper besitzen (vgl. Abb. 13-11). Sind die Böschungen oder Geländesprünge verankert, müssen Untersuchungen an Bruchmechanismen durchgeführt

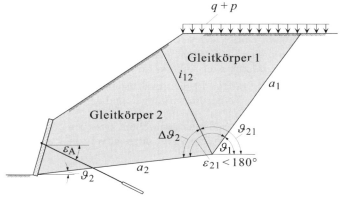

Abb. 13-11 Beispiel für zusammengesetzten Bruchmechanismus mit zwei Gleitkörpern und geraden Gleitlinien (gemäß E DIN 4084)

werden deren Gleitlinien zum einen die Zugglieder schneiden und zum anderen die Zugglieder vollständig einschließen. Dies führt auch zum Nachweis der erforderlichen Zuggliedlänge.

Alle genannten Mechanismen beruhen auf der kinematischen Methode (vgl. hierzu GUßMANN u. a. [L 121], Kapitel 1.10).

13.7.4 Grenzzustandsbedingung

Nach E DIN 4084 ist eine ausreichende Sicherheit gegen das Versagen in Form eines Geländebruchs, eines Böschungsbruchs oder einer Hangrutschung eingehalten, wenn mit den resultierenden Bemessungswerten der Einwirkungen bzw. Beanspruchungen (E_d bei Kraft- und

$E_{M,d}$ bei Momentenwirkung) und der Widerstände (R_d bei Kraft- und $R_{M,d}$ bei Momentenwirkung) die Bedingung für den Grenzzustand der Tragfähigkeit

$$E_d \leq R_d \qquad \text{bzw.} \qquad E_{M,d} \leq R_{M,d} \qquad \text{Gl. 13-20}$$

oder

$$\frac{E_d}{R_d} = \mu \leq 1 \qquad \text{bzw.} \qquad \frac{E_{M,d}}{R_{M,d}} = \mu \leq 1 \qquad \text{Gl. 13-21}$$

erfüllt ist (μ = Ausnutzungsgrad).

Zu untersuchen sind in der Regel mehrere in Frage kommende Bruchmechanismen. Für den Nachweis letztendlich ausschlaggebend ist dann der Mechanismus, zu dem der größte Wert des Ausnutzungsgrades gehört.

13.7.5 Lamellenverfahren mit kreisförmig gekrümmten Gleitlinien

Die Anwendung des von BISHOP eingeführten Verfahrens ist (siehe z. B. [L 9]) vor allem bei geschichtetem Baugrund zu empfehlen, dessen Schichtgrenzlinien die Gleitfläche schneiden.

Der Gleitkörper wird bei überwiegend senkrechten Lasten in lotrechte Lamellen unterteilt, deren Breite der Schichtung des Bodens und der Geländeform angepasst werden sollten (vgl. Abb. 13-12).

Die Summen der zu allen n Lamellen gehörenden Bemessungsmomente der Einwirkungen $E_{M,d}$ und Widerstände $R_{M,d}$ ergeben sich mit Hilfe der Beziehungen ($M_{S,d}$ steht für einwirkende Bemessungsmomente, die nicht in den Einwirkungen der Lamellen um den Mittelpunkt des Gleitkreises enthalten sind, welche sich aus den Bemessungswerten der totalen Lamelleneigenlasten $G_{i,d}$ und der auf die Lamellen einwirkenden Lasten $P_{vi,d}$ ergeben)

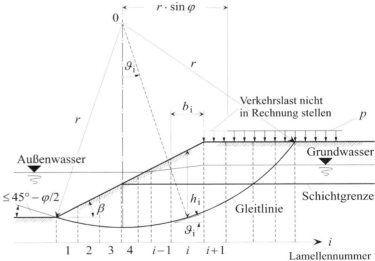

Abb. 13-12 Kreisförmige Gleitlinie und Lamelleneinteilung bei einer Böschung (gemäß E DIN 4084)

$$E_{M,d} = r \cdot \sum_{i=1}^{n} [(G_{i,d} + P_{iv,d}) \cdot \sin \vartheta_i] + \sum M_{S,d} \qquad \text{Gl. 13-22}$$

und

$$R_{M,d} = r \cdot \sum_{i=1}^{n} \frac{(G_{i,k} + P_{iv,k} - u_{i,k} \cdot b_i) \cdot \tan\varphi_{i,d} + c_{i,d} \cdot b_i}{\cos\vartheta_i + \mu \cdot \tan\varphi_{i,d} \cdot \sin\vartheta_i} \qquad \text{Gl. 13-23}$$

Für die in Gl. 13-22 bzw. Gl. 13-23 verwendeten Bemessungswerte gilt im Einzelnen

$$G_{i,d} = G_{i,k} \cdot \gamma_G$$
$$P_{iv,d} = P_{iv,G,k} \cdot \gamma_G + P_{iv,Q,k} \cdot \gamma_Q \qquad \text{Gl. 13-24}$$
$$M_{S,d} = M_{S,G,k} \cdot \gamma_G + M_{S,Q,k} \cdot \gamma_Q$$

bzw.

$$\tan\varphi_{i,d} = \frac{\tan\varphi_{i,k}}{\gamma_\varphi}$$

$$c_{i,d} = \frac{c'_{i,k}}{\gamma_c} \quad \text{oder} \quad c_{i,d} = \frac{c_{u,i,k}}{\gamma_{cu}} \qquad \text{Gl. 13-25}$$

Die in Gl. 13-24 und Gl. 13-25 verwendeten Größen sind die
- zum Grenzzustand des Verlustes der Gesamtstandsicherheit GZ 1C gehörenden Teilsicherheitsbeiwerte γ_G (ständige Einwirkungen) und γ_Q (ungünstige veränderliche Einwirkungen) der Einwirkungen bzw. γ_φ (Reibungsbeiwert $\tan\varphi$ des Bodens), γ_c (Kohäsion c' des dränierten Bodens) und γ_{cu} (Kohäsion c_u des undränierten Bodens)
- auf die Lamellen einwirkenden charakteristischen ständigen und ungünstigen veränderlichen Lasten $P_{vi,G,k}$ und $P_{vi,Q,k}$
- charakteristischen ständigen und ungünstigen veränderlichen Momente $M_{S,G,k}$ und $M_{S,Q,k}$, die nicht in den Einwirkungen der Lamellen um den Mittelpunkt des Gleitkreises enthalten sind, welche sich aus den charakteristischen totalen Lamelleneigenlasten $G_{i,k}$ und den auf die Lamellen einwirkenden charakteristischen Lasten $P_{vi,k}$ ergeben.

Der iterativ zu führende Standsicherheitsnachweis beginnt mit einem angenommenen Wert für μ, mit dem $R_{M,d}$ nach Gl. 13-23 ermittelt wird. In Verbindung mit $E_{M,d}$ aus Gl. 13-22 liefert Gl. 13-21 einen verbesserten Ausnutzungsgrad μ mit dem $R_{M,d}$ erneut berechnet wird. Die Iteration wird so lange fortgesetzt bis zwei aufeinander folgende Werte von μ auf 3 % übereinstimmen.

Sollten kreisförmige Gleitlinien beim Vorhandensein konstruktiver Elemente angenommen werden, können die zusätzlichen Einwirkungen und Widerstände berücksichtigt werden durch

$$E_{M,d} = r \cdot \sum_{i=1}^{n} [(G_{i,d} + P_{iv,d}) \cdot \sin\vartheta_i - F_{A0i,d} \cdot \cos(\vartheta_i + \varepsilon_{A0i})] + \sum M_{S,d} \qquad \text{Gl. 13-26}$$

und

$$R_{M,d} = r \cdot \sum_{i=1}^{n} \frac{Z_{i,d}}{\cos\vartheta_i + \mu \cdot \tan\varphi_{i,d} \cdot \sin\vartheta_i} + r \cdot \sum_{i=1}^{n} F_{Ai,d} \cdot \cos(\vartheta_i + \varepsilon_{Ai}) + \sum M_{R,d} \qquad \text{Gl. 13-27}$$

mit

$$Z_{i,d} = (G_{i,k} + P_{iv,k} + \mu \cdot F_{Ai,k} \cdot \sin \varepsilon_{Ai} + F_{A0i,k} \cdot \sin \varepsilon_{Ai} - u_{i,k} \cdot b_i) \cdot \tan \varphi_{i,d}$$
$$+ c_{i,d} \cdot b_i + R_{Si,d} \cdot \cos \vartheta_i \qquad \text{Gl. 13-28}$$

Die Kräfte $F_{A0i,d}$ in Gl. 13-26 und Gl. 13-28 sind die Bemessungswerte von Festlegekräften, die Kräfte $R_{Si,d}$ in Gl. 13-28 die parallel zur Gleitlinie wirkenden Bemessungswerte der Scherwiderstände von Konstruktionsteilen, die durch die Gleitlinie geschnitten werden.

13.7.6 Lamellenfreie Verfahren mit kreisförmigen und geraden Gleitlinien

Ist der Nachweis der Sicherheit gegen Böschungsbruch bei Vorliegen von nur einer Bodenschicht und angenommener kreisförmiger Gleitlinie nach E DIN 4084 zu führen, sind die auf den Gleitkörper einwirkenden Größen (einschließlich der einwirkenden Wasserdruckkräfte) zu einer Resultierenden F zusammenzufassen. Bezüglich der Wirkungslinie von F sind deren Abstand e zum Kreismittelpunkt und der Winkel ω zwischen ihr und der Winkelhalbierenden des Gleitkreises zu ermitteln (vgl. Abb. 13-13).

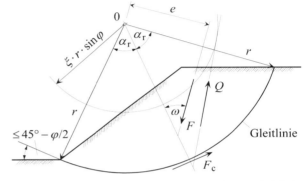

Abb. 13-13 Böschung mit kreisförmiger Gleitlinie beim lamellenfreien Verfahren (gemäß E DIN 4084)

Mit diesen Größen ergibt sich als Bemessungswert des einwirkenden Moments

$$E_{M,d} = F_d \cdot e = F_{G,k} \cdot \gamma_G \cdot e_G + F_{Q,k} \cdot \gamma_Q \cdot e_Q \qquad \text{Gl. 13-29}$$

und mit den Kohäsionskräften

$$F_c = 2 \cdot c \cdot r \cdot \sin \alpha_r$$
$$F_{c,d} = 2 \cdot c_d \cdot r \cdot \sin \alpha_r \qquad \text{Gl. 13-30}$$

sowie den Größen (ξ gilt für eine sichelförmige Normalspannungsverteilung in der Gleitlinie)

$$Q = \sqrt{F^2 - 2 \cdot F \cdot F_c \cdot \sin \omega + F_c^2}$$
$$\xi = 0{,}5 \cdot \left(1 + \frac{\text{arc}\,\alpha_r}{\sin \alpha_r}\right) \qquad \text{Gl. 13-31}$$

der Bemessungswert des widerstehenden Moments, der sich aus einem Reibungs- und einem Kohäsionsanteil zusammensetzt

$$R_{M,d} = Q \cdot \xi \cdot r \cdot \sin \varphi_d + F_{c,d} \cdot r \cdot \frac{\text{arc}\,\alpha_r}{\sin \alpha_r} \qquad \text{mit} \qquad \varphi_d = \arc \frac{\tan \varphi_k}{\gamma_\varphi} \qquad \text{Gl. 13-32}$$

Wird für den Gleitkörper eine gerade Gleitlinie angenommen (vgl. Abb. 13-9), ergibt sich, bei n eingebauten vorgespannten Ankern mit der jeweiligen Festlegekraft $F_{A0i,d}$ und m Zuggliedern, parallel zur Gleitlinie als Bemessungswert der Einwirkung

$$E_d = G_d \cdot \sin\vartheta + P_d \cdot \cos(\varepsilon - \vartheta) - \sum_{i=1}^{n} F_{A0i,d} \cdot \cos(\vartheta + \varepsilon_{A0i}) \qquad \text{Gl. 13-33}$$

und als zugehöriger Bemessungswert des Widerstands (U ist die in der Gleitlinie des Gleitkörpers wirkende resultierende Porenwasserdruckkraft)

$$R_d = \left[G \cdot \cos\vartheta + \sum_{j=1}^{m} F_{Aj} \cdot \sin(\varepsilon_{Aj} + \vartheta) + \sum_{i=1}^{n} F_{A0i} \cdot \sin(\varepsilon_{A0i} - \vartheta) \right] \cdot \tan\varphi_d$$
$$+ [P_d \cdot \sin(\varepsilon - \vartheta) - U] \cdot \tan\varphi_d + c_d \cdot l_c + \sum_{j=1}^{m} F_{Aj,d} \cdot \cos(\varepsilon_{Aj} + \vartheta) \qquad \text{Gl. 13-34}$$

13.7.7 Zusammengesetzte Bruchmechanismen mit geraden Gleitlinien

Zur Untersuchung von Gelände- oder Böschungsbrüchen verwendete zusammengesetzte Bruchmechanismen mit geraden Gleitlinien bestehen jeweils aus mehreren Gleitkörpern, von denen angenommen wird, dass sie in sich starr sind. Jeder dieser Gleitkörper gleitet auf einer äußeren Gleitfläche (Gleitfläche zwischen Gleitkörper und unbewegt bleibendem Untergrund) und, relativ zu den angrenzenden Gleitkörpern, auf einer bzw. zwei inneren Gleitlinien. Für die Gleitlinien gilt u. a., dass der Schnittpunkt von zwei äußeren Gleitlinien auch durch eine innere Gleitlinie geschnitten wird (vgl. Abb. 13-11). Zur Findung des ungünstigsten Bruchmechanismus (besitzt von allen untersuchten Mechanismen den höchsten Ausnutzungsgrad μ) ist die geometrische Lage der äußeren und inneren Gleitlinien zu variieren (Variation der Neigungswinkel); dies gilt nicht für Gleitlinien, deren Lage durch geologische Verhältnisse vorgegeben oder aus Messungen bekannt ist. Bei der Variation ist u. a. zu beachten, dass die Winkel ε_{ji} zwischen zwei sich schneidenden äußeren Gleitlinien kleiner sind als 180°.

Zur Gestaltung eines Bruchmechanismus sind in der Regel nicht mehr als vier Gleitkörper erforderlich. Um auszuschließen, dass sich zwischen den Gleitkörpern senkrecht zu den Gleitlinien rechnerisch Zugkräfte oder unendlich große Druckkräfte ergeben, muss für die Winkel zwischen den äußeren und inneren Gleitlinien die Bedingung

$$\Delta\vartheta_j > \arc(\mu \cdot \tan\varphi_{i,d}) + \arc(\mu \cdot \tan\varphi_{ij,d}) \qquad \text{mit} \qquad j = i+1 \qquad \text{Gl. 13-35}$$

erfüllt sein (vgl. hierzu Abb. 13-11). Bei bindigen Böden reicht aber die Forderung der Gl. 13-35 zur Vermeidung von Zugkräften ggf. nicht aus. Stehen solche Böden an, sind deshalb die zum rechnerischen Grenzgleichgewicht gehörenden Normalkräfte in den inneren Gleitlinien darauf zu prüfen, ob sich dennoch rechnerische Zugkräfte ergeben. Ist dies der Fall, sind Bruchmechanismen zu wählen, deren Gleitlinien nicht in den betreffenden kohäsiven Schichten verlaufen.

Die mit zusammengesetzten Bruchmechanismen nachgewiesene Sicherheit gegen Geländebruch reicht aus, wenn mit den Bemessungswerten der Einwirkungen und Widerstände für jeden Bruchmechanismus Gleichgewicht unter der Voraussetzung hergestellt werden kann, dass eine in antreibender Richtung wirkende gedachte Zusatzkraft $\Delta T_i > 0$ hinzugefügt wird. Aus numerischen Gründen sollte diese Zusatzkraft am jeweils größten der zum Bruchmechanismus gehörenden Gleitkörper angebracht werden.

Um über das Ausreichen der Sicherheit hinaus die zu untersuchenden Bruchmechanismen bewertend zu vergleichen und so den ungünstigsten Mechanismus zu finden, sind die Ausnutzungsgrade μ der Bemessungswiderstände zu berechnen. Außer bei rein kohäsiven Böden erfolgt diese Berechnung iterativ.

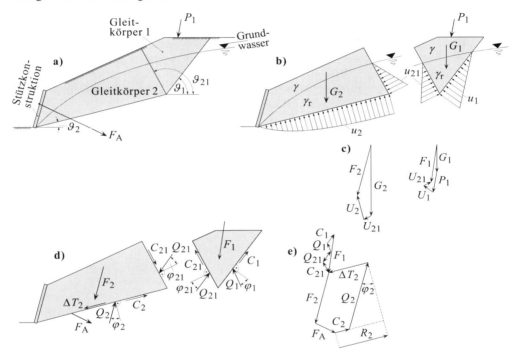

Abb. 13-14 Beispiel für zusammengesetzten Bruchmechanismus mit zwei Gleitkörpern (nach E DIN 4084)
  a) Bruchmechanismus
  b) Ansatz der auf die Gleitkörper einwirkenden Größen (Eigenlasten G der Gleitkörper, Porenwasserdrücke u, Nutzlast P)
  c) Kraftecke zur Ermittlung der Resultierenden F_1 und F_2 der einwirkenden Kräfte aus b); U_i = Resultierende der Porenwasserdruckverteilung u_i
  d) Resultierende der Lasten und Kräfte nach c), widerstehende Kräfte, Kräfte aus geschnittenen Zuggliedern und Zusatzkraft ΔT_2 am Gleitkörper 2
  e) Krafteck für das Gesamtsystem (zur Herstellung des Gleichgewichts ist eine treibende Zusatzkraft $\Delta T_2 > 0$ erforderlich, daher ist μ im nächsten Iterationsschritt zu reduzieren)

Für jeden zu untersuchenden Bruchmechanismus werden bei der Iteration im ersten Schritt alle Bemessungswiderstände mit einem Schätzwert für μ multipliziert. Danach wird geprüft, ob sich mit diesen reduzierten Widerständen und allen übrigen auf die Gleitkörper einwirkenden Kräften ein rechnerisches Gleichgewicht ergibt. Für die Gleichgewichtsuntersuchung sind auch die widerstehenden Scher- und Axialkräfte der durch die Gleitlinien geschnittenen Bauteile und die Normalkräfte in den Gleitlinien heranzuziehen. Um am Anfang des Iterationsprozesses das rechnerische Gleichgewicht zu „erzwingen", wird zusätzlich zu allen sonstigen Kräften eine gedachte Zusatzkraft ΔT_i angenommen, die am größten Gleitkörper parallel zu dessen äußerer Gleitlinie wirkt (vgl. Abb. 13-14). Ergibt der Gleichgewichtsnachweis $\Delta T_i > 0$ (treibende Kraft), ist μ im nächsten Schritt zu vermindern, ergibt er $\Delta T_i < 0$ (haltende Kraft), ist μ im nächsten Schritt zu erhöhen. Ergibt der Gleichgewichtsnachweis als Zusatzkraft $\Delta T_i = 0$, herrscht rechnerisches Grenzgleichgewicht und der angenommene Wert für μ ist der tatsächliche Ausnutzungsgrad des Bemessungswiderstands für den untersuchten Bruchmechanismus. Nach E DIN 4084, 9.3.4 darf die Iteration abgebrochen werden, wenn mit dem gesamten für $\mu = 1$ geltenden rechnerischen Widerstand R_i des Bodens in der äußeren Gleitlinie des Gleitkörpers i das Verhältnis

$|\Delta T_i / R_i| \leq 0{,}03$ Gl. 13-36

erreicht ist.

14 Aufschwimmen

Bei Gründungskörpern, die in ruhendem Grundwasser stehen, wird die auf den Baugrund übertragene vertikale Gründungslast G nicht nur vom Korngerüst, sondern auch durch den Auftrieb aufgenommen. Gegenüber dem nur erdfeuchten Boden bewirkt der Auftrieb dabei eine Verringerung der effektiven Spannungen zwischen dem Gründungskörper und dem Baugrund, die im Grenzfall bis zum Abheben des Fundaments vom Baugrund (Aufschwimmen) führen kann (siehe Abb. 14-1). Die Größe der wirksam werdenden Auftriebskraft A ergibt sich mit der Wichte γ_w und dem Volumen V_w des durch den Gründungskörper verdrängten Grundwassers zu

$$A = \gamma_w \cdot V_w \qquad \text{Gl. 14-1}$$

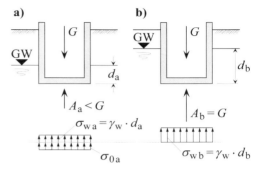

Abb. 14-1 Belastung der Bodenplatte eines Gründungskörpers durch Sohlwasserdruck σ_w und Bodenpressung σ_0
a) σ_w und σ_0 (aus um den Auftrieb A_a verminderter Gründungslast G)
b) Schwimmzustand, nur Sohlwasserdruck und keine Bodenpressung

Da der Auftrieb die Bodenpressungen verkleinert, ist immer zu prüfen, ob er u. U. wegfallen kann und damit höhere Bodenpressungen auftreten können.

14.1 Maßnahmen bei nicht erfüllter Sicherheit gegen Aufschwimmen

Reicht die Eigenlast G der Baukonstruktion nicht aus, um die Reduzierung der effektiven Sohlspannungen auf ein nicht mehr zulässiges Maß zu verhindern (Sicherheit gegen Aufschwimmen, auch Sicherheit gegen Auftrieb genannt), kann dieses Manko, außer durch den Ansatz von Scherkräften F_S zwischen Bauwerk und Boden, ggf. durch konstruktive Maßnahmen behoben werden. So können Bauwerke wie z. B. Trockendocks, Schleusen und Klärbecken durch Zugpfähle oder Daueranker mit dem unter der Gründungssohle anstehenden Baugrund so verbunden werden, dass dessen Eigenlast G_E (Auftrieb beachten!) in die Berechnung einbezogen werden kann (siehe Abb. 14-2).

Beim Einbau der Daueranker oder Zugpfähle muss der Korrosion durch Berücksichtigung einer Abrostrate bei den Zugpfählen oder durch Korrosionsschutzschichten bei den Ankern Rechnung getragen werden.

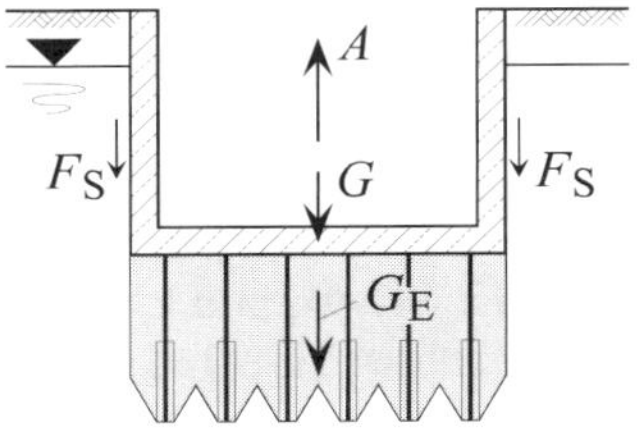

Eine weitere Möglichkeit zur Erhöhung des Gewichts und damit der Auftriebssicherheit des Bauwerks besteht z. B. in der Anordnung von Spornen, die durch ihre seitliche Auskragung ein Auflager für weiteres Bodenmaterial schaffen. In

Abb. 14-2 Verankerung von Auftriebskräften

solchen Fällen muss sichergestellt sein, dass dieser Boden während der gesamten Nutzungszeit des Bauwerks an Ort und Stelle bleibt (eine auch nur zeitweilige Abtragung des Bodens ist nicht zulässig). Ein Beispiel hierzu zeigt Abb. 14-3, in dem mit den Wichten γ und γ' die Wichte des Hinterfüllbodens oberhalb und unterhalb des Grundwasserspiegels erfasst wird.

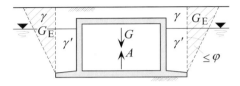

Abb. 14-3 Erhöhung der Auftriebssicherheit durch seitliche Sporne bei Tunnelquerschnitt (nach WAGNER in [L 4])
G ständige Eigenlast aus Bauwerk und Boden über Gründungssohle
G_E durch Reibung aktivierte Erdlast
γ Wichte des feuchten Bodens
γ' Wichte des Bodens unter Auftrieb

14.2 Regelwerke

Die beim Auftrieb zu berücksichtigenden Gesichtspunkte wie z. B. Sicherheiten und der Ansatz von Scherkräften am Fundamentumfang sind z. B. in

▶ DIN 1054 [L 19]

sowie in den

▶ EAB – 100 [L 106]

zu finden.

14.3 Grenzzustand des Verlustes der Lagesicherheit nach DIN 1054

Nach DIN 1054, 11.3 gehört der Nachweis der Sicherheit gegen Aufschwimmen zum Grenzzustand GZ 1A des Verlustes der Lagesicherheit, bei dem die Bemessungswerte der günstigen (stabilisierenden; Index stb) und ungünstigen (destabilisierenden; Index dst) Einwirkungen in Form von

$$E_{dst,d} \leq E_{stb,d} \qquad \text{Gl. 14-2}$$

miteinander verglichen werden und für den unterstellt wird, dass keine Widerstände auftreten (DIN 1054, 4.3.1).

14.3.1 Nichtverankerte Konstruktionen

In reiner Form gilt Gl. 14-2 in Fällen, in denen einerseits nur Einwirkungen wie destabilisierende Auftriebskräfte u. a. und andererseits stabilisierende Eigenlasten anzusetzen sind. Dennoch wird nach der Norm auch dann vom Grenzzustand GZ 1A des Verlustes der Lagesicherheit ausgegangen, wenn neben den Eigenlasten auch stabilisierende Widerstände, wie z. B. die Scherkräfte zwischen Bauwerk und Boden angesetzt werden (vgl. den Beitrag von SCHUPPENER in [L 163]).

Für den ersten Fall, der alleinigen Stabilisierung durch die Wirkung von Bauwerkseigenlasten, ist eine ausreichende Sicherheit gegen Aufschwimmen nicht verankerter Konstruktionen gegeben, wenn mit den Teilsicherheitsbeiwerten aus Tabelle 14-1

$$A_k \cdot \gamma_{G,dst} + Q_k \cdot \gamma_{Q,dst} \leq G_{k,stb} \cdot \gamma_{G,stb} \qquad \text{Gl. 14-3}$$

gilt. In dieser Gleichung steht A_k für die an der Unterfläche des Gründungskörpers bzw. des gesamten Bauwerks bzw. der zu betrachtenden Bodenschicht bzw. der Baugrubenkonstruktion einwirkende charakteristische hydrostatische Auftriebskraft. Q_k ist der charakteristische Wert möglicher ungünstiger veränderlicher lotrecht aufwärts gerichteter Einwirkungen und $G_{k,stb}$ der untere charakteristische Wert günstiger ständiger Einwirkungen.

Tabelle 14-1 Teilsicherheitsbeiwerte der DIN 1054 für die Sicherheit gegen Aufschwimmen (GZ 1A: Grenzzustand des Verlustes der Lagesicherheit)

Teilsicher- heitsbeiwert	Lastfall		
	LF 1	LF 2	LF 3
$\gamma_{G,stb}$	0,90	0,90	0,95
$\gamma_{G,dst}$	1,00	1,00	1,00
$\gamma_{Q,dst}$	1,50	1,30	1,00

Werden zusätzlich zu den in Gl. 14-3 berücksichtigten Größen charakteristische Scherkräfte $F_{S,k}$ erfasst (vgl. Abb. 14-4), die der hydraulischen Auftriebskraft entgegen gerichtet sind (zur Ermittlung von $F_{S,k}$ siehe DIN 1054, 11.3.2), muss für den Grenzzustand die Bedingung

$$A_k \cdot \gamma_{G,dst} + Q_k \cdot \gamma_{Q,dst} \leq G_{k,stb} \cdot \gamma_{G,stb} + F_{S,k} \cdot \gamma_{G,stb} \qquad \text{Gl. 14-4}$$

erfüllt sein.

14.3.2 Verankerte Konstruktionen

Werden zum Erreichen der rechnerischen Sicherheit gegen Aufschwimmen des Bauwerks auch noch Konstruktionselemente eingesetzt, die das Bauwerk nach unten verankern, sind vier mögliche Versagensmechanismen zu betrachten. Mit ihnen verbunden sind die Nachweise der Sicherheit (Geotechnische Kategorie GK 3) gegen

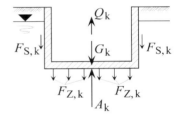

Abb. 14-4 Einwirkungen auf verankerte Konstruktion

▶ das Aufschwimmen des mit n gleichen Zugelementen verankerten Bauwerks mit Hilfe der zum Grenzzustand GZ 1A gehörenden Bedingung (vgl. Abb. 14-4)

$$A_k \cdot \gamma_{G,dst} + Q_k \cdot \gamma_{Q,dst} \leq G_{k,stb} \cdot \gamma_{G,stb} + n \cdot F_{Z,k} \cdot \gamma_{G,stb} + F_{S,k} \cdot \gamma_{G,stb} \qquad \text{Gl. 14-5}$$

in der $F_{Z,k}$ die charakteristische Einwirkung auf eins der n Zugelemente erfasst

▶ das Herausziehen eines einzelnen Zugelements des verankerten Bauwerks mit Hilfe der zum Grenzzustand GZ 1B gehörenden Bedingung

$$F_{Z,k} \cdot \gamma_G = E_d \leq R_d \qquad \text{Gl. 14-6}$$

in der γ_G den Teilsicherheitsbeiwert für ständige Einwirkungen für den Grenzzustand GZ 1B (vgl. z. B. Tabelle 12-1) und R_d den Bemessungswert des Herausziehwiderstands des Einzelelements (Zugpfahl oder Verpressanker) repräsentieren

▶ das Aufschwimmen des Bauwerks einschließlich des über die Pfähle mit dem Bauwerk verbundenen Bodenblocks (bei engem Zugelementabstand) mit der zum Grenzzustand GZ 1A gehörenden Bedingung

$$A_k \cdot \gamma_{G,dst} + Q_k \cdot \gamma_{Q,dst} \leq G_{k,stb} \cdot \gamma_{G,stb} + G_{E,k} \cdot \gamma_{G,stb} \qquad \text{Gl. 14-7}$$

in der $G_{E,k}$ die charakteristische Eigenlast des „angehängten" Bodenblocks ist (Auftrieb beachten!)
▶ das Materialversagen der Zugelemente anhand der zum Grenzzustand GZ 1B gehörenden Bedingung der Gl. 14-6, in der R_d den Bemessungswert des Bauteilwiderstands (Zugpfähle oder Verpressanker) repräsentiert.

14.3.3 Nachweis der Sicherheit gegen Auftrieb nach EAB–100

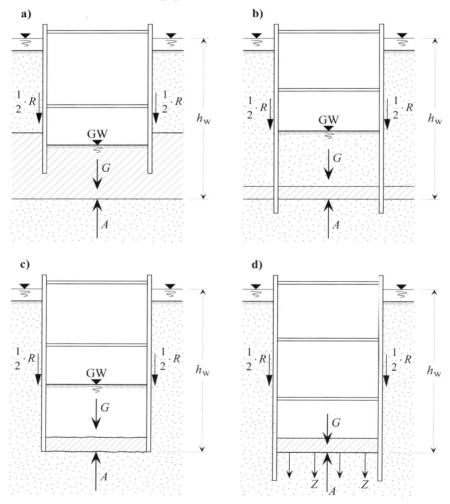

Abb. 14-5 Ansatz der Kräfte beim Nachweis der Auftriebssicherheit (nach EAB–100)
    a) Einbindung in annähernd undurchlässige Schicht
    b) Annähernd undurchlässige Schicht unter der Baugrubensohle
    c) Dichtungssohle
    d) Betonsohle

Für in Grundwasser reichende Baugruben (vgl. Abb. 14-5) geben die EAB – 100 zum Nachweis der Sicherheit gegen Auftrieb verschiedene Empfehlungen. Sie beziehen sich zum einen auf die ENV 1997-1 [L 102] (Empfehlung EB 162 A) und zum anderen auf die DIN V 1054-100 [L 96] (Empfehlung EB 162 B).

Bezüglich weiterer Details der Sicherheitsnachweise sei auf die Ausführungen der EAB – 100 hingewiesen. Die in Abb. 14-5 verwendeten Größen stehen für

- A aufwärts gerichtete resultierende Einwirkung aus Wasserdruck auf die Unterfläche der dichtenden Schicht
- G Resultierende der abwärts gerichteten günstigen ständigen Einwirkung aus dem Eigengewicht des Bodens (Abb. 14-5 a)), der annähernd wasserundurchlässigen Schicht und des darüber liegenden Bodens nach Abb. 14-5 b), der wasserundurchlässigen Dichtungssohle und des darüber liegenden Bodens gemäß Abb. 14-5 c), einer Betonsohle ohne Zugpfähle in Anlehnung an Abb. 14-5 d)
- R Vertikalkomponente des auf die Baugrubenwände einwirkenden Erddrucks als günstige ständige, abwärts gerichtete Einwirkung (Abb. 14-5)
- Z Zugwiderstand aus der Verankerung mit Zugpfählen oder Verpressankern

Beim Einsatz von Ankern, die den Baugrubenverbau stützen, ist zusätzlich die Resultierende V der Vertikalkomponenten der Ankerlasten als günstige ständige, abwärts gerichtete Einwirkung zu berücksichtigen.

15 Europäische Normung in der Geotechnik

15.1 Allgemeines

In Deutschland erfolgt die Normung im technisch-wissenschaftlichen Bereich über DIN-Normen. Träger dieser Normungsarbeit ist das DIN Deutsches Institut für Normung e. V. (im Folgenden kurz DIN genannt). Für den Bereich des Bauwesens ist im DIN der Normenausschuss Bauwesen (NABau) zuständig.

Im Auftrag der Kommission der Europäischen Gemeinschaft (KEG) laufen seit Mitte der 70er Jahre des vergangenen Jahrhunderts Bemühungen zur Schaffung eines einheitlichen europaweit geltenden Normenwerks für den Entwurf sowie die Bemessung und Ausführung von Bauwerken. Sie werden von der Gemeinsamen Europäischen Normeninstitution CEN/CENELEC (Europäisches Komitee für Normung/Europäisches Komitee für Elektrotechnische Normung) getragen, der als nationales deutsches Normungsinstitut das DIN angehört. Die Normung von Bauprodukten fällt dabei in den Zuständigkeitsbereich von CEN.

Für den konstruktiven Ingenieurbau führten diese Bemühungen bezüglich des Entwurfs und der Bemessung von Bauwerken zu den neun „Eurocodes"

- Eurocode 1 Grundlagen des Entwurfs, der Berechnung und der Bemessung sowie Einwirkung auf Tragwerke
- Eurocode 2 Planung von Stahlbeton- und Spannbetontragwerken
- Eurocode 3 Entwurf, Berechnung und Bemessung von Tragwerken aus Stahl
- Eurocode 4 Bemessung und Konstruktion von Verbundbauwerken aus Stahl und Beton
- Eurocode 5 Entwurf, Berechnung und Bemessung von Holzbauwerken
- Eurocode 6 Bemessung von Mauerwerksbauten
- Eurocode 7 Entwurf, Berechnung und Bemessung in der Geotechnik
- Eurocode 8 Auslegung von Bauwerken gegen Erdbeben
- Eurocode 9 Entwurf, Berechnung und Bemessung von Aluminiumkonstruktionen

denen als gemeinsames Sicherheitskonzept das der Teilsicherheiten zugrunde liegt, bei dem mit Hilfe von Teilsicherheitsbeiwerten γ_F ermittelte Bemessungswerte der Einwirkungen (z. B. Kräfte, Momente und Temperaturverformungen) gegenübergestellt werden den mit Teilsicherheitsbeiwerten ermittelten Bemessungswerten des Widerstands (z. B. γ_R-Werte für Bruchspannungen, Bruchlasten und Scherparameter von widerstehendem Material). Die neun Codes gliedern sich in insgesamt 56 Teile, von denen aber noch nicht alle veröffentlicht sind.

Für die Normenwerke der nationalen Normungsinstitute ist die seit 1990 geltende Geschäftsordnung der CEN/CENELEC insofern bedeutsam, als dass, bei der Annahme von CEN-Normen durch die dazu erforderliche qualifizierte Mehrheit der CEN-Mitglieder (siehe hierzu [L 13]), alle Mitglieder dazu verpflichtet sind, die bis dahin geltenden nationalen Bestimmungen durch die angenommenen CEN-Normen zu ersetzen. Dies gilt in dieser strengen Form nicht für die Europäische Vornorm (ENV), deren Annahme nicht zum Zurückziehen der entsprechenden nationalen Normen verpflichtet. Statt dessen ist ein zeitweiliges „Parallellaufen" von nationalen und europäischen Bestimmungen möglich.

15.2 Eurocode 7

Für die Normen des Eurocode 7 ist das Technische Komitee CEN/TC 250/SC 7 „Entwurf, Berechnung und Bemessung in der Geotechnik" zuständig. Der Eurocode ist aufgeteilt in

Teil 1   Allgemeine Regeln
Teil 2   Laborversuche zur geotechnischen Bemessung
Teil 3   Felduntersuchungen zur geotechnischen Bemessung
Teil 4   Ergänzende Regeln für besondere Gründungselemente und -bauwerke

Von diesen vier Teilen sind, in deutscher Fassung, bisher die Teile 1, 2 und 3 als Europäische Vornormen (ENV) in Form der

DIN V ENV 1997-1:1996-04 [L 102]
DIN V ENV 1997-2:1999-09 [L 103]
DIN V ENV 1997-3:1999-10 [L 104]

veröffentlicht. Zukünftig werden die Teile 2 und 3 zusammengefasst in dem

Teil 2   Erkundung und Untersuchung des Baugrunds

eine Erarbeitung des Teils 4 wird nicht mehr weiter verfolgt.

Die Einarbeitung der zum Teil 1 vom April 1996 vorgelegten nationalen Stellungnahmen führte zu einer Überarbeitung der Norm. Mit der Veröffentlichung der entsprechenden Neufassung als Europäische Norm (EN) ist, nach dem derzeitigen Terminplan, noch im Jahr 2004 zu rechnen.

Es ist hier darauf hinzuweisen, dass es mit der zu erwartenden DIN EN 1997-1 nicht gelungen ist, eine im Wesentlichen einheitliche Norm vorzulegen, die europaweit gilt. Dies ist dem Umstand zuzuschreiben, dass die Norm einerseits zwar auf dem Konzept der Teilsicherheiten basiert, andererseits aber drei unterschiedliche Sicherheitsnachweisverfahren zulässt (vgl. z. B. [L 175]), zwischen denen bei der Erstellung des Nationalen Anhangs (siehe Abschnitt 15.2.1) eines jeden Mitgliedslands gewählt werden kann.

15.2.1 Nationaler Anhang (NA)

Ein wesentliches Element der Eurocodes bildet der jeweilige „Nationale Anhang" (NA), der eine Anwendung auf nationaler Ebene zurzeit überhaupt erst ermöglicht, da eine Reihe der zitierten Europäischen Normen noch in Bearbeitung sind und die CEN-Mitglieder es sich vorbehalten haben, einzelne Sicherheitsaspekte in Abweichung vom Eurocode festzulegen.

Gemäß dem nationalen Vorwort zur DIN V ENV 1997-1 [L 102] ist deren Anwendung in Deutschland nur zulässig in Verbindung mit dem im Nationalen Anhang (NA) zu findenden „Nationalem Anwendungsdokument" NAD unter Verwendung der auf dem Teilsicherheitskonzept beruhenden deutschen Vornormen

DIN V 1054-100:1996-04 [L 96]
DIN V 4017-100:1996-04 [L 97]
DIN V 4019-100:1996-04 [L 98]
DIN V 4084-100:1996-04 [L 99]
DIN V 4085-100:1996-04 [L 100]
DIN V 4126-100:1996-04 [L 101]

mit denen die genannten Lücken zum Teil geschlossen werden. Darüber hinaus werden im NA zusätzlich Anwendungshinweise gegeben und weitere normative Verweisungen auf derzeit geltende DIN-Normen sowie die EAB [L 106] und die EAU [L 107] gemacht.

In der Zwischenzeit wurden auf der Basis der deutschen Vornormen DIN V 1054-100 [L 96], DIN V 4017-100 [L 97], DIN V 4084-100 [L 99] und DIN V 4085-100 [L 100] sowie der deutschen Stellungnahme zur DIN V ENV 1997-1 [L 102] und einer Reihe weiterer Normen deutsche Normen erstellt (siehe Abschnitt 15.2.2), die in Zukunft die „100er-Normen" ersetzen werden.

15.2.2 Deutsche Normen

Da damit zu rechnen war, dass sich die Überarbeitung des Teils 1 des Eurocodes 7 über mehrere Jahre hinziehen wird und darüber hinaus auch noch kein zugehöriger „Nationaler Anhang" in Aussicht stand, wurde parallel zur europäischen Normung eine deutsche Normung mit dem Ziel vorangetrieben, auch in der Geotechnik das Teilsicherheitskonzept möglichst bald verbindlich (bauaufsichtlich) einzuführen (siehe Abschnitt 15.4).

Das Ergebnis dieser Bemühungen sind vor allem die im Januar 2003 veröffentlichte und auch auf der DIN 1054-100 [L 96] basierenden DIN 1054:2003-01 [L 19] sowie als ergänzende Berechnungsnormen die Normentwürfe

    E DIN 4017:2001-06 [L 26]
    E DIN 4084:2002-11 [L 48]
    E DIN 4085:2002-12 [L 51].

Noch in Jahre 2004 ist mit dem entsprechenden Normentwurf zur

    DIN 4019

zu rechnen; die Erarbeitung eines Normentwurfs zur

    DIN 4018

ist geplant. Nach dem derzeitigen Zeitplan ist es darüber hinaus vorgesehen, die bisher existierenden Berechnungsnormentwürfe als deutsche Normen E DIN 4017, E DIN 4084 und E DIN 4085 noch vor Ablauf des Jahres 2004 zu veröffentlichen.

15.3 Ausführungsnormen

Mit der Erarbeitung der Europäischen Normen (EN) auf dem Gebiet der Geotechnik, die in den Bereich der Ausführung gehören, befasst sich das 1991 eingerichtete Technische Komitee CEN/TC 288 „Ausführung von besonderen geotechnischen Arbeiten (Spezialtiefbau)". Als Arbeitsergebnisse liegen inzwischen vor

    DIN EN 1536:1999-06 [L 88]
    DIN EN 1537:2001-01 [L 89]
    DIN EN 1538:2000-07 [L 90]
    DIN EN 12063:1999-05 [L 91]
    DIN EN 12699:2001-05 [L 92]
    DIN EN 12715:2000-10 [L 93]
    DIN EN 12716:2001-11 [L 94]

sowie ein Entwurf vom August 2001 zur

DIN EN 14199 [L 95].

Zur DIN EN 1536:1999-06 gehört der

DIN-Fachbericht 129 [L 105]

als Richtlinie zur Anwendung der DIN. An zu den übrigen Normen gehörenden Fachberichten wird derzeit gearbeitet.

Normen zu weiteren Themen sind vorgesehen.

15.4 Bauaufsichtliche Einführung

Es ist an dieser Stelle hervorzuheben, dass in den deutschen Bundesländern die zurzeit durch öffentliche Bekanntmachung als Technische Baubestimmungen eingeführten technischen Regeln (vgl. Musterbauordnung, §3 [L 133]) der Geotechnik nach wie vor auf dem globalen Sicherheitskonzept beruhen und für den praktisch tätigen Ingenieur verbindliche Mindestanforderungen definieren. In diese Gruppe gehören derzeit nicht die DIN V ENV 1997-1 [L 102] und auch nicht die DIN 1054:2003-01 [L 19], d. h., dass diese Normen nur als zum Stand der Technik gehörende Empfehlungen zu betrachten sind.

Die nationale DIN 1054:2003-01 [L 19] sowie die überarbeitete Version des Teils 1 des Eurocods 7 in Form einer Europäischen Norm (EN) sind, wie alle anderen Normen, in den einzelnen deutschen Bundesländern erst dann bauaufsichtlich eingeführt, wenn sie in die seit 1997 geführte „Liste der technischen Baubestimmungen" aufgenommen sind. Das ist rechtskräftig der Fall, wenn

▶ die Liste in Form eines Einführungserlasses der obersten Bauaufsichtsbehörde des jeweiligen Bundeslandes
▶ im Amtsblatt des entsprechenden Bundeslandes veröffentlicht wurde.

Als Orientierungsrahmen für die Auswahl der in die Liste des jeweiligen Bundeslandes aufzunehmenden Bestimmungen dient eine von der ARGEBAU fortzuschreibende „Musterliste". Sie wurde erstellt, um deutschlandweit eine möglichst weitgehende Vereinheitlichung der „Länderlisten" zu initiieren.

15.4.1 Übergang vom Global- zum Teilsicherheitskonzept

Für die deutsche Norm DIN 1054:2003-01 [L 19] wird die Aufnahme in die Musterliste noch für das Jahr 2004 angestrebt, was bedeuten kann, dass diese Norm in der zweiten Hälfte des Jahres 2005 bauaufsichtlich eingeführt wird. Nach den derzeitigen Planungen würden dann für einen Übergangszeitraum von zwei Jahren, d. h. also bis zum Jahr 2007, einerseits die auf dem Konzept der Teilsicherheiten beruhende DIN 1054:2003-01 [L 19] und parallel dazu die auf dem Globalsicherheitskonzept basierende DIN 1054:1976-10 [L 20] als bauaufsichtlich eingeführt gelten.

Für diese 2jährige Übergangszeit wären dann im Rahmen des Konzepts der globalen Sicherheiten neben der DIN 1054:1976-10 [L 20] zusätzlich als Berechnungsnormen

DIN 4017-1:1979-08 [L 28] (Grundbruch von lotrecht mittig belasteten Flachgründungen)

DIN 4017-2:1979-08 [L 30] (Grundbruch von schräg und außermittig belasteten Flachgründungen)
DIN 4018:1974-09 [L 31] (Sohldruckverteilung unter Flächengründungen)
DIN 4019-1:1979-04 [L 33] (Setzungen bei lotrechten, mittigen Belastungen)
DIN 4019-2:1981-02 [L 35] (Setzungen bei schräg und bei außermittig wirkenden Belastungen)
DIN 4084:1981-07 [L 49] (Gelände- und Böschungsbruch)
DIN 4085:1987-02 [L 52] (Erddruck, Berechnungsgrundlagen)

und als Ausführungsnormen (inklusive der Bemessung)

DIN 4014:1990-03 [L 25] (Bohrpfähle; Herstellung, Bemessung und Tragverhalten)
DIN 4026:1975-08 [L 45] (Rammpfähle; Herstellung, Bemessung und zulässige Belastung)
DIN 4093:1987-09 [L 54] (Einpressen in den Untergrund; Planung, Ausführung, Prüfung)
DIN 4125:1990-11 [L 64] (Verpressanker; Kurzzeitanker und Daueranker; Bemessung, Ausführung und Prüfung)
DIN 4126:1986-08 [L 65] (Ortbeton-Schlitzwände; Konstruktion und Ausführung)
DIN 4128:1983-04 [L 66] (Verpresspfähle (Ortbeton- und Verbundpfähle) mit kleinen Durchmessern; Herstellung, Bemessung und zulässige Belastung)

zu beachten. Im Rahmen des Teilsicherheitskonzepts wären parallel zu den aufgeführten „alten" Normen, die zur DIN 1054:2003-01 [L 19] gehörenden „neuen" deutschen Bemessungsnormen (sind noch zu erstellen)

DIN 4093 (Einpressen in den Untergrund)
DIN 4126 (Ortbeton-Schlitzwände)

die „neuen" deutschen Berechnungsnormen (siehe Abschnitt 15.2.2)

DIN 4017 (Grundbruch)
DIN 4018 (Sohldruckverteilung unter Flächengründungen)
DIN 4019 (Setzungen)
DIN 4084 (Geländebruch)
DIN 4085 (Erddruck)

sowie die Europäischen Ausführungsnormen (siehe Abschnitt 15.3)

DIN EN 1536:1999-06 [L 88] + DIN-Fachbericht 129 [L 105] (Bohrpfähle)
DIN EN 1537:2001-01 [L 89] + DIN-Fachbericht (in Vorb.) (Verpressanker)
DIN EN 1538:2000-07 [L 90] + DIN-Fachbericht (in Vorb.) (Schlitzwände)
DIN EN 12063:1999-05 [L 91] + DIN-Fachbericht (in Vorb.) (Spundwände)
DIN EN 12699:2001-05 [L 92] + DIN-Fachbericht (in Vorb.) (Verdrängungspfähle)
DIN EN 12715:2000-10 [L 93] + DIN-Fachbericht (in Vorb.) (Injektionen)
DIN EN 12716:2001-11 [L 94] + DIN-Fachbericht (in Vorb.) (Düsenstrahlverfahren)
DIN EN 14199 + DIN-Fachbericht (in Vorb.) (Minipfähle)

zu berücksichtigen.

Bezüglich der parallelen Geltung ist ausdrücklich darauf hinzuweisen, dass bei der Anwendung in der Praxis eine „Vermischung" von Normen mit „altem" und „neuem" Sicherheitskonzept nicht zulässig sein wird.

An dieser Stelle sei vermerkt, dass seit geraumer Zeit eine sehr zu begrüßende bauaufsichtliche Einführung der DIN 4020 als „Produktnorm" angestrebt wird. Voraussetzung hierfür ist allerdings eine Neufassung dieser DIN mit einer Unterteilung in Normtext und normativen Anhang, wie sie im Entwurf der DIN vom August 2002 [L 39] enthalten ist (siehe hierzu auch den Beitrag „Zur geplanten bauaufsichtlichen Einführung der DIN 4020" von KLAUKE in [L 163]). Hinsichtlich des möglichen Einführungstermins ist nach dem derzeitigen Stand der Bemühungen davon auszugehen, dass die angestrebte bauaufsichtliche Einführung zeitgleich mit der Einführung der DIN 1054:2003-01 erfolgen wird.

15.4.2 Übergang von deutscher auf europäische Normung

Hinsichtlich der DIN EN 1997-1 (siehe Abschnitt 15.2) ist nach der derzeitigen Terminplanung anzunehmen, dass deren bauaufsichtliche Einführung im Jahr 2007 erfolgen wird. Darüber hinaus ist vorgesehen, die DIN 1054:2003-01 [L 19] bis dahin so zu modifizieren, dass sie im Rahmen eines Nationalen Anhangs (NA) die Anwendung der DIN EN 1997-1 in Deutschland ermöglicht.

Weiterhin ist zurzeit geplant, beide Versionen, die nationale und die durch den NA ergänzte europäische Normung, für einen Übergangszeitraum von drei Jahren, d. h. also bis zum Jahr 2010 je für sich gelten zu lassen, erst danach würde nur noch die europäische Normung gelten.

Für beide Versionen, und damit ab dem Jahr 2007 würden als Bemessungs- und Berechnungsnormen die in Abschnitt 15.4.1 aufgeführten „neuen" deutschen Normen und als Ausführungsnormen die ebenfalls in Abschnitt 15.4.1 aufgelisteten Europäischen Normen (nebst den entsprechenden DIN-Fachberichten) gelten (tatsächlich würde dies schon ab dem Jahr 2005 gelten, da die Normen auch schon für die Übergangszeit vom Global- zum Teilsicherheitskonzept herangezogen werden müssten).

Literaturverzeichnis

L 1   **ALTES, J.:** Die Grenztiefe bei Setzungsberechnungen.
Bauingenieur 51 (1976), Heft 3, Seite 93–96.

L 2   **ANASTASIADIS, K.; AVRAMIDIS, I. E.:** Entwurf und Berechnung von Rechteckfundamenten unter biaxialer Biegung.
Bautechnik 63 (1986), Heft 11, Seite 380–392.

L 3   **ARNOLD, W. (Hrsg.):** Flachbohrtechnik.
Deutscher Verlag für Grundstoffindustrie, Leipzig 1993.

L 4   **BALDAUF, H.; TIMM, U.:** Betonkonstruktionen im Tiefbau.
Ernst & Sohn, Berlin 1988.

L 5   **Bauen in Europa.** Geotechnik, Eurocode 7-1 DIN V ENV 1997-1, Normen.
DIN-Taschenbuch, Herausgeber: DIN Deutsches Institut für Normung e. V.
Beuth Verlag GmbH, Berlin 1996.

L 6   **Bautabellen:** mit Berechnungshinweisen und Beispielen.
Herausgegeben von K.-J. SCHNEIDER.
15. Auflage, Werner Verlag, Düsseldorf 2002.

L 7   **BEYER, W.:** Zur Bestimmung der Wasserdurchlässigkeit von Kiesen und Sanden aus der Kornverteilungskurve.
Wasserwirtschaft und Wassertechnik 14 (1964), Heft 6, Seite 165–168.

L 8   **BIEDERMANN, B.; MORSCHEL, D.:** Ermittlung der Zusammendrückbarkeit aus Standardsondierungen für den Schluff.
Baumaschine und Bautechnik 32 (1985), Heft 2, Seite 47–50.

L 9   **BISHOP, A.:** The use of the slip circle in the stability analysis of slopes.
Proceedings of the European Conference on the Stability of Earth Slopes held in Stockholm from 20th–25th September 1954.
In: Géotechnique Vol. V (1955), Number 1, Page 7–17.

L 10   **BÖHME, M.:** Wasserwirtschaftliche Konsequenzen der Neubebauung des Potsdamer Platzes in Berlin.
gwF Wasser Abwasser 135 (1994), Nr. 10, Seite 565–572.

L 11   **BÖTTGER, W.:** Praktische Ermittlung der Grenztiefe bei Setzungsberechnungen.
Bautechnik 56 (1979), Heft 5, Seite 153–158.

L 12   **BOROWICKA, H.:** Über ausmittig belastete, starre Platten auf elastisch-isotropem Untergrund.
Ingenieur-Archiv 14 (1943), Heft 1, Seite 1–8.

L 13   **BREITSCHAFT, G.:** Harmonisierung technischer Regeln des konstruktiven Ingenieurbaues als Beitrag zur Schaffung des Europäischen Binnenmarktes von 1992; Zielvorgaben, Organisation, Entwicklungsstand.
In: Betonkalender 1994 Teil 2, Seite 1–17.
Ernst & Sohn, Berlin 1994.

Literaturverzeichnis

L 14 **BUSCH, K.-F.; LUCKNER, L.:** Geohydraulik.
2. Auflage, Ferdinand Enke Verlag, Stuttgart 1974.

L 15 **CHRISTOW, C. K.:** Anwendung der Methode „spezifische Setzung" zur Ermittlung der Setzungen infolge einer Grundwasserabsenkung.
Bautechnik 46 (1969), Heft 10, Seite 347–348.

L 16 **DEUTLER, T.:** Erläuterungen zu den Anforderungen der neuen ZTVE-StB 94 an den Verdichtungsgrad in Form einer 10%-Mindestquantile.
Straße und Autobahn 46 (1995), Heft 4, Seite 210–218.

L 17 **DIN-Taschenbuch 36:** Erd- und Grundbau.
8. Auflage, Beuth Verlag GmbH, Berlin 1991.

L 18 **DIN-Taschenbuch 113:** Erkundung und Untersuchung des Baugrunds.
8. Auflage, Beuth Verlag GmbH, Berlin 2002.

L 19 **DIN 1054 (Januar 2003):** Baugrund – Sicherheitsnachweise im Erd- und Grundbau.

L 20 **DIN 1054 (November 1976):** Baugrund; Zulässige Belastung des Baugrunds.

L 21 **DIN 1054 Beiblatt (November 1976):** Baugrund; Zulässige Belastung des Baugrunds; Erläuterungen.

L 22 **DIN 1055-2 (Februar 1976):** Lastannahmen für Bauten; Bodenkenngrößen, Wichte, Reibungswinkel, Kohäsion, Wandreibungswinkel.

L 23 **DIN 1055-2, Entwurf (Februar 2003):** Einwirkungen auf Tragwerke – Teil 2: Bodenkenngrößen.

L 24 **DIN 1080-1 (Juni 1976):** Begriffe, Formelzeichen und Einheiten im Bauingenieurwesen; Grundlagen.

L 25 **DIN 4014 (März 1990):** Bohrpfähle; Herstellung, Bemessung und Tragverhalten.

L 26 **DIN 4017, Entwurf (Juni 2001):** Baugrund – Berechnung des Grundbruchwiderstands von Flachgründungen.

L 27 **DIN 4017 Beiblatt 1, Entwurf (Januar 2004):** Baugrund – Berechnung des Grundbruchwiderstands von Flachgründungen – Berechnungsbeispiele.

L 28 **DIN 4017-1 (August 1979):** Baugrund; Grundbruchberechnungen von lotrecht mittig belasteten Flachgründungen.

L 29 **DIN 4017-1 Beiblatt 1 (August 1979):** Baugrund; Grundbruchberechnungen von lotrecht mittig belasteten Flachgründungen; Erläuterungen und Berechnungsbeispiele.

L 30 **DIN 4017-2 (August 1979):** Baugrund; Grundbruchberechnungen von schräg und außermittig belasteten Flachgründungen.

L 31 **DIN 4018 (September 1974):** Baugrund; Berechnung der Sohldruckverteilung unter Flächengründungen.

L 32 **DIN 4018 Beiblatt 1 (Mai 1981):** Baugrund; Berechnung der Sohldruckverteilung unter Flächengründungen; Erläuterungen und Berechnungsbeispiele.

L 33 **DIN 4019-1 (April 1979):** Baugrund; Setzungsberechnungen bei lotrechter, mittiger Belastung.

L 34   **DIN 4019-1 Beiblatt 1 (April 1979):** Baugrund; Setzungsberechnungen bei lotrechter, mittiger Belastung; Erläuterungen und Berechnungsbeispiele.

L 35   **DIN 4019-2 (Februar 1981):** Baugrund; Setzungsberechnungen bei schräg und bei außermittig wirkender Belastung.

L 36   **DIN 4019-2 Beiblatt 1 (Februar 1981):** Baugrund; Setzungsberechnungen bei schräg und bei außermittig wirkender Belastung; Erläuterungen und Berechnungsbeispiele.

L 37   **DIN 4020 (Oktober 1990):** Geotechnische Untersuchungen für bautechnische Zwecke.

L 38   **DIN 4020 Beiblatt 1 (Oktober 1990):** Geotechnische Untersuchungen für bautechnische Zwecke; Anwendungshilfen, Erklärungen.

L 39   **DIN 4020, Entwurf (August 2002):** Geotechnische Untersuchungen für bautechnische Zwecke.

L 40   **DIN 4021 (Oktober 1990):** Baugrund; Aufschluss durch Schürfe und Bohrungen sowie Entnahme von Proben.

L 41   **DIN 4022-1 (September 1987):** Baugrund und Grundwasser; Benennen und Beschreiben von Boden und Fels; Schichtenverzeichnis für Bohrungen ohne durchgehende Gewinnung von gekernten Proben im Boden und im Fels.

L 42   **DIN 4022-2 (März 1981):** Baugrund und Grundwasser; Benennen und Beschreiben von Boden und Fels; Schichtenverzeichnis für Bohrungen im Fels (Festgestein).

L 43   **DIN 4022-3 (Mai 1982):** Baugrund und Grundwasser; Benennen und Beschreiben von Boden und Fels; Schichtenverzeichnis für Bohrungen mit durchgehender Gewinnung von gekernten Proben im Boden (Lockergestein).

L 44   **DIN 4023 (März 1984):** Baugrund- und Wasserbohrungen; Zeichnerische Darstellung der Ergebnisse.

L 45   **DIN 4026 (August 1975):** Rammpfähle; Herstellung, Bemessung und zulässige Belastung.

L 46   **DIN 4030-1 (Juni 1991):** Beurteilung betonangreifender Wässer, Böden und Gase; Grundlagen und Grenzwerte.

L 47   **DIN 4030-2 (Juni 1991):** Beurteilung betonangreifender Wässer, Böden und Gase; Entnahme und Analyse von Wasser- und Bodenproben.

L 48   **DIN 4084, Entwurf (November 2002):** Baugrund – Geländebruchberechnungen

L 49   **DIN 4084 (Juli 1981):** Baugrund; Gelände- und Böschungsbruchberechnungen.

L 50   **DIN 4084 Beiblatt 1 (Juli 1981):** Baugrund; Gelände- und Böschungsbruchberechnungen; Erläuterungen.

L 51   **DIN 4085, Entwurf (Dezember 2002):** Baugrund – Berechnung des Erddrucks.

L 52   **DIN 4085 (Februar 1987):** Baugrund; Berechnung des Erddrucks, Berechnungsgrundlagen.

L 53   **DIN 4085 Beiblatt 1 (Februar 1987):** Baugrund; Berechnung des Erddrucks, Erläuterungen.

L 54   **DIN 4093 (September 1987):** Baugrund; Einpressen in den Untergrund; Planung, Ausführung, Prüfung.

L 55   **DIN 4094-1 (Juni 2002):** Baugrund – Felduntersuchungen – Teil 1: Drucksondierungen.

L 56 **DIN 4094-2 (April 2002):** Baugrund – Felduntersuchungen – Teil 2: Bohrlochrammsondierung.

L 57 **DIN 4094-3 (Januar 2002):** Baugrund – Felduntersuchungen – Teil 3: Rammsondierungen.

L 58 **DIN 4094-4 (Januar 2002):** Baugrund – Felduntersuchungen – Teil 4: Flügelscherversuche.

L 59 **DIN 4094-5 (Juni 2001):** Baugrund – Felduntersuchungen – Teil 5: Bohrlochaufweitungsversuche.

L 60 **DIN 4094 (Dezember 1990):** Baugrund; Erkundung durch Sondierungen.

L 61 **DIN 4094 Beiblatt 1 (Dezember 1990):** Baugrund; Erkundung durch Sondierungen; Anwendungshilfen, Erklärungen.

L 62 **DIN 4107 (Januar 1978):** Baugrund; Setzungsbeobachtungen an entstehenden und fertigen Bauwerken.

L 63 **DIN 4124 (Oktober 2002):** Baugruben und Gräben – Böschungen, Verbau, Arbeitsraumbreiten.

L 64 **DIN 4125 (November 1990):** Verpreßanker; Kurzzeitanker und Daueranker; Bemessung, Ausführung und Prüfung.

L 65 **DIN 4126 (August 1986):** Ortbeton-Schlitzwände; Konstruktion und Ausführung.

L 66 **DIN 4128 (April 1983):** Verpreßpfähle (Ortbeton- und Verbundpfähle) mit kleinen Durchmessern; Herstellung, Bemessung und zulässige Belastung.

L 67 **DIN 18121-1 (April 1998):** Baugrund; Untersuchung von Bodenproben – Wassergehalt – Teil 1: Bestimmung durch Ofentrocknung.

L 68 **DIN 18121-2 (August 2001):** Baugrund; Untersuchung von Bodenproben – Wassergehalt – Teil 2: Bestimmung durch Schnellverfahren.

L 69 **DIN 18122-1 (Juli 1997):** Baugrund, Untersuchung von Bodenproben – Zustandsgrenzen (Konsistenzgrenzen) – Teil 1: Bestimmung der Fließ- und Ausrollgrenze.

L 70 **DIN 18122-2 (September 2000):** Baugrund, Untersuchung von Bodenproben – Zustandsgrenzen (Konsistenzgrenzen) – Teil 2: Bestimmung der Schrumpfgrenze.

L 71 **DIN 18123 (November 1996):** Baugrund; Untersuchung von Bodenproben – Bestimmung der Korngrößenverteilung.

L 72 **DIN 18124 (Juli 1997):** Baugrund, Untersuchung von Bodenproben – Bestimmung der Korndichte – Kapillarpyknometer – Weithalspyknometer.

L 73 **DIN 18125-1 (August 1997):** Baugrund, Untersuchung von Bodenproben – Bestimmung der Dichte des Bodens – Teil 1: Laborversuche.

L 74 **DIN 18125-2 (August 1999):** Baugrund, Untersuchung von Bodenproben – Bestimmung der Dichte des Bodens – Teil 2: Feldversuche.

L 75 **DIN 18126 (November 1996):** Baugrund, Untersuchung von Bodenproben – Bestimmung der Dichte nichtbindiger Böden bei lockerster und dichtester Lagerung.

L 76 **DIN 18127 (November 1997):** Baugrund, Untersuchung von Bodenproben – Proctorversuch.

L 77 **DIN 18128 (Dezember 2002):** Baugrund, Untersuchung von Bodenproben – Bestimmung des Glühverlustes.

L 78 **DIN 18129 (November 1996):** Baugrund, Untersuchung von Bodenproben – Kalkgehaltsbestimmung.

L 79 **DIN 18130-1 (Mai 1998):** Baugrund, Untersuchung von Bodenproben – Bestimmung des Wasserdurchlässigkeitsbeiwerts – Teil 1: Laborversuche.

L 80 **DIN 18134 (September 2001):** Baugrund; Versuche und Versuchsgeräte – Plattendruckversuch.

L 81 **DIN 18135, Entwurf (Juni 1999):** Baugrund, Untersuchung von Bodenproben – Eindimensionaler Kompressionsversuch.

L 82 **DIN 18136 (August 1996):** Baugrund, Untersuchung von Bodenproben – Einaxialer Druckversuch.

L 83 **DIN 18137-1 (August 1990):** Baugrund, Versuche und Versuchsgeräte; Bestimmung der Scherfestigkeit; Begriffe und grundsätzliche Versuchsbedingungen.

L 84 **DIN 18137-2 (Dezember 1990):** Baugrund, Versuche und Versuchsgeräte; Bestimmung der Scherfestigkeit; Triaxialversuch.

L 85 **DIN 18137-3 (September 2002):** Baugrund, Untersuchung von Bodenproben – Bestimmung der Scherfestigkeit – Teil 3: Direkter Scherversuch.

L 86 **DIN 18196 (Oktober 1988):** Erd- und Grundbau; Bodenklassifikation für bautechnische Zwecke.

L 87 **DIN 18300 (Dezember 2002):** VOB Vergabe- und Vertragsordnung für Bauleistungen – Teil C: Allgemeine Technische Vertragsbedingungen für Bauleistungen (ATV); Erdarbeiten.

L 88 **DIN EN 1536 (Juni 1999):** Ausführung von besonderen geotechnischen Arbeiten (Spezialtiefbau) – Bohrpfähle; Deutsche Fassung EN 1536:1999.

L 89 **DIN EN 1537 (Januar 2001):** Ausführung von besonderen geotechnischen Arbeiten (Spezialtiefbau) – Verpressanker; Deutsche Fassung EN 1537:1999 + AC:2000.

L 90 **DIN EN 1538 (Juli 2000):** Ausführung von besonderen geotechnischen Arbeiten (Spezialtiefbau) – Schlitzwände; Deutsche Fassung EN 1538:2000.

L 91 **DIN EN 12063 (Mai 1999):** Ausführung von besonderen geotechnischen Arbeiten (Spezialtiefbau) – Spundwandkonstruktionen; Deutsche Fassung EN 12063:1999.

L 92 **DIN EN 12699 (Mai 2001):** Ausführung spezieller geotechnischer Arbeiten (Spezialtiefbau) – Verdrängungspfähle; Deutsche Fassung EN 12699:2000.

L 93 **DIN EN 12715 (Oktober 2000):** Ausführung von besonderen geotechnischen Arbeiten (Spezialtiefbau) – Injektionen; Deutsche Fassung EN 12715:2000.

L 94 **DIN EN 12716 (Dezember 2001):** Ausführung von besonderen geotechnischen Arbeiten (Spezialtiefbau) – Düsenstrahlverfahren (Hochdruckinjektion, Hochdruckbodenvermörtelung, Jetting); Deutsche Fassung EN 12716:2001.

L 95 **DIN EN 14199, Entwurf (August 2001):** Ausführung von besonderen geotechnischen Arbeiten (Spezialtiefbau) – Pfähle mit kleinen Durchmessern (Minipfähle); Deutsche Fassung prEN 14199:2001.

L 96 **DIN V 1054-100 (April 1996):** Baugrund – Sicherheitsnachweise im Erd- und Grundbau – Teil 100: Berechnung nach dem Konzept mit Teilsicherheitsbeiwerten.

L 97 **DIN V 4017-100 (April 1996):** Baugrund – Berechnung des Grundbruchwiderstands von Flachgründungen – Teil 100: Berechnung nach dem Konzept mit Teilsicherheitsbeiwerten.

L 98 **DIN V 4019-100 (April 1996):** Baugrund – Setzungsberechnungen – Teil 100: Berechnung nach dem Konzept mit Teilsicherheitsbeiwerten.

L 99 **DIN V 4084-100 (April 1996):** Baugrund – Böschungs- und Geländebruchberechnungen – Teil 100: Berechnung nach dem Konzept mit Teilsicherheitsbeiwerten.

L 100 **DIN V 4085-100 (April 1996):** Baugrund – Berechnung des Erddrucks – Teil 100: Berechnung nach dem Konzept mit Teilsicherheitsbeiwerten.

L 101 **DIN V 4126-100 (April 1996):** Schlitzwände – Teil 100: Berechnung nach dem Konzept mit Teilsicherheitsbeiwerten.

L 102 **DIN V ENV 1997-1 (April 1996):** Eurocode 7 – Entwurf, Berechnung und Bemessung in der Geotechnik – Teil 1: Allgemeine Regeln; Deutsche Fassung ENV 1997-1:1994.

L 103 **DIN V ENV 1997-2 (September 1999):** Eurocode 7 – Entwurf, Berechnung und Bemessung in der Geotechnik – Teil 2: Laborversuche für die geotechnische Bemessung; Deutsche Fassung ENV 1997-2:1999.

L 104 **DIN V ENV 1997-3 (Oktober 1999):** Eurocode 7 – Entwurf, Berechnung und Bemessung in der Geotechnik – Teil 3: Felduntersuchungen für die geotechnische Bemessung; Deutsche Fassung ENV 1997-3:1999.

L 105 **DIN-Fachbericht 129:** Nationales Anwendungsdokument (NAD) – Richtlinie zur Anwendung von DIN EN 1536:1999-06, Ausführung von besonderen geotechnischen Arbeiten (Spezialtiefbau) – Bohrpfähle, Ausgabe:2003.

L 106 **Empfehlungen des Arbeitskreises „Baugruben" auf der Grundlage des Teilsicherheitskonzeptes EAB–100.**
Herausgegeben von der Deutschen Gesellschaft für Geotechnik e. V.
Ernst & Sohn, Berlin 1996.

L 107 **Empfehlungen des Arbeitsausschusses „Ufereinfassungen": Häfen und Wasserstraßen; EAU 1996.**
Herausgegeben vom Arbeitsausschuss „Ufereinfassungen" der Hafenbautechnischen Gesellschaft e. V. und der Deutschen Gesellschaft für Erd- und Grundbau e. V.
8. Auflage, Ernst & Sohn, Berlin 1990.

L 108 **Empfehlungen „Verformungen des Baugrunds bei baulichen Anlagen" – EVB.**
Erarbeitet durch den Arbeitskreis "Berechnungsverfahren" der Deutschen Gesellschaft für Erd- und Grundbau e. V.
Ernst & Sohn, Berlin 1993.

L 109 FECKER, E.: Geotechnische Meßgeräte und Feldversuche im Fels.
Ferdinand Enke Verlag, Stuttgart 1997.

L 110 FISCHER, K.: Beispiele zur Bodenmechanik; Aufsätze mit Formeln, Tafeln und Schaubildern.
Verlag von Wilhelm Ernst & Sohn, Berlin 1965.

L 111 FLOSS, R.: ZTVE-StB 94, Kommentar mit Kompendium Erd- und Felsbau.
Kirschbaum Verlag, Bonn 1997.

L 112 FRANKE, D.: Über die Berechnung des Erdruhedruckes.
Geotechnik 6 (1983), Heft 4, Seite 158–163.

L 113 FRANKE, D.; BÖHME, K.: Die Berechnung der Erdruckgrenzwerte, wenn die Coulombsche Theorie versagt.
Bauplanung-Bautechnik 41 (1987), Heft 4, Seite 168–172.

L 114 FRANKE, E.: Ermittlung der Festigkeitseigenschaften von nicht-bindigem Baugrund durch Sondierungen.
Baumaschine und Bautechnik 20 (1973), Heft 11, Seite 417–426.

L 115 FRANKE, E.: Ruhedruck in kohäsionslosen Böden.
Bautechnik 51 (1974), Heft 1, Seite 18–24.

L 116 FRANKE; E.: Überlegungen zu Bewertungskriterien für zulässige Setzungsdifferenzen.
Geotechnik 3 (1980), Heft 2, Seite 53–59.

L 117 FRÖHLICH, O. K.: Druckverteilung im Baugrunde.
Verlag von Julius Springer, Wien 1934.

L 118 GROß, H.: Korrekte Berechnung des aktiven und passiven Erddrucks mit ebener Gleitfläche bei Böden mit Reibung, Kohäsion und Auflast.
Geotechnik 4 (1981), Heft 2, Seite 66–69.

L 119 **Grundbau-Taschenbuch** (Herausgeber und Schriftleiter: H. Schröder).
Band I, 2. Auflage, Verlag von Wilhelm Ernst & Sohn, Berlin 1966.

L 120 **Grundbau-Taschenbuch** (Herausgeber und Schriftleiter: Ulrich Smoltczyk).
Teil 1, 5. Auflage, Ernst & Sohn, Berlin 1996.

L 121 **Grundbau-Taschenbuch** (Herausgeber und Schriftleiter: Ulrich Smoltczyk).
Teil 1, 6. Auflage, Ernst & Sohn, Berlin 2001.

L 122 **Grundbau-Taschenbuch** (Herausgeber und Schriftleiter: Ulrich Smoltczyk).
Teil 2, 5. Auflage, Ernst & Sohn, Berlin 1996.

L 123 **Grundbau-Taschenbuch** (Herausgeber und Schriftleiter: Ulrich Smoltczyk).
Teil 3, 4. Auflage, Ernst & Sohn, Berlin 1992.

L 124 **Grundwassermanagement Spreebogen:** Beweissicherungsbericht II/97.
Beweissicherungsbericht 3, II. Quartal 1997, Arbeitsgemeinschaft Grundwassermanagement Spreebogen.

L 125 GÜNTHER, H.: Betrachtungen zum Erdruhedruck.
Bauingenieur 63 (1988), Seite 205–210.

L 126 GÜNTHER, H.: Erdruhedruck auf starre Wände.
Bauingenieur 63 (1988), Seite 421–427.

L 127 GUDEHUS, G.: Bodenmechanik.
Ferdinand Enke Verlag, Stuttgart 1981.

L 128 GUMMERT, P.; RECKLING, K.-A.: Mechanik.
3. Auflage, Vieweg, Braunschweig 1994.

L 129 HEAD, K. H.: Manual of Soil Laboratory Testing.
Volume 2: Permeability, Shear Strength an Compressibility Tests.
2. Auflage, John Wiley & Sons, Inc., New York 1994.

L 130 HÜLSDÜNKER, A.: Maximale Bodenpressung unter rechteckigen Fundamenten bei Belastung mit Momenten in beiden Achsrichtungen.
Bautechnik 41 (1964), Heft 8, Seite 269.

L 131 **Hütte III**, Bautechnik.
28. Auflage, Verlag von Wilhelm Ernst & Sohn, Berlin 1956.

L 132 IHLE, F.: Untersuchungen zur Auswertung von Drucksondierungen.
Geotechnik 18 (1995), Heft 2, Seite 65–73.

L 133 JÄDE, H.: Musterbauordnung (MBO 2002).
Verlag C. H. Beck, München 2003.

L 134 JASMUND, K.; LAGALY, G. (Hrsg.): Tonminerale und Tone.
Steinkopff Verlag, Darmstadt 1993.

L 135 JELINEK, R.: Setzungsberechnung ausmittig belasteter Fundamente.
Bauplanung und Bautechnik 3 (1949) Heft 4, Seite 115–121.

L 136 JUPPE, B.: Grundwasserstands-Messeinrichtungen als Teil eines effizienten Grundwassermonitorings.
Geowissenschaften 14 (1996), Heft 3-4, Seite 135–136.

L 137 KANY, M.: Baugrundverformungen infolge waagerechter Schubbelastung der Baugrundoberfläche.
Veröffentlichungen des Grundbauinstitutes der Bayerischen Landesgewerbeanstalt, Heft 6, Nürnberg 1964.

L 138 KANY, M.: Tabellen und Kurventafeln zur Berechnung der Spannungen und Setzungen unter den Eckpunkten gleichförmig belasteter, schlaffer Rechteckflächen.
Veröffentlichungen des Grundbauinstitutes der Landesgewerbeanstalt Bayern, Heft 17, Nürnberg 1972.

L 139 KANY, M.: Berechnung von Flächengründungen.
1. Band, 2. Auflage, Verlag von Wilhelm Ernst & Sohn, Berlin 1974.

L 140 KANY, M.: Berechnung von Flächengründungen.
2. Band, 2. Auflage, Verlag von Wilhelm Ernst & Sohn, Berlin 1974.

L 141 KANY, M.: Baugrundaufschlüsse; Kommentar zu DIN 4021 bis 4023 und DIN 18196.
Beuth Verlag GmbH, Berlin 1997.

L 142 KÉZDI, Á.: Erddrucktheorien.
Springer-Verlag, Berlin 1962.

L 143 KÖGLER, F.; SCHEIDIG, A.: Baugrund und Bauwerk.
5. Auflage, Verlag von Wilhelm Ernst & Sohn, Berlin 1948.

L 144 KÜHN, G.: Der maschinelle Tiefbau.
B. G. Teubner, Stuttgart 1992.

L 145 LANGGUTH, H.-R.; VOIGT, R.: Hydrogeologische Methoden.
Springer-Verlag, Berlin 1980.

L 146 MATL, F.: Zur Berechnung der Setzung und Schiefstellung des exzentrisch belasteten starren Plattenstreifens.
Österreichische Bauzeitschrift 9 (1954), Heft 4, Seite 65–70.

L 147 MATTHES, O.; RELOTIUS, P.: Grundwassermanagement für die Baumaßnahmen am Potsdamer Platz.
Geowissenschaften 14 (1996), Heft 3-4, Seite 123–128.

L 148 MINNICH, H.; STÖHR, G.: Analytische Lösung des zeichnerischen Culmann-Verfahrens zur Ermittlung des passiven Erddrucks.
Bautechnik 58 (1981), Heft 6, Seite 197–202.

L 149 MINNICH, H.; STÖHR, G.: Analytische Lösung des zeichnerischen Culmann-Verfahrens zur Ermittlung des aktiven Erddrucks nach der „G_0-Methode".
Bautechnik 58 (1981), Heft 8, Seite 261–270.

L 150 MINNICH, H.; STÖHR, G.: Analytische Lösung des zeichnerischen Culmann-Verfahrens zur Ermittlung des aktiven Erddrucks für Linienlasten nach der „G_0-Methode".
Bautechnik 59 (1982), Heft 1, Seite 8–12.

L 151 MINNICH, H.; STÖHR, G.: Analytische Lösung des sogenannten erweiterten Culmann-Verfahrens für Kohäsionsböden nach der „G_0-Methode".
Bautechnik 59 (1982), Heft 11, Seite 376–379.

L 152 MINNICH, H.; STÖHR, G.: Erddruck auf eine Stützwand mit Böschung und unterschiedlichen Bodenschichten.
Bautechnik 60 (1983), Heft 9, Seite 314–317.

L 153 MINNICH, H.; STÖHR, G.: Mathematische Grundlagen der G_0-Methode für den allgemeinsten Fall der Erddruckermittlung.
Bautechnik 61 (1984), Heft 10, Seite 358–361.

L 154 MÖLLER, G.: Geotechnik.
Teil 1: Bodenmechanik, Werner Verlag, Düsseldorf 1998.

L 155 MÜLLER-BRESLAU, H.: Erddruck auf Stützmauern.
Alfred Kröner Verlag, Stuttgart 1906.

L 156 NILLERT, P.; HOFFKNECHT, A; SCHÄFER, D.; ZIESCHE, M.: Grundwassermonitoring und Modellprognosen.
Geowissenschaften 14 (1996), Heft 3-4, Seite 129–134.

L 157 **ÖNORM B 4420 (Jänner 1989)**: Erd- und Grundbau; Untersuchung von Bodenproben; Grundsätze für die Durchführung und Auswertung von Kompressionsversuchen.

L 158 PATZSCHKE, F.: Zur Berechnung des Erdruhedruckes.
Bauplanung-Bautechnik 36 (1982), Heft 3, Seite 133–135.

L 159 PLAGEMANN, W.; LANGNER, W.: Die Gründung von Bauwerken.
Teil 1, BSB B. G. Teubner Verlagsgesellschaft, Leipzig 1970.

L 160 PRANDTL, L.: Über die Härte plastischer Körper.
In: Nachrichten von der Königlichen Gesellschaft der Wissenschaften zu Göttingen, Mathematisch-physikalische Klasse aus dem Jahre 1920, Seite 74–85, Weidmannsche Buchhandlung, Berlin 1920.

L 161 PREGL, O.: Bemessung von Stützbauwerken.
Handbuch der Geotechnik, Band 16, Eigenverlag des Instituts für Geotechnik, Universität für Bodenkultur Wien, Wien 2002.

L 162 PRZEMIENIECKI, J. S.: Theory of Matrix Structural Analysis.
McGraw-Hill Book Company, New York 1968.

L 163 **Referatesammlung – Bemessung und Erkundung in der Geotechnik, neue Entwicklungen im Zuge der Neuauflage der DIN 1054 und DIN 4020 sowie der europäischen Normung.**

Gemeinschaftstagung der DGGT Deutsche Gesellschaft für Geotechnik e. V., der Bundesfachabteilungen Spezialtiefbau und Leitungsbau im Hauptverband der Deutschen Bauindustrie e. V. (HVBI), des Bundesverbands der Deutschen Bohrunternehmen in der Baugrund-, Grundwasser- und Lagerstättenerkundung e. V. (BDBohr) und des DIN Deutsches Institut für Normung e. V. am 4. und 5. Februar 2003 in Heidelberg.
DIN Deutsches Institut für Normung e. V., Berlin 2003.

L 164 RIEDMÜLLER, G.; SCHUBER, W.; SEMPRICH, S. (Hrsg.): Die Beobachtungsmethode in der Geotechnik, Konzeption und ausgewählte Beispiele.
Beiträge zum 14. Christian Veder Kolloquium; Gruppe Geotechnik Graz, Technische Universität Graz, Heft 4, Graz 1998.

L 165 RIEGER, W.: Ergänzende Auslegung der DIN 4124 für nicht verbaute Gräben bis 1,75 m Tiefe.
Tiefbau Berufsgenossenschaft 103 (1991), Heft 12, Seite 832–833.

L 166 RIZKALLAH, V.; DÖBBELIN, J. U.: 15 Jahre Bauforschung im Spezialtiefbau in Hannover.
In: Beiträge zum 13. Christian Veder Kolloquium „Schadensfälle in der Geotechnik"; Technische Universität Graz, Institut für Bodenmechanik und Grundbau, Mitteilungsheft 16, herausgegeben von Prof. Dr. Semprich, Graz 1998.

L 167 SADGORSKI, W.; SMOLTCZYK, U.: Sicherheitsnachweise im Erd- und Grundbau; Kommentar u. a. zu DIN V ENV 1997-1: Eurocode.
Beuth Verlag GmbH, Berlin 1996.

L 168 SCHAAK, H.: Setzung eines Gründungskörpers unter dreieckförmiger Belastung mit konstanter bzw. schichtweise konstanter Steifezahl E_s.
Bauingenieur 47 (1972), Heft 6, Seite 220–221.

L 169 SCHILDKNECHT, F.; SCHNEIDER, W.: Über die Gültigkeit des Darcy-Gesetzes in bindigen Sedimenten bei kleinen hydraulischen Gradienten – Stand der wissenschaftlichen Diskussion –
In: Geologisches Jahrbuch, Reihe C, Heft 48, Seite 3–21, E. Schweizerbart'sche Verlagsbuchhandlung, Hannover 1987.

L 170 SCHULTZE, E.; MUHS, H.: Bodenuntersuchungen für Ingenieurbauten.
2. Auflage, Springer-Verlag, Berlin 1967.

L 171 SCHUPPENER, B.; KIEKBUSCH, M.: Plädoyer für die Abschaffung und den Ersatz der Konsistenzzahl.
Geotechnik 12 (1988), Heft 4, Seite 186–192.

L 172 SIEMER, H.: Spannungen und Setzungen des Halbraums unter waagerechten Flächenlasten.
Bautechnik 47 (1970), Heft 5, Seite 163–172.

L 173 SIEMER, H.: Spannungen und Setzungen des Halbraums unter starren Gründungskörpern infolge waagerechter Beanspruchung.
Bautechnik 48 (1971), Heft 4, Seite 118–125.

L 174 SIMMER, K.: Grundbau.
Teil 1, 19. Auflage, B. G. Teubner, Stuttgart 1994.

L 175 SMOLTCZYK, U.; SCHUPPENER, B.: Standsicherheitsnachweise für Flachgründungen nach dem Eurocode 7 Teil 1.
Vorträge der Baugrundtagung 2000 in Hannover, Seite 149–157, Deutsche Gesellschaft für Geotechnik e. V., Essen.

L 176 SOKOLOVSKII, V. V.: Statics of Granular Media.
Pergamon Press, Oxford 1965.

L 177 SOMMER, H.: Neuere Erkenntnisse über zulässige Setzungsunterschiede von Bauwerken, Schadenskriterien.
Vorträge der Baugrundtagung 1978 in Berlin, Deutsche Gesellschaft für Erd- und Grundbau e. V., Essen 1978, Seite 695–724.

L 178 STEINBRENNER, W.: Tafeln zur Setzungsberechnung.
Strasse, 1. Jahrgang, Seite 121 ff. Volk und Reich Verlag, Berlin 1934.

L 179 STENZEL, G.; MELZER, K.-J.: Bodenuntersuchungen durch Sondierungen nach DIN 4094.
Tiefbau Ingenieurbau Straßenbau 20 (1978), Heft 3, Seite 155–160.

L 180 TEFERRA, A.: Beziehungen zwischen Reibungswinkel, Lagerungsdichte und Sondierwiderständen nichtbindiger Böden mit verschiedener Kornverteilung.
Mitteilungen aus dem Institut für Verkehrswasserbau, Grundbau und Bodenmechanik der Technischen Hochschule Aachen, herausgegeben von Prof. Dr. E. Schultze, Heft 61, Aachen 1974.

L 181 TEFERRA, A.: Beitrag zur mittelbaren Bestimmung des Steifemoduls aus Sondierungen in nichtbindigen Böden.
Bautechnik 53 (1976), Heft 9, Seite 306–311.

L 182 TEFERRA, A.; SCHULTZE, E.: Formeln, Tafeln und Tabellen aus dem Gebiet Grundbau und Bodenmechanik: Bodenspannungen.
A. A. Balkema, Rotterdam 1988.

L 183 TERZAGHI, K.; JELINEK, R.: Theoretische Bodenmechanik.
Springer-Verlag, Berlin 1954.

L 184 TERZAGHI, K.; PECK, R. B.: Die Bodenmechanik in der Baupraxis.
Springer-Verlag, Berlin 1961.

L 185 WEIßENBACH, A.: Baugruben.
Teil II (Berechnungsgrundlagen), Ernst & Sohn, Berlin 1985.

L 186 WEIßENBACH, A.: Beitrag zur Ermittlung des Erdwiderstandes.
Bauingenieur 58 (1983), Seite 161–173.

L 187 WICHTER, L.; NIMMESGERN, M.: Stützmauern aus Kunststoffen und Erde – Bemessung und Ausführung.
Bautechnik 67 (1990), Heft 4, Seite 109–114.

L 188 **Zusätzliche Technische Vertragsbedingungen und Richtlinien für Erdarbeiten im Straßenbau (ZTVE-StB 94)**
Ausgabe 1994, Herausgeber: Bundesministerium für Verkehr, Forschungsgesellschaft für Straßen- und Verkehrswesen, Köln.

Firmenverzeichnis

F 1 DMT-Potsdam Gesellschaft für Umwelt- und Geotechnik mbH
   Otto-Nagel-Straße 12
   14467 Potsdam
   Telefon: 03 31/275 60-0
   Telefax: 03 31/275 60-20
   Homepage: http://www.dmt-potsdam.de

F 2 Fröwag GmbH GmbH
   Brückenstraße 10
   74182 Obersulm-Willsbach
   Tel.:   071 34/900 969
   Telefax: 071 34/900 971
   eMail: FroewaggmbH@aol.com

F 3 GGU Gesellschaft für Grundbau und Umwelttechnik mbH
   Am Hafen 22
   38112 Braunschweig
   Telefon: 05 31/31 28 95
   Telefax: 05 31/31 30 74
   Homepage: http://www.ggu.de

F 4 Grundbauingenieure Steinfeld und Partner GbR
   Erdbaulaboratorium Hamburg
   Alte Königstraße 3
   22767 Hamburg
   Telefon: 040/389 13 90
   Telefax: 040/380 91 70
   Homepage: http://www.steinfeld-und-partner.de

F 5 Nordmeyer GmbH & Co. KG.
   Maschinen- und Brunnenbohrgerätebau
   Werner-Nordmeyer-Straße 3
   31206 Peine
   Telefon: 051 71/54 20
   Telefax: 051 71/54 21 10
   Homepage: http://www.nordmeyer.de

F 6 SEBA HYDROMETRIE GmbH
   Gewerbestraße 61a
   87600 Kaufbeuren
   Tel.:   083 41/96 48 0
   Telefax: 083 41/96 48 48
   Homepage: http://www.seba.de

Stichwortverzeichnis

A

Abscheren	133
Adsorptionswasser	19
aktiver Erddruck	209
bei Böden mit Kohäsion	228
erhöhter	210
nach COULOMB	224
nach E DIN 4085	229
nach MÜLLER-BRESLAU	226
Aktivitätszahl	97
allseitiger Druck	128
Anfangszelldruck	137
Anhang, Nationaler	311
anisotrope Konsolidation	130
Antimetrieebene	151
Deformationszustände	152
Spannungszustände	152
Verformungsbedingungen	152
Anwendungsbeispiel	
Diagramm von HÜLSDÜNKER	181
Dreiecknetz zur Bodenklassifizierung	7
Dreiphasensystem	70
Erddruck	243
Gleitsicherheit	281
Grundbruchsicherheit	276
Kippsicherheit	285
Konsolidationssetzungszeit	126
Sandersatz-Verfahren	88
Setzungsdiagramm von CHRISTOW	198
Anwendungsdokument, Nationales	311
Aräometer	73
-ablesungen	73
-Methode	73
artesisch gespanntes Grundwasser	16
Auffüllung	94
Aufschlüsse	
direkte	26
Ergebnisdarstellung	47
Aufschlusstiefen	
Baugruben	38
Dichtungswände	39
Erdbauwerke	39
Hoch- und Ingenieurbauten	37
Linienbauwerke	38
Pfähle	39
Auftrieb	305
DIN-Normen	306
Maßnahmen zur Sicherheitserhöhung	305
von Gründungskörpern	305
Aushubentlastung	190
Ausquetschversuch	14, 94
Ausrollgrenze	
Bestimmung	100
Definition	100
DIN-Normen	96
Ausstechzylinder	87
Ausstechzylinder-Verfahren	87
Auswerterechner	21

B

Ballon-Verfahren	89
Bauaufsichtsbehörde	313
baubegleitende Untersuchung	
Baugrund	28
Baustoffgewinnung und -verarbeitung	28
Baubestimmungen	
Liste der technischen	313
Technische	313
Baugrund	1
baubegleitende Untersuchung	28
Hauptuntersuchung	27
Voruntersuchung	27
Bauschäden, geotechnische Untersuchungen	25
Baustoff	1
Belastungsumlagerung	120
Bemessungswert der Beanspruchung	
Gleiten	279, 280
Benetzungswinkel	17
Beobachtungsmethode	65
Bettungsmodul	62, 65
bezogene Lagerungsdichte	56, 57, 111
Anhaltswerte	111
bindiger Boden	3, 14
BISHOP, Verfahren von	299
Boden	1
äolischer	2
Bezeichnungen	1
bindiger	3, 14
-dichte	83, 84
Dichte	85
Dreiphasensystem	67
Einteilung nach Korngrößen	5
Einteilungskriterien	2
feinkörniger	3
gewachsener	3
glazialer	2
Grenzen	142
grobkörniger	3
Hauptbestandteile	79

Hauptgruppen	79
Kenngrößen	133
Kennzeichnung	10
Klassifikation nach DIN 18196	78
Klassifikation und Benennung	2
kohäsiver	3
Massenanteile	79
nichtbindiger	3
organische Bestandteile	92
organischer	8, 94
organogener	94
rolliger	3
schluffiger	13
toniger	13
-wichte	83, 84
zusammengesetzter	5
Zweiphasensystem	67
Bodenart	
-anteile	78
Erkennung	13
Hauptanteil	5
Nebenanteil	6
reine	4
Bodenarten	
fließende	9
leicht lösbar	9
mittelschwer lösbar	9
schwer lösbar	10
Bodenbezeichnungen	7
Bodenkenngrößen	
Erfahrungswerte, Tabelle	125, 142, 143, 144, 145
charakteristische Werte	125, 142, 143, 144, 145
Bodenklassifikation	
bautechnische Eigenschaften	79
bautechnische Eignung	79
für bautechnische Zwecke	79
Bodenklassifikation nach DIN 18196	101
Einstufung von Ton und Schluff	101
Bodenpressungen	
Verteilung in der Sohlfuge nach DIN 1054	178
zulässige	103, 206
Bodenproben	
Entnahme von Sonderproben	44
Güteklassen	43
Bohrlochrammsondierung	53
Bohrung	
Geräte und Verfahren	40
Schlüssel-	26
Bohrverfahren	
Beispiele	42
Einteilung nach Art des Lösens	41
Einteilung nach DIN 4021	41
Böschung	287, 289
Böschungsbruch	287
ebene Gleitflächen	290
ebener Bruchmechanismus	287
Lamellenverfahren	292
räumliche Fälle	288
schwedische Methode	292
BOUSSINESQ	
Halbraumdeformationen infolge Punktlast	158
Halbraumspannungen infolge Linienlast	162
Halbraumspannungen infolge Punktlast	158
Halbraumverschiebung infolge Einzellast	186
Setzung infolge Einzellast	186
Sohldruckspannungsverteilung nach	175
Bruchlast	261
Bruchmechanismus	289
Bruchscholle, Lamellenverfahren	292
BUISMAN, Verfahren von	265

C

CASAGRANDE, Fließgrenzengerät nach	97
CEN	310
charakteristische Bodenkenngrößen	125, 143, 144, 145
charakteristische Linie	
Setzung	185
Sohldruck	176
charakteristischer Punkt	
Setzung	185
Sohldruck	176
CHRISTOW, Setzungsdiagramm von	197
Anwendungsbeispiel	198
COULOMB	
Erddruckermittlung nach	224
Grenzbedingung von	130
passiver Erddruck nach	225
CULMANN, Erddruckermittlung nach	255, 256

D

DARCY, Gesetz von	115
Datenfernübertragung	21
Deformationstensor	148
Deformationszustand, ebener	151, 262
Dehnung	
Längs-	147
Quer-	147
deutsche Vornorm	311
Deutsches Institut für Normung	310
Dichte	85
Ausstechzylinder-Verfahren	87
Ballon-Verfahren	89
Boden unter Auftrieb	69
dichteste Lagerung	110
dichteste und lockerste Lagerung	110
DIN-Norm zu dichtester Lagerung	110
DIN-Norm zu lockerster Lagerung	110
DIN-Normen	86
Feldversuche nach DIN 18125	87
feuchter Boden	69, 83, 86

gesättigter Boden	69, 84
lockerste Lagerung	110
nichtbindiger Boden	110
Probenentnahme	87
Sandersatz-Verfahren	88
trockener Boden	86
diffuse Hülle	19
diffuse Schicht	19
diffuse Wasserhüllen	117
DIN	310
Dipoleigenschaften	19
direkte Aufschlüsse	
DIN-Normen	36
Richtwerte für Aufschlussabstände	36
Richtwerte für Aufschlusstiefen	37
Untersuchungsverfahren	36
Untersuchungszweck	34
direkter Scherversuch	131
Doline	185
dränierter Versuch	136
Dreiecknetz zur Bodenklassifizierung	7
Anwendungsbeispiel	7
Dreiphasensystem	67
Anwendungsbeispiel	70
Druck, allseitiger	128
Druck, hydrostatischer	128
Druck, isotroper	128
Druckfestigkeit, einaxiale	140
Druck-Setzungs-Diagramm	123
Drucksetzungslinie	124
Drucksonde	20
Drucksondierung	51
Mantelreibung	51, 53
Spitzenwiderstand	51, 53
Druckspannung	
effektive	155, 156
einaxial	140
totale	155
Durchfluss	115, 117
Durchflussquerschnitt	117
Durchlässigkeitsbeiwert	115
Erfahrungswerte	116
Vergleichstemperatur	117
Durchlässigkeitsbereiche	116
Durchlässigkeitsversuch	
mit konstantem hydraulischem Gefälle	118
mit veränderlichem hydraulischem Gefälle	117
durchströmte Länge	115

E

ebener Deformationszustand	262
effektive	
Druckspannung	155, 156
Grenzbedingung	129
Kohäsion	131
Normalspannung	128, 130

Scherparameter	131
Schubspannung	128
Spannungen	156
Vergleichsspannung	130
einaxiale Druckfestigkeit	140
DIN-Norm	140
Einteilungskriterien für Böden	2
Elastizitätsmodul	154
Sekantenmodul	141
Tangentenmodul	141
Elektrolytgehalt	19
Erddruck	209
aktiver	209
aktiver nach COULOMB	224
aktiver nach MÜLLER-BRESLAU	226
-anteil aus Kohäsion	245, 254
Anwendungsbeispiel	243
Bewegungen von starrer Wand	217
DIN-Normen	209
erforderliche Unterlagen	211
erhöhter aktiver	210
Ermittlung nach CULMANN	255
infolge gleichmäßig verteilter Flächenlast	239, 253
infolge Linien- und Streifenlasten	240
-kraft infolge Bodeneigenlast	234, 250
Linienbruch	218
Neigungswinkel	211
passiver	210
passiver infolge Bodeneigenlast	250
passiver nach COULOMB	225
passiver nach MÜLLER-BRESLAU	227
Silodruck	211
Verdichtungs-	210
verminderter passiver	210
Verteilung bei Bodeneigenlast	236
Wandreibungswinkel	211
Zonenbruch	218
Erddruckbeiwert	
für Bodeneigenlast	251
für Kohäsion	245
Erddruckbeiwerte	
aktiver Erddruck	227
für Bodeneigenlast	234
für Bodeneigenlast, Tabelle	235
für Kohäsion	254
für Kohäsion, Tabelle	246
passiver Erddruck	228
Ruhedruck	213
Erddruckkraft	209
infolge Bodeneigenlast	234, 250
passive infolge Bodeneigenlast	250
Erdfall	185
Erdruhedruck	209, 213
nach E DIN 4085	215
unbelastetes geneigtes Gelände	215

unbelastetes horizontales Gelände	213
Erdwiderstand	210
Bemessungswert	281
Erosion	2
Eurocode	310
Europäische Norm	311
Europäische Vornorm	310

F

Faulschlamm	8
Federtopfmodell	120
feinkörniger Boden	3
Feldversuche	27, 31
nach DIN 18125, Dichte	87
Fels	1
Grenzen	142
Fels, leicht lösbar	10
Fels, schwer lösbar	10
Filter	
Aufbau	77
mehrstufiger	77
-regel von TERZAGHI	77
Filtergeschwindigkeit	115, 117
Beziehung mit hydraulischem Gefälle	116
postlinearer Bereich	116
prälinearer Bereich	117
Fließbedingung	
nach MOHR	263
nach MOHR-COULOMB	219
fließende Bodenarten	9
Fließgeschwindigkeit	117
tatsächliche	115
Temperatureinfluss	117
Fließgrenze	
Definition	97
DIN-Normen	96
Mehrpunktmethode	99
Fließgrenzengerät nach A. CASAGRANDE	97
Flügelscherfestigkeit	61
Flügelsondierung	59
Ergebnisdarstellung	61
Scherwiderstand	60, 61
Formänderung	
bei Volumenkonstanz	134
volumenneutral	147
Formbeiwerte	270
Frachtung	2
freies Grundwasser	16
FRÖHLICH	
Halbraumspannungen infolge Linienlast	162
Halbraumspannungen infolge Punktlast	159
Frostempfindlichkeit	70

G

Ganglinendiagramm	21
Gasometer	96
Gebrauchstauglichkeit	
Sohlfugenklaffung	285
Verschiebungen in der Sohlfuge	282
Geländebruch	287
DIN-Normen	287
ebener Bruchmechanismus	287
Lamellenverfahren nach BISHOP	299
Unterlagen für Berechnung	290
Geländeneigungswinkel	273
Geländesprung	287, 289
geophysikalische Verfahren	26
geotechnische Kategorie	
Kategorie 1 (GK 1)	29
Geotechnische Kategorie	28
Kategorie 1 (GK 1)	31
Kategorie 2 (GK 2)	29, 31, 33
Kategorie 3 (GK 3)	30, 32, 33
geotechnische Untersuchung	25
Bauschäden	25
bautechnische Vorgeschichte	26
direkte Aufschlüsse	26
geologische Vorgeschichte	26
Luftaufnahme	26
Ortsbegehung	26
Geotechnischer Bericht	32
Folgerungen und Empfehlungen	32
Untersuchungsergebnis, Bewertung	32
Untersuchungsergebnis, Darstellung	32
Geotechnischer Entwurfsbericht	33
Gesamtsetzung	184, 195
starre Gründungskörper	199
Geschiebelehm	8
Geschiebemergel	8
Gespanntes Grundwasser	16
Gestein	1
magmatisches	1
metamorphes	1
Sedimentgestein	1
gewachsener Boden	3
Gleiten	279
Anwendungsbeispiel	281
Bemessungswert der Beanspruchung	279, 280
Bemessungswert des Erdwiderstands	281
Bemessungswert des Gleitwiderstands	280
charakteristischer Gleitwiderstand	280
DIN-Normen	279
Ersatz für Sicherheitsnachweis	177
Maßnahmen zur Sicherheitserhöhung	283
Sicherheit gegen	279
Gleitfestigkeit	129
Gleitfläche	289
ebene	127, 233, 245
gebrochene	234
gekrümmte	127, 234
nach RANKINE	221

Neigungswinkel	263
Neigungswinkel der	229, 245
Winkel der	236
Gleitfuge	289
Gleitkörper	289
Gleitlinie	289
Gleitung, Winkel der	147
Gleitwiderstand	
Bemessungswert	280
charakteristischer	280
globales Sicherheitskonzept	313
Glühverlust	93
Anhaltswerte für Bodenart	93
DIN-Norm	92
Probemenge	93
Grenzbedingung	129
nach COULOMB	130
nach MOHR-COULOMB	130, 138
totale	129, 131
Grenzgleichgewicht, rechnerisches	289
Grenztiefe	
Einflussgrößen	188
nach DIN 4019-1	188
Setzung	188
Sondiertiefen	54
Grenzzustand	129
Gebrauchstauglichkeit	171
Tragfähigkeit	171
Verlust der Gesamtstandsicherheit	172
Verlust der Lagesicherheit	172
Versagen von Bauwerken und Bauteilen	172
grobkörniger Boden	3
Grundbruch	261
Anwendungsbeispiel	276
Anwendungserfordernisse	268
Berücksichtigung der Bermenbreite	274
charakteristische Widerstände	269
DIN-Normen	261
Durchstanzen	275
Einwirkungen für Berechnung	268
Ersatz für Sicherheitsnachweis	177
Formbeiwert	270
fortschreitender	283
Geländeneigungsbeiwerte	273
Gleichung von PRANDTL	265
Lastneigungsbeiwerte	271, 272
PRANDTL-Bereich	264
RANKINE-Bereich	263
Sicherheitsnachweis	275
Sohlneigungsbeiwerte	274
Sonderform	279
Tragfähigkeitsbeiwerte	270
Verfahren von BUISMAN	265
Widerstandsberechnung	266
Grundwasser	16
artesisch gespanntes	16
-druckfläche	16
freies	16
gespanntes	16
-gleichenplan	21
-hemmer	16
-körper	16
-leiter	16
-messstelle	20, 23
-nichtleiter	16
-oberfläche	16
-sohle	16
-spiegel	16
-stockwerk	16, 23

H

Haftwasser	15
Halbraum	158
Halbraumspannungen	
infolge Linienlast	161
infolge schlaffer Rechtecklast	163
Hang	289
Hanglehm	8
Hangrutschung	289
Hauptanteil	5
Bezeichnungen	6
Hauptspannung	
Ebene	150
Koordinatenmatrix	151
Richtungen nach RANKINE	221
Zustand	151
Hauptuntersuchung	27, 31
Baugrund	27
Baustoffgewinnung und -verarbeitung	28
Hebung	185
HOOKEsches Material	148, 152, 154
HÜLSDÜNKER, Diagramm von	180
Anwendungsbeispiel	181
Humusgehalte bei Böden	93
hydraulischer Höhenunterschied	115
hydraulisches Gefälle	115
Beziehung mit Filtergeschwindigkeit	116
hydrostatischer Druck	128
hygroskopisches Wasser	19

I

in situ	36
indirekte Setzungsberechnung	194
indirekter Scherversuch	135
Instabilität, Sicherheit gegen	286
Isobare	161
isotrope Konsolidation	130
isotroper Druck	128

J

JAMIN-Rohr	18

Stichwortverzeichnis 333

K

Kabellichtlot	20
Kalkgehalt	95
Bestimmung nach DIN 18129	95
DIN-Normen	95
Gasometer	96
qualitative Bestimmung	95
kapillare Steighöhe	17
aktive	18
passive	18
Kapillarkohäsion	18, 185
Kapillarkräfte	18
Kapillarpyknometer	91
Kapillarwasser	17
Kapillarzone	
geschlossene	18
offene	18
kennzeichnende Linie	
Setzung	185
Sohldruck	176
kennzeichnender Punkt	
Lage bei Rechteckfundament	186
Setzung	185
Sohldruck	176
KEPLER, Fassformel von	197
Kern	179, 180
Kernweite, 1.	179, 286
Kernweite, 2.	180, 284
kinematische Methode	224
Kippen	283
Anwendungsbeispiel	285
DIN-Normen	284
Sicherheit gegen	284
Kippmoment	283
Klei	8
Knetversuch	13
Kohäsion	130
effektive	131
kohäsiver Boden	3
Kompressionsversuch	
Gerät	121
Probekörper	121
Konsistenzbestimmung	14
Konsistenzgrenzen	96
Ausrollgrenze	100
Fließgrenze	97
plastische Bereiche	102
qualitative Bestimmung	97
Schrumpfgrenze	100
Konsistenzzahl	97
Konsolidation	130
anisotrope	130
isotrope	130
Konsolidationssetzung	184
Konsolidationssetzungszeit	126
Anwendungsbeispiel	126
Konsolidationsspannung	130
Konsolidationszeit	120
konsolidierter Versuch	
dräniert	137
undräniert	137
Konsolidierung	130
Konzentrationsfaktor	160
Einfluss auf Spannungsverteilung	161
Koordinatenmatrix	148
Koordinatensysteme	146
Koordinatentransformation	146, 147
Korndichte	68, 90, 91
Bestimmung mit Kapillarpyknometer	91
DIN-Norm	91
von Mineralien und Böden	92
Korndurchmesser	71
mittlerer	76
Korngröße	71
Korngrößenverteilung	70
Körnungslinie	72
charakteristische Größen	76
Kornwichte	68
Korrekturbeiwert	191
Korrelationen	
Schlagzahl–bezogene Lagerungsdichte	57
Schlagzahl–Grundwasserstand	55
Schlagzahl–Lagerungsdichte	57
Sondiergerät–Sondiergerät	54
Spitzendruck–Reibungswinkel	58
Kreisringschergerät	131
Kriechsetzung	184
Krümmungszahl	77

L

Laborversuche	26
Lagerungsdichte	54, 111
Anhaltswerte	111
bezogene	111
Lamellenverfahren	292
Langzeitmessung	23
Last-Verformungs-Verhalten	120, 121
Lehm	8
leicht lösbare Bodenarten	9
leicht lösbarer Fels	10
Linie	
charakteristische	176, 185
kennzeichnende	176, 185
Linienbruch	
bei Erddruck	218
nach COULOMB	224
Linienlast	157
Halbraumspannungen	161
Liquiditätsindex	97
Liquiditätszahl	97
Löss	8
Luftaufnahme	26

M

maßgeblicher Querschnitt	140
MATL, Setzungsberechnung nach	201
Mehrpunktmethode	99
messtechnische Verfahren	27
Mindestquantil	110
Anforderungen an	109
Mischboden	3
mittelschwer lösbare Bodenarten	9
Modellversuche	27
MOHRscher Spannungskreis	137
Mudde	8
Muffelofen	93
MÜLLER-BRESLAU	
aktiver Erddruck nach	226
passiver Erddruck nach	227
verallgemeinerte Erddrucktheorie	226
Musterbauordnung	313
Musterliste	313
Mutterboden	8

N

NA	311
NABau	310
NAD	311
Nationaler Anhang	311
Nationales Anwendungsdokument	311
Nebenanteil	5, 6, 47
Bezeichnungen	6
schwach	6
stark	6
Negativbild	146
Neigungswinkel des aktiven Erddrucks	233
Neigungswinkel des Erddrucks	211
nichtbindiger Boden	3
Niederschlagswasser	15
Norm, Europäische	311
normalkonsolidiert	130
Normalspannung	
effektive	128, 130
totale	128
wirksame	128
Normenausschuss Bauwesen	310

O

Oberboden	8, 9
Oberflächenladung	19
Oberflächenstrukturen	3
Oberflächenwasser	15
optimaler Wassergehalt	107
Ordnungszahl	160
organische Bestandteile	92
organischer Boden	8
Brennbarkeit	94
Schwelbarkeit	94
Ortsbegehung	26

P

Papiertrommel	21
passive Erddruckkraft	250
passiver Erddruck	210, 250
bei Böden mit Kohäsion	229
nach COULOMB	225
nach E DIN 4085	249
nach MÜLLER-BRESLAU	227
verminderter	210
plastisches Versagen	129
Plastizitätsdiagramm	101
Plastizitätszahl	97
Plattendruckversuch	61, 62
Bettungsmodul	62, 65
DIN-Norm	61
Geräte	62
Verformungsmodul	62, 63
Porenanteil	67, 84, 85, 86, 90
dichteste Lagerung	111
lockerste Lagerung	110
Porenluftanteil	68, 87
Porenraum	67
Verringerung	120
Porenwasseranteil	68, 87
Porenwasserdruck	128
Porenwasserüberdruck	120
Porenwinkelwasser	18
Porenzahl	67, 84, 85, 86
dichteste Lagerung	111
lockerste Lagerung	111
Positivbild	146
postlinearer Bereich	116
prälinearer Bereich	117
PRANDTL	
Grundbruchgleichung von	265
Theorie von	262
PRANDTL-Bereich	264
Probebelastungen	27
Probekörper	
Kompressionsversuch	121
Triaxial-Versuch	135, 136
Probemenge	
Glühverlust	93
Proctorversuch	105
Siebanalyse	72
Wassergehaltsbestimmung	85
Probeschüttungen	27
Proctordichte	104, 107
modifizierte	104, 107
Proctorkurve	106
Abhängigkeit vom Bodenmaterial	108
Proctorversuch	104
Probemenge	105
Proctorversuch	104

DIN-Norm	104	Scherparameter		
Geräte	105	effektive		131
optimaler Wassergehalt	104	totale		131
Proctorversuch		Scherversuch		129
Versuchsdurchführung	105	direkter		131
Proctorversuch		Ergebnisse		133
optimaler Wassergehalt	107	indirekter		135
Proctorversuch		Scherwiderstand		128
Ergebnisdarstellung	107	Scherzone		289
Proctorversuch		Schlaggabelversuch		113
Sättigungskurve	107	Schlämmanalyse		
Punkt		Aräometer-Methode		73
charakteristischer	176, 185	DIN-Norm		71
kennzeichnender	176, 185	Kombination mit Siebanalyse		76
		Korndurchmesser		74
Q		Körnungslinie		75
Quellen	185	Schlick		8
Querdehnzahl	147, 152	Schneideversuch		13
Querkontraktionszahl	147	Schrumpfen		185
Querschnitt		Schrumpfgrenze		90
Durchfluss-	117	Bestimmung		100
maßgeblicher	140	Definition		100
		DIN-Normen		96
R		Schubmodul	154, 159,	186
Rahmenschergerät	131	Schubspannung, effektive		128
Rammsondierung	49	Schubwiderstand		128
in Torf	50	Schurf		39
RANKINE, Erddrucktheorie von	219	Schüttelversuch		13
RANKINE-Bereich		Schüttungen		94
aktiver	263	schwedische Methode		292
passiver	263	Schwellen		185
Reibeversuch	13	schwer lösbare Bodenarten		10
Reibungswinkel	54, 110, 130	schwer lösbarer Fels		10
reine Bodenarten	4	Schwimmer		20
Reinfiltrierung	22	Sedimentationsanalyse		73
Rekonsolidation	131	Sekantenmodul		
Restscherfestigkeit	129, 290	Elastizitätsmodul		141
Riechversuch	13, 94	Steifemodul		124
Risse, Sicherheit gegen	206	Senkung		185
rolliger Boden	3	Setzung		183
Rütteltischversuch	112	Anfangsschubverformung		184
		Ansatz waagerechter Lasten		199
S		Beiwert für schlaffe Rechtecklasten		191
Sackung	185	Beiwert für starres Rechteckfundament	192,	193
Sandersatz-Verfahren	88	Beiwerte für Kreislasten		194
Anwendungsbeispiel	88	Beobachtungen		190
Sandkornanteil	13	Berechnungsbeispiel		196
Sattellagerung	206	bezogene		123
Sättigungskurve	107	charakteristische Formen		183
Sättigungszahl	68, 84, 87	Einheitssetzung		123
scheinbare Kohäsion	*siehe* Kapillarkohäsion	erforderliche Berechnungsunterlagen		189
Scherfestigkeit	60, 70, 127, 129	gegenseitige Beeinflussung		204
DIN-Normen	128	Gesamt-		184
Versagensmechanismen	127	Gesamt- starrer Gründungskörper		199
Scherfuge	129, 131, 289	Gesamtsetzung		195
		gleichmäßige		184

Grenztiefe	188
indirekte Berechnung	194
infolge Einzellast	186
infolge Grundwasserabsenkung	197
infolge kreisförmiger Gleichlasten	194
infolge schlaffer Kreislast	189
infolge schlaffer Rechtecklast	187, 191
Konsolidations-	184
Konsolidationssetzungszeit	126
Korrekturbeiwert	191
Kriech-	184
mittlerer Zusammendrückungsmodul	190
Nomogramm von CHRISTOW	197
schräge und außermittige Belastung	198
Sofort-	184
Sofortverdichtung	184
Sohl- und Baugrundspannungen	190
spezifische	123, 124
starres Rechteckfundament	192
starres Streifenfundament	201
Teil-	195
ungleichmäßige	184
Verläufe	185
zulässige Größen	205
Setzungsberechnung	183
Aushubentlastung	190
DIN-Normen	183
direkte	183
indirekte	183
Sicherheit	
gegen Instabilität	286
gegen Risse	206
Sicherheitskonzept, globales	313
Sickerwasser	16
Siebanalyse	71
DIN-Norm	71
Kombination mit Schlämmanalyse	76
Korndurchmesser	71
Körnungslinie	72
Probemenge	72
Siebe	71
Siebe	71
Silodruck	211
Sofortsetzung	184
Sohldruck	175
DIN-Normen	181
Spannungsermittlung nach HÜLSDÜNKER	181
Spannungsverteilung	175
Verteilung unter Flächengründungen	181
Sohlfläche	175
Sohlfuge	175
Sondenspitze	
Durchmesser	49
Form	50
Sonderprobe	
Abdichtung und Sicherung	45

Entnahme	44
Entnahme aus Bohrlöchern	44
Entnahme aus Schürfen	44
Sondierdiagramm	54
Sondierergebnis	54
Sondiergerät, Auswahlkriterien	58
Sondierung	26, 48
Bohrlochramm-	53
DIN-Normen	49
Druck-	51
Flügelsondierung	59
Korrelationen	54, 55, 57, 58
Ramm-	49
Standard Penetration Test	53
Widerstand	48
Sondierwiderstand	48
Spannung	14
effektive	156
rechnerische	155
totale	156
Umformung	155
Verschmierung	155
Spannungskreis nach MOHR	137
Spannungspfad	129
Spannungstensor	148
Spannungszustand	
anisotroper	130
ebener	150, 151
effektiver	130
Haupt-	154
Stabilitätsproblem	283
Standard Penetration Test	53
Standmoment	283
Stauchung	141
Steifemodul	54, 124, 154
Sekantenmodul	124
Tangentenmodul	124
STEINBRENNER	165
Nomogramm von	166
Setzung infolge schlaffer Rechtecklast	187
Spannungen unter Eckpunkten	165
Stoffgesetz	146, 152
STOKES, Gesetz von	74
Streifenlast	163
Strömung, turbulente	116
Stützkonstruktion	289
Superposition	163
Symmetrie	151
Symmetrieebene	151
Deformationszustände	152
Spannungszustände	152
Verformungsbedingungen	152

T

Tagesbruch	185
Tangentenmodul	

Elastizitätsmodul	141
Steifemodul	124
Technische Baubestimmungen	313
Teilsetzung	195
Teilsicherheitsbeiwert	310
Teilsicherheitsbeiwerte	172
Einwirkungen und Beanspruchungen	173
Widerstände	174
Tensor	
Deformations-	148
Spannungs-	148
TERZAGHI, Filterregel von	77
TIMOSHENKO-Balken	207
Torf	8, 94
Glühverlust	93
nicht bis mäßig zersetzt	14
Rammsondierung in	50
stark bis völlig zersetzt	14
Zersetzungsgrad	14, 94
totale	
Druckspannung	155
Grenzbedingung	129, 131
Normalspannung	128
Scherparameter	131
Spannungen	156
Tragfähigkeitsbeiwerte	270
Triaxial-Versuch	135
CCV-Versuch	137
CU-Versuch	137
D-Versuch	136
Probekörper	135, 136
UU-Versuch	137
Trockendichte	68, 84
Trockenfestigkeitsversuch	14
Trockenschrank	85
Trockenwichte	68, 83, 84
Trocknungsofen	85, 93
turbulente Strömung	116

U

überkonsolidiert	131
überverdichtet	131
Ungleichförmigkeitszahl	76
unkonsolidierter Versuch, undräniert	137
Untersuchung, geotechnische	25
Untersuchungsschacht	40
Untersuchungsstollen	40

V

VAN DER WAALSsche Kräfte	19
Verdichtungserddruck	210
Verdichtungsfähigkeit	70, 111
Verdichtungsgrad	104
Anforderungen aus Vorschriften	108
Verformungsmodul	62, 63

Vergleichsspannung, effektive	130
Vergleichstemperatur	117
Verkantung	203
Beiwerte	200
starres Streifenfundament	201
Verrohrung	40, 45
Verschiebungsvektor	152
Verwirbelung	116
Verwitterung	2
Vorgeschichte	
bautechnische	26
geologische	26
Vornorm	
deutsche	311
Europäische	310
Voruntersuchung	27, 31
Baugrund	27
Baustoffgewinnung und -verarbeitung	28

W

Walzenmodell	157
Wandreibungswinkel	211, 226
Wärmeschrank	83, 85
Wasser	
Adsorptions-	19
Grund-	16
Haft-	15
hygroskopisches	19
Kapillar-	15, 17
Niederschlags-	15
Oberflächen-	15
Porenwinkel-	18
Sicker-	16
unterirdisches	16
Wasserdichte	68
Wasserdurchlässigkeit	70, 114
DIN-Norm	114, 121
Wassergehalt	68, 83, 86, 90, 105
Bestimmung durch Ofentrocknung	83, 85
Bestimmung durch Schnellverfahren	83
DIN-Normen	83
optimaler	104
Wassermolekül	19
Wasserwichte	68
Wichte	
Boden unter Auftrieb	69
feuchter Boden	69, 83, 86
gesättigter Boden	69, 84
von Wasser	17
Wasser-	68
Winkel der Gleitung	147
Winkelverzerrung	147
wirksame Normalspannung	128

Z

Zähigkeit von Wasser	117
Korrekturbeiwerte	117
Zeit-Setzungs-Kurve	123
Zelldruck	135
Anfangs-	137
Zersetzungsgrad von Torf	14, 94
Zonenbruch	129
bei Erddruck	218
nach RANKINE	219
Zugglied, selbstspannend	290
zulässige Bodenpressungen	103, 206
zusammengesetzter Boden	5
Bezeichnungen	6
Einteilung	6
Zustandsform	14
breiig	14
fest	14
halbfest	14
steif	14
weich	14
Zustandsgrenzen	96
DIN-Normen	96
Zwangsgleitfläche	240
Zweiphasensystem	67